全球主要国家农业生物技术发展报告（2021）

农业农村部科技发展中心　编

中国农业科学技术出版社

图书在版编目（CIP）数据

全球主要国家农业生物技术发展报告. 2021 / 农业农村部科技发展中心编. -- 北京：中国农业科学技术出版社，2024. 8. -- ISBN 978-7-5116-6969-8

Ⅰ. S188

中国国家版本馆 CIP 数据核字第 2024JP0346 号

责任编辑 周丽丽 崔改泵
责任校对 李向荣
责任印制 姜义伟 王思文

出 版 者 中国农业科学技术出版社
北京市中关村南大街 12 号 邮编：100081
电　　话 (010) 82109194（编辑室） (010) 82106624（发行部）
(010) 82109709（读者服务部）
网　　址 https://castp.caas.cn
经 销 者 各地新华书店
印 刷 者 北京建宏印刷有限公司
开　　本 185 mm×260 mm 1/16
印　　张 27
字　　数 623 千字
版　　次 2024 年 8 月第 1 版 2024 年 8 月第 1 次印刷
定　　价 128.00 元

《全球主要国家农业生物技术发展报告（2021）》编委会

主　　编　李　宁　孙卓婧

副 主 编　檀　覃　李　鹭　武国干

编　　审　徐利群

参编人员　（按姓氏笔画排序）

王　翠　王太亮　王吉平

王旭静　刘子涵　李　根

李　雪　李飞武　吴　潇

冷佳俊　张　华　陈　红

贺晓云　寇宗樾　焦　悦

目 录
CONTENTS

巴西农业生物技术年报

阿根廷农业生物技术年报

加拿大农业生物技术年报

澳大利亚农业生物技术年报

南非共和国农业生物技术年报

墨西哥农业生物技术年报

欧盟农业生物技术年报

西班牙农业生物技术年报

俄罗斯农业生物技术年报

日本农业生物技术年报

韩国农业生物技术年报

菲律宾农业生物技术年报

印度农业生物技术年报

巴基斯坦农业生物技术年报

越南农业生物技术年报

缅甸农业生物技术年报

巴西农业生物技术年报

USDA 美国农业部
对外农业服务局GAIN全球农业信息网
规定报告：按规定−公开发表
日期：2021年12月9日
报告编号：BR2021−0047
报告名称：农业生物技术年报
国家：巴西
报告类别：生物技术及其他新生产技术
编写人：Camila Aquino
批准人：Evgenia Ustinova

报告要点

巴西是世界上第二大转基因作物生产国，共批准了115个转化体。根据最近的作物2020 —2021年度数据预测，转基因作物种植面积超过5 600万公顷，转基因大豆种植率98%，转基因玉米种植率88%，转基因棉花种植率80%。根据巴西政府的数据，在过去15年里，谷物和油籽的平均产量增长了70%，生物技术种子的持续使用是产量增长的主要因素。巴西国家生物安全技术委员会（CTNBio）负责新技术领域，如转基因动物技术、基因编辑技术，包括CRISPR技术和微生物生物技术。除了转基因植物，本报告还提供了这些新技术的更新内容。

［内容提要］

根据巴西国家供应公司 CONAB 的数据，在 2020/2021 年度作物季（2020 年 10 月至 2021 年 9 月），巴西的粮食和油籽产量为 2.523 亿吨，比 2019/2020 年度减少了 1.8%。种植面积 6 890 万公顷，较上年增长 4.6%，但由于天气恶劣，生产能力下降了 6.1%。根据巴西政府的数据，在过去的 15 年里，谷物和油籽的平均产量增长了 70%，这一增长的主要原因是转基因（GE）种子的持续使用。2019/2020 年度作物季，在玉米、大豆和棉花种植地区，转基因种植率达到了创纪录水平。巴西植保协会的最终数据显示，转基因大豆的种植率为 98%，转基因棉花的种植率为 80%，转基因玉米的种植率为 88%。这些作物最常见的性状是耐除草剂和抗虫性单一或复合性状。2020/2021 年度作物季的最终数据目前正在定稿，预计转基因种子的使用将继续增长。政府宣布，在当前的 2021/2022 年度作物季，为农民提供 2 512 亿雷亚尔（约合 4.61 亿美元）的总资金，比上一个 Safra 计划增加了 6.3%。其中包括 734.4 亿雷亚尔的投资，比 2020/2021 年 Safra 计划增加 29%。

在规范性决议 RN16/2018 发表后，2018 年 10 月 4 日，国家技术生物安全委员会（CTNBio）收到了几封有关新兴精准改进技术（TIMP，葡萄牙语）的来信。在 2020 年年初，CTNBio 发布了 RN 24，它修改了复合性状转化体审批的部分内容。2021 年 7 月，CTNBio 发布了规范决议（RN）32，该决议取消了委员会对 CTNBio 先前批准的单一转化体的常规育种获得的复合转化体进行评估的要求。

2020 年，巴西和美国之间的农业贸易总额达到 63.85 亿美元，比 2019 年增长 1.26%。巴西对美国出口农产品及相关产品 53 亿美元，增长 3.25%，进口约 10.7 亿美元，下降 7.5%。2020 年，美国向巴西出口的农产品主要是满足当地所需的大宗商品，如小麦、动物饲料制剂和大米。2020 年，巴西乙醇出口额近 3.409 亿美元，同比下降 37.22%。美国和巴西是第三国市场上的竞争对手，例如中国是巴西最大的出口国，主要是转基因大豆，两国还在中国的动物蛋白市场上竞争。美国也是巴西出口的主要国家。2020 年，巴西向美国市场出口最多的产品是咖啡，其次是乙醇、牛肉、木制品、糖、橙汁和烟草。

2021 年 11 月 11 日，CTNBio 批准了阿根廷生产的一种耐旱并表达向日葵 *HaHB4* 基因的转基因小麦品种。该转基因小麦的贸易和生产在世界上尚属首次。

第 1 章　植物生物技术

1.1　生产和贸易

1.1.1　产品开发

根据国际农业生物技术应用服务机构（ISAAA）的数据，2019 年，巴西是世界第二大生物技术作物生产国，巴西和跨国种子公司以及公共部门研究机构正在致力于开发各种转基因（GE）植物。目前，有许多转基因作物正在等待商业化批准，其中最重要的是马铃薯、木瓜、水稻和柑橘。这些作物大多处于研发和批准的早期阶段。

2021 年 11 月 11 日，CTNBio 批准了一个抗旱、表达向日葵 *HaHB4* 基因的转基因小麦品种。巴西批准小麦用于食品、饲料和加工，但不能用于种植。目前小麦在阿根廷种植，并进口到巴西。由于巴西是阿根廷小麦的主要出口市场，阿根廷于 2020 年 10 月首次有条件批准了该小麦种植，并要求它在完全商业化之前也必须得到巴西的批准，因为巴西是阿根廷小麦的主要出口市场。巴西小麦和糖果行业协会抵制该批准，扬言将提起诉讼，甚至可能拒绝从阿根廷进口小麦。

2021 年 11 月 17 日，巴西小麦产业协会 Abitrigo 向农业部发出了一封正式信函，要求农业部召开国家生物安全委员会（CNBS），审查 CTNBio（该机构向委员会报告）的决定。CTNBio 负责关于生物风险的技术决策，而且他们的决策是决定性的。但是，CNBS 可以根据社会和经济因素撤销该决定，而不是根据生物安全方面的理由撤销。如果 CTNBio 决定批准一种新的转基因产品的商业化，CNBS 有 30 天时间来撤销该决定。如果没有被撤销，新产品将由注册和执行机构进行评估，如卫生部、农业部和环境部，经批准的产品符合这些部委的标准的，可以进入市场。如果得到批准，该转基因小麦的商业贸易和生产将是世界首次。

1.1.2　商业化生产

截至 2021 年 10 月 3 日，巴西批准商业种植的转基因转化体共有 115 个，其中玉米 65 个转化体，棉花 23 个转化体，大豆 19 个转化体，干食用豆类 1 个转化体，桉树 1 个转化体，甘蔗 3 个转化体。

在上一个作物季（2019/2020），转基因作物的总播种面积达到 5 310 万公顷，最终数据将在公布后得到确定。在 2019/2020 年度作物季，具有耐除草剂性状的转基因转化体种植率占种植总面积的 65%，其次是昆虫抗性占 19%，复合基因占 16%。近年来，转基因转化体在巴西的广泛应用使近年来大豆和玉米的收成屡创新高，前 3 种作物预计种植率如下：

大豆：2019/2020 年度转基因大豆种子的种植率为 98%。

玉米：2019/2020 年转基因玉米种子的种植率为 88%。

棉花：2019/2020 年转基因棉花的种植率为 80%。

干食用豆类：该项目于 2011 年获批，于 2020 年首次种植，但目前还无法获得种植率。

桉树：虽然最近获得批准，但转基因桉树还没有准备好商业化种植。

甘蔗：2019/2020 年度作物季，转基因甘蔗种植面积估计只有 5 000 公顷，而巴西种植的甘蔗超过 1 000 万公顷。

1.1.3 出口

巴西是转基因大豆、玉米和棉花的主要出口国之一。中国是巴西转基因大豆和棉花的主要进口国，巴西也向欧盟出口。玉米出口主要面向伊朗、越南和其他亚洲国家。巴西还是常规大豆的出口国，由于常规大豆种植面积下降，预计这些大豆的出口量将减少。根据贸易数据，种植常规大豆更为昂贵，而 10%~15%的价格溢价几乎无法弥补额外的生产成本。

1.1.4 进口

2019 年新冠疫情大流行严重扰乱了巴西经济，巴西货币在 2020 年第二季度暴跌了 30%。自此，巴西雷亚尔一直在艰难地收复失地。巴西商品出口大幅增长导致国内市场的需求得不到满足，特别是玉米和大豆，这两种作物被畜牧业用作饲料。在畜禽行业的压力下，巴西政府采取了多项措施促进玉米和大豆的进口。

在 4 月下旬的一项决定中，对外贸易商会（GECEX/CAMEX）执行管理委员会取消了南方共同市场以外国家的大豆和玉米的进口关税。该措施于 2021 年 4 月 27 日至 12 月 31 日生效，适用于商品编码：1005. 90. 10、120. 90. 00、1507. 10. 00 和 2304. 00. 10，无配额。2021 年 6 月，国家生物安全技术委员会（CTNBIO）发布了第 32 号规范指令，简化了用于人类消费和动物饲料的玉米和大豆的生物技术性状的审批程序，有效地保证了任何从美国进口的玉米都符合这一批准类别。

此外，总统雅伊尔·博尔索纳罗于 2021 年 9 月 22 日发布了 1071 号临时措施，取消了对进口玉米征收的所有 PIS/Cofins（税收）。该措施自 2021 年 9 月 29 日至 2021 年 12 月 31 日生效，适用商品编码：1005。这对面向国内销售动物蛋白的生产商是利好，因为可使用进口玉米喂养用于出口的动物，其生产商已经获得 PIS/Cofins 豁免权。除了进口玉米，还有一些家禽和猪肉产业正在考虑使用小麦、小黑麦等冬季谷物代替谷物从而降低动物饲料的成本。

尽管巴西政府致力于促进从南方共同市场以外的国家进口玉米，但上一季 99. 9%的玉米进口来自巴拉圭和阿根廷。预计，本季度，来自南方共同市场以外的玉米不会大量进入巴西市场。

1.1.5 粮食援助

巴西不是美国的粮食援助接受国，巴西是非洲和中美洲等一些国家粮食援助国之一。巴西主要捐赠大宗商品，这些目前还不是商业化的转基因品类。

1.1.6 贸易壁垒

巴西对未经批准的转基因转化体实行零容忍政策。

1.2 政策

1.2.1 监管框架

2005 年 3 月 25 日第 11105 号法律概述了巴西农业生物技术的监管框架。2007 年第 11460 号法律和 2006 年第 5591 号法令对该法律进行了修改。巴西有两个监管农业生物技术的主要管理机构。

1.2.1.1 国家生物安全委员会（CNBS，葡萄牙语）

该委员会隶属总统办公室，负责制定和实施巴西的国家生物安全政策（葡萄牙语，PNB）。它为参与生物技术的联邦机构规定了管理的原则和指示。委员会评估批准生物技术产品商业化使用后带来的社会经济影响和国家利益考量。CNBS 不负责安全性评估。在总统办公室主任的主持下，CNBS 由 11 名内阁部长组成，至少需要达到 6 名部长的法定人数才能批准任何相关问题。

1.2.1.2 国家技术生物安全委员会（CTNBio，葡萄牙语）

该委员会最初于 1995 年根据巴西第一部生物安全法（第 8974 号法律）成立。然而，根据现行法律，该委员会的成员从 18 名扩增到 27 名，包括来自联邦政府 9 个部委的正式代表、来自 4 个不同领域（包括动物、植物、环境和卫生）的 12 名具有科学技术知识的专家（每个领域 3 名专家）以及来自消费者保护和家庭农业等其他领域的 6 名专家。委员会成员任期两年，可连任两年。CTNBio 隶属于科技部，所有技术问题都由 CTNBio 研讨和批准，用于动物饲料或进一步加工的任何农产品，任何即食食品以及含有生物技术转化体的宠物食品的进口均必须经过 CTNBio 的事先批准。批准基于个案原则，并且批准时长不确定。2007 年 3 月 21 日第 11460 号法律修改了 2005 年 3 月 24 日第 11105 号法律第 11 条，并规定在 CTNBio 委员会的 27 张选票中，只有多数表决才能批准新的生物技术产品。

CNBS 于 2008 年 6 月 18 日决定根据巴西生物技术法规，仅对涉及社会或经济问题、符合国家利益的申请进行行政复议。CNBS 将不会评估由 CTNBio 批准的关于生物技术转化体的技术决策。CNBS 认为 CTNBio 对生物技术转化体的所有批准是令人信服的。这一重要决定加上多数表决的改变消除了巴西生物技术转化体批准的主要壁垒。

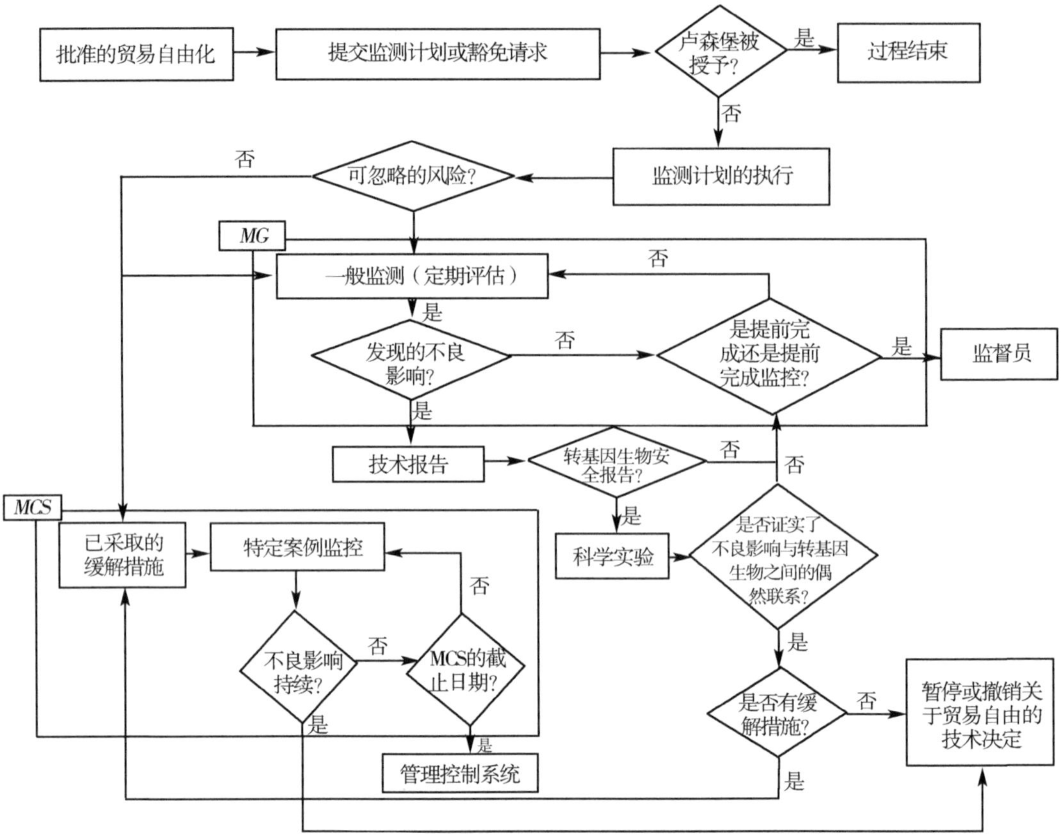

图 1　巴西对转基因产品的审批流程

1.2.2　审批情况

表 1、表 2、表 3 所示分别为转基因棉花、玉米、大豆审批情况。

表 1　棉花

品种	作物年	性状类别	申请人	项目	性状描述	巴西境内的用途
棉花	2021	抗虫性	先正达	COT102	抗虫	未使用
棉花	2019	耐除草剂、抗虫性	巴斯夫	GHB811×T-304-40×GHB119×COT102×COT102	耐除草剂、抗虫	纺织纤维食品和饲料
棉花	2019	耐除草剂、抗虫性	陶氏	DAS-21023-5×DAS-24236-5×SYN-IR102-7×DAS-81910-7	耐除草剂、抗虫	纺织纤维食品和饲料

（续表）

品种	作物年	性状类别	申请人	项目	性状描述	巴西境内的用途
棉花	2018	耐除草剂、抗虫性	孟山都	COT102×MON15985×MON88913×MON88701	耐除草剂、抗虫	纺织纤维食品和饲料
棉花	2018	耐除草剂、抗虫性	孟山都	MON88913×MON88701	耐除草剂、抗虫	纺织纤维食品和饲料
棉花	2018	耐除草剂、抗虫性	巴斯夫	T304 - 40 × GHB 119×COT102	耐除草剂、抗虫	纺织纤维食品和饲料
棉花	2018	耐除草剂	陶氏	DAS 81910-7	耐除草剂	纺织纤维食品和饲料
棉花	2018	抗虫性	陶氏	DAS-21023-5 × DAS24236-5× SYN-IR102-7	抗虫	纺织纤维食品和饲料
棉花	2017	耐除草剂、抗虫性	拜耳	GHB614 × T304-40× GHB119×COT 102	耐除草剂、抗虫	纺织纤维食品和饲料
棉花	2017	耐除草剂	孟山都	MON88701-3	耐除草剂	纺织纤维
棉花	2016	耐除草剂、抗虫性	孟山都	COT102×MON15985×MON88913	耐除草剂、抗虫	纺织纤维食品和饲料
棉花	2012	耐除草剂、抗虫性	拜耳	GHB614×T304-40×GHB119 ·	陆地棉	纺织纤维食品和饲料
棉花	2012	耐除草剂、抗虫性	孟山都	MON 15985×MON 89913	耐除草剂、抗虫	纺织纤维食品和饲料
棉花	2012	耐除草剂	拜耳	GHB614LL Cotton 25	陆地棉	纺织纤维食品和饲料
棉花	2011	耐除草剂	孟山都	MON 88913	陆地棉	纺织纤维食品和饲料
棉花	2011	耐除草剂、抗虫性	拜耳	T304-40×GHB 119	陆地棉	纺织纤维食品和饲料
棉花	2010	耐除草剂	拜耳	GHB 614	陆地棉	纺织纤维食品和饲料
棉花	2009	耐除草剂、抗虫性	孟山都	MON 531×MON 1445	陆地棉、草甘膦除草剂	纺织纤维食品和饲料
棉花	2009	抗虫性	孟山都	MON 15985	陆地棉	纺织纤维食品和饲料

（续表）

品种	作物年	性状类别	申请人	项目	性状描述	巴西境内的用途
棉花	2009	耐除草剂、抗虫性	陶氏	281-24-236×3006-210-23	陆地棉、草甘膦铵盐除草剂	食物和饲料
棉花	2008	耐除草剂	拜耳	LL Cotton 25	陆地棉、草甘膦铵盐除草剂	纺织纤维食品和饲料
棉花	2008	耐除草剂	孟山都	MON 1445	陆地棉、草甘膦除草剂	纺织纤维食品和饲料
棉花	2005	抗虫性	孟山都	MON 531	鳞翅目抗性	纺织纤维食品和饲料

表 2　玉米

品种	作物年	性状类别	申请者	转化体	性状描述	巴西境内的用途
玉米	2021	耐除草剂	科迪华	DAS-59122-7	耐除草剂	食品、饲料
玉米	2021	耐除草剂、抗虫性	科迪华	DP4114-3	耐除草剂、抗虫	食品、饲料、进口
玉米	2020	抗虫性	孟山都	MON 95379	抗虫性	未应用
玉米	2020	耐除草剂、抗虫性	陶氏	MON-89034-3×DAS-01507-1×SYN-IR162-4×MON-00630-6×DAS 40278-9（及其组合）	耐除草剂、抗虫	食品、饲料
玉米	2020	耐除草剂	杜邦	NK603×T25×DAS-40278	耐除草剂	食品、饲料
玉米	2019	耐除草剂	孟山都	MON87427×MON87419×NK603（及其组合）	耐除草剂	食品、饲料、进口
玉米	2019	耐除草剂、抗虫性	陶氏	MON 87427-7×MON 89034-3 × DAS 01507 -1×MON 87411-9×DAS 59122-7×DAS 40278-9	耐除草剂、抗虫	食品、饲料、进口
玉米	2018	抗虫性	先正达	MZIR 098	仅适用于人类和动物食品	食品、饲料、进口

（续表）

品种	作物年	性状类别	申请者	转化体	性状描述	巴西境内的用途
玉米	2018	耐除草剂、抗虫性	陶氏	MON 89034×TC1507×MIR162×NK603×DAS40278-9	耐除草剂、抗虫	食品、饲料、进口
玉米	2017	耐除草剂、抗虫性	陶氏	MON89034×TC1507×NK603×MIR162	耐除草剂、抗虫	食品、饲料、进口
玉米	2017	抗虫性	先正达	MIR162×MON89034	抗虫	食品、饲料、进口
玉米	2017	耐除草剂、抗虫性	先正达	Bt11×MIR162×MON89034	耐除草剂、抗虫	食品、饲料、进口
玉米	2017	耐除草剂、抗虫性	先正达	Bt11×MIR162×MON89034×GA21	耐除草剂、抗虫	食品、饲料、进口
玉米	2016	干旱胁迫	孟山都	MON87460	仅适用于人类和动物食品	食品、饲料、进口
玉米	2016	淀粉酶耐热性增加	先正达	3272	仅适用于人类和动物食品	食品、饲料、进口
玉米	2016	耐除草剂	孟山都	MON87427	耐除草剂	食品、饲料、进口
玉米	2016	耐除草剂、抗虫性	孟山都	MON97411	耐除草剂、抗虫	食品、饲料、进口
玉米	2016	耐除草剂、抗虫性	陶氏农业科学	MON89034×MON88017×TC1507×DAS59122-7	耐除草剂、抗虫	食品、饲料、进口
玉米	2016	耐除草剂、抗虫性	陶氏农业科学	MON89034×TC1507×NK603×DAS40278-9	耐除草剂、抗虫	食品、饲料、进口
玉米	2015	繁殖力恢复	杜邦	SPT 32138	繁殖力恢复	食品、饲料、进口
玉米	2015	耐除草剂抗虫性	先正达	BT11×Mir162	耐除草剂和抗虫	食品、饲料、进口
玉米	2015	抗虫性	先正达	5307	抗虫	食品、饲料、进口

（续表）

品种	作物年	性状类别	申请者	转化体	性状描述	巴西境内的用途
玉米	2015	耐除草剂、抗虫性	先正达	BT11×MIR162×MIR604×TC1507×5307×GA21	耐除草剂、抗虫	食品、饲料、进口
玉米	2015	耐除草剂	陶氏农业科学	DAS40278-9×NK603	耐除草剂	食品、饲料、进口
玉米	2015	耐除草剂、抗虫性	杜邦	TC1507×MON810×MIR162	耐除草剂、抗虫	食品、饲料、进口
玉米	2015	抗虫性	杜邦	MON 810×MIR162	抗虫	食品、饲料、进口
玉米	2015	耐除草剂、抗虫性	杜邦	MIR162×NK603	耐除草剂、抗虫	食品、饲料、进口
玉米	2015	耐除草剂、抗虫性	杜邦	TC1507×MIR162	耐除草剂、抗虫	食品、饲料、进口
玉米	2015	耐除草剂、抗虫性	杜邦	TC1507×MON 810×MIR 162×NK603	耐除草剂	食品、饲料、进口
玉米	2015	耐除草剂、抗虫性	杜邦	TC1507×MON810×MIR162×NK603	耐草甘膦铵盐除草剂	食品，饲料，进口
玉米	2015	耐除草剂	孟山都	NK603×T25	耐草甘膦和草铵膦除草剂	食品、饲料、进口
玉米	2015	耐除草剂	陶氏农业科学	DAS 40278-9	耐除草剂	食品、饲料、进口
玉米	2014	抗虫性	先正达	MIR 604	抗虫	食品、饲料、进口
玉米	2014	耐草甘膦、抗虫性	先正达	Bt11×MIR162×MIR604×GA21	耐草甘膦和草铵膦铵盐	食品、饲料、进口
玉米	2013	耐除草剂、抗虫性	陶氏农业科学和杜邦	MON89034×MON88017×DAS-01507-1	耐草甘膦铵盐除草剂	食品，饲料，进口
玉米	2011	耐除草剂、抗虫性	孟山都	MON 89034×MON 88017	耐草甘膦除草剂	食品、饲料、进口
玉米	2011	耐除草剂、抗虫性	杜邦（先锋）	TC1507×MON 810	耐草甘膦铵盐除草剂	食品、饲料、进口

（续表）

品种	作物年	性状类别	申请者	转化体	性状描述	巴西境内的用途
玉米	2011	耐除草剂	杜邦（先锋）	MON 810×TC1507×NK 603	草甘膦除草剂、鳞翅目抗性	食品、饲料、进口
2010	玉米	耐除草剂、抗虫性	孟山都和陶氏农业科学	MON 89034 × TC 1507×NK 603	草甘膦铵盐除草剂	食品、饲料、进口
玉米	2010	耐除草剂、抗虫性	孟山都	MON 88017	草甘膦铵盐除草剂	食品、饲料、进口
玉米	2010	耐除草剂、抗虫性	孟山都	MON 89034×NK 603	草甘膦铵盐除草剂	食品、饲料、进口
玉米	2010	耐除草剂、抗虫性	先正达	BT 11×MIR 162×GA 21	草甘膦铵盐除草剂	食品、饲料、进口
玉米	2009	抗虫性	孟山都	MON 89034	鳞翅目抗性	食品、饲料、进口
玉米	2009	耐除草剂、抗虫性	杜邦	TC 1507×NK 603	耐草甘膦抗虫	食品、饲料、进口
玉米	2009	抗虫性	先正达	MIR 162	鳞翅目抗性	食品、饲料、进口
玉米	2009	耐除草剂、抗虫性	先正达	BT 11×GA 21	耐草甘膦鳞翅目抗性	食品、饲料、进口
玉米	2009	耐除草剂、抗虫性	孟山都	NK603×MON810	耐草甘膦鳞翅目抗性	食品、饲料、进口
玉米	2008	耐除草剂、抗虫性	杜邦和陶氏农业科学	TC1507	耐草甘膦铵盐除草剂	食物和饲料
玉米	2008	耐除草剂	先正达	GA 21	耐草甘膦	食物和饲料
玉米	2008	耐除草剂	孟山都	NK 603	耐草甘膦	食物和饲料
玉米	2008	耐除草剂、抗虫性	先正达	Bt 11	鳞翅目抗性	食物和饲料
玉米	2007	耐除草剂	拜耳	T 25	耐草甘膦铵盐	食物和饲料
玉米	2007	抗虫性	孟山都	MON 810	鳞翅目抗性	食物和饲料

表 3　大豆

品种	作物年	性状类别	申请人	转化体	性状描述	巴西境内的用途
大豆	2021	耐除草剂	巴斯夫	GMB151	耐除草剂抗虫性	

（续表）

品种	作物年	性状类别	申请人	转化体	性状描述	巴西境内的用途
大豆	2019		TMG	HB4 and HB4×RR	耐除草剂、耐旱	食物和饲料
大豆	2018	耐除草剂 抗虫性	孟山都	MON87751×MON97708×MON87701×MON89788	耐除草剂 抗虫性	食物和饲料
大豆	2018	耐除草剂 抗虫性	杜邦	DP - 305423 - 1×MON 04032-6	耐除草剂 抗虫性	食物和饲料
大豆	2017	耐除草剂 抗虫性	陶氏	DAS 44406-6×DAS 81419-2	耐除草剂 抗虫性	食物和饲料
大豆	2017	耐除草剂	孟山都	MON 87708×MON 89788	耐除草剂	食物和饲料
大豆	2017	抗虫性	孟山都	MON 87751	抗虫性	食物和饲料
大豆	2016	耐除草剂	孟山都	MON 87708	耐除草剂	食物和饲料
大豆	2016	耐除草剂 抗虫性	陶氏农业科学	DAS 81419-2	耐除草剂 抗虫性	食物和饲料
大豆	2015	耐除草剂	拜耳	FG72×A5547-127	耐除草剂	食物和饲料
大豆	2015	耐除草剂	陶氏农业科学	DAS 44406-6	耐除草剂	食物和饲料
大豆	2015	耐除草剂	拜耳	FG72	耐除草剂	食物和饲料
大豆	2015	耐除草剂	陶氏农业科学	DAS 68416-4	耐草甘膦铵盐除草剂	食物和饲料
大豆	2010	耐除草剂 耐虫性	孟山都	MON 87701×MON 89788	耐草甘膦除草剂、抗虫性	食物和饲料
大豆	2010	耐除草剂	拜耳	A 2704- 12	耐草甘膦铵盐除草剂	食物和饲料
大豆	2010	耐除草剂	拜耳	A5547-127	耐除草剂	食物和饲料
大豆	2009	耐除草剂	巴斯夫	BPS-CV 127-9	耐咪唑啉酮类除草剂	食物和饲料
大豆	1998	耐除草剂	孟山都	GTS- 40-30-2	抗草甘膦除草剂	食物和饲料

注：资料来源于 CTNBio。

1.2.3 复合转化体的批准

复合转化体遵循与单一转化体相同的审批过程，它们被视为新转化体。据估计在巴西复合转化体占巴西转基因作物种植总面积的 20%。

2020 年年初，CTNBio 发布了规范决议 24，该决议改变了复合转化体的审批流程。

新规定的第 3 条和第 4 条旨在将审批时间从以前的平均 2~3 年缩短到 6~7 个月。然而，如果其中一个转化体没有事先得到 CTNBio 的批准，则申请者必须提交完整的农艺数据和风险分析，这将需要 2~3 年的时间。相关变动的条款解释如下。

第三条：根据 CTNBio 的裁量权，经协商后，对包含多个转化体的转基因生物进行分析并发布新的专业性意见，并通过传统基因改良进行结合，以及之前已被 CTNBio 批准用于商业释放的，可以按照本规范决议附录 1 的规定发放。

第四条：这项有利于转基因生物商业化释放的决定将适用于可能的单一转化体的组合，其中该转基因生物包含一个以上的转化体，通过传统遗传改良组合在一起，其单一转化体之前已被 CTNBio 批准用于商业释放。

2021 年 7 月，CTNBio 发布了第 32 号规范决议。该决议规定，对于食品和饲料，CTNBio 将不再需要评估 CTNB 此前批准的通过单一转化体常规育种获得的复合转化体。相关变动的条款解释如下：

第十三条：只用于人类和动物消费目的，风险 1 级转化体及其衍生品的商业化应用的专业意见考虑了单一转化体和复合转化体的食品安全评估。

单独段落：在章节中提到的单一转化体和复合转化体可分别用于商业化销售的食品和饲料、机械混合物，以及在与其他转化体结合的产品中。

1.2.4 田间测试

CTNBio 负责在巴西进行所有田间试验的事先批准。技术提供商必须从 CTNBio 获得生物安全质量证书（CQBs）后才能进行田间测试。所有提供商都必须设立一个内部生物安全委员会（CIBio），并为每个具体转化体指定一名首席研究人员，该研究人员在 CTNBio 的法规中定义为“首席技术官”。供应商的 CIBios 是监测和测试转基因工程，操纵、生产和运输转基因作物以及执行生物安全条例的重要组成部分。

1.2.5 新技术

监管框架没有变化，但有其他更新。

国家技术生物安全委员会（CTNBio）于 2018 年 1 月 15 日发表了第 16 号规范性决议，该决议确定了评估新兴精准改进技术（TIMP，葡萄牙语）的要求，其中还包括基因组编辑产品。CTNBio 对基因组编辑产品的监管基于个案分析原则，并且在没有插入转基因的情况下对其予以免除监管。因此，在某些情况下，必须对“转基因生物”进行全面的风险评估和管理，而在其他情况下，来自新兴精准改进技术的产品可以豁免（这些豁免产品没有公之于众）。

专家认为这是一个杂交体系，主要集中在最终产品的特性和安全性。它考虑了引入的遗传物质是否已不存在，以及改良生物体的风险等级分类。在适用的情况下，它还考虑有关操纵基因或遗传元件功能的信息，以及该产品是否已被批准在其他国家销售。

根据“第 16 号规范决议（NR）”，CTNBio 可以将新产品从同一“转基因生物”监管评估中豁免。然而，由于巴西以前的规定包括由所使用的基因工程流程严重触发的“转基因”条例，因此第 16 号规范决议载有一份附件，其中列举了可能会产生不被视为“转基因”

产品的基因工程程序清单。它包括一项说明，即决议不仅限于这些例子，而且最终可能适用于其他即将出现的技术。请参阅本报告附录中第 16 号规范决议的非正式解释。

2018 年，巴西批准了首个利用 CRISPR 技术生产的农产品：一种支链淀粉含量更高的可食用玉米。这种谷物有两种淀粉：直链淀粉（25%）和支链淀粉（75%）。巴西农业研究局（EMBRAPA）正在开发在大豆、玉米、可食用豆类和甘蔗四种作物中使用 CRISPR 技术的项目。目前还没有关于该项目的进一步信息发布。

根据 CTNBio 的信息，在 2020 年全年，国家技术生物安全委员会（CTNBio）收到了 10 封咨询信（相比之下，2019 年为 6 封），涉及法规第 2 条条款及若干产品（未被 CTNBio 列出）。针对 TIMP 回复了 9 封咨询信，另一份仍待处理。

2020 年 7 月 22 日，巴西农业研究局（EMBRAPA）与加拿大农业食品局（Agri-Food Canada）签署了一份谅解备忘录（MOU），正式确定了两家机构之间的技术合作。这份谅解备忘录巩固了自 2000 年代中期以来在小麦育种和气候变化领域建立的伙伴关系，并为基因编辑和精准农业等先进科学领域的创新性研究打开了大门。基因编辑、数字和/或精准农业领域被两家机构列为优先合作议题，不仅涉及谷物，还涉及其他共同感兴趣的作物和牲畜。

美国科迪华农业科学公司与巴西农业研究局（EMBRAPA）在 2020 年签署了一项合作协议，利用基因编辑技术 CRISPR 进行研究。该协议的实施将使 EMBRAPA 能够在其与之合作的所有植物种类中以及农业微生物中使用该技术。正在进行的第一个研究项目将使用 CRISPR 技术开发耐旱和抗线虫大豆品种。

2019 年 7 月，EMBRAPA 的遗传资源和生物技术中心通过 CRISPR/Cas9 系统以及其在获得改良植物方面的应用，推广了有关基因组编辑技术的第一门实践课程。该倡议汇集了巴西和拉丁美洲的专家，这代表了一个区域一体化方案，巩固了巴西、阿根廷、哥伦比亚、巴拉圭和乌拉圭之间的合作。

EMBRAPA 遗传资源和生物技术中心正在加强与私营部门的伙伴关系。在 2021 年的上半年，该公司签署了 13 份新合同，另有 10 份合同正在谈判中。例如，EMBRAPA 和 Agrocinco 正在合作开发一种富含叶酸的莴苣和一种抗斑点萎蔫病病毒的番茄。EMBRAPA 还于 2021 年 9 月公开呼吁建立合作伙伴关系，生产可用于动物饲料的不含蓖麻毒素的蓖麻（*Ricinus communis*）。

1.2.6 共存

该领域尚无更新。

2005 年 3 月第 11、第 105 号法律确立了在巴西生产和销售转基因作物的法律框架。常规或非转基因作物在全国范围内生产，具有农业分区和环境限制，主要适用于亚马逊生态区。

1997 年 4 月 25 日第 9456 号法律，即《植物品种保护法》，为转基因和非转基因种子的登记建立了法律框架，但该法律不偏袒其中的某一个。

1997 年 11 月 5 日的第 2 和第 366 号法规在农业、畜牧业和食品供应部（MAPA）下建立了国家植物新品种保护局，并规范了转基因和非转基因种子的注册。CTNBio 发布的第 04/07 号规范性指令针对巴西转基因与非转基因作物的共存问题，专门对转基因玉米制定了规则。

1.2.7 标识和可追溯性

巴西众议院通过的“4148/2008 法案草案”没有任何进展。该法案已送交巴西参议院最终批准，目前仍在审议中。目前无法预计参议院将在什么时候完成审查。

2015 年 4 月 29 日，巴西众议院以 320：135 的比例批准了第 4148/2008 号法案草案，以修正当前的转基因标识立法（第 4680/2003 号行政命令）。新的法案草案规定，只有在其最终成分中含有超过 1%的转基因材料的产品才需要贴标签。另一个重要的变化是决定撤回对黄色三角形中黑色“T”符号的转基因标签的要求。该法案仍在巴西参议院进行审议，最后一次审议是 2015 年，可以预见未来法案仍会继续等待。根据以下资料，第 4680/2003 号行政命令仍然有效。

2003 年 4 月 24 日，巴西总统在巴西联邦登记册（“官方公报”）上发布了第 4680/03 号行政命令，对含有或由生物技术转化体生产的用于人类或动物食用的食品和食品成分规定了 1%的阈值。行政命令宣布须告知消费者产品的生物技术性质。

2003 年 12 月 26 日，司法部发布了第 2658/03 号指令，批准了转基因商标“T”的使用法规。它适用于人类或动物消费的生物技术产品，同时含量超过 1%。这项规定于 2004 年 3 月 27 日生效。2004 年 4 月 2 日，总统府民事内阁公布了由 4 名内阁部长（民事内阁、司法、农业和卫生）签署的 1 号规范性指示，确立了第 2658/03 号指令将强制对含有生物技术转化体超过 1%限度的产品贴上标签，除了联邦机构外，第一号规范指令还授权州和市消费者保护官员执行新的标签要求。

1.2.8 监测和检测

巴西的监测和检测涉及风险评估。除其他事项外，CTNBio 的义务是对与转基因作物转化体及其副产品有关的行为和项目进行个案风险评估，以授权转基因作物研究活动，并确定使用转基因作物及其副产品可能导致环境退化或危害人类健康的活动和产品。CTNBio 对转化体可能导致环境退化的潜在原因或有效原因以及是否需要环境许可发布最终决定。CTNBio 在转基因作物及其副产品的生物安全方面的决定对其他巴西政府机构具有约束力。

农业、畜牧业和粮食供应部（MAPA）对转基因作物转化体进行监测。根据现行立法，MAPA 主要监督农业、动物使用和农业行业相关领域的转化体。卫生部还通过国家监测局（ANVISA）检查毒理学转化体，环境部通过巴西环境和可再生自然资源研究所（IBAMA）监测和检查这些转化体及其对环境的影响。

1.2.8.1 巴西草甘膦使用的最新情况

2020 年 10 月，巴斯夫和拜耳预计将在市场上推出新的、挥发性更低的除草剂麦草畏，可以表面喷施，不引起燃烧，目前在巴西申报注册的配方里就有该除草剂，两家巨头共同开发的种子，同时带 Dicamax（BASF）和 XtendiMax（Bayer）商标。

截至 2021 年 10 月，拜耳的“XtendiMaX”尚未上市。今年 5 月，拜耳公司的一名代表在新闻中表示，虽然无法预期产品将于何时推出，但承诺这是拜耳五年来在拉丁美洲推出的最大规模产品。

1.2.8.2 巴西百草枯使用的最新情况

巴西卫生部国家卫生监督局（ANVISA）于 2020 年 9 月 22 日禁止使用除草剂百草枯。这一决定引起了生产者协会（主要是大豆农民）的抗议，因为禁令是在 2020/2021 年作物种植之前下达的。在像巴西这样的免耕制度中，生产商声称市场上的其他选择更昂贵，这可能会增加 100%以上的成本，但却没有同样的效率。10 月 7 日，国家卫生监督局（Anvisa）决定延长农民持有的以百草枯分子为基础的剩余产品库存到 2020/2021 年收获时的使用期限。根据作物的不同，生产商对剩余库存的使用有不同的期限。百草枯使用的最后期限是 2021 年 7 月 31 日。

1.2.9 低水平混杂（LLP）策略

巴西对未经批准的转基因食品和作物转化体实行零容忍政策。

1.2.10 附加监管要求

经 CTNBio 批准的转化体无须进一步审查。

1.2.11 知识产权（IPR）

巴西现行的生物安全法为新的转基因作物的研究和销售提供了明确的管理框架，这鼓励了巴西联邦政府接受和保护有利于农业的新技术。在巴西，生物技术的知识产权由 1996 年颁布的第 9279 号《工业产权法》所规定，该法保障对享有有效知识产权的种子的使用收取使用费的权利。像拜耳、先正达、Corteva 和巴斯夫这样的跨国公司都与 EMBRAPA 签订了开发转基因作物的许可协议，主要是大豆、玉米和棉花。一般来说，在新作物年开始的时候，技术供应商会与巴西各州和农民协会就收取特许权使用费的付款协议进行谈判。拜耳还推行一项出口许可计划，在拜耳拥有抗农达大豆技术专利的国家的目的港，对大豆和大豆产品的装运收取使用费。

2021 年，巴斯夫、拜耳、科迪华和先正达创建了 Cultive Biotec（简称“培生科技”）项目，旨在推动一种集体管理模式来承认知识产权，并向任何提供受知识产权保护的生物技术产品的公司开放，同时有意将其产品在巴西市场商业化，从而开发一个集体的行业解决方案，并以此为知识产权的承认创造一个结构化的环境，允许新的大豆生物技术进入巴西市场。该模型设想，在粮食交付时，将会进行测试，生产者将能够在交付时支付专利使用费（如果他们还没有这样做）。所有的专利使用费在这个系统内支付完成，这减少了拥有不同技术的生产商的官僚作风。生产者现在将不再需要进入不同的系统来支付专利使用费，在农场、筒仓隔离生产，或在不同的地点提供不同的技术。这一制度将允许公司从适当支付的专利使用费中受益，无论种子是当年购买的，还是从前一种作物中保存下来的，确保对创新和进入市场的新技术的投资保持不变。由于这个系统将被主要的生物技术公司使用，巴西的反托拉斯机构 Cade，必须评估这个请求，以确保这是最符合人民利益的。Cultive Biotec 于 2021 年 8 月 5 日获得了 Cade 的批准。有关这个项目的更多信息，可在他们的葡萄牙语网站上找到。

孟山都-拜耳公司在巴西的最新法院案例

这些法律案件没有新的进展。

2019 年 7 月，拜耳（原孟山都）被要求向 Intacta RR2Pro（专利 PI0016460-7）缴纳全部专利使用费，由大豆生产商支付。这是马托格罗索州玉米和大豆生产者协会（APROSOJA）试图以不符合《知识产权法》要求为由撤销专利的诉讼的结果。该决定还对拜耳的违规行为设定了每日罚款。该规定强化了同一家法院在 2018 年 7 月 3 日已经授予的禁令，该禁令确定了每个相关联的 Aprosoja 农民为收购 Intacta RR2Pro 支付的作为特许权使用费的代管存款金额。关于此案的听证会定于 2019 年 8 月底举行，但被推迟。

2019 年 10 月 9 日，拜耳公司在巴西高等法院（STJ）赢得了一项重要裁决。法院发现，跨国公司可以向购买其开发的转基因大豆的农村生产者收取版税。这起针对拜耳的诉讼专门处理这整仓大豆。诉讼是由南里奥格兰德州的农村生产者工会集体提起的，他们认为这个问题必须从品种法的角度而不是专利法的角度进行分析。这将允许他们将种子用于重新种植，也用于大豆作为食物或原材料进行出售，而无须支付额外费用。

根据 STJ 的裁决，1996 年的工业财产法第 9279 条禁止对在自然界中发现的部分生物申请专利。然而，对于满足诸如新颖性和工业应用等要求的转基因生物，是个例外。根据这项裁决，农民没有义务购买转基因大豆种子，他们可以依靠传统的种子。但如果他们选择了具体的品种，就必须承担成本。

对 STJ 的理解很重要，因为马托格罗索州的巴西大豆生产者协会（APROSOJA）正在向司法机关提起另一项类似的诉讼（见前文）。

1.2.12 《卡塔赫纳生物安全议定书》的批准

2020 年 8 月 12 日，巴西官方公报公布了第 136 号立法令，批准巴西加入《名古屋议定书》(《卡塔赫纳生物多样性公约》的附件)。该条约规定了国家之间货币利益和非货币利益的划分规则，这些利益来源于生物多样性（如植物和动物）的遗传研究以及土著和当地社区的传统知识的利用。

2003 年 11 月，巴西批准了《卡塔赫纳生物安全议定书》（根据《联合国生物多样性公约》）。除了少数例外，巴西政府（GOB）支持美国政府关于《卡塔赫纳生物安全议定书》补充协议下的责任和补救条款的立场。一个值得注意的例外是，巴西政府认为关于非缔约方待遇的条款应该结束。巴西政府反对严格责任承担，但同意使用狭义的损害定义，并支持操作者有限狭义定义的想法，反对强制性地使用保险或其他金融工具来运输“改性活生物体（LMOs）”。

巴西派代表团参加 COP-MOP 会议，并为《卡塔赫纳生物安全议定书》特设技术专家组（CBD AHTEGs）服务。

1.2.13 国际条约和论坛

2021 年 4 月，在美国和巴西高层工作组的最后一次会议上，巴西重申，该国在国际论坛上促进以科学为基础的标准和定义，目的是消除不科学的卫生和技术贸易壁垒。

巴西是《国际植物保护公约》（IPPC）的成员，其代表是《国际植物保护公约》植物卫生和农业投资司司长。巴西也是食品法典的积极成员，于1968年加入，对外关系部在该机构中担任代表。在当地，巴西政府已经创建了一个协调机构，称为“巴西食品法典协调部”，由几个政府利益相关方组成，如MAPA、经济部、ANVISA、科学技术部，以及行业特定联合会，如工业和农业联合会。

巴西在这些国际论坛上的立场与美国类似。《华盛顿邮报》不了解巴西在这些国际论坛上发表的声明或讨论的立场，也不知道巴西的立场是否影响了美国对巴西的农产品出口。

1.2.14 相关问题

巴西继续与美国合作，在第三国开展联合外联活动。全球粮食安全和生物技术在其中的作用是加强合作的推动力。对巴西的生物技术公司来说，非同步审批是一个切身相关的问题。然而，值得注意的是，在这一点上，随着CTNBio最近的批准，《华盛顿邮报》了解到在美国和巴西批准的玉米转化体之间不存在非同步，这可能会促进贸易。尽管中国已经向巴西大豆出口商批准了几个比较关注的新性状，但欧盟还没有批准。MAPA更加直言不讳，并与欧盟合作加快审批进程。

1.3 市场营销

1.3.1 公众/个人意见

此部分没有进展更新。

2016年第二季度进行的一项关于公众对转基因产品看法的民意调查得出结论，80%的巴西人关心“转基因”这个词，33%的巴西人认为消费这些产品会造成伤害。据巴西分析人士称，“转基因”产品的不良形象与巴西大量使用杀虫剂有关。调查还显示，大多数巴西人不知道哪些转基因植物生长在巴西。

“巴西无转基因”的营销活动，反对在巴西使用转基因植物。这项运动由绿色和平组织发起，并得到了某些环境组织和消费者团体的支持，包括环境部的政府官员、一些政党、天主教会和无地运动。反对转基因植物及其产品的运动在投资巴西的欧洲大型零售商、食品加工商和主要出口欧盟的出口商中，比一般的巴西消费者更有效。

1.3.2 市场接受度

在这个领域没有新的发展。

巴西生产者普遍接受转基因作物。根据巴西农业局（CNA）的数据，最近对巴西农民进行的涵盖过去3年的全面调查显示，80%的人接受转基因作物。

然而，肉类加工商、食品加工业和零售商不太接受生物技术，尤其是位于巴西各地的法国大型超市。这些部门担心，针对他们产品的营销活动可能会由环境组织和消费者群体带头。然而，这些小组进行的测试表明，在一些可供消费者使用的产品中生物技术残留极少。

巴西食品工业协会（ABIA）指出，74%的巴西消费者从未听说过转基因产品。总的来说，巴西消费者对转基因的争论不感兴趣，因为他们更关心价格、质量和食物的保质期。然而，小部分消费者回避转基因植物产品及其衍生物。

巴西食品工业协会（ABIA）、巴西农业研究局（EMBRAPA）和生物技术信息委员会（CIB）提供了关于转基因植物及其产品营销的本国特定研究的文章（几乎所有的研究都用葡萄牙语）。

巴西植保协会于 2019 年 10 月成立，旨在整合国家植物防御协会（ANDEF）、巴西生物防治公司协会（ABCbio）、农业和农用工业生物技术公司协会（AgroBio）和生物技术信息委员会（CIB）。这个新实体得到了国际植保协会的支持，是全球文化科学产业网络的一部分，在 91 个国家设有分支机构。

第2章　动物生物技术

2.1　生产和贸易

2.1.1　生物技术产品开发

巴西是世界上第二大转基因植物生产国，但动物生物技术的研究和应用，包括动物克隆和转基因动物，仍处于起步阶段。EMBRAPA 在转基因奶牛上取得了成功，重组蛋白的研究正在进行中。两只 2013 年出生的小牛是这项研究的一部分。另一项研究重点主要是利用转基因技术改善肉牛健康，增加牛体重。塞阿拉州生产了两只转基因山羊，它们可以生产更高水平的人类抗菌蛋白，这种蛋白被证明对治疗仔猪腹泻有效。这项研究展示了转基因动物食品有益于人类健康的潜力。这项研究是与加州大学戴维斯分校合作进行的。

在 EMBRAPA 的整体国家层面协调下，巴西拥有发展完善的克隆动物研究系统。克隆研究始于 20 世纪 90 年代末，主要集中在牛身上。2001 年 3 月，巴西成功克隆了一只西门塔尔小母牛，名叫“维多利亚”。第二个克隆体于 2003 年从一只名叫“Lenda da EMBRAPA”的荷斯坦奶牛的细胞中诞生。第三个克隆体是 2005 年 4 月从一只名为“Junqueira”的本地牛身上获得的，该牛已被列入濒危物种名单。第四个克隆，叫作 Piatã，出生于 2010 年 8 月，也是来自 Junqueira 奶牛品种。所有这些克隆体都有后代，这表明在这一过程中使用的动物具有良好的生殖潜力和母性能力。

2.1.2　商业化生产

巴西的商业体细胞核移植（SCNT）克隆由少数公司实施，大多数是与 EMBRAPA 合作进行的。这些公司已经克隆了牛，用作精英展示和繁殖动物。自 2009 年 5 月以来，MAPA 改变了法规，允许克隆牛在巴西泽布牛协会（ABCZ）下进行基因注册，因为这种动物（巴西泽布牛，类似于美国的婆罗门牛）约占巴西牛基地的 90%。

2014 年 4 月 10 日，国家技术生物安全委员会批准了转基因蚊子，并在巴西首次商业投放。一家英国公司，Oxitec，卖给了总部位于美国的 Intrexon 公司，生产转基因埃及伊蚊（OX513A）。尽管获得了国家技术生物安全委员会的商业化批准，但是巴西卫生部下属的国家卫生监督局（ANVISA），相当于美国的食品药品监督管理局，尚未批准 OX513A 在巴西的商业用途，只是提供了研究用途的临时特别登记（RET，葡萄牙语）。

2021 年 6 月，总部位于马萨诸塞州的 AquaBounty Technologies 公司获得了 CTNBio

的批准，可以在巴西商业化销售转基因大西洋鲑（三文鱼）。ISAAA 指出，CTNBio 对 AquaBounty 的申请进行了评估，以确保其符合相关标准和监管规定要求并得出 AquaBounty 公司的转基因三文鱼的销售和消费对环境和人类健康是安全的。CTNBio 的批准是继美国食品药品监督管理局和加拿大卫生部批准之后，AquaBounty 公司成为世界上第一家也是唯一一家在这 3 个主要市场批准其转基因大西洋鲑（三文鱼）的公司。

巴西国家技术生物安全委员会发布了 54 种商业化转基因疫苗，41 种微生物，以及 4 种转基因动物。

2.1.3 出口

尚未商业化。

2.1.4 进口

尚未商业化。

2.1.5 贸易壁垒

据《华盛顿邮报》了解，对从美国进口活体动物、繁殖材料或牲畜产品没有任何限制。巴西是美国动物遗传物质（主要是牛精液）的重要进口国。

2.2 政策

2.2.1 监管框架

转基因动物和转基因疫苗的管理与转基因植物适用同样的法规，都需要 CTNBio 的批准。请参阅第 1 章 1.2 部分（政策）下的监管框架。然而，动物克隆及其产品虽然得到了上述相同法律框架的批准和许可，但在巴西联邦或州层面都没有具体的监管框架获得批准。其中，有一项法案草案（PLS 73，2007 年 3 月 7 日）已通过参议院，并于 2013 年 2 月 20 日以新的标识号（PL 5010/13）送交众议院。第 5010/73 号法案提议规范动物克隆，包括野生动物及其后代。该法案还提议让巴西农业部（MAPA）负责对所有进行克隆动物研究的机构进行注册，包括私营和公共机构，并授权克隆动物用于遗传或食品目的的商业销售和进口。

由于没有针对克隆动物及其产品的法规，MAPA 不批准任何向巴西进口克隆动物及其产品如肉类或乳制品等。克隆动物及其产品的后代也是如此。

根据第 5010/13 号法案草案，克隆动物及其产品的进口许可证将在 MAPA 收到出口公司的所有文件后 60 天内提供，如动物来源、动物特征、动物在巴西的目的地以及进口目的（用于遗传或食品）。

拟议的立法还对进口克隆动物及其产品的两种授权进行了区分：一是药品或治疗用途将需要卫生部 ANVISA 的授权；二是涉及转基因生物的克隆动物及其产品将需要科技部隶属的 CTNBio 的再授权。

自2013年以来，该法案草案一直处于各委员会的审议之中，直到2021年4月，调查专员投票否决了该法案草案，因为该调查专员反对看重动物技术的本国动物克隆，以及克隆巴西本土野生动物，最后请求其他议员协助，拒绝了法案草案。

第73号法案草案未提及对克隆动物衍生产品的标识。但是，政治分析人士预计，巴西反转基因组织将施加巨大压力，要求他们采用与巴西《生物技术法》相同的原则，并使用《巴西消费者防卫法》向政府施压，要求为克隆动物及其产品打上特定标识。

2.2.2 审批情况

巴西获得商业化批准的转基因动物见表4；巴西获得商业化批准的用于人类动物临床用途的活疫苗和转基因生物衍生产品见表5。

表4 巴西获得商业化批准的转基因动物

产品	动物	公司	文件/年
埃及伊蚊，谱系OX513A	蚊子	O×itec	3964/2014
埃及伊蚊OX5034第二代世系	蚊子	O×itec	6946/2020
夜蛾，谱系OX5382G	降黏虫蛾	O×itec	7350/2021
大西洋鲑（*Salmo salar*），转基因生长激素	鱼	Aquabounty	7450/2021

资料来源：CTNBio，2021年9月26日更新。

表5 巴西获得商业化批准的用于人类/动物临床用途的活疫苗和转基因生物衍生产品

产品	性状	公司	文件/日期
Recombitek	Cães/病毒	梅里亚	Com 38/98
Vaxxitek MD/IBD	家禽/马立克氏病-法氏囊病	梅里亚	Com 99/04
Suvaxyn PCV2	猪/环状病毒	道奇堡	1300/2008
Ingelvac	猪/环状病毒	勃林格	1427/2008
P. Circumvent	猪/环状病毒	英特威	1591/2008
Poulvac	鸟类大肠杆菌	道奇堡	2146/2009
Vectormune FP-MG	鸟类/类群-支原体	Ceva	2214/2009
Vectormune FP-MG+AE	鸟类群-脑炎	Ceva	2226/2009
Vectormune HVT-IBD	家禽/马立克氏病-法氏囊病	Ceva	2280/2010
Vectormune HVT-NDV	家禽/马立克氏病-新城疫	Ceva	2279/2010
PouvacSt	家禽/沙门氏菌病	道奇堡	2741/2010
Vectormune FP-LT	鸟类雅司病和喉气管炎	Ceva	2957/2011
Vectormune FP-LT-AE	禽流感、禽流感喉部环虫病和禽流感脑膜炎	Ceva	2958/2011

（续表）

产品	性状	公司	文件/日期
INNOVAX ILT	鸟类马立克氏病和喉气管炎	英特威	2872/2011
InnovaxND	鸟类马立克氏病和新城疫	英特威	3265/2012
ProteqFlu TE	马流行性感冒	梅里亚	3636/2013
ProteqFlu	马流感	梅里亚	3637/2013
Vectormune HVT-LT	禽流感与 Marek 病，sorotipo 3	Ceva	4304/2014
PRO-VAC Circomaster	猪环状病毒	Vencofarma	4090/2014
B058	猪环状病毒	奥瑞福诺	4202/2014
Bovela	牛腹泻	勃林格	4594/2015
瓦奇纳登革热 1,2,3,4	登革热疫苗	Inst. Butantan	4673/2015
登瓦夏	登革热疫苗	Sanofi Aventis	4759/2015
Bay98	imunoe 兴奋剂	拜耳	4915/2016
HIPRABOVIS IBR MARKER LIVE	牛海斯派斯疫苗	Hipra	5005/2016
OncoVEXGM-CSF	黑色素瘤治疗	贝加莫实验室	5099/2016
生物技术真空疫苗	禽流感沙门菌病疫苗	Vetanco do Brasil Importação e	5331/2017
沙门菌		Exportação Ltda	
纯病毒狂犬病疫苗	猫科动物狂犬病疫苗	梅里亚	5407/2017
PROTEQFLU	马流感疫苗	梅里亚	5486/2017
Purevax Felv	白血病疫苗	梅里亚	5935/2018
INNOVAX ND-IBD	活重组疫苗，对抗 Marek、Newcastle 和 Gumboro 的疾病	梅里亚	5836/18
Newxxitek HVT+ND	活疫苗，对抗马立克氏病、新城疫疾病，马立克氏病毒作为载体，血清型 3	梅里亚	5861/2018
Ingelvac Provenza	改良活病毒疫苗防治猪流感	勃林格	6062/2018
Trovac-NDV	新城疫和禽雅司病重组病毒活疫苗	梅里亚	6055/2018
Recombinant Vaccine Against Pork Circovirus type 2	马立克病和禽流感	Ourofino Saúde Animal Ltda	6056/2018
Vacina Recombinante Aviária Código 1062. R0	对抗流行性感冒和禽流感	Ceva	5997/2018

（续表）

产品	性状	公司	文件/日期
PREVEXXION RN	鸟类马立克氏病疫苗	梅里亚	6162/2018
Avipro Megan VAC 1	肉鸡沙门菌活疫苗的研究	Elanco Saúde Animal	6220/2018
Fostera Gold PCV MH	猪肺炎支原体灭活疫苗	Zoetis Industria de Produtos Veterinários	6221/2018
LUXTURNA	由双 alletic RPE65 基因突变引起的遗传性视网膜营养不良导致的视力丧失的成人和儿童患者	诺华 Biociências S. A	6849/2020
MHYOSPHERE PCV ID	猪肺炎支原体灭活重组株		
INNOVAX ND - ILT	转基因生物（INNOVAX ND-ILT）的马立克氏病、新城疫和传染性喉气管炎重组活疫苗的商业化	默克	6923/2020
Zolgesma	小儿脊髓性肌萎缩症（SMA）重组活疫苗	诺华 Biociência S. A	6495/2020
Avian Recombinant Vaccine Code 1A89. R0	马立克氏病、新城疫和 Gumboro 病的禽疫苗	Ceva	7055/2020
Lamzede	治疗溶酶体 α 甘露糖苷酶缺乏症	Chiesi Farmacêutica Ltda	7201/2020
CIRCO/MYCOGARD	猪圆环病毒和猪肺炎支原体重组疫苗	巴西生态动物健康	7239 * 2020
Poulvac Procerta HVND	鸡马立克氏病和新城疫病毒载体化活疫苗	Zoetis Indústria de Produtos Veterinários Ltda	7249/2020
G608 Vaccine	仔猪水肿病灭活疫苗	Ceva	7340/2021
CIRCOGARDN Recombinant Vaccine	圆环病毒猪疫苗	Eco Animal	7449/2021
FVAX-20SA01 Vaccine	人工养殖罗非鱼链球菌特异性疫苗	Tevah Consultoria Empresarial, Regulatória, Governamental e Engenharia Ltda.	7480/2021
Covid-19 Vaccine	新型冠状病毒疫苗	皇家研究院	7292/2021
Covid-19 Vaccine	新型冠状病毒疫苗	Janssen-Cilag Farmacêutica Ltda	7400/2021

（续表）

产品	性状	公司	文件/日期
Covid-19 Vaccine	新型冠状病毒疫苗	União Química Farmacêutica Nacional S. A	7440/2021
Kymriah	治疗难治性急性 B 淋巴细胞白血病	诺华 Biociências S. A.	7502/2021

注：资料来源于国家技术生物安全委员会 CTNBio，2021 年 8 月 26 日的更新。

2.2.3 新技术

2018 年 10 月 4 日，CTNBio 将美国 Recombinetics 公司生产的基因编辑的无角牛确定为常规动物。巴西根据第 16 号规范决议对第一只经基因编辑的动物作出了这一决定。农业、畜牧业和食品供应部（MAPA）尚未发布 CTNBio 关于此决定的任何通知或法规。

巴西的动物生物技术正在蓬勃发展。20 世纪 80 年代的标志是亲核显微注射胚胎生产转基因动物，其效率非常低。1990 年，随着多莉羊（Dolly sheep）在苏格兰和由 EMBRAPA 克隆的“维多利亚”（Victoria）小牛在巴西的诞生，核移植克隆技术占据了主导地位。在 21 世纪，其他技术被纳入了科学工具箱。自 2010 年以来，CRISPR 技术已经主导了动物繁殖生物技术领域。

当前，巴西的研究重点是动物疾病的治疗和预防，这是养殖企业的主要问题。例如，蜱虫每年对巴西牲畜造成的损害超过 5 亿雷亚尔。但是还有其他的问题，比如角蝇。在这种情况下，CRISPR 技术可以成为一种工具，通过在动物奶中生产药物或治疗困扰畜群的疾病来寻找解决这些产生的刺激物的方法。EMBRAPA 遗传资源与生物技术中心正在掌握和建立牛基因组编辑的方法。

2.2.4 标识和可追溯性

尽管还没有为转基因动物制定标签和可追溯性等具体要求，但本报告 1.2 部分（1.2.7）中所述的法规和法律同样适用于转基因动物。

动物克隆的监管框架正在国会进行审查，很可能由 MAPA 授权。关于动物克隆的立法草案中没有关于动物克隆产品的标识和可追溯性的具体规定。

巴西消费者法适用于转基因植物、转基因动物或动物克隆的所有产品，涉及消费者对产品的基本和总体信息。

2.2.5 附加监管需求

目前尚无额外的监管需求。

2.2.6 知识产权（IPR）

《巴西生物安全法》为该国新生物技术作物的研究和销售提供了明确的监管框架，鼓励巴西政府采用和保护有利于农业的新技术。由于没有转基因动物和产品的商业化，这一领域的知识产权尚未经过测试。

2.2.7 国际条约和论坛

巴西是食品法典和世界动物卫生组织的成员。《华盛顿邮报》不了解巴西官员在这些国际论坛上发表的与动物生物技术有关的官方声明。然而，一些巴西科学家参加了与这一主题有关的国际研讨会或培训班，其中一些由美国农业部赞助。

2.2.8 相关问题

尚未获知相关问题。

2.3 市场营销

2.3.1 公共/个人意见

迄今为止，只有专门的农村电视节目播放过关于克隆动物的报道，但没有任何关于基因编辑的报道。目前尚未有任何关于生产者或消费者接受这些新技术的公开研究的报道。

2.3.2 市场接受度/研究

目前尚无任何有关消费者接受这些新技术的市场研究或调查。

第3章　微生物生物技术

3.1　生产和贸易

3.1.1　商业化生产

尽管巴西是世界上第二大转基因植物生产国，成功应用生物技术植物转化体已有20年，但微生物生物技术的研究和应用却是最近的事情，仅追溯到2010年。CTNBio已经批准了几种来自微生物生物技术的食品成分和其他产品，如表6所示。

3.1.2　出口

巴西出口的几种产品含有微生物生物技术衍生的食品原料，如酵母和碱性蛋白酶。目前没有具体的产品、数量或出口的价值列表以及这些产品的具体出口文件。

3.1.3　进口

巴西进口酶和其他含有微生物生物技术衍生的食品配料的产品，但CTNBio必须基于个案分析原则批准任何进口申请。

3.1.4　贸易壁垒

尚不明确任何贸易壁垒。

3.2　政策

3.2.1　监管框架

微生物生物技术与转基因植物、动物和疫苗受相同的法律管辖，并由CTNBio进行分析和批准。参见本报告1.2“政策”部分，1.2.1监管框架。

3.2.2　审批情况

巴西批准的用于工业用途的商业化转基因微生物和衍生产品见表6。

表 6　巴西批准的用于工业用途的商业化转基因微生物和衍生产品

产品	特性	公司	文件编号	年份
Y1979	为生产法尼烯而进行基因改造的酵母（酿酒酵母）	Amyris do Brasil	2281	2010
Y5056	为生产法尼烯而进行基因改造的酵母（酿酒酵母）	Amyris do Brasil	3287	2012
S2014	用于生产甘油三酯和生物制品的原壳虫	Solazyme Brasil Óleos Renováveis e Bioprodutos Ltda	3775	2013
RN1016	为生产乙醇而经过基因改造的酵母菌（酿酒酵母菌）谱系	Bio Celere Agroindustrial Ltda	3877	2013
Bioproduct S5223	原茧微生物衍生物	Solazyme Brasil Óleos Renováveis e Bioprodutos Ltda	4203	2014
Celere-2L	基因工程微生物及其衍生物的生物风险等级 I	Bio Celere Agroindustrial Ltda	4526	2015
S5223	原茧孢霉谱系 S5223 用于生产甘油三酯和生物制品	Solazyme Brasil Óleos Renováveis e Bioprodutos Ltda	4675	2015
S6697	生产甘油三酯生物制品的原茧菌微生物	Solazyme Brasil Óleos Renováveis e Bioprodutos Ltda	4768	2015
Derivative	进口碱性蛋白酶	Du Pont do Brasil	5153	2016
S8695	无绿藻属微生物（*Prototheca moriformis*）	Solazyme Brasil Óleos Renováveis e Bioprodutos Ltda	5238	2016
M10682	酿酒酵母	Lallemand Brasil Ltda	5285	2016

（续表）

产品	特性	公司	文件编号	年份
S8885	*Prototheca moriformis* 微生物	Solazyme Brasil Óleos Renováveis e Bioprodutos Ltda	5286	2016
S1260	用于乙醇生产的酿酒酵母（S1260）	Novozymes Latin America Ltda	5333	2017
GICC03299	α-淀粉酶的转基因衍生物	Du Pont do Brasil	5496	2017
A-glucosidase	α-葡萄糖苷酶的转基因衍生物	Du Pont do Brasil	5797	2018
Hemicellulase	半纤维素酶的转基因衍生物	Du Pont do Brasil	5798	2018
Y22021	酵母基因工程酵母（菌株 Y22021）及其衍生物	Amyris do Brasil	5827	2018
Blicheniformis	地衣芽孢杆菌中噬菌体 α-淀粉酶的表达	Du Pont do Brasil	6152	2018
Alpha amylase（GICC03469）	α-淀粉酶的“转基因”衍生物（GICC03469）	Danisco	6063	2018
谷氨酸棒状杆菌 DM24. 60 菌株	用于工业酵母及其衍生物作为饲料添加剂的动物饲料的基因工程微生物	Evonik Degussa do Brasil	6476	2019
S. cerevisiae（SCY011）	用于乙醇生产的酿酒酵母（SCY011）	Novozymes Latin America Ltda	6507	2019
S. cerevisiae（Y47220）	酿酒酵母用于生产甜菊醇的酵母	Amyris	6592	2019
Substilisin	基因工程微生物 Substilisin 衍生物（GICC03528）	Danisco do Brasill Ltda.	6592	2019
Threonym	基因工程微生物 Granulated Threonym THR Pro 的衍生物（L-Treonina 75%）	CJ do Brasil Industria e Comercio de Produtos Alimentícios Ltda	6623	2019
S. cerevisiae（GICC03506）	酵母用于生产乙醇燃料，用于从碳水化合物和谷物中发酵乙醇	Danisco Brasil Ltda	6729	2019
Granulated Tryptophan TRP Pro	基因工程微生物的衍生物，颗粒色氨酸 TRP Pro（LTriptofano 60%）	CJ do Brasil Industria e Comercio de Produtos Alimentícios Ltda	等待发表	
S. cerevisae（Y63348）	酵母基因工程菌株 Y63348 及其衍生物	Amyris do Brasil Ltda	等待发表	

（续表）

产品	特性	公司	文件编号	年份
遗传工程微生物 m 棒状杆菌谷氨酸的衍生物	从转基因生物衍生的产品颗粒 VALPro，合成 por l – 缬氨酸 70%用于动物饲料	CJ do Brasil Ind. E Com. De Produtos Alimentícios Ltda	6925	2020
微生物–淀粉酶衍生物（GICC03556）	用于洗衣粉和洗碗机配方的阿尔法生物淀粉酶	Danisco Brasil Ltda	7002	2020
S. serevisae M15419	玉米基底乙醇燃料的工业生产	Lallemand Brasil Ltda	7059	2020
由转基因毕赤酵母生产的大豆血红蛋白	该衍生物将用于添加到类似的绞碎牛肉中供人类食用	Jomakol Representações e Serviços Ltda	7060	2020
L–Lysine（BestAmino）	用于鸟和猪等动物饲料制备的添加剂	CJ do Brasil Indústria e Comércio de Produtos Alimentícios Ltda	7056	2020
Prototheca moriformis Strain S9120	菌株 S9120	Corbion Produtos Renováveis Ltda	7205	2020
Alpha Amylase enzyme（GICC03561）	α–淀粉酶（GICC03561）	Danisco Brasil Ltda	7250	2020
S. cerevisae Strains（SCY015 和 SCY016）	SCY015 包含一个不同生物体的葡萄糖淀粉酶基因和另一个基因工程微生物的 α 淀粉酶基因。谱系 SCY016 包含一个独特的生物的葡萄糖淀粉酶基因，α 淀粉酶基因	Novozymes Latin American LTDA	7398	2021
S. cerevisae–CelluXTM 4	生产乙醇用酵母	BioSpringer do Brasil Indústria de Alimentos S. A.	7481	2021
S. cerevisae M24296	用于玉米乙醇生产的酵母	Lallemand Brasil Ltda	7561	2021
S. cerevisae（GICC03578 和 GICC03588）	生产乙醇用酵母	Danisco Brasil LTDA	7643	2021
S. cerevisae M23541	用于玉米乙醇生产的酵母	Lallemand Brasil LTDA	7661	2021
S. cerevisae（SCY017）	用于乙醇生产	Novozymes Latin America LTDA	7662	2021

（续表）

产品	特性	公司	文件编号	年份
S. cerevisae（Y67383）	甜菊糖苷 Reb-M 生产的基因工程酿酒酵母 Y67383	Amyris Biotecnologia do Brasil LTDA	7663	2021

资料来源：CTNBio，更新至 2021 年 10 月 8 日。

3.2.3 标识和可追溯性

尚无任何关于微生物生物技术产品标识的具体规定。然而，巴西的消费者法律适用于所有销售给消费者的转基因产品。此外，根据第 4680/2003 号行政命令，在最终成分中含有超过 1%转基因成分的产品必须进行标识。

3.2.4 监测和检测

CTNBio 的义务是对涉及转基因微生物生物技术产品及其副产品的活动和项目进行个案风险评估，授权转基因微生物研究活动，并确定使用转基因微生物技术所产生的活动和产品及其副产品是否可能导致环境退化或危害人类健康。CTNBio 针对该活动是否是环境退化的潜在或有效原因以及对环境许可证的需要作出最终决定。CTNBio 的决定在转基因微生物生物技术及其副产品的生物安全方面对其他巴西政府机构具有约束力。

3.2.5 附加监管要求

除上述法律法规外，目前没有针对其他转基因产品的附加监管要求。

3.2.6 知识产权（IPR）

目前的生物安全法为转基因作物和相关产品的研究和销售以及创新技术提供了明确的监管框架，这鼓励了巴西联邦政府接受和保护这些有利于农业的技术。尚不了解任何针对微生物转基因产品的知识产权法律法规。

3.2.7 相关问题

没有发现相关问题。

3.3 市场营销

3.3.1 公众/私人意见

尚不知道公众对微生物生物技术有什么担忧，因为它是近年来的创新技术，且主要应用于食品。巴西公众对这类转基因产品知之甚少。

3.3.2 市场接受度/研究

关于微生物生物技术产品和衍生产品的市场接受度，目前还没有具体的研究。然而，最近在几个南美国家进行的一项调查显示，90%的巴西人愿意尝试植物性产品。这项调查是由一家美国大型公司赞助的，该公司致力于植物性蛋白质和食品配料领域。在南美洲，这一比例仅次于哥伦比亚，后者达到了93%。根据被调查的消费者，他们想要尝试这些产品的主要原因是感觉健康（56%），营养（28%）和新的口味（16%）。此外，根据调查，巴西消费者认为品牌披露植物性产品成分的来源很重要。

巴西第二大肉类加工商 MARFRIG 和一家美国配料公司于 2020 年 5 月成立了一家合资企业，并创建了 PlantPlus Foods，该公司于 2020 年 10 月下旬开始运营，生产针对巴西和南美市场的植物汉堡。巴西的植物汉堡生产将加入来自美国的微生物成分。这种植物汉堡于 2021 年 5 月开始商业化。

附录

附录 1　第 16 号规范决议的非正式解释

2018 年 1 月 15 日第 16 号规范性决议（非官方解释）制定向 CTNBio 提交关于改进精准育种的创新技术咨询请求的技术要求，国家生物技术安全委员会——CTNBio，使用其法律和监管机构并符合第 14 条第 XV 和 XVI 项的规定，2005 年 3 月 24 日第 11105 号法律；

根据 2005 年 3 月 24 日第 11105 号法律第 14 条第 15 项和第 16 项的规定，国家生物技术安全委员会（CTNBio）行使其法律和监管权力；考虑到需要评估新兴精准改进技术（TIMP，葡萄牙语），其中也包括所谓的新育种技术——NBTs，考虑到 2005 年 3 月 24 日第 11105 号法律规定的接受情况；考虑到 2005 年第 11105 号法律第三条第三项、第四项和第五项分别界定了重组 DNA/RNA 分子、基因工程和转基因生物；然而 TIMPs 包含了一套新的方法和途径，不同于转基因的基因工程策略，因为它导致最终产物中缺少重组 DNA/RNA；而 TIMPs 可以引入分子生物学工具的创新用途，这会导致：①在基因组的精确编辑中，通过诱导特定的突变，产生或修饰未插入转基因的野生和/或突变等位基因；②进行遗传转化和/或基因表达控制（激活/失活）；③在不通过对个体遗传改良，而是自然机制对基因表达进行表观遗传调控；④在遗传转化和/或控制基因表达与性亲和的基因物种；⑤细胞和组织的暂时性和非遗传性遗传转化；⑥对转基因病毒成分的永久性或非宿主感染；⑦在创造具有自主遗传和重组潜力的等位基因时改变整个群体的可能性（基因驱动）；⑧在异源基因或同源基因的新拷贝的构建中。决定如下。

第 1 条　提高精度的创新技术（TIMP）的示例，但不限于这些本规范决议附件一中所述的技术，这些技术可能产生不被视为转基因生物（GMO）及其衍生物的产品，例如在 2005 年 3 月 24 日第 11105 号法律中的定义。

第一款：本条款中提到的产品被定义为后代，遗传系或过程中的产品，在其研发阶段使用了新兴精准改进技术。

第二款：转化体不限于附件一中所述的技术，因为不同技术的快速和持续进步可以提供新产品，而本规范性决议的规定也将适用。

第三款：本文主要段落中提到的产品至少意味着具有以下特点：

Ⅰ——经证明不存在重组 DNA/RNA 的产品，通过使用以下技术获得作为母本的转基因生物；

Ⅱ——通过使用不会在活细胞中繁殖的 DNA/RNA 的技术获得的产品；

Ⅲ——通过引入靶向位点突变的技术获得的产物，产生增益或基因功能丧失，证明产品中没有重组 DNA/RNA；

Ⅳ——通过技术获得的产品，其中存在暂时或永久的重组 DNA/RNA 分子，而这些分子不存在或渗入产品；

Ⅴ——使用 DNA/RNA 分子技术的产品，无论是否被系统吸收，都不会引起基因组的永久性改变。

在 CTNBio 同意的情况下，如果是从转基因生物获得的产品需要商业化，所述条件仅适用于 TIMP。

第 2 条 为了确定 TIMP 获得的产品是否将被视为转基因生物及其衍生物，根据 2005 年第 11105 号法律第 3 条，申请人必须提交请求到 CTNBio。

第一款：磋商应以本报告附件二中的信息来指导规范性决议。

第二款：一旦与 CTNBio 进行的磋商被提交，其摘录将发表在该联盟的官方公报，并分发给成员，无论是名义上的还是候补的，进行报告及对公告的最终意见。

第三款：成员的最终意见应基于对证据的个案分析，至少符合本规范第 1 条第 3 款所述的至少一种条件。

第四款：对于使用附件中举例说明的技术获得的产品和技术，CTNBio 的决定将遵守附件——第 1 条第 3 款所述的条件；并将对 2005 年第 11105 号法律第 3 条和第 4 条的定义的适用作出结论。

第 3 条 第 2 条第二款所指的最终意见。本规范性决议中的两份应提交给至少一个常设部门小组委员会，并与上级组织达成一致，以及提交协商的技术的拟议用途，在获得批准后，应提交给 CTNBio 全体会议审议。

各小组委员会的分析和评估的最后期限为 90 天，经 CTNBio 全体会议决定，可将意见和建议的阐述时间延长至同一时期。

第 4 条 CTNBio 可以通过协商并在适当的科学依据下要求提供其他信息或研究。

第 5 条 本规范性决议中未预见的情况将由 CTNBio 根据具体情况进行评估和定义。

第 6 条 本规范性决议自发布之日起生效。

附录 2 新兴精准改进技术（TIMP）的示例

早花技术

概述：通过将基因修饰插入基因组并随后分离或通过病毒载体临时表达，沉默和/或过度表达与开花相关的基因。

种子生产技术

概述：在自然雄性不育品系中插入改造基因以恢复生育力，以繁殖这些雄性不育品系，但不会将基因修饰传给后代。

反向改进技术

概述：为了产生纯合亲本系，抑制所选杂合子植株的减数分裂重组。

依赖 RNA 的 DNA 甲基化技术

概述：通过 RNA 干扰（“RNAi”）在与 RNAi 同源的启动子区域进行甲基化，目的是抑制生物中靶基因的转录。

诱变靶点技术

概述：能够在微生物、植物、动物和人类细胞中引起蛋白质或核糖蛋白复合物的定点诱变的技术。

寡核苷酸定向诱变技术

概述：将合成的寡核苷酸引入细胞与靶序列互补，包含一个或几个核苷酸变化，可能通过细胞修复机制（微生物、植物、动物和人类细胞）引起靶序列的替换、插入或缺失。

农业渗透/农业感染技术

概述：用农杆菌或含有感兴趣基因的基因构建体渗透叶片（或其他体细胞组织），以获得位于渗透区域的暂时性高水平表达，或用病毒载体进行系统表达，而不会将修改内容传递给后代。

RNAi 局部/全身应用技术

概述：使用与靶基因同源的双链 RNA（“dsRNA”）序列特异性沉默此类基因。设计的工程 dsRNA 分子可以被细胞从环境中引入/吸收。

病毒载体技术

概述：用重组病毒（DNA 或 RNA）接种生物体，通过病毒复制机制表达感兴趣基因的基因修饰和扩增，而不改变宿主基因组。

附录 3　关于亲本和产品的描述

关于原始生物体（亲本），请告知：①鉴定产生的生物体及其衍生物的遗传技术、目的和预期用途。②分类学分类，从科到最详细的生物体层次，包括在适当的情况下的亚种、品种、病理类型、菌株和血清型。③根据 2006 年 11 月 27 日第 2 号标准解决方案对转基因生物进行风险分类。④所处理的基因和/或遗传元素、起源生物体及其特定功能（如适用）。⑤用于产生所需修改的遗传策略；过程中使用的构建物的遗传图谱表明，存在所有遗传信息。⑥受体生物体（亲本和产品）操作结果的分子特征，如适用，提供以下相关信息：一是操作拷贝数（如基因组序列数、等位基因数等）；二是在可能的情况下，操纵区在基因组中的位置；三是确定是否存在无意基因修饰（脱靶）（如适用）。⑦详细描述受控基因组区域的表达产物（如适用）。

关于产品（后代、血统或最终产品），请告知：①使用分子方法证明不存在重组 DNA/RNA 分子。②含有用于局部/全身性用途的 DNA/RNA 分子的产品是否具有进入目标物种和/或非目标物种的重组能力。③申请所涵盖的产品是否在其他国家/地区获得商业批准。④如果产品使用的基因驱动原理可能允许所赋予的表型变化有可能在整个受体生物体群体中传播，则应说明至少两种策略来监控生物体。⑤如何评估产品中可能存在的技术潜在无意（脱靶）影响的可能性。

阿根廷农业生物技术年报*

规定报告：按规定–公开发表
日期：2021年12月30日
报告编号：AR2021–0041
报告名称：农业生物技术年报
国家：阿根廷
报告类别：生物技术和其他新的生产技术
编写人：AndreaYankelevich
批准人：Benjamin Boroughs

报告要点

阿根廷政府（GOA）在2021年批准了三项新转基因转化体（2项玉米和1项苜蓿）。2021年11月，Bioceres公司生产的含有HB4蛋白的转基因小麦粉获得了巴西监管机构CTNBio的批准。这项批准引起了阿根廷几个农民组织和出口商的担忧；因此，为了加强对这种小麦品种的控制，GOA设立了审计委员会，该委员会将在国家种子研究所（INASE）内运作。

---

*本报告包含美国农业部工作人员对大宗商品和贸易问题的评估，但不一定包含美国政府官方政策声明。

［内容提要］

2021 年是阿根廷 1996 年批准第一种转基因作物 25 周年。阿根廷种植转基因大豆、玉米和棉花的面积超过 2 600万公顷，是使用转基因作物的 3 个主要国家之一。转基因作物的应用始于 1996 年，当时引入了耐除草剂大豆，自那以后，种植面积出现了前所未有的增长，阿根廷种植的 100%的大豆、99%的玉米和 100%的棉花都是转基因作物。

布宜诺斯艾利斯谷物交易所（Buenos Aires Grain Exchange）的专家于 2021 年 5 月发布的一份报告显示，转基因作物带来了经济效益，简化了流程，并减少了农药的使用。

2020 年 10 月 7 日，阿根廷成为世界上第一个批准转基因小麦的国家，GOA 批准了阿根廷 Bioceres Crop Solutions 公司的 HB4 生态小麦。这项全面批准（种植、食品安全、加工、商业销售等）取决于巴西（阿根廷小麦的主要市场）的批准。在巴西磨坊协会的关注下，巴西于 2021 年 11 月部分批准了这一转化体（源自小麦的面粉）。在阿根廷，该批准也引起了几个农民组织和出口商的担忧，因为他们明白，这一批准可能会使阿根廷在其他市场的小麦出口面临风险。HB4 小麦在阿根廷的确切地位尚不确定，因为巴西尚未批准以谷物形式进口和销售这种小麦。在过去的 5 年中，巴西每年进口大约 30.5 万吨面粉，而作为谷物的小麦每年进口 500 万吨。2021 年 11 月，阿根廷宣布了控制该国目前种植的 HB4 小麦的新规则。

在 2020 年和 2021 年期间，阿根廷政府继续更新生物技术监管框架，以加强与国际文书，特别是《卡塔赫纳生物安全议定书》的协调。总的来说，这一更新适用于基因组编辑技术的产品，并取消了对复合性状的生物技术转化体单独批准的要求。这项更新使该国在发展和建立生物技术企业方面具有重大的优势。

种子使用费制度在该国仍然是一个尚未解决的问题。阿根廷的法律允许农民保存和再种植种子，并没有对转基因种子提供知识产权保护。因此，种子公司在推出新品种方面犹豫不决，限制了农民获得新技术的机会。尽管辩论很激烈，但国会在 2019 年 10 月选举前并未通过新的种子法。自新冠疫情以后，一直没有讨论该提案。

由于阿根廷生物技术衍生农产品出口市场对阿根廷的重要性，中国对转基因转化体的批准仍然是阿根廷贸易的重中之重。自 2015 年以来，阿根廷政府在对转基因转化体的每个批准中都加入了一项有条件的声明，即在国内商业化之前，该转化体必须在中国获得批准。

第 1 章　植物生物技术

1.1　生产和贸易

1.1.1　产品开发

阿根廷有几家生物技术公司正在研究新的潜在植物产品，但由于它们的开发处于早期阶段，目前几乎没有公开的具体信息。

1.1.2　商业化生产

阿根廷是世界第三大生物技术作物生产国，仅次于美国和巴西，有 64 种生物技术作物转化体获准生产和商业化：16 个大豆转化体，2 个苜蓿转化体，1 个红花转化体和一个小麦转化体。

20 世纪 90 年代末，生物技术大豆的引入推动了大豆生产的快速发展，目前大豆种植面积已超过 1 800万公顷。

1.1.2.1　中国对转基因转化体的审批

由于阿根廷出口市场的重要性，中国是否批准转基因转化体仍然是阿根廷关注的首要贸易重点。阿根廷要求生物技术转化体在国内商业化之前必须在中国获得批准。业界和政府一直向中国当局强调，对新转化体进行及时、科学的安全性审查十分重要，以避免导致贸易中断的非同步审批。

近年来，中国的批准率落后于其他进口国，如墨西哥、日本和韩国，阻碍了种植者获得新技术的种子。有关中国生物技术审批延期对农业和经济广泛的影响的分析，请参见：https://croplife.org/?s=The+Impact+of+Delays+in+Chinese+Approvals+of+Biotech+Crops。

（1）大豆

1996 年发布的抗草甘膦大豆在阿根廷的使用率非常高，据估计涵盖了 2019/2020 年度大豆种植季节的 1710 万公顷大豆。此外，新技术有助于在许多地区种植双季大豆（允许在小麦收获后种植大豆）。

在引进耐草甘膦大豆之后，大豆生产中最重要的技术飞跃之一发生在 2012 年，具有抗虫（IR）和抗除草剂（HT）复合性状转化体的大豆种子、产品和副产品的商业化。在过去的 4 个生长季中，IR 和 HT 复合转化体大豆品种的使用有显著增长：从 2014/2015 年度的 7%，到 2019/2020 年度的 20%。阿根廷东北部地区鳞翅目虫害的发生率较高，那里的农民使用复合性状大豆品种的比例最高。从阿根廷北部到南部，应用率逐渐下降。

阿根廷大豆经济几乎完全面向出口。20%的大豆作为整粒大豆出口，80%的大豆被压榨后作为豆粕或大豆油出口。大豆油和豆粕的绝大部分出口都有少量剩余（占总豆粕和大豆油供应的7%）用于当地饲料经营。有关大豆生产的详细信息，请参见全球农业信息网（GAIN）系统中的阿根廷油料和产品年度报告。

（2）玉米

阿根廷农民使用复合性状玉米转化体已经有十年了。2021 年 11 月，孟山都/拜耳阿根廷公司批准了两项新转化体：MON-87427-7×MON-89Ø34-3×SYN-IR162-4×MON-87411-9×MON-87419-8×MON-ØØ81Ø-6 和 MON-87427-7×MON-87419-8×MON ØØ6Ø3-6。

在过去的十年里，玉米复合性状转化体的应用发生了巨大变化。新的复合性状的开发减少了单一转化体的使用，而复合性状使用增加。在 2019/2020 年度，复合 HT 和 IR 转化体占玉米种植总量的 92%，而单一转化体占 7%，常规种子占 1%。

阿根廷所有地区都有复合性状转化体品种种植。这些复合性状转化体减少了处理的数量和应用的作物保护产品的数量，从而减少了相关的成本。复合性状转化体的使用促进了作物健康，提高了可能的产量，并使得干燥处理更容易。同样，在晚播玉米作物生产系统中，使用复合性状转化体控制昆虫和杂草也变得很重要。虽然较晚的播种日期可以更灵活地选择播种和收获日期，以及选择最佳的温度、土壤水分等条件，但它使作物面临较高的虫害压力，如螟虫、黏虫和棉铃虫。

（3）棉花

在 2019/2020 年度，总棉花种植面积采用了 HT 和 IR 复合性状转化体。2021 年没有批准新的转化体。

1.1.3 出口

阿根廷是面向包括美国在内的世界许多转基因市场的净出口国。谷物出口文件声明了转基因内容。

1.1.4 进口

除了从巴拉圭进口用于阿根廷大豆压榨行业的转基因大豆外，阿根廷不是转基因作物的主要进口国。然而，2018 年夏季发生的严重干旱使阿根廷大豆产量减少到 3 600万吨，比预计产量减少了 5 400万吨。阿根廷大豆压榨行业需要大豆来源以维持其加工水平，自 1997 年以来首次从美国大量进口大豆。为了利于进口，阿根廷监管机构允许批准食品、饲料和加工（FFP），而无须批准种植。因此，阿根廷从美国和巴西进口了大豆品种，其中包括批准的 FFP 转化体，但不用于种植。由于阿根廷缺乏对植物品种的知识产权（IPR），这些大豆的开发商没有得到种植许可。

1.1.4.1 进口政策

随着 2018 年美国大豆的到来，转基因转化体准入政策成为讨论的焦点。2018 年 5 月 18 日，农业部发布第 26/2018 号决议（https：//www. boletinoficial. gob. ar/#！DetalleNorma/183969/20180518）。这项决议允许在未经阿根廷批准，但是已经在其他国家获得批准的情况下进口转基因大豆。这些转化体可用于食品、饲料和加工，但不包括种植，这项决议被授权发布后四年有效。

1.1.5 粮食援助

阿根廷不是粮食援助的受援国，也不太可能在不久的将来成为粮食援助的受援国。

1.1.6 贸易壁垒

目前尚不明确。

1.2 政策

1.2.1 法规框架

2020 年和 2021 年，GOA 通过以下决议更新了其农业生物技术监管框架（链接全部为西班牙文）。

第 44/19 号决议（转基因植物田间试验），请参见：http：//servicios. infoleg. gob. ar/infolegInternet/anexos/320000-324999/324699/norma. htm。

第 19/2021 号决议（限制活动的隔离条件），请参见：https：//www. argentina. gob. ar/normativa/nacional/resoluci%C3%B3n-19-2021-346692。

第 32/2021 号决议（环境风险评估，包括烟囱法规），请参见：https：//www. argentina. gob. ar/normativa/nacional/resoluci%C3%B3n-32-2021-347662。

第 49/2021 号决议（昆虫抗性管理），请参见：https：//www. argentina. gob. ar/normativa/nacional/resoluci%C3%B3n-49-2021-349663。

2012 年以来，对新转化体的评估基于个案分析的原则。阿根廷的法规是基于转基因产品的特点以及他们对人类健康、动物和环境潜在的风险制定的，该风险是与他们对应的常规产品相比较得出的。

生物技术和创新协调办公室是阿根廷所有生物技术监管和信息的中心。该办公室隶属于国家生物经济理事会，而国家生物经济理事会又隶属于农业部。该办公室协调 3 个技术领域：生物安全（其负责人是国家农业生物技术咨询委员会（CONABIA））的成员，政策分析和制定，以及监管设计。

生物技术种子商业化的审批程序涉及农业部的以下机构：

（1）国家农业生物技术咨询委员会（CONABIA）

职能：评估对农业生态系统的影响。其主要职责是从技术和科学角度评估阿根廷农业引进生物技术作物对环境的潜在影响。CONABIA 就转基因作物和生物技术衍生释放到环境中的相关问题向食品和生物经济秘书处提出建议。CONABIA 已被联合国粮食及农业组织（FAO）认可为转基因转化体生物安全参考中心。

CONABIA 是由来自公共部门的代表组成的多部门组织，以及与农业生物技术有关的学术界和私营部门组成。成员以个人的身份履行职责，不作为任何部门的代表。他们是生物安全国际辩论及相关监管过程的积极参与者。

根据阿根廷法规框架，CONABIA 被要求在 180 天内完成评估。CONABIA 采用了电子表格系统，允许所有机构同时查阅文件，进一步加快了审批程序。该委员会自成立以来，已审查了 2 100多份许可证申请，并根据该部门的需要设立了新的职能。CONABIA 是一个咨询机构，根据阿根廷农业部的决议运作。

（2）国家农业和食品卫生与质量服务局（SENASA）

SENASA 负责评估供人类和动物食用的转基因作物衍生产品的安全性。

（3）国家农业食品市场部（DNMA）

DNMA 负责评估转基因产品批准对阿根廷出口市场的商业影响，DNMA 主要分析重点目的地市场新转化体的批准状态，比如中国和巴西，以确定阿根廷这些转化体的生产是否会限制阿根廷的市场准入。在阿根廷的监管框架下，DNMA 会在 45 天内作出评估。

（4）国家种子研究所（INASE）

INASE 为国家品种登记处的种子登记制定要求。

转基因产品在经过上述所有机构的评估后，CONABIA 技术协调办公室将汇编所有有关资料，并向农业、畜牧业、渔业和粮食秘书处提交一份最终报告，供其作出最终决定。

1.2.2 审批情况

阿根廷的所有生物技术转化体，必须先获得在环境、人类、动物、作物健康方面安全使用的技术审批，然后再获得使用不会扰乱阿根廷主要出口市场的商业审批。农业部会公布一份在技术上和商业上都获得批准的转化体清单。自 2015 年以来，所有获得批准的大豆在阿根廷进行商业种植之前，都另外受到中国审批的制约。因此，在中国批准之前，即使是完全批准的大豆品种也不能种植。同样，阿根廷政府于 2020 年 10 月批准了新的 HB4 生态抗旱小麦，这取决于巴西（阿根廷小麦的主要市场）的批准。尽管巴西于 2021 年 11 月批准了含有 HB4 转化体的小麦粉，但阿根廷并未完全解除对该转化体的管制，如下所述。关于阿根廷批准的转基因作物的完整清单，见本报告末尾的附录。

1.2.2.1 世界首例小麦转化体的批准

阿根廷公司 Bioceres Crop Solutions 与法国公司 Florimond Deprez 联合开发了 HB4 小麦。该小麦具有耐旱、耐草甘膦酸铵的特性。该公司报告说，即使在严重干旱的情况下，该小麦也能保持良好的产量，在类似条件下比非转基因小麦的产量高出 40%。

HB4 基因最初是从向日葵中分离出来的，但已经被引入小麦、大豆和玉米中。含 HB4 基因的大豆目前正在阿根廷和美国进行田间测试。在美国，这项测试是 INDEAR 和阿卡迪亚农业科学合作的。

由于阿根廷是第一个将转基因小麦商业化的国家，因此，国内的小麦生产企业担心，这将对阿根廷的出口市场产生影响，因此对 HB4 小麦的批准有争议。由于巴西总体上支持生物技术，而巴西占阿根廷小麦出口的 43%，因此在转基因小麦的商业化方面阿根廷处于独特的地位。因此，商业批准的生效是以巴西批准这种作物为条件的；之前阿根廷曾在审批转基因大豆时采用过相同的策略，以中国的批准为前提条件。

2021 年 11 月 11 日，巴西国家生物安全委员会（CTNBio）一致通过了 HB4 小麦面粉的生物安全条件。这一全面的监管过程解决了对致敏风险的担忧，并证明了 HB4 小麦与传统小麦的安全等同性。在阿根廷，这一批准引起了几个农民组织和出口商的担忧，因为他们明白，这一批准可能会危及阿根廷的小麦出口。粮食出口商会要求 Bioceres 公布所有 HB4 小麦地块的位置。Bioceres 在 2021 年 11 月发布的一份投资者文件中表示，在 2021/2022 年度，阿根廷 225 名农民种植了约 5.5 万公顷 HB4 小麦。

为了解决这些问题，阿根廷政府设立了一个审计委员会，将在国家种子研究所（INASE）内运作。INASE 发布了第 535/2021 号决议，以严格控制 HB4 小麦转化体。总的来说，该决议设置以下控制指标：

产品研发商必须报告每个加工厂和/或存储场所的当前库存，并提供其任何分类原料、未分类原料、废弃物和清除材料的地理位置参考。

研发商可以保留 20%作为种子，在这种情况下，要确定储存的地方和条件，以便进行控制和验证。在 2021/2022 年度，最多保留收获量的一半作为“繁殖材料”，公司负责加工（失去发芽力），并将剩余材料的最终存放地点随后通知委员会。

采收材料的所有人应当报告采收设备和加工厂的清洗结果，以及对采收物资存放场所的清理情况。应委员会的要求，公司还应报告对清洗材料进行的分析结果，以核实是否遵守了已制定的规则。

第 535/21 号决议全文见：https：//www.boletinoficial.gob.ar/detalleAviso/primera/253893/20211203。

1.2.2.2 阿根廷批准的第一个中国大豆转化体

自 2013 年以来，阿根廷生物技术行业的领头公司 BIOCERES Crop Solutions 与北京大北农科技集团（DBN）合作，推动 DBN 的生物技术转化体在阿根廷获得法规批准以及 BIOCERES 的生物技术转化体在中国获得法规批准。

2019 年 2 月，DBN 的大豆转化体 DBN09004-6，赋予了大豆耐受草甘膦和草铵膦除草剂的性状，已在阿根廷获得技术和商业化批准，但尚未在中国获得批准。这是阿根廷首次批准中国开发的大豆转化体。2021 年，中国批准了该转化体，这是第一个在中国批准种植的转化体。

2015 年，农业部宣布了一项对基因组编辑产品的监管措施。从那时起，阿根廷已经①认定不少使用这种技术开发的产品为非转基因产品，正如 Whelan，A. I.，Gutti，P.，& Lema，M. A. 在他们 2020 年发表的论文“基因组中提到的编辑和新兴经济学”，有关阿根廷对基因组编辑产品的监管方法的更多信息，请参阅相关章节。

1.2.3 复合性状转化体或叠加性状转化体的批准

复合性状转化体的批准基于个案分析，根据评估，申请人必须同时向农业部（生

---

① 依据“Whelan，A. I.，Gutti，P.，& Lema，M. A.（2020）. Gene editing regulation and innovation economics.”

物技术董事会）和 SENASA 提交一封信，要求对特定转化体进行技术和商业化批准。评价是基于复合性状转化体所包含的单一转化体之间可能存在的相互影响，转化体对生态系统可能产生的影响，以及食用生物安全性评价，CONABIA 和/或 SENASA 将决定是否需要申请人提供额外信息。2019 年年底通过的一项新法规改变了复合性状的评估和批准方式，并取消了对之前被批准为单个转化体、并被认为有较低的与其他转化体相互影响的风险的复合性状转化体的评估或批准的需要。通过这种方法，阿根廷与美国达成了一致，在美国，大多数复合性状转化体都不需要额外的批准（除非它们结合了杀虫蛋白）。这项更新使该国在发展和建立生物技术企业方面具有重要的相对优势。

第 32/2021 号决议（环境风险评估，包括复合法规），请参见：https：//www. argentina. gob. ar/normativa/nacional/resoluci%C3%B3n-32-2021-347662。

1.2.4 田间试验

在阿根廷，转基因作物的田间试验是由当地和跨国研发商实施的，平均每年有 60 个申请，每个申请包括几十个释放地点，数百个不同的转化体。这是一个基于许可证的系统，在这个系统中，研发商须将待评估和批准的申请逐个提交。目前正在评估的田间试验申请清单不会公开。新转化的转化体的批准必须进行当地田间试验，但是之前已经批准的转化体的新复合体则不需要。结合其他国家进行的田间试验信息，可以减少当地田间试验的次数。

1.2.5 新兴生物技术

2019 年，阿根廷在 WTO SPS 委员会全体会议上提交了一份声明（WTO 文件代码 G/SPS/GEN/1699）。它是由阿根廷、巴西、智利、巴拉圭和乌拉圭的农业部长发表的，这些国家都是南方农业理事会的成员。该声明指出，签署国大力支持基因组编辑和其他创新育种技术，并符合阿根廷代表的包括美国在内的 10 个国家向 WTO 提交的《精准生物技术农业应用 2018 国际声明》。

1.2.5.1 阿根廷新兴生物技术衍生产品监管体系

2015 年，阿根廷成为世界上第一个拥有转基因触发《卡塔赫纳生物安全议定书》监管系统的国家，该监管系统采用明确标准，确定通过基因组编辑技术获得的某些产品不属于转基因。迄今为止，其他六个拉丁美洲国家（智利、巴西、哥伦比亚、巴拉圭、洪都拉斯和危地马拉）也遵循这一方针，颁布了类似的法规。监管流程见图 1。

作为拥有世界上最成熟的监管体系的国家之一，阿根廷的政策制定者和监管者争论了 3 年多，以确认在现行生物技术法规下对来源于 NBT 的产品的监管。在争论中，政策制定者和监管者指出，在解释“改性活生物体”或“现代生物技术”一词时没有争议（实际上，这意味着在育种过程的某个阶段使用重组 DNA）。然而，在“遗传物质的新组合”一词的解释上存在争议。

总之，“遗传物质的新组合”是阿根廷决定一种 NBT（其中 NBT 是在育种过程中使用 DNA 操纵作为辅助手段的新技术）衍生的产品是否作为“改性活生物体”进行监管的关键因素。

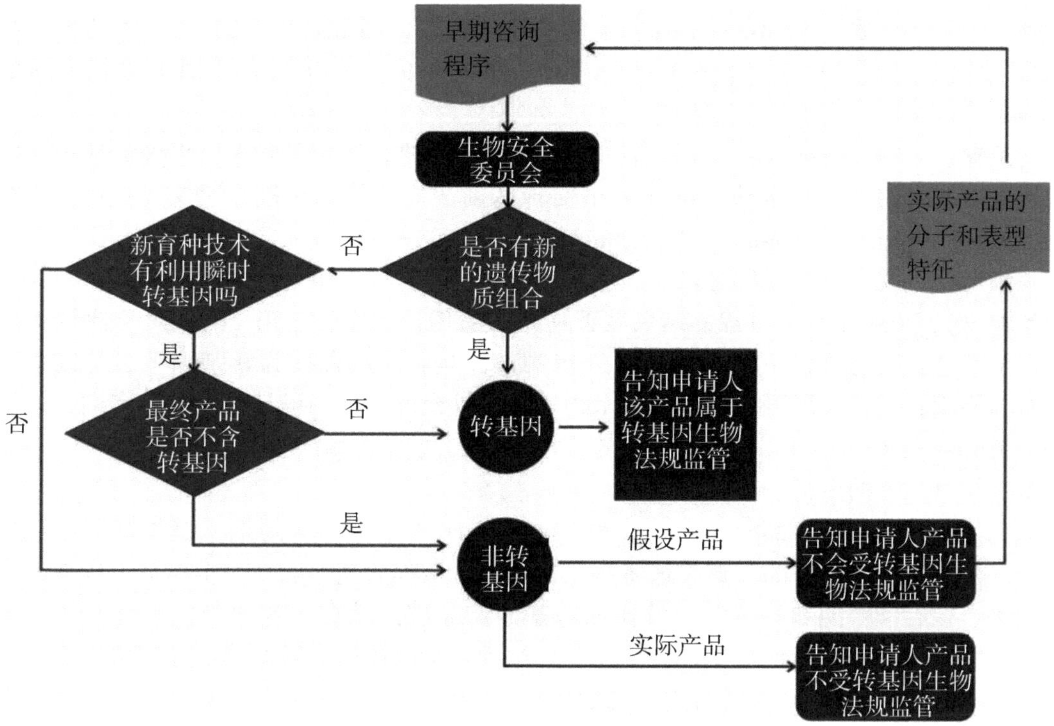

图 1　阿根廷“新育种技术”监管状态确定流程

资料来源：Whelan，A. I & Lema，M. A.（2019）。植物生物技术中基因组编辑的监管：阿根廷。植物生物技术中的基因组编辑的监管中的作用（第 19~62 页）。

1.2.5.2　《卡塔赫纳生物安全议定书》

对于转基因作物和基因组编辑作物的越境转移，阿根廷目前的法规所依据的措辞与《卡塔赫纳生物安全议定书》中的相关措辞相似。

1.2.5.3　未来技术的灵活性

由于新技术更新迭代非常快，阿根廷没有统一的可归类为“NBT”的技术的参考清单。例如，在 2000 年中创建的许多初始 NBT 列表中，CRISPR-Cas9 系统没有包括在内，因为当时还没有发明该技术，然而，它是目前最有前景的 NBT 之一。此外，尽管在科学论文中，技术名称可以被视为一个明确的名称，但与阿根廷决策者的讨论表明，很难对各种技术有“满意”（技术上明确，符合目的）的法律定义。因此，阿根廷决定，对 NBT 的新规定不应以保守的清单或对特定技术的描述为基础，但应尽可能灵活地适用于现有或即将出现的技术。

1.2.5.4　个案分析

尽管某些技术术语如“同源转基因”“反向育种”“定点核酸酶”的科学讨论可能是令人信服的，当比较不同研究小组对 NBT 的不同用途时，不同转化体的差异使得阿根廷很难从监管角度出发去定义这些技术。出于同样的原因，阿根廷发现很难就最终产品的监管状况达成“技术广泛”的标准，因为这些标准可能存在重大差异。

阿根廷决定，只能基于每个产品单独分析的原则，来确定某个基因组编辑作物是否受到“转基因生物”（GMO）法规的监管。迄今为止，阿根廷对 NBT 生产的几种植物进行了评估，这几种植物均获得了“GMO”法规豁免，并被认为适用于常规程序的审查。

粮食、生物经济和区域发展秘书处第 21/2021 号决议制定了程序，以确定通过涉及现代生物技术的育种技术获得的作物不受转基因法规监管的标准。全文见：https：//www.argentina.gob.ar/normativa/nacional/resoluci%C3%B3n-21-2021-346839。

制定这一规定的目的是对以往的法规进行改进。为此，申请人提交每个产品（NBT 衍生作物），以确定育种过程的结果是否是新的遗传物质组合。第 21/2021 号决议突出了以下特点：一是该程序决定了 NBT 获得的产品是否应被评估为转基因；二是以个案分析为原则；三是不局限于特定的技术列表；四是允许在产品设计阶段进行咨询；五是委员会必须在 80 个工作日内作出答复；六是使用《卡塔赫纳生物安全议定书》中对“LMOs/GMOs”的定义。

当作为遗传结构一部分的一个或多个基因或 DNA 序列永久地插入植物基因组且这种插入是稳定的、完整的，这种遗传物质的新组合被称为遗传改变。根据这一标准，含有缺失、核苷酸替换和等位基因替换的转基因产品被排除在法规之外。此外，如果适用，必须有足够的科学证据支持在作物育种过程中瞬时使用的转基因已经缺失。

该程序包括一个 80 天的时限，之后申请人会收到当局的回复，说明所述产品是否符合生物技术法规。如果产品未作为转基因生物进行监管，但若其特征和/或新颖性有导致重大风险的可能，监管委员会也必须报告该情况。这一报告将被传送到相关常规育种品种的监管机构以供考虑。

对于处于设计阶段的项目，申请人可以提出咨询，目的是对预期产品是否会作为转基因生物监管作出初步评估。当最终得到新作物时，申请人仍然必须提交有关其遗传图谱的实际证据。如果该产品具有初步调查中预期的特性，关于其监管地位的早期评估将保持不变。

1.2.5.5 总结近 6 年 NBT 的处理经验

第一，迄今为止，已有 32 例转化体提交和评估，包括实际研发和理论设计的转化体研发实例。

第二，这一规定为当地开发商提供了确定性，因为事先咨询的实例可以让他们即使在设计阶段也可以对成本和开发时间进行预测。这使得公司可以在多种多样的表现型作物中确定可研发的转化体。

第三，增加了动物和微生物咨询的数量，以当地发展的咨询为主。

1.2.6 共存

阿根廷没有关于共存的规定。

1.2.7 标识

阿根廷没有关于转基因产品标识的规定。目前的监管体系是基于产品的特征和识别的风险，而不是基于生产过程。

农业部在国际论坛上对标签的立场是，标签应该基于来自特定转基因转化体的食品类型，并考虑到：①任何通过生物技术获得的食品，实质等同于传统食品，都不应受任何特定的强制标识的约束。②任何通过生物技术获得的食品，其特定特性与传统食品有本质区别的，都可以根据其作为食品的特性进行标识，而不是根据有关环境或生产过程的各个方面来标识。③差异标签是没有道理的，因为没有证据表明通过生物技术生产的食品可能对消费者的健康构成任何危险。④鉴于大多数农产品是商品，鉴定过程复杂昂贵。由于标签而增加的生产成本将由消费者支付，确不一定能提供更好的信息或提升粮食安全。

1.2.8 监测和检测

目前还没有官方的追溯系统。出口商提供一份声明，说明货物的内容。由有能力进行必要的检测的私营公司（经授权的实验室）、国家农业技术研究所（INTA）在此基础上进行分析。到目前为止，还没有监测基因组编辑产品的规定。

自 2016 年以来，Bolsatech 项目对部分出口货物进行了生物技术检测。这并不是为了确定未批准的转化体，而是为了帮助技术提供者弥补成本，因为阿根廷生物技术种子的知识产权很难执行。Bolsatech 是粮食贸易委员会实施的自愿系统，确保种子公司能够收取产权税，并为农民向该技术付费提供不同的选择。农民可以选择预付款或在交货时付款。那些没有购买认证种子但未经许可已经使用了种子的农民可以在交付时支付技术费用。如果检测到，他们可以选择在港口付款，Bolsatech 提供额外的测试和仲裁。对于那些没有加入 Bolsatech 系统且在港口检测呈阳性的农民，根据种子公司和出口商之间的协议，付款将自动扣除（或拒绝发货）。

1.2.9 低水平混杂（LLP）策略

有关缔约国之间减少转基因产品低水平混杂发生机制的南美市场法规

根据阿根廷南美共同市场成员国的建议，签署了 MERCOSUR/GMC/RES. N°23/19 决议，以便建立机制来减少缔约国之间转基因生物低水平混杂的出现。该解决方案建立了成员国必须遵照实施以避免转基因产品的 LLP 状况的运行机制。

当任何成员国的商业授权包括转基因产品在人类和（或）动物饲料产品上的使用时，后者必须在授权日期起 30 个日历天内通知范围内的农业生物技术委员会（CBA）的工作小组的 N 8 农业（SGT N 8）的其他成员国表示授权。

就上述授权进行沟通时，成员国必须发送到 CBA，适当的风险评估由负责生物安全的国家机构负责，该机构同样负责转化体的审批进度信息，申请人提交的信息，不包括机密信息。

为实施该机制，授权转化体研发商必须事先提交产品在其他成员国的商业评估请求。

在上述情况下，每个案例中，CBA 必须做到：①分析该区域可能发生的转基因转化体的 LLP 情况；②将成员国的风险评估作为决策的依据；③准备一份报告，建议对转基因 LLP 的情况进行独家批准。在该报告中，各成员国可根据其方便规定最大容忍限度，以及它认为有关的其他技术建议。该报告必须作为 CBA 会议记录的附件。

总而言之，这一进程的目的是在南方共同市场的四个国家中，一旦有一个成员首先批准一项新产品，就加快同步批准该转化体。此过程不涉及与出于其他目的的第三方共享 LLP 转化体的信息。

1.2.10 附加监管要求

无。

1.2.11 知识产权（IPR）

对植物品种权缺乏有效的执行办法，加上对大量生物技术发明缺乏专利保护，从生物技术产业的角度来看，阿根廷的知识产权制度是不够健全的。阿根廷知识产权法以 UPOV-78 为基础，为保存和再种植种子的权利提供了强有力的保护。种子公司可以注册新品种，但对未经授权使用受保护的种子品种的处罚可以忽略不计。种子公司试图用合同来确保含有生物技术转化体的种子只被授权的购买者使用。但是，事实证明，将合同的司法执行作为防止未经批准的转基因品种用于商业用途的机制在阿根廷是无效的。

1.2.11.1 种子法

在阿根廷，种子使用费制度仍然是一个未解决的问题。尽管进行了激烈的辩论，但国会在 2019 年 10 月选举前没有通过新的种子法。由种子制造商（通过阿根廷种子协会）和一些主要农民团体发起的最新种子提案，似乎在种子技术营销和知识产权保护方面提供了更明确的规则。提案中的法律规定，生产者为种子支付的价格将涵盖该产品的知识产权，期限至少为三年，从而促进生产者自己使用种子。也就是说，当生产者购买一袋种子时，他/她将支付使用该种子所获得的生物技术、种质资源和产品的三年或更长时间的权利。虽然法律没有限制种子技术的最终使用或转让，但它授予受保护种子技术的所有者在每次后续繁殖和/或种子繁殖中使用种子时要求支付费用的权利。在国家家庭农业登记处登记的土著人民和生产者（低收入生产者）没有义务为种子技术支付费用。另一个例外是为研究和开发目的而使用种子。该提案加强了国家种子研究所的权威，允许其获得任何作物或其产品来实施这项法律，并对任何限制该操作或提供虚假信息的人予以制裁。然而，这并不是提交给国会的唯一一项提案。还提交了其他一些草案，它们没有得到种业和农民组织的共识。新的种子法未能在 10 月份选举前通过，目前尚不清楚新一届国会将在什么时候开始就种子法展开辩论，也不清楚未来将以什么立法草案作为讨论的基础。

1.2.11.2 生物安全法

阿根廷目前没有生物安全法。非官方消息来源表明，由于国会目前的状况，短期内不太可能考虑制定生物安全法。

1.2.12 《卡塔赫纳生物安全议定书》的批准

阿根廷政府的官员非常积极地与该区域其他国家合作，以实现协调配合。阿根廷于2000年5月在肯尼亚内罗毕签署了《卡塔赫纳生物安全议定书》，但尚未获得批准。阿根廷仍在进行协商，同所有相关部门分析讨论本国在这方面将采取的立场。然而，阿根廷正在为在不久的将来批准该议定书而坚定地努力，这已成为公开的事实。然而，经邮报与阿根廷政府的接触预计目前尚无可能批准。

1.2.13 国际条约/论坛

阿根廷还没有加入任何与农业生物技术有关的新国际条约。

1.2.14 相关问题

1.2.14.1 专注于转基因作物的创新农业技术团体

2010年，出口国的代表在阿根廷开会，旨在确定一个志同道合的以克隆和转基因作物为重点的创新农业技术小组的范围、目标和优先议题。认识到需要大幅度增加农业生产以满足全球粮食需求，创新农业技术将继续在应对这些挑战方面发挥关键作用，强调监管策略应以科学为基础，该小组成功地为研究和教育领域的协同工作奠定了基础，促进了食品法典委员会法规的使用，支持了食品、饲料和环境安全性的科学评价。截至2019年，“志同道合”团体继续非常活跃。例如，比利时和中国之间会就农业问题进行定期交流。

1.2.14.2 南美农业部长理事会（CAS）关于基因编辑的宣言

阿根廷、巴西、智利、巴拉圭和乌拉圭（CAS成员国）农业部长于2019年3月在阿根廷布宜诺斯艾利斯举行会议，并一致同意如下内容。

第一，通过基因组编辑改良的作物有可能在应对农业生产挑战方面发挥根本作用，以可持续的方式增加粮食供应。

第二，基因编辑可以产生类似于通过其他常规育种方法获得的作物。

第三，CAS国家通过基因组编辑为改良作物提供了公共和私人投资。这是因为它具有可以加速农业生产者获得农业利益的新特性，同时为国家农业研究机构和中小型生物技术公司开发的技术提供转让机会。

1.2.14.3 阿根廷、巴西和美国之间的MaizALL联盟

作为种植生物技术作物的玉米出口国，阿根廷、巴西和美国在出口玉米和玉米副产品时面临许多相同的贸易壁垒。因此，这些国家的生产者组织成立了一个名为MaizALL的国际玉米联盟，在以下问题上共同努力。

（1）全球非同步和不对称审批

阿根廷、巴西和美国需要向主要进口国的外国政府发出统一的声音，呼吁全球同步批准生物技术产品，并促进制定政策来管理尚未批准的生物技术转化体的低水平混杂（LLP）情况。

（2）美洲监管政策的协调

认识到需要协调新的生物技术转化体的全球监管审批程序，美国和南美玉米部门希望看到美洲监管政策的协调统一，最终目的是互认生物技术批准。

（3）现代农业传播

人们一致认为有必要让消费者更好地了解农业生产，包括生物技术的利处，促进全球对生产饲料、食品和燃料用谷物能力的接受度。

注：这些是 MaizALL 的立场。

1.3 市场营销

1.3.1 公众/私人意见与市场接受度

大多数阿根廷科学家和农民对利用这种能够减少投入的同时可提高作物产量和营养价值的生物技术的前景感到乐观和充满热情。阿根廷消费者接受生物技术产品的经济效益，但对支持这种技术用于食品生产仍持谨慎态度。由于阿根廷在采用生物技术方面处于领先地位，因此有必要在科学家、农民、私营公司、消费者、政府和监管组织之间进行对话和交流。

尽管转基因作物的安全性没有遭到拒绝或争议，但反对使用草甘膦的行动主义却越来越多，因而在人口中引发日益增长的担忧。然而，到目前为止，该宣传活动似乎有误。

1.3.2 营销研究

任何有关国家对转基因植物和植物制品营销的具体研究情况尚未可知。研究农业领域使用基因编辑生物对创新经济的预期影响可参考 Whelan et al.，2020①。

来自布宜诺斯艾利斯谷物交易所（Bolsa de Cereales de Buenos Aires）的专家组，A. Tejeda Rodriguez、Santiago Rossi、Nicolas Jorge & Eduardo Trigo 于 2021 年 5 月发表了题为《阿根廷农业转基因作物 25 年》的报告，展示了阿根廷农业在大豆、玉米和棉花作物中采用转基因种子的经济和环境影响。他们分析了对农民、国家和环境的影响。

研究结果表明，1996—2020 年，转基因作物生产方案比常规作物生产方案平均每公顷的产值可多出：大豆生产 29. 1 美元，玉米生产 35 美元，棉花生产 217 美元。根据作物的不同，利润率的增加归因于较低的生产成本和较高的产量。

第二组结果表明，采用转基因作物为该国带来了显著的利益。在分析的时间段内，累积毛利润约为 1 580亿美元。在总利润中，92%（1 460亿美元）与大豆种植相对应，7%（109 亿美元）与玉米种植相对应，其余（21 亿美元）与棉花种植相对

① WHELAN A I, GUTTI P, LEMA M A, 2020. Gene editing regulation and innovation economics [J]. Frontiers in Bioengineering and Biotechnology, 8, 303.

应。考虑到出口增加带来的外汇增长，转基因作物 25 年的生产额外创汇 1 530亿美元。就转基因作物所带来的价值链所需的额外就业而言，平均每个季度创造了 9.3 万个就业岗位。

第三组结果表明，在环境方面，转基因作物使初级生产对环境的影响显著减轻成为可能。环境效益从两个方面进行了估算。一方面，是由于减少了对土壤施用的农药的使用和毒性。在这方面，转基因大豆的案例尤为突出，与传统大豆相比，转基因大豆对环境的影响减少了 30%。另一方面，由于转基因作物的使用，免耕农业的采用得到加强，环境效益可预估。在这方面，由于采用这种保护性农业的做法，减少了化石燃料的使用，并增加了土壤中碳的吸收速率，从而确定了效益。

第 2 章　动物生物技术

2.1　生产和贸易

2.1.1　产品开发

CONABIA 只审查了早期有关奶牛携带能在牛奶和人源奶中产生人类生长激素基因的项目的业务申请。一项关于绵羊的申请被拒绝，因为它是基于无视当地法规的研究行为，因此申请人被指示停止该项目。

目前阿根廷有 3 个受管制的项目：①可在牛奶中表达生产生长激素、轮状病毒抗体和蛋白质（酪蛋白）的奶牛，该牛奶计划用于制药和人类消费。②通过一种致敏蛋白（β-乳糖球蛋白）的停止表达来生产低致敏性饮用牛奶的奶牛，该牛奶计划用于人类消费。③表达绿色荧光蛋白的科研用途绵羊。

阿根廷在体细胞核移植（SCNT）克隆问题上一直积极主动，阿根廷不同研究中心（主要是布宜诺斯艾利斯大学、圣马丁大学和 INTA）的科学家与美国、加拿大、澳大利亚、新西兰和欧盟的同行进行合作等。

2.1.2　商业化生产

到目前为止，阿根廷还没有转基因动物的商业化生产。少量克隆牛已在商业上出售。尽管前几年在阿根廷培育了 400 多只克隆牛，但目前几乎没有关于该物种的进一步信息，主要是出于对欧盟贸易壁垒的担忧。另一方面，克隆活动在马球用赛马方面非常激烈，大约已克隆了 300 只。

2.1.3　出口

无。

2.1.4　进口

无。

2.1.5　贸易壁垒

《华盛顿邮报》不了解任何国家的具体贸易壁垒。

2.2 政策

2.2.1 监管框架

阿根廷现在已经有了申请转基因动物商业批准的程序，以及将基因编辑动物排除在法规之外的程序。这是第 63/19 号决议和第 21/21 号决议所允许的。第 21/21 号决议是第 63/19 号决议的补充，涵盖了动物、植物和微生物。它具体涵盖了公众咨询实例，并提供了不同的表格供开发商使用。

随着这次更新，阿根廷对转基因动物的监管与对转基因作物的监管完全一致，对不同类型的应用（田间试验、商业发布）和产品（基因编辑、复合性状）有相同的规定。请参见：http：//servicios. infoleg. gob. ar/infolegInternet/verNorma. do？ resaltar = true&id = 327185（西班牙）；https：//www. argentina. gob. ar/normativa/nacional/resoluci% C3% B3n-21-2021-346839/texto（西班牙）。

具体而简单的表单旨在为这些开发人员简化流程。除其他问题外，它将提供指导，在申请许可证时必须考虑到这些规定，并就正在进行的许可证的进展情况提供指导。此外，计划使用现代生物技术工具开发产品的个人或实体可以查明其产品或活动是否应受 CONABIA 的监管。完成后，将向创新和生物技术协调中心的一个特定邮箱发送一封电子邮件，并将发送一封回复，以指导下一步的工作。请参见：https：//www. magyp. gob. ar/conabia/（西班牙）。

2.2.2 审批情况

无。

2.2.3 新兴生物技术

2.2.3.1 基因编辑牛

美国公司 Recombinetics/Acceligen 和阿根廷公司 Kheiron 于 2019 年 6 月签署了一项协议，专注于阿根廷的精准育种，以引入来自精英遗传系的牛的新的商业性状。这一战略结盟的最终目标是将精准培育的动物商业化，为全球市场提供高价值的种质产品，最初的重点是气候变化的适应性特征。利用 Recombinetics 的基因组编辑平台，结合 Kheiron 的体外胚胎生产、克隆、基因组编辑平台和基础设施，可以在不牺牲多样性和估计育种价值的情况下，通过一代生产出适于市场的动物。两家公司在阿根廷的一系列项目上签署了联盟协议，计划生产多种动物产品线，以解决养牛业现有的问题。

利用基因组编辑和克隆方法进行基因改良的挑战之一是创新育种在商业上的接受程度。在阿根廷，这是可能的，部分是由于阿根廷政府的监管基因编辑动物的现代化方法。

他们的第一个产品将是耐热性提高的无角动物品种。这些产品已提交阿根廷生物安全委员会 CONABIA，于 2019 年进行修订。在 2020 年 5 月的第一次会议上，委员会建议应将这些动物视为非转基因动物。

2.2.3.2 基因编辑鱼

美国公司 AquaBounty 展示了一种经过基因组编辑的罗非鱼，通过快速生长和降低饲料需求来提高生产率。阿根廷监管机构认为它是非转基因食品。

2.2.4 标识和可追溯性

阿根廷农村协会为克隆动物设立了基因登记处，以协助克隆动物的拥有者和潜在拥有者。但是，这并不是阿根廷政府采用的官方追溯系统。目前，还没有政府管理的官方追溯系统。

2.2.5 附加监管需求

无。

2.2.6 知识产权（IPR）

阿根廷没有任何关于动物生物技术的知识产权法规。

2.2.7 国际条约/论坛

无。

2.2.8 相关问题

无。

2.3 市场营销

2.3.1 公众/私人意见和市场接受度

总体来说，转基因动物的发展在阿根廷并没有引起太多的公众评论。然而，随着新育种技术的发展，阿根廷马球马协会对可能生产的马球马进行基因操作、突变或编辑，以供运动和育种之用表示担忧。该协会特别关切的是，基因兴奋剂以及滥用基因疗法来改善性能，将是下一阶段马术运动将面临的情况。他们要求开发一种有效和准确的检测方法，以阻止那些试图在马上使用基因兴奋剂的人，并保持这项运动的真实性。

2.3.2 市场研究

阿根廷任何有关动物生物技术的市场研究尚未可知。

第3章 微生物生物技术

3.1 生产和贸易

3.1.1 商业化生产

截至目前，阿根廷还没有任何申请对用于食品配料生产的任何转基因微生物进行评估的案例。

3.1.2 出口

关于微生物生物技术产品的出口，既没有官方统计数字，也没有估计数字。然而，阿根廷出口酒精饮料、乳制品和加工产品，这些产品可能含有微生物生物技术衍生的食品成分。

3.1.3 进口

阿根廷进口酒精饮料、乳制品和加工产品，这些产品可能含有微生物生物技术衍生的食品成分。

3.1.4 贸易壁垒

尚不明确。

3.2 政策

3.2.1 法规框架

在阿根廷，微生物生物技术与转基因植物、动物和疫苗受相同的法律管辖，并须经分析和批准。根据MAGyP第763/11号决议的规定，所有涉及用于农业工业目的或在农业环境中涉及转基因生物体的活动都需要事先获得粮食、生物经济和区域发展秘书处（农业、牲畜和渔业部）的批准。无论是植物、动物还是微生物，转基因生物的商用化许可是基于3种观点：①考虑中的转基因生物商业化释放对农业生态系统的风险评估。这个评估负责协调创新和生物技术和CONABIA，并将按照《条例》的规定进行，取决于微生物、动物或植物：SAYBI第52号和第63号决议和SABYDR 32/2021号决议。②根据SENASA第412/02号决议，由国家农业食品卫生和质量局（SENASA）和转基因生物使用技术咨询委员会（CTAUOGM）负责对食品、人类和动物使用的材料进行评估。请参见：http：//www. senasa. gob. ar/sites/default/files/normativas/archivos/res_412-2002_english. pdf。③根据 SAGyP 第 510 号决议，有关转基因商业化的经济影响由农业、畜牧和渔业部农业市场下属秘书处负责。

3.2.2 审批情况

目前还没有产品获得批准。到目前为止，还没有收到将微生物生物技术衍生的生物用于食品的申请，所以这种用途仍然没有获得批准。

针对生物技术微生物中提取的酶而言，《创新医药法》（CAA）第 1263 条，第十六章有一个建设性的清单。请参见：https：//www. boletinoficial. gob. ar/detalleAviso/primera/205739/20190417。

3.2.3 标识和可追溯性

在阿根廷，食品中提取的微生物生物技术没有强制性的标识规定。

3.2.4 监测和检测

对于可能含有微生物生物技术作为原料的加工食品的进出口，不进行抽样或分析。

3.2.5 附加法规要求

无。

3.2.6 知识产权（IPR）

转基因微生物可以在阿根廷申请专利。野生型微生物不能申请专利，但它们的工业生产方法和农产品可以申请专利。

3.2.7 相关问题

不适用。

3.3 市场营销

3.3.1 公众/私人意见

尚不知道公众对微生物生物技术有什么担忧。

3.3.2 市场接受研究

尚不知道该国任何有关微生物生物技术的市场研究。

附录　阿根廷批准的转基因作物

附表 1　阿根廷批准的转基因作物

作物	性状分类	转化体	申请人	决议
大豆	耐草甘膦除草剂	40-3-2	尼德拉股份有限公司	http：//www. sagpya. gov. ar/new/0-0/programas/conabia/res167-1. pdf (25-3-96)
大豆	耐草铵膦	A2704-12	拜耳股份有限公司	(2011)
大豆	耐草铵膦	A5447-127	拜耳股份有限公司	(2011)
棉花	抗鳞翅目害虫	MON531	孟山都阿根廷股份有限公司	http：//www. sagpya. gov. ar/new/0-0/programas/conabia/resolu_2. php (16-7-98)
棉花	耐草甘膦除草剂	MON1445	孟山都阿根廷股份有限公司	http：//www. sagpya. gov. ar/new/0-0/programas/conabia/resolu_5. php (25-4-01)
棉花	抗鳞翅目和耐草甘膦	MON1445 ×MON531	孟山都公司	(2009)
玉米	抗鳞翅目害虫	176	汽巴-嘉基公司	http：//www. sagpya. gov. ar/new/0-0/programas/conabia/resolu_6. php (16-1-98)
玉米	耐草铵膦	T25	艾格福公司	http：//www. sagpya. gov. ar/new/0-0/programas/conabia/resolu_4. php
玉米	抗鳞翅目害虫	MON810	阿根廷孟山都股份有限公司	http：//www. sagpya. gov. ar/new/0-0/programas/conabia/resolu_1. php (16-7-98)
玉米	抗鳞翅目害虫	Bt 11	诺华农业股份有限公司	http：//www. sagpya. gov. ar/new/0-0/programas/conabia/resolu_3. php (27-7-01)

（续表）

作物	性状分类	转化体	申请人	决议
玉米	耐草甘膦除草剂	NK603	孟山都阿根廷股份有限公司	http：//www. sagpya. gov. ar/new/0-0/programas/conabia/resolu_640. php（13-7-04）
玉米	抗鳞翅目和耐草铵膦	TC1507	陶氏益农股份有限公司和先锋阿根廷股份有限公司	http：//www. sagpya. gov. ar/new/0-0/programas/conabia/resolucion143. pdf
玉米	抗鳞翅目害虫	GA21	先正达种子股份有限公司	http：//www. sagpya. gov. ar/new/0-0/programas/conabia/Resoluci%25F3n%20640% 20GA% 2021. pdf（22-08-05）
玉米	耐草甘膦除草剂的受性和抗鳞翅目害虫	NK603×MON810	孟山都公司	http：//www. sagpya. gov. ar/new/0-0/programas/conabia/Resolucion _ 78 _ 2007. pdf（28/08/07）
玉米	抗鳞翅目、耐草甘膦铵和草甘膦	1507×NK603	陶氏农业科学股份有限公司和阿根廷先锋有限责任公司	http：//www. sagpya. mecon. gov. ar/new/0-0/programas/conabia/RES_N%25BA00434-08. pdf（28/05/08）
玉米	耐草甘膦和抗鳞翅目害虫	Bt11×GA21	先正达种子股份有限公司	（2009）
玉米	抗鳞翅目害虫	MON89034	孟山都公司	（2010）
玉米	耐草甘膦和抗鳞翅目害虫	MON 88017	孟山都公司	（2010）
玉米	耐草甘膦和抗鳞翅目及鞘翅目害虫	MON89034×88017	先正达生物科技股份有限公司	（2010）
玉米	抗鳞翅目害虫	MIR162	先正达生物科技股份有限公司	（2011）
玉米	抗鳞翅目害虫、耐草甘膦和草铵膦	Bt11×GA21×MIR162	先正达生物科技股份有限公司	（2011）
玉米	耐草甘膦和抑制ALS的除草剂	DP-098140-6	先锋生物有限责任公司	（2011）
玉米	抗鞘翅目害虫	MIR604	先正达生物科技股份有限公司	（2012）
玉米	抗鳞翅目和鞘翅目害虫、耐草甘膦和草铵膦	Bt11×MIR162×MIR604×GA21	先正达生物科技股份有限公司	（2012）

（续表）

作物	性状分类	转化体	申请人	决议
玉米	抗鳞翅目和鞘翅目害虫、耐草甘膦和草铵膦	MON89034×TC1507×NK603	陶氏益农股份有限公司	（2012）
玉米	抗鳞翅目害虫和耐草甘膦	MON89034×NK603	孟山都公司	（2012）
大豆	抗鳞翅目害虫和耐草甘膦	MON87701×MON89788	孟山都公司	（2012）
大豆	耐咪唑啉酮除草剂	CV127	巴斯夫公司	（2013）
玉米	抗鳞翅目害虫、耐草甘膦和草铵膦	TC1507×MON810×NK603yTC1507×MON810	先锋阿根廷	（2013）
玉米	抗鳞翅目害虫、耐草甘膦和草铵膦	Bt11 × MIR162 × TC1507 × GA21和所有的中间复合性状转化体	先正达生物科技股份有限公司	（2014）
大豆	耐2,4-D、草甘膦和草甘膦	DAS-44406-6	陶氏益农股份有限公司	（2015）
马铃薯	抗病毒	SY233	Tecnoplant S. A.	（2015）
大豆	高油酸和耐草甘膦	DP-305423×MON-04032-6	阿根廷先锋有限责任公司	（2015）
大豆	抗旱	IND410（HB4）	INDEARS. A.	（2015）
棉花	耐草甘膦和草甘膦铵	BCS-GHØØ2-5×ACS-GHØØ1-3GHB614×LLCotton25	拜耳股份有限公司	（2015）
玉米	抗鳞翅目害虫、耐草甘膦和草铵膦	TC1507×MON810×MIR162×NK603	阿根廷先锋有限责任公司	（2016）
大豆	耐草甘膦	MON-89788-1	阿根廷孟山都公司	（2016）
大豆	抗鳞翅目害虫	MON-87701-2	阿根廷孟山都公司	（2016）
玉米	抗鳞翅目害虫、耐草甘膦和草铵膦	MON - 89034 - 3×DAS-01507-1 × MON00603 - 6×SYN-IR162-5	陶氏益农股份有限公司	（2016）

（续表）

作物	性状分类	转化体	申请人	决议
大豆	抗鳞翅目害虫、耐草甘膦和草铵膦	DAS-81419-2×DAS-444Ø6-6 和 DAS-81419-2	陶氏益农股份有限公司	（2016）
玉米	抗鳞翅目害虫、耐草甘膦和草铵膦	SYN-BT011-1×SYN - IR162 - 4×MON89034 - 3×MON-00021-9	先正达农业科技公司	（2016）
大豆	耐草甘膦和 HPPD 抑制剂类除草剂	SYN-000H2-5	先正达农业科技和拜耳股份有限公司	2017
红花	Bovine pro - quimosin 在种子中的表达	IND-10003-4，IND-10015-7，IND10003 - 4 × IND-10015-7	INDEAR	2017 年 12 月 7 日
玉米	耐 2,4-D、ariloxifenoxi、草甘膦和草铵膦，抗鳞翅目害虫	DAS - 40278 - 9 MON-89034-3 × DAS01507 - 1×MON-00603-6×DAS-40278-9 所有中间的复合性状转化体	阿根廷陶氏益农有限责任公司和阿根廷 S. R. L	2018 年 3 月
大豆	耐异噁唑草酮、草甘膦和草铵膦	MST - FG072 - 2y MST-FG072-2×ACSGM006-4	拜耳股份有限公司	2018 年 3 月
玉米	耐草甘膦和草铵膦、抗鳞翅目和鞘翅目害虫	SYN-05307-1y SYN-BT011-1×SYNIR162 - 4 × SYN - IR604 - 5×DAS-01507-1×SYN-05307-1×MON-00021-9	先正达农业科技	2018 年 3 月
玉米	耐草甘膦和抗鳞翅目、鞘翅目害虫	MON-87427-7，MON-87411-9，MON87427 - 7×MON-89Ø34-3×SYNIR162-4×MON-87411-9 和所有中间的复合性状转化体	孟山都阿根廷有限责任公司	2018 年 5 月

（续表）

作物	性状分类	转化体	申请人	决议
苜蓿	耐草甘膦与低木质素	MON-ØØ179-5，MON-ØØ1Ø1-8×MON-ØØ179-5×MON-ØØ1Ø1-8	INDEAR	2018 年 7 月
大豆	仅用于加工（食品、饲料和加工）	MON-877Ø8-9×MON-89788-1	孟山都公司	2018 年 7 月
马铃薯	抗病毒	TIC-AR233-5	Tecnoplant S. A	2018 年 8 月
玉米	耐草甘膦与抗鳞翅目、鞘翅目害虫	MON-87427-7×MON-89Ø34-3×MON-88Ø17-3	孟山都阿根廷有限责任公司	2018 年 8 月
大豆	耐草甘膦和草铵膦、抗旱	IND-ØØ41Ø-5×MON-Ø4Ø32-6（OCDE）	INDEAR	2018 年 10 月
棉花	耐草甘膦和HPPD 抑制剂类除草剂	BCS-GH811-4	巴斯夫公司	2019 年 2 月
大豆	耐草甘膦和草铵膦	DBN-Ø9ØØ4-6	INDEAR	2019 年 2 月
玉米	耐 2,4-D、草甘膦和草铵膦，抗鳞翅目害虫	MON-89O34×DAS-O1507×MON-OO603×SYN-IR162-4×DAS-40278-9	陶氏益农股份有限公司	2019 年 4 月
棉花	耐草甘膦和草铵膦、抗鳞翅目害虫	SYN - IR1Ø2 - 7yBCS-GHØØ2-5×BCSGHØØ4-7×BCS-GHØØ5-8×SYNIR1Ø2-7，与 BCS-GHØØ4-7y BCSGHØØ5-8 的复合性状转化体	巴斯夫公司	2019 年 6 月
玉米	耐草甘膦和草铵膦、抗鳞翅目害虫	MON-89Ø34-3×DAS-Ø15Ø7-1×MON-88Ø17-3×DAS-59122-7	孟山都、陶氏和先锋阿根廷	2019 年 8 月

（续表）

作物	性状分类	转化体	申请人	决议
玉米	耐草甘膦和草铵膦、抗鳞翅目害虫	MON-87427-7×MON-89Ø34-3×DASØ15Ø7-1×MON-88Ø17-3×DAS59122-7	孟山都阿根廷	2019年8月
玉米	耐草甘膦和草铵膦、抗鳞翅目害虫	MON-87427-7×MON-89Ø34-3×MON-ØØ6Ø3-6	孟山都阿根廷	2019年8月
玉米	耐草甘膦和草铵膦、抗鳞翅目害虫	MON-87427-7×MON-89Ø34-3×SYNIR162-4×MON-ØØ603-6	孟山都阿根廷	2019年9月
棉花	抗虫和抗鳞翅目害虫	SYN-IR1Ø2-7	先正达公司	2019年10月
小麦	耐旱、耐草甘膦酸铵	IND-ØØ412-7	INDEAR-Bioceres	2020年10月
玉米	对鳞翅目、鞘翅目的抗性；对草甘膦和双甘菊的抗性	MON-87427-7×MON-89Ø34-3×SYN-IR162-4×MON-87411-9×MON-87419-8×MON-ØØ81Ø-6	孟山都阿根廷	2021年11月
紫花苜蓿	耐 Gliphosate	MON-ØØ163-7	INDEAR	2021年11月
玉米	耐受性草甘膦，草甘膦酸盐和 Dicamba	MON-87427-7×MON-87419-8×MON ØØ6Ø3-6	孟山都阿根廷	2021年11月

资料来源：https：//www.argentina.gob.ar/agricultura/alimentos-y-bioeconomia/ogm-vegetaleventos-con-autorizacion-comercial。

加拿大农业生物技术年报

USDA美国农业部
对外农业服务局GAIN全球农业信息网
规定报告：按规定–公开发表
日期：2021年12月30日
报告编号：CA2021–0062
报告名称：农业生物技术年报
国家：加拿大
报告类别：生物技术及其他新生产技术
编写人：Erin Danielson，Alexandrea Watters
批准人：Philip Hayes

报告要点

2021年3月，加拿大政府发布了关于如何将加拿大新的食品法规应用于植物育种产品的指导意见。政府还完成了关于指导草案的行业协商，该指导草案旨在确定植物是否受加拿大《种子条例》第五部分的约束以及是否需要进行上市前审查。2021年，加拿大种植了约1 160万公顷的转基因（GE）作物，主要是油菜、大豆和玉米，种植面积比2020年增长了7%。

［内容提要］

加拿大的农业生物技术监管体系依赖于最终产品所表达性状的新颖性，而不是产品开发过程监管（例如 CRISPR）。开发出的植物或产品，其具有的性状在该植物、动物或微生物中从未观察到，可称为新性状植物（PNT）和新食品。它们需要经过加拿大食品检验局（CFIA）和加拿大卫生部（HC）的漫长而复杂的审批程序，在一些情况下也需要加拿大环境与气候变化部（ECCC）的审批。

2021 年 3 月，HC 发布了《新型食品安全评估指南》。这些新文件为加拿大的新食品法规如何在植物育种产品中的应用提供了必要的指导，并基于一种新的分级方法来评估产品。它概述了植物需要上市前批准或不被视为 PNT 的情况。

新的食品法规于 1999 年首次发布，最近一次修订于 2006 年。自那时以来，植物基因改造的新技术不断被开发出来，国内外的研发者都要求能够提供明确的指导，说明通过植物育种创新开发产品时，什么会引发更严格的监管审查。

除了 HC 的新指南外，CFIA 最近结束了关于指南草案的行业咨询，该指南草案旨在确定植物是否受种子法规第五部分的约束以及是否需要上市前审查，目前正在撰写最终指导意见。因为它与动物和微生物食品有关，加拿大政府稍后将进行进一步分析，以评估更新后的食品指南的优势。

自 2020 年 10 月以来，CFIA 批准了 6 种非限制性环境释放的新性状植物：一种荠菜产品、一种油菜籽产品、两种玉米产品和两种大豆产品。在获得国内批准后，中国和欧盟等主要进口国家和地区的监管许可或批准对公司产品商业化的决定具有重大影响。

加拿大在 2021 年种植了大约 1 160 万公顷的转基因作物，主要是油菜籽、大豆和玉米。由于油菜籽种植面积的增加，转基因作物的种植面积比前一年增加了约 7%。

迄今为止，加拿大仅批准了一种转基因动物产品，即转基因三文鱼。加拿大的 AquaBounty 三文鱼生产设施将完全专注于鱼卵生产。这些鱼卵将出口到美国的繁育机构。目前，没有迹象表明 AquaBounty 三文鱼将进口到加拿大。

本报告还探讨了微生物转基因衍生食品配料在加拿大的应用。这些被用作酶、添加剂、调味品、色素和维生素的产品代表着一个不断发展的行业。值得注意的一点是它们一般用于生产奶酪、婴儿配方奶粉、烘焙食品和甜味剂。

第1章　植物生物技术

本报告使用术语“生物技术品种”和“生物技术作物”来代指使用生物技术方法开发的任何植物，包括基因编辑、转基因和诱变方法，除非提及特定技术或引用立法或法规。在加拿大，“转基因作物”是指通过转基因技术衍生的作物，与基因编辑和诱变技术不同。加拿大政府使用“转基因”指将外源基因导入作物。

转基因是在作物中引入外来基因时使用的一个术语。基因编辑是利用生物技术改变生物体基因组中的特定DNA序列，基因编辑技术的一个例子是CRISPR。突变是由化学物质或辐射引起的生物体遗传组成的变化。

1.1　生产和贸易

1.1.1　产品开发

在本节概述了新性状植物（PNT），这些植物可能在未来两年内进行商业种植。关于这些特定产品的信息是公开的，而稍后可能进行商业种植的PNT通常被视为机密商业信息。在加拿大，公司可能在新生物技术作物商业化前几年开始咨询作物特定价值链。然而，除非它们有一条明确的商业化道路，否则通常不会公布。加拿大批准的PNT发布在加拿大食品检验局（CFIA）的PNT数据库中；然而，这些品种不一定用于商业生产。因此，本报告并未讨论最近批准的所有品种。

自2020年10月的报告以来，CFIA已经批准了6个具有新性状的非限制性环境释放项目：一个荠菜项目（Smart Earth camelina Corporation的14CS0851-01-14）；一个油菜项目（Bayer Crop Science的MON 94100）；两个玉米项目（Pioneer Hi - Bred Production Ltd的DP23211和Monsanto Canada的GA21）；以及两个大豆项目（Bioceres Crop Solutions Corp的IND-00410-5和BASF的BCS-GM151-6）。这些项目中的每一项都已获得加拿大食品检验局和加拿大卫生部（HC）的批准，可用于出售的动物饲料和人类食品。然而，这六项预计在未来两年内都不会上市。

根据CFIA提供的信息，BASF Canada（大豆项目GMB151）、Bayer Crop Science（耐麦草畏油菜-MON 94100）和Bioceres Crop Solutions Corporation（耐非生物胁迫和除草剂HB4大豆）已要求对玉米或油菜品种进行安全评估。

评估旨在确定无限制释放的环境安全性以及人类食用新型食品和动物食用新型饲料的安全性。CFIA网站上的“提交通知”描述了该产品以及CFIA从要求评估的某些产品开发人员处收到的数据。提交通知由开发商自愿填写。

国内批准只是产品走向商业化道路的一个方面。中国和欧盟等主要进口国家和地区的监管许可或批准对公司是否继续将产品商业化的决定产生重大影响。关键市场的批准可能需要几年时间。

1.1.1.1 油菜

加拿大油菜委员会2018—2023年的优先事项包括提高抗病性、植物肥力和害虫综合治理。其他重点领域包括评估菜籽油膳食的新抗菌技术。菜籽油理事会表示，他们将继续探索高油酸菜籽油的潜在健康属性、对食品加工商在延长烘焙食品保质期方面的益处以及油炸食品的高氧化率。

油菜行业消息人士估计，在过去四年中，高油酸油菜品种的种植面积徘徊在8%～10%。近年来，面积没有明显增长，预计也不会有明显增长。

1.1.1.2 大豆

先正达在马尼托巴省的所有大豆生产线中占有最高的市场份额，并且他们项目推出的品系未来仍将有很大的种植面积。

1.1.1.3 玉米

业内人士表示，先正达的Enogen玉米在未来几年内在加拿大的市场份额可能会增加。Enogen玉米是专门为生产乙醇而开发的。Enogen于2011年在美国获得批准，并在不久后获得加拿大批准进口，但据业内人士称，适合北方地理条件的早熟杂交种是最近才获得批准的（表1）。

表1　加拿大转基因作物种植面积　　单位：$\times 10^3$ 公顷

类别	2015年	2016年	2017年	2018年	2019年	2020年	2021年
油菜	8 411	8 411	9 313	9 232	8 572	8 410	9 097
转基因油菜	7 991	7 990	8 848	8 771	8 143	7 990	8 642
转基因油菜占总产量的百分比（%）	95	95	95	95	95	95	95
大豆	2 239	2 269	2 947	2 558	2 313	2 052	2 130
转基因大豆	1 595	1 706	2 413	2 076	1 837	1 605	1 706
转基因大豆占总产量的百分比（%）	71	75	82	81	79	78	80
谷物用玉米	1 359	1 452	1 447	1 468	1 496	1 423	1 397
转基因玉米	1 133	1 253	1 269	1 291	1 340	1 278	1 275
转基因玉米占总产量的百分比（%）	83	86	88	88	90	90	91
甜菜	7	12	11	19	17	17	18
转基因甜菜	7	12	11	19	17	17	18
转基因甜菜占总产量的百分比（%）	100	100	100	100	100	100	100
转基因作物播种面积	10 726	10 961	12 540	12 156	11 337	10 889	11 641

资料来源：加拿大统计局、马尼托巴省农业服务公司、萨斯喀彻温省农业部、渥太华金融服务局。

注：不包括使用诱变开发的产品。总面积不等于全国总面积，因为种植油菜、玉米和大豆不足800公顷的省份不包括在表1中。2021年转基因油菜面积是一个估计值；2021年萨斯喀彻温的转基因玉米面积也是估计值。

1.1.2 商业化生产

2021 年，转基因谷物和油籽品种约占加拿大谷物和油籽种植总面积的 35%。

1.1.2.1 油菜

2020 年，油菜总种植面积的 95%左右是转基因品种，与过去几年一致。2021 年，转基因油菜品种的种植面积约为 860 万公顷，高于 2020 年的 800 万公顷。约 98.5%的种植面积是生物技术品种（即使用基因工程、基因编辑或诱变开发的品种）。2021 年有 23 个油菜新品种可供种植。

菜籽油约占加拿大植物油消费总量的 50%。一般来说，加拿大只有大约 10%的油菜籽作物在加拿大消费，因为将近 90%的加拿大油菜籽、油和粕用于出口。据业内人士透露，近年来，高油酸品种约占加拿大种植面积的 10%。加拿大的菜籽油产量预计将增加。

2021 年，四家公司（Viterra、Richards、Cargill 和 Ceres）宣布了扩建现有油菜加工设施和/或开发新设施的计划。如果这些项目完成，到 2024 年，加工能力将从目前的 1 100 万吨增加 41%。萨斯喀彻温省政府表示，到 2030 年，该省将加工萨斯喀彻温省 75%的油菜籽。

出口机会有望增加。“全面与进步跨太平洋伙伴关系协定”（CPTPP）继续降低日本和越南等关键市场的关税。2018 年 12 月 30 日，《跨太平洋伙伴关系协定》在首批批准该协定的 6 个国家（加拿大、澳大利亚、日本、墨西哥、新西兰和新加坡）生效，随后越南于 2019 年 1 月 14 日加入。

1.1.2.2 大豆

2021 年大豆种植总面积中，预计 80%的面积将种植转基因品种，与前两年一致（表 2）。

表 2 加拿大各省转基因大豆种植面积 单位：公顷

类别		2016 年	2017 年	2018 年	2019 年	2020 年	2021 年
安大略省	大豆	1 126 400	1 244 400	1 222 200	1 260 400	1 153 400	1 188 200
	转基因大豆	736 500	890 300	894 200	940 400	870 900	899 300
	转基因占比（%）	65	72	73	75	76	76
马尼托巴省	大豆	634 515	870 330	719 756	522 521	414 568	532 900
	转基因大豆	621 825	861 627	712 558	517 295	506 276	522 242
	转基因占比（%）	98	99	99	99	98	98
魁北克省	大豆	351 700	398 000	370 300	366 700	358 300	374 500
	转基因大豆	221 700	265 000	261 600	274 700	245 100	250 900
	转基因占比（%）	63	67	71	68	68	67

（续表）

类别		2016 年	2017 年	2018 年	2019 年	2020 年	2021 年
萨斯喀彻温省	大豆	97 100	344 000	164 900	60 700	51 300	34 300
	转基因大豆	95 158	340 560	163 251	60 093	50 787	33 957
	转基因占比（%）	98	99	99	99	99	99
总计	大豆	2 209 715	2 856 730	2 477 156	2 210 321	1 977 568	2 129 900
	转基因大豆	1 675 183	2 357 487	2 031 609	1 765 488	1 573 063	1 706 399
	转基因占比（%）	76	83	82	80	80	80

资料来源：加拿大统计局 CANSIM 表 001-0072；CANSIM 表 001-0010；马尼托巴农业服务公司。
注：2021 萨斯喀彻温省种植生物技术品种的面积是估计值。

加拿大目前批准了两种高油酸大豆：Corteva（DowDuPont）Plenish 大豆和 Monsanto（Bayer）Vistive Gold 大豆。在加拿大，二者均被批准用于无限制环境释放食品和饲料使用，在中国和欧盟，二者均被批准用于食品和饲料使用。尽管获得了关键批准，但加拿大的需求并没有显著增加，种植面积也没有随之扩大。加拿大的食品行业似乎不愿支付与生产高油酸相关的价格溢价。拜耳在 2020 年停止了其 Vistive Gold 大豆的种植。

由于缺乏足够的供应，加拿大的压榨行业不使用其设施加工高油酸品种。在加拿大目前的供应水平下，一旦考虑到设施清洁成本，从经济角度来看，似乎没有理由将压榨能力用于高油酸大豆。

1.1.2.3 玉米

2021 年，转基因玉米约占加拿大玉米总种植面积的 91%，比前一年提高了一个百分点。

加拿大统计局仅提供安大略省和魁北克省玉米调查的数据。FAS/Canada 从马尼托巴省农业部、艾伯塔省农业部和工业部门收集了有关大草原玉米种植面积的数据。

1.1.2.4 甜菜

实际上，加拿大商业化甜菜全部是生物技术品种。安大略省和艾伯塔省商业种植甜菜，用于加工成精制糖和动物饲料成分。加拿大甜菜总产量的 60%以上集中在艾伯塔省，其中很大一部分是在艾伯塔省塔伯的 Lantic 股份有限公司工厂精制的。相反，安大略省的种植者将甜菜作物出口到美国，在密歇根州进行加工。加拿大统计局估计，2021 年甜菜播种面积为 18 800 公顷，比 2020 年增加 8%。预计甜菜在艾伯塔省的种植面积将减少 4%，在安大略省的种植面积将增加 56%，与 2019 年的土地面积相似。在夏末和秋季，安大略省作物的收获受到较高湿度和降雨的影响。虽然一些甜菜种植基地因水害而损失，但据报告，其余田地的产量非常高，一些种植地预计每公顷产出超过 97 吨甜菜。艾伯塔省预计产量将达到每公顷 74 吨左右，总产量与 2020 年相近。

1.1.2.5 苹果

目前，加拿大有 3 种转基因苹果被批准用于商业种植、牲畜饲料和食品用途：Arctic® Golden Delicious、Arctic® Granny Smith 和 Arctic® Fuji。尽管美国正在进行商业生产，目前这三种苹果中的任何一种都没有在加拿大进行商业生产。因为扩张将集中在美国，在撰写本报告时加拿大目前还没有商业规模种植和生产的计划。根据市场需求，Arctic®苹果正从美国出口到加拿大。目前加拿大还没有进口数量目标。

1.1.2.6 马铃薯

Simplot 有 9 个转基因 Ingental®马铃薯（5 个第一代和 4 个第二代）品种在加拿大被批准用于商业种植、牲畜饲料和食品用途。加拿大之前已经进行了种植试验，但尚未进行大规模商业种植。2021 年加拿大年转基因马铃薯种植面积的统计数据缺乏。加拿大的转基因马铃薯的种植面积和商业生产开发将取决于市场。

1.1.2.7 苜蓿

2016 年春季，牧草遗传国际有限责任公司（FGI）开始在加拿大东部销售其转基因苜蓿种子，命名为 KK179（抗草甘膦 Harv Xtra 苜蓿）。加拿大工业发展和管理的共存计划规定，加拿大东部种植的紫花苜蓿必须在开花前进行修剪，以避免与非转基因品种进行异花授粉。

加拿大西部尚未种植转基因苜蓿，FGI 表示无意向西扩张。在 2019 年夏季的董事会会议上，艾伯塔省饲料工业网络重申了其 2016 年的立场，即艾伯塔省应保持无转基因苜蓿。

1.1.2.8 菠萝

2021 年 3 月，HC 批准 PinkGlowTM 菠萝在加拿大用于食品。目前，加拿大不批准这种粉红色肉质菠萝用于任何其他用途。

1.1.2.9 小麦

加拿大没有生物技术小麦的商业生产。有关加拿大生物技术小麦历史的概述，请参阅 GAIN 报告：CA16053。

1.1.2.10 亚麻

加拿大没有生物技术亚麻的商业生产。20 世纪 90 年代中期，加拿大批准并种植了一种耐除草剂的生物技术亚麻品种，但 2001 年，在欧洲买家表示他们不会购买生物技术亚麻或混合亚麻后，加拿大亚麻生产商取消了生物技术亚麻品种的注册，并将其从市场上撤出。

1.1.3 出口

由于市场准入问题和非洲猪瘟（ASF）导致饲料需求减少，2019 年和 2020 年对中国的油菜籽出口受到抑制。自 2018/2019 年度以来，欧盟 3 国对加拿大油菜籽出口的采购量增加了两倍多，最显著的原因是法国的采购量增加。阿联酋将油菜籽采购量增加了一倍。对阿联酋的出口在很大程度上依赖欧盟的植物油需求（表 3）。

表 3　加拿大：油菜籽出口　　单位：吨、%

合作伙伴	2018 年 8 月至 2019 年 7 月	2018 年 8 月至 2019 年 7 月占比	2019 年 8 月至 2020 年 7 月	2019 年 8 月至 2020 年 7 月占比	2020 年 8 月至 2021 年 7 月	2019 年 8 月至 2020 年 7 月占比
世界	9 202 499	100.0	10 041 143	100.0	10 517 453	100.0

（续表）

合作伙伴	2018年8月至2019年7月	2018年8月至2019年7月占比	2019年8月至2020年7月	2019年8月至2020年7月占比	2020年8月至2021年7月	2019年8月至2020年7月占比
欧盟27国	642 484	7.0	2 176 518	21.7	1 751 483	16.7
中国	3 119 093	33.9	1 925 865	19.2	2 714 066	25.8
日本	2 136 573	23.2	2 140 170	21.3	2 290 873	21.8
墨西哥	1 266 417	13.8	1 154 712	11.5	1 346 241	12.8
阿联酋	456 544	5.0	988 713	9.8	996 681	9.5
巴基斯坦	777 980	8.5	690 723	6.9	660 414	6.3
美国	513 886	5.6	495 560	4.9	428 381	4.1

因为需求减少，2020/2021年度对美国的油菜籽油出口量比上年减少3%。自中国政府在2019年限制种子进口以来，加拿大菜籽油对中国的发货量有所增强，并保持在高位（表4）。

表4　加拿大：菜籽油出口　　单位：吨、%

合作伙伴	2018年8月至2019年7月	2018年8月至2019年7月占比	2019年8月至2020年7月	2019年8月至2020年7月占比	2020年8月至2021年7月	2019年8月至2020年7月占比
世界	3 155 165	100.0	3 429 467	100.0	3 439 439	100.0
美国	1 730 694	54.9	1 852 240	54.0	1 793 125	52.1
中国	1 003 891	31.8	969 799	28.3	1 183 794	34.4
墨西哥	78 087	2.5	100 990	2.9	160 457	4.7
韩国	136 032	4.3	142 854	4.2	153 969	4.5
智利	103 008	3.3	150 373	4.4	93 558	2.7

资料来源：贸易数据监测有限责任公司。

《全面与进步跨太平洋伙伴关系协定》（CPTPP）于2018年年底生效，扩大了加拿大菜籽油和豆油出口进入CPTPP成员市场的机会。日本和越南已经对油菜籽/豆粕和大豆/豆粕实行零关税，并降低了对加拿大菜籽油的关税。

在2020/2021年度，大豆出口总量为450万吨，比前一年增长16%。加拿大约一半的大豆出口到了欧盟、中国和伊朗。

加拿大在2020/2021年度出口了118 000吨豆油，比前一年下降了17%。其中95%的豆油出口到美国。

2020/2021年，加拿大的玉米出口量为150万吨，其中欧盟（66%）和美国（18%）是最大的出口目的地。

加拿大此前出口了安大略省种植的 National® 马铃薯，供美国加工，但 2021 年没有出口。加拿大将安大略省种植的生物技术甜菜出口到美国进行精炼。

1.1.4 进口

加拿大是生物技术作物和产品的进口国，包括谷物和油料，如玉米和大豆。进口到加拿大的生物技术作物 90%以上来自美国。乙醇生产和牲畜饲料业等行业推动了玉米和大豆从美国的进口。

PNT 进口作为人类消费品和动物使用需要提前获得 HC 和 CFIA 的批准。目前有 138 种新性状植物产品被批准用于人群消费。有 133 种新性状植物产品被批准用于动物饲料。

加拿大自 2019 年年底开始进口转基因苹果，并一直持续到 2021 年，迄今为止约进口了 1 吨。进口将根据市场需求继续进行。2021 年，加拿大进口了约 544 吨转基因马铃薯。加拿大已批准进口转基因木瓜、转基因南瓜和转基因菠萝。

1.1.5 贸易壁垒

目前没有对向美国出口产生负面影响的重大生物技术相关贸易壁垒。然而，加拿大监管机构可能认为新颖的内容以及因此受到监管的内容的不确定性，以及上市前授权的缓慢步伐，有可能影响贸易。

1.2 政策

1.2.1 监管框架

1.2.1.1 加拿大的监管体系

加拿大拥有完备的监管体系用于通过生物技术生产的农产品的审批。在加拿大监管指南和立法中，与同类产品具有不同或新性状的植物或产品被称为 PNT 或新型食品。

加拿大食品检验局（CFIA）和加拿大卫生部（HC）是负责监管和批准生物技术植物的两个机构。这两个机构共同努力，对之前未用于农业和食品生产的新性状的植物的研发进行监管。CFIA 和 HC 都有专门适用于 PNT 和/或新型食品的权限。食品和药品监督管理局负责监管 PNT 的进口、环境释放和在牲畜饲料中的使用。HC 负责评估其在食品中的人体健康安全，并批准其在商业中的使用。PNT 和新型食品也受 CFIA 和 HC 关于植物和食品的总体权限的约束（表 5，表 6）。

表 5　植物生物技术管理机构和相关立法

部门/机构	受监管产品	相关立法	法规
加拿大食品检验局（CFIA）	植物和种子，包括具有新性状的植物和种子	消费者包装和标签法、饲料法、食品和药品法、种子法、植物保护法	饲料法规、食品和药品法规

（续表）

部门/机构	受监管产品	相关立法	法规
加拿大卫生部（HC）	食品、害虫防治产品	食品和药品法案、加拿大环境保护法案、害虫控制产品法案	新食品法规、新物质通知法规、虫害控制产品法规

表 6　植物生物技术管理机构职责

种类	CFIA	HC
人类健康与食品		
安全新型食品		×
过敏原		×
营养成分		×
潜在存在毒素		×
食品标签政策		
营养成分		×
过敏原		×
特殊饮食需求		×
欺诈和消费者保护	×	×
安全评估		
种子	×	
植物	×	

资料来源：加拿大卫生部、加拿大食品检验局。

CFIA 目前将 PNT 定义为：一种植物品种/基因型，其特征与加拿大栽培种子的独特、稳定种群中存在的特征既不相似也不基本等同，并且是通过特定的遗传变化有意选择、创造或引入该物种种群的。PNT 既可以从重组 DNA 技术中获得，也可以从传统的植物育种中获得。当 PNT 具有令人担忧的性状，即性状本身、其在特定植物物种中的存在或其用途：①与市场上已有的产品相比，被认为不熟悉。②不被视为与已在使用的类似、熟悉的植物类型实质等同且安全时，有必要进行规范的现场检测。

HC 目前将“新型食品”定义为：①一种物质，包括微生物，没有作为食品安全使用的历史。②通过以下工艺制造、制备、保存或包装的食品：之前未应用于该食品，以及导致食品发生重大变化。③从经过基因改造的植物、动物或微生物中提取的食品，其具有以下特征之一：一是该植物、动物或微生物具有以前在该植物、动物或微生物中未观察到的特征。二是该植物、动物或微生物不再具有以前在该植物、动物或微生物中观察到的特征。三是该植物、动物或微生物的一个或多个特征不再属于该植物、动物或微生物的预期范围。

开发过程中，在批准无限制释放之前，根据加拿大监管指南对 PNT 进行检查。其中包括：第一，科学家对转基因生物的研究，包括开发 PNT，遵守加拿大卫生研究所的指令，以及他们自己的机构生物安全委员会的行为准则。这些指南保护实验室工作人员的健康和安全，并确保环境控制。第二，CFIA 监测所有 PNT 田间试验，以遵守环境安全指南，并确保限制，从而避免花粉飘移到邻近田地。第三，CFIA 监督种子往返试验现场的运输、所有收获植物材料的转移以及新种子、活体植物和植物材料的进口。

2021 年 CFIA 尚未提供 PNT 现场试验概述。2020 年，加拿大提交了 81 份 PNT 报告，进行了 176 次田间试验，主要是油菜和玉米，还有大麦、琉璃苣、山茶花、杨树、大豆、甜菜和白芥。2019 年，加拿大提交了 78 份 PNT，并进行了 99 次田间试验，主要是小麦、油菜、大豆、玉米和油茶。按作物分类的年度田间试验总结通常可在每年 11 月的 CFIA 网站上获得。

根据《种子法》和《种子条例》，加拿大所有 PNT 在释放到环境之前必须获得授权。任何 PNT 在获得受限试验之外生长许可授权之前，CFIA 必须完成环境安全评估，重点是：新性状向相关植物物种转移的潜力，对非目标生物体（包括昆虫、鸟类和哺乳动物）的影响，对生物多样性的影响，引入性状引起杂草侵扰的可能性，新型植物成为植物有害生物的潜力。

CFIA 评估所有牲畜饲料的安全性和有效性，包括营养价值、毒性和稳定性。为新型饲料提交的数据包括对生物体和基因改造、预期用途、环境影响以及基因（或代谢）产物到达人类食物链的潜力的描述。安全方面包括食用饲料的动物、人类对动物产品的消费、工人安全以及与饲料使用相关的任何环境影响。HC 负责评估以前没有安全使用历史的食品，或通过新工艺制造的食品，该新工艺会导致成分发生重大变化，或来自经过基因改造的生物而具有新性状。

HC 使用其新型食品安全评估指南检查：粮食作物是如何发展的，包括分子生物学数据；与未改性食品相比，新型食品的成分；与未改性食品相比，新型食品的营养数据；潜在的新毒素可能引起任何过敏反应；平均消费者和人口亚组（如儿童）的膳食风险。

一旦获得环境、饲料和食品安全授权，PNT 及其衍生的饲料和食品在进入市场之前仍需接受与加拿大所有传统产品相同的监管审查。根据《饲料法》，拟用于牲畜饲料的产品需要由 CFIA 动物饲料部门进行额外评估。供人类食用的产品需要由 HC 食品管理局根据《食品和药品法》进行额外评估。

此外，如果植物是需要品种审定的作物（如油菜和大豆），则必须在获得环境、饲用和食用安全授权后进行注册。加拿大针对所有新开发作物品种的品种登记制度确保只登记具有明确销售效益的品种。

另外，有关 PNT 或其食品安全性的任何新信息必须报告给 HC 和/或 CFIA，经进一步调查，他们可以修改或撤销授权和/或在产品销售时立即从市场上移除产品。

据业内人士称，从开发到产品被批准用于人类消费的时间通常需要 7~10 年。在某些情况下，这一过程超过了 10 年。据加拿大领先的作物生物技术协会称，开发新产品通常需要 5~7 年的公司研究、2~3 年的田间试验和 1~3 年的政府评估。

业界长期以来一直认为，产品上市所需的时间长短影响了加拿大公司的竞争力。现在，使用 CRISPR 和其他现代基因编辑技术，开发者可以更快地生产尖端产品，但产品上市所需的时间可能会削弱技术优势。

1.2.1.2 2021 指南建议磋商

2021 年，HC 完成了两处变更的磋商：一处是加拿大卫生指南关于食品和药物法规（新食品法规）B 部分第 28 节的变更：通过培育“新型食品”而研发的植物衍生食品什么时候推出？另一处是根据《食品和药物法规》（新食品法规）B 部分第 28 节，加拿大卫生部提出了关于从再转化剂中提取的食品上市前评估的建议指南。

HC 的提案比以前的指南更狭义地定义了“新型食品”，以明确其对植物的要求。HC 的立场是，如果根据《食品和药物法规》（FDR）第 B. 28. 002-B. 28. 003 节单独评估为新型食品，则以下五类食品不会增加其安全性知识体系，因为它们的安全性对于来自具有基因修饰的植物的食品已经有了很好的特征：一是不改变内源性蛋白质，其与已知的与人类健康相关的过敏原或毒素具有显著同源性；二是内源性过敏原、毒素或抗营养素的水平没有增加到超过记录的范围；三是对关键营养成分和/或代谢没有影响；四是不改变植物的食物用途；五是不是插入外源 DNA 的结果。

HC 建议狭义地解释新型食品法规，将这些类别内的食品归类为不符合 FDR 第 B. 28. 001 节中规定的“新型食品”定义所需特征新颖性阈值的食品。以这种方式狭义解释的定义考虑了预防性安全目标，突出了上市前安全评估监管的重要性。

HC 在其网站上公布了一份非新颖决定清单，以提高机构决定的透明度。此外，CFIA 结束了关于指南草案的行业咨询，旨在确定植物是否受《种子条例》第五部分的约束及是否需要进行上市前审查。目前正在起草最终指导意见。

指南草案中指出：工厂受《种子条例》第五部分约束有 3 个原因：一是加拿大新作物品种。二是引入另一物种 DNA 的植物。三是有能力对环境产生负面影响的植物，由 4 个具体结果定义：①更难控制的植物；②对植物、动物或微生物产生负面影响的毒素、过敏原或其他化合物；③提高植物在自然环境中的存活率，使生态系统受到破坏；④增强了支持植物有害生物活动的能力。

该指南还指出：“大多数使用传统育种培育的植物不受《种子条例》第五部分的约束，因为育种通常不会产生影响安全性的新特性。”加拿大基于产品的系统查询到一些通过传统育种开发的植物，如果这些植物拥有新的特性，则需要此类产品的上市前授权。代表植物育种业的业界人士对该指南作出回应，表示 CFIA 成功地认识到了基因编辑的安全性，但没有纠正传统育种中存在的挑战，在某些情况下会造成更多的混乱。

有关加拿大生物技术监管的更多信息，请访问以下网站：

CFIA：http：//www. inspection. gc. ca/english/sci/biotech/bioteche. shtml。

加拿大卫生部：http：//www. hc-sc. gc. ca/sr-sr/biotech/index-eng. php。

http：//www. hc-sc. gc. ca/fn-an/gmf-agm/index-eng. php。

1.2.2 审批情况

自 2020 年 10 月以来，CFIA 和 HC 批准了表 7 中所列出的文件。

表 7　CFIA 和 HC 自上次发布（2020 年 10 月至 2021 年 10 月）以来批准的文件

产品/名称	LMO 状态	申请时的申请人	新特征	CFIA			加拿大卫生部-食品安全批准
				无限制释放批准	批准用作牲畜饲料	品种注册	
Camelina (14CS0851-01-14)	非 LMO	Linnaeus Plant Sciences（目前为 Smart Earth Camelina Corp.）	磺酰脲耐受性	是（2021 年 3 月 15 日）	是（2021 年 3 月 15 日）	不需要注册	是（2021 年 3 月 3 日）
油菜 (MON94100)	LMO	Bayer Crop Science	对麦草畏的耐受性	是（2021 年 4 月 23 日）	是（2021 年 4 月 23 日）	不需要注册	是（2021 年 4 月 23 日）
玉米 (DP23211)	LMO	Pioneer HiBred Production Ltd.	对西部和北部玉米根虫的抗性/对草铵膦除草剂的耐受性	是（2021 年 9 月 2 日）	是（2021 年 9 月 2 日）	不需要注册	是（2021 年 9 月 2 日）
玉米 (MON 95379)	LMO	Bayer Crop Science	鳞翅目抗性	是（2021 年 9 月 23 日）	是（2021 年 9 月 23 日）	不需要注册	是（2021 年 9 月 23 日）
大豆 (IND-00410-5)	LMO	Verdeca LLC（现为 Bioceres Crop Solutions Corp.）	提高产量；耐旱性；草铵膦耐受性	是（2021 年 5 月 27 日）	是（2021 年 5 月 27 日）	不需要注册	是（2021 年 5 月 27 日）
大豆 (GMB151)	LMO	BASF Canada Inc	对 HPPD 抑制剂（异恶氟甲苯）除草剂的耐受性；大豆胞囊线虫抗性	是（2021 年 5 月 26 日）	是（2021 年 5 月 26 日）	不需要注册	是（2021 年 5 月 26 日）

资料来源：CFIA 网站。

注：有关加拿大受监管 PNT 状态的更多信息，包括产品是否已被批准用于无限制环境释放、新型牲畜饲料使用和品种注册，请参阅加拿大食品和药物管理局 PNT 数据库。有关最近自愿提交公众意见的信息，请访问 CFIA 网站。

1.2.3　复合或叠加性状转化体的批准

在加拿大，复合性状定义为通过两个或多个授权 PNT 的常规交叉开发的产品，无须进一步评估其环境安全性。根据先前授权的 PNT 创建的具有复合性状的植物的开发者需要在这些植物的预期环境释放日期之前至少 60 天通知 CFIA 的植物生物安全办公室（PBO）。收到开发者通知后，PBO 可发出信函（在通知后 60 天内），通知开发商其可能对拟议的无限制环境释放存在的任何担忧。

PBO 还可以请求和审查数据，以支持在环境中安全使用改良植物。复合性状具有潜在不兼容管理要求、可能的负协同效应或产品生产可能扩展到其他新地区的性状，可能需要进行环境安全评估。在所有环境安全问题得到解决之前，不得将改造后的产品释放到环境中。

根据 CFIA 网站，需要这些通知，以便监管机构可以确定以下情况：一是母本 PNT 上的任何授权条件都是兼容的，适用于所产生的复合性状植物；二是需要额外信息来评估复合性状植物产品的环境安全性。

该网站进一步指出，如果出现以下情况，则需要提供更多信息和进一步评估：一是父本 PNT 的授权条件不适用于复合性状；二是亲本 PNT 的新特性在复合的植物产品中表达不同（例如，表达更高或更低）；三是复合性状产品表达了另一个新性状。

HC 保存了一份授权无限制释放到加拿大环境中的复合产品列表。

1.2.4 田间试验

2021 年，CFIA 尚未提供 PNT 田间试验概述。2020 年，加拿大提交了 81 份 PNT 报告，进行了 176 次田间试验，主要是油菜和玉米，还有大麦、琉璃苣、山茶花、杨树、大豆、甜菜和白芥。2019 年，加拿大提交了 78 份 PNT，并进行了 99 次田间试验，主要是小麦、油菜、大豆、玉米和山茶。按作物分类的年度田间试验总结通常可在每年 11 月的 CFIA 网站上获得。

1.2.5 新兴生物技术

HC 和 CFIA 在产品基础上（而非工艺基础上）监管使用新兴生物技术开发的产品。所有具有新特性的植物都由这些机构根据具体情况进行管理，无论它们是如何培育的。

一些业内人士质疑，使用创新技术开发的产品是否应与使用某些类型的基因工程等旧技术开发的产品面临相同的监管审批程序。创新技术可以非常精确地瞄准一个基因，导致某个性状单一、可预测的改变。相比之下，较旧的技术可能会导致许多随机、未知和非特征化的变化。行业消息来源表明，为了使创新技术发挥其潜力，需要现代化的法规。

加拿大的美国公司正在种植使用新兴生物技术开发的作物品种，例如 Yield 10（试验）和 Cibus（商业）。邮报目前尚不了解有任何加拿大初创公司有类似的结果。然而，大型公司和学术机构正在进行研究。

1.2.6 共存

在加拿大，生物技术作物和非生物技术作物的共存不受政府管制。希望实现这一目标的传统或有机作物的生产者有责任将生物技术转化体排除在其生产系统之外。

生物技术管理条件适用于加拿大的生物技术作物。一些公司向从事生物技术作物种植的农民提供共存建议，以最大限度地减少在同一物种的非生物技术作物中偶然出现生物技术作物材料的可能性。此外，一些公司向生产者提供杂草管理实践指导，以帮助改善生物技术作物和非生物技术作物之间的共存。

1.2.7 标识

根据《食品和药品法案》，HC 和 CFIA 负责所有联邦食品标签政策。HC 制定与健康和安全事项有关的食品标签政策，而 CFIA 负责制定非健康和安全食品标签法规和政策。CFIA 有责任保护消费者在食品标签、包装和广告中免受虚假陈述和欺诈，并规定适用于所有食品的基本食品标签和广告要求。

《转基因和非转基因食品的自愿标识和宣传标准》于 2004 年制定，为食品公司、制造商和进口商提供标识和广告指导。2021 年 5 月修订了这些标准。

根据该标准，"转基因"食品一词是指："……以非自然繁殖和/或自然重组方式改变生物体遗传物质的技术。"在 2020 年之前，该标准对"转基因"食品的定义是"通过使用允许基因从一个物种转移到另一个物种的特定技术获得的食品"，对定义进行了修订，以囊括基因编辑和突变。本标准概述的关键要素包括：只要与转基因的使用或未使用相关的食品标签和广告声明是真实的、不具误导性、不具欺骗性、不太可能对食品的特性、价值、成分、优点或安全性产生错误印象，并且符合《食品和药品法》中规定的所有其他监管要求，则允许使用这些声明，《食品和药品条例》（FDR）、《消费者包装和标签法》和《消费者包装和标签条例》《竞争法》和任何其他相关立法，以及《食品标识和广告指南》。该标准并不意味着其范围内的产品存在健康或安全问题。如果偶然混杂低于 5%，则可以标为转基因。本标准适用于食品的自愿标识和广告，以区分此类食品是否为转基因产品，或是否包含或不包含转基因产品的成分，无论食品或成分是否包含 DNA 或蛋白质。

该标准定义了索赔及其评估和验证的术语和标准。该标准适用于在其范围内销售给加拿大消费者的食品，无论是国内生产的还是进口的。本标准适用于预先包装或散装出售的食品的自愿标识和广告，以及在销售点制备的食品。本标准不排除、覆盖或以任何方式更改法律要求的信息、索赔或标识，或任何其他适用的法律要求。加工助剂、少量使用的酶、微生物基质、兽医生物制剂、动物饲料和微生物基质（其中基质本身不存在于成品食品中）不影响食品或配料是否被视为转基因产品。

尽管自愿标准实施了近 15 年，加拿大的一些团体仍在继续推动对转基因食品进行强制性标识。多年来，最近一次是在 2017 年，下议院引入了私人议员法案，试图要求对含有生物技术成分的食品进行强制性标识，但没有一项法案通过二读，在二读中，议员们有机会在投票前对法案的范围和原则进行辩论。

在加拿大，只有当生物技术作物（如豆油）的产品与非转基因作物的产品无法区分时，才能将其标记为"非转基因"。加拿大通用标准委员会表示，来自玉米、大豆和油菜等生物技术作物品种的食品含有几乎无法检测到的数量的遗传物质或由遗传物质制成的蛋白质。

1.2.8 监测和检测

加拿大没有生物技术产品监测计划，也没有积极检测生物技术产品。

1.2.9 低水平混杂（LLP）策略

低水平混杂（LLP）问题对加拿大很重要。LLP 是指在国际贸易中偶然存在少量“转基因”（GM）材料与非转基因产品混合。如第 1 章 A 部分所述的加拿大亚麻案所示，在出口国而非进口国审批低水平生物技术材料的情况下，LLP 可能会导致贸易中断。加拿大认为零容忍政策不现实，特别是考虑到检测能力的日益复杂和敏感。加拿大政府探索了各种方法，根据加拿大未审批的生物技术材料的最大量，将 LLP 的发生降到最低，以提高贸易的可预测性和透明度。在国际上，加拿大正在与一组感兴趣的国家合作，称为全球低水平混杂倡议（GLI），旨在制定 LLP 问题的全球解决方案。更多信息见下文 1. 2. 12 节国际条约/论坛。

1.2.10 知识产权（IPR）

《专利法》和《植物育种者权利法》为新品种的育种者或所有者提供了对其产品收取技术费或特许权使用费的能力。《专利法》授予涵盖植物基因的专利，或用于整合基因的工艺，但不提供植物本身的专利。植物的保护将包括在《植物育种者权利法》（PBR）中。PBR 法案授予新品种的植物育种者在加拿大生产和销售该品种繁殖材料的独家权利。PBR 法案规定，植物育种者权利的持有人可以收取产品的使用费。《专利法》允许权利人将其产品商业化销售给生产者。大部分情况下，专利产品的成本包括技术费用。这使权利人能够收回其在开发产品方面的资金投入。

1.2.11 《卡塔赫纳生物安全议定书》的批准

2001 年，加拿大签署了《卡塔赫纳生物安全议定书》，但尚未批准该议定书，因此该议定书在加拿大没有实施。不少农场组织，包括加拿大油菜委员会、加拿大谷物种植者联盟、Viterra 和许多其他组织，反对批准该议定书。其他组织，如全国农民联盟和绿色和平组织也支持这项计划。加拿大政府继续作为非缔约方参与议定书进程。业内人士表示，这可能会继续下去。

1.2.12 国际条约/论坛

加拿大—南方共同市场自由贸易协定（FTA）谈判：加拿大正在与由阿根廷、巴西、巴拉圭和乌拉圭组成的贸易集团和关税同盟南方共同市场谈判一项自由贸易协定。自由贸易协定关于卫生和植物卫生措施的第五章载有一份生物技术附件。农业生物技术条款的目标是鼓励创新和促进农业生物技术产品的贸易。迄今已举行了七轮谈判，最近一轮是 2019 年 7 月 29 日至 8 月 2 日。

HC 和 FSANZ 试点：HC 和 FSANZ 正在合作进行“转基因食品安全”试点。该倡议将评估尚未在加拿大、澳大利亚和新西兰授权使用的转基因食品的安全性。HC 正在对转基因食品进行评估，澳大利亚、新西兰食品标准局将对评估进行审查。如果两个机构都对结果感到满意，它们将根据安全评估结果在自己国家授权该转基因食品。根据新安排，第一个评估的产品是耐除草剂油菜品系 MON94100。联合食品安全评估最初由

HC编制，然后提供给澳大利亚、新西兰食品标准局，供澳大利亚、新西兰食品标准局审查并确认其是否符合澳大利亚和新西兰的所有相关要求。在确认满足这些要求后，共同编制的安全评估被用作澳大利亚、新西兰食品标准局评估的一部分。

美国—墨西哥—加拿大协定（USMCA）专门解决农业生物技术产品贸易问题以及农业相关创新。根据USMCA，各国还同意成立一个农业生物技术合作工作组。

全球低水平混杂倡议（GLI）：加拿大正在与一组感兴趣的国家合作，以制定低水平混杂问题的全球解决方案。全球粮食倡议由加拿大（秘书处和联合主席）发起，目前有来自15个主要粮食出口国和进口国的代表。自2012年3月在温哥华举行第一次会议以来，GLI迄今已举行了六次国际会议，并开发了信息和资源，以帮助最大限度地减少非同步审批和管理LLP。GLI于2020年10月和2020年12月10日举行会议，讨论其工作计划以及如何将这些技术带到其他国家。

GLI举行会议，反思其2020年虚拟网络研讨会的成果，并确定2020/2021年度的优先事项。

GLI确定了四个需要进一步采取行动的领域：①印度尼西亚提议为东盟国家举办一次关于预防和管理LLP的技术研讨会；②由加拿大和美国牵头的关于解决非同步审批的最佳做法的沟通工具；③2021年，发布LLP高层消息，以纪念GLI十周年，由加拿大、美国和澳大利亚牵头；以及④澳大利亚关于LLP的合规和执行的提案。GLI成员将进一步完善这些想法。下一次GLI会议预计将以在线方式举行，日期尚未确定。

新兴农业生物技术志同道合小组（LMG）：加拿大是2010年成立的新兴农业生物技术志同道合小组的成员。LMG的关键原则是：监管应以科学为基础，贸易限制不得超过必要程度，监管应符合国际义务。LMG成员共同努力，促进符合关键原则的行动，并应对贸易挑战。成员国的主要出口产品包括玉米、大豆、肉类和牛精液。

Ag5：2019年5月，来自阿根廷、巴西、加拿大、墨西哥和美国的农业部长在日本新泻举行了会议。他们发表了以下声明："我们将携手合作，并与其他国家共同支持基于风险和科学、可预测、一致和透明的监管方法。"

1.2.13 相关问题

无。

1.3 市场营销

公众/私人的意见与市场接受度研究。萨斯喀彻温大学研究人员于2021年4月发布的一份报告（Williams et al.，2021）指出，"3/4的加拿大人对提供食品信息的人高度信任，但2/3的人认为现代植物育种技术是不自然的。"一些作者发表的另一份报告（Macall et al.，2021）发现，在他们调查的加拿大人群中，52%的人表示担心转基因，另有34%和14%的人表示他们不担心也不知道。然而，作者警告说，对创新食品的投资应该基于消费者在杂货店内的购买决定，而不是他们不在杂货店时表达的意见。调查受访者表示，决定他们是否购买农产品的主要因素是农产品的产地。

第 2 章　动物生物技术

加拿大动物生物技术监管框架旨在评估和保护人类、动物和环境的健康与安全。如果评估没有表明与这些目标有关的任何担忧或风险，转基因动物一旦被审批用于环境释放，以及转基因动物产品一旦被审批作为饲料或食品，那么根据加拿大的监管程序，其处理方式与各自的传统动物或动物产品没有任何区别。无论动物的饲养、生长、生产或加工方式如何，在环境和植物保护、动物和人类健康以及饲料和食品安全方面，所有动物和动物产品均须遵守相同的要求和法规。转基因鲑鱼是目前加拿大唯一被审批用于人类和动物饲料的动物生物技术产品。从胚胎和体细胞的核移植中获得的克隆及其后代以及从克隆及其后代获得的产品将遵守适用于转基因动物和转基因动物产品的相同要求和规定。HC 自 2003 年以来一直在这个问题上维持一项临时政策，目前将这些食品纳入新的食品定义。

2.1　生产和贸易

2.1.1　产品研发

目前正提出项目设想，但没有迹象表明未来五年内会有任何新的转基因动物提交审批。

2.1.2　商业化生产

AquAdvantage 鲑鱼，AquaBounty 开发的无菌、压力冲击雌性 AquaAdvantage 三文鱼卵继续在爱德华王子岛（PEI）的一个陆上设施中生产。这些鱼卵目前正被转移到爱德华王子岛的一个陆上生长设施，并出口到美国（印第安纳州）。一旦 2021 年收获完成，爱德华王子岛 250 吨产能的养殖设施计划转换为育雏饲养设施。

2.1.3　出口

转基因鲑鱼卵目前出口到位于印第安纳州的美国工厂。2021 年，加拿大工厂的鱼卵出口量约为每年 40 万个。

2.1.4　进口

2017 年和 2018 年，巴拿马的 AquaBounty 工厂向加拿大出口供人食用的转基因鲑鱼，但该工厂于 2019 年初关闭。由于此次关闭，加拿大不再进口转基因鲑鱼。

2.1.5 贸易壁垒

无。

2.2 政策

2.2.1 监管框架

在加拿大，动物生物技术产品可能被定义为新型食品并受到监管。根据 FDR，一种新型食品被定义为：一是某种物质，包括微生物，没有作为食品安全使用的历史。二是通过某种艺制造、制备、保存或包装的食品，该工艺：①之前未应用于该食品。②导致该食品发生重大变化。

转基因植物、动物或微生物衍生食品：①该植物、动物或微生物表现出以前在该植物、动物或微生物中未观察到的特征。②该植物、动物或微生物不再表现出以前在该植物、动物或微生物中观察到的特征。③该植物、动物或微生物的一个或多个特征，不再符合该植物、动物或微生物的预期范围［B. 28. 001，FDR］。

重大变化是指对食品的改变，导致食品在成分、结构、营养品质、代谢方式和/或影响食品的微生物或化学安全方面的特征超出公认的自然变化限度。此外，CFIA 指出，动物生物技术包括但不限于以下动物：①基因工程或改良，指添加、删除、沉默或改变遗传物质以影响基因和性状的表达。②胚胎和体细胞核移植获得的克隆。③嵌合动物，已经接受了另一种动物的移植细胞。④利用任何生物技术方法产生的种间杂种。⑤通过体外培养获得的动物，如成熟或操作胚胎。

加拿大环境与气候变化委员会（ECCC）、HC 和渔业与海洋部（就水生物种而言）是负责对生物技术衍生动物进行评估和第一轮审批的 3 个政府机构。ECCC 负责监测和评估环境影响，HC 负责监测和评估食品安全，当对水生物种或环境有影响时，渔业和海洋部也参与评估（表 8）。

表 8　动物生物技术法规的立法责任

产品	机构	法案	法规
生物技术衍生的食品和药物	HC	食品和药品法案	食品和药品法规（新型食品）
兽用生物制品	CFIA	动物健康法	动物健康条例
饲料	CFIA	饲料法	饲料法规
生物技术鱼产品	加拿大环境部 HC 渔业和海洋部（通过谅解备忘录）	加拿大环境保护法，1999	新物质发布条例（生物体）
其他联邦立法未涵盖的所有动物产品	加拿大环境部 HC	加拿大环境保护法，1999	新物质发布条例（生物体）

注：加拿大工业、科学和创新部、加拿大农业和农业食品部以及加拿大自然资源部不以动物生物技术方面的监管身份行事，但就贸易和市场准入等非监管影响向监管机构提供咨询。

自2003年HC食品管理局成立以来，有关将通过体细胞核移植（SCNT）开发的动物克隆及其后代用于食品的法规已经到位。根据该政策，通过SCNT开发的所有克隆和克隆后代被归类为新型食品，并受《食品和药品条例》中包含的新型食品条例的约束［B. 28］。随着更多关于SCNT衍生产品的食品安全影响的证据可用，HC将相应地重新评估其地位。

1999年，根据《加拿大环境保护法》（CEPA），《新物质发布条例（生物体）》出台，以评估任何新的动物生物技术在投放加拿大市场之前的毒性状态。该过程由ECCC管理，通过新物质发布包提交新材料。HC辅助CEPA参与监管与人类健康有关的问题。此处的人类健康包括与生物技术衍生动物工作接触的人的健康。此外，HC对归类为新型食品的食用生物技术动物产品进行全套食用安全评估。

CFIA评估生物技术衍生动物，因为它与动物健康有关；这适用于生物技术衍生动物的健康，以及通过在饲料中接触或使用生物技术衍生动物的产品或其他动物的兽医生物制剂对其他动物健康的影响。

有消息人士向加拿大农业部表示，省级政府完全推迟了关于转基因和生物技术衍生动物的联邦立法，目前没有制定该方面省级立法的时间表。

2.2.2 审批情况

加拿大批准了转基因鲑鱼，HC对新型食品的批准决定详见：https://www.canada.ca/en/health-canada/services/food-nutrition/genetically-modified-foods-other-novel-foods/approved-products.html。

2.2.3 新兴生物技术

加拿大对任何生物技术衍生动物产品的商业用途、注册和许可进行管理。有关这些监管流程的信息，请参阅“监管框架”部分。目前，假设开发商全部遵守了《加拿大环境保护法》和新物质发布条例，FAS/Ottawa目前尚未看到任何关于动物新生物技术研发的法规公布。

2.2.4 标识和可追溯性

加拿大食品标识政策受《食品和药品法》和《食品和药品条例》的管辖。HC和CFIA根据这些政策承担共同责任，HC负责有关营养成分、特殊饮食需求和过敏原相关的标识，而CFIA负责与非健康和安全食品标识相关的标识，并执行所有食品标识立法。目前，加拿大有两个转基因动物、转基因产品和克隆的标识标准。如果有重大的健康或安全问题需要标识来缓解，或者在强调营养成分发生重大变化的情况下，HC可以要求对转基因食品或产品进行强制性标识。除非HC特别要求，转基因食品或产品可以根据《转基因和非转基因食品的自愿标识和宣传标准》选择自愿标识和广告。

2.2.5 知识产权（IPR）

《专利法》《版权法》和《商标法》涉及加拿大动物生物技术的知识产权。此外，加拿大有《动物系谱法》，某个品种协会代表一个独特的品种或一个具有重要价值的进化品种时，可以被纳入该法案并受其管辖。

2.2.6 国际条约/论坛

加拿大以前是现已解散的食品法典委员会工作组的一员，该工作组通过 HC 与该委员会的活动开展生物技术衍生食品相关工作。加拿大也是经济合作与发展组织（OECD）的成员，HC 参加了 OECD 新型食品和饲料安全工作组。此外，加拿大是世界动物卫生组织（OIE）的成员。加拿大允许进口、生产和销售经批准的动物生物技术以及从事研究。加拿大还支持《新兴农业生产技术联合声明》。

2.3 市场营销

2.3.1 公众/私人意见

加拿大有团体游说政府反对转基因动物。最著名的是加拿大生物技术行动网络，该网络的成员包括有机和生态农业团体、环境团体和国际反转基因团体。大众媒体和社交媒体表明，加拿大消费者对转基因产品有着广泛的看法，对生物技术的理解程度也各不相同。然而，尼尔森消费者洞察调查显示，88%的受访者对生物技术持积极或中立的看法，尽管只有 46%的人表示他们熟悉转基因动物。当被问及转基因动物时，受访者对道德和伦理表示担忧，认为与其他转基因技术相比，转基因动物可能具有更大的相关风险。安格斯·里德（Angus Reid）最近的一项民意调查指出，83%的受访加拿大人希望看到至少一些转基因产品应进行标识。Dalhousie 大学 2018 年的一项生物技术研究也发现了类似的结果：70%的受访者表示转基因食品和配料应该进行标识，38%的受访者表示他们认为转基因食品安全，35%的人认为不安全。目前，政府官员表示，没有计划在联邦层面推进任何类型的转基因/转基因标识立法。

2016 年，下议院农业和农业食品常设委员会启动了一项关于人类食用转基因动物的研究，研究结果于 2017 年 4 月公布。此后没有任何重大进展。委员会确定了四项关键建议：一是加拿大政府应提高监管体系的透明度，以评估供人类食用的转基因动物。二是加拿大政府应支持对新基因改造技术的健康、环境和其他影响进行独立研究。三是加拿大政府应支持仅针对食品健康和安全问题对转基因生物进行强制性标识。四是加拿大政府应与业界合作，建立方法，为转基因动物提供可追溯性。

2.3.2 市场接受度/研究

目前，Metro、IGA、Sobeys 和 Provigo 等大型零售杂货连锁店表示，他们将不会在海鲜柜台销售转基因产品，而好市多、沃尔玛、Whole Foods 和 Loblaws 则表示，他们目前没有销售转基因海鲜的计划。Charlebois 等人在 2019 年进行的一项关于“加拿大对植物和动物食品中转基因的态度”的研究发现，加拿大对转基因食品的安全性和可用性了解有限。具体而言，40%的受访者表示，他们不认为从保护消费者角度出发，政府对转基因食品进行了重点评估。52%的受访者表示，他们不知道转基因食品的消费水平，尽管最终 55%的受访者表示，在选择购买哪种食品时，价格是最大的决定因素。

第3章 微生物生物技术

3.1 生产和贸易

3.1.1 商业化生产

加拿大商业化生产几种来自微生物生物技术的食品配料，包括酶、着色剂、调味品和甜味剂。HC 维护着几个许可食品添加剂的数据库。通过基因工程获得的菌株的允许食品成分来源与经典菌株的分类没有任何不同，因此需要花费大量时间进行识别。此过程无法及时完成以供发布。

3.1.2 出口

微生物生物技术衍生产品的大部分贸易来自增值产品，尽管加拿大也可能出口转基因微生物本身（称为“细胞”或“种子库”）。

加拿大向美国和其他国家出口微生物生物技术衍生食品配料，然而，出口文件并不一定要申报此类内容，也没有办法通过 HS 代码将利用微生物生物技术的产品单独列出来。政府消息来源表明，在某些情况下，转基因法规或方案可能要求对含有转基因食品成分的产品进行标识，以表明其在食品中的存在；然而，在发布之前没有发现此类情况。

FAS/Canada 估计，2020 年，加拿大每年出口约 55 亿美元的加工产品，这些产品在不同程度上使用微生物生物技术衍生成分。该出口额的 90%来自出口到美国的产品。

3.1.3 进口

加拿大进口微生物生物技术衍生食品配料，如酶以及含有微生物生物技术衍生食品配料的加工产品。与出口类似，任何政府机构或非政府组织都没有跟踪这些进口的数量。

据估计，2020 年加拿大进口了约 48 亿美元的加工产品，这些产品在不同程度上使用了微生物生物技术衍生成分。其中 58%是从美国进口的产品，另外 25%是从欧洲国家进口的，其余部分是从其他不同的地方进口的。

3.1.4 贸易壁垒

FAS/渥太华目前尚未发现与这些食品配料有关的特定贸易壁垒（TBT）问题。任何壁垒是广泛适用的，而不仅仅集中在微生物生物技术衍生食品成分上。业界表示希望明确加拿大“新型”产品的构成，并表示希望简化数据要求，以减少监管障碍，提高业务竞争力。

3.2 政策

3.2.1 监管框架

《食品和药品条例》第28部分概述了新型食品。该条例禁止在申请人向HC发出通知之前宣传或销售新型食品。

申请人需要向HC提交一份新颖性确定申请。HC网站上提供了针对新型食品、新型饲料和新性状植物的预提交过程的描述。此处提供了关于如何要求对食品或食品配料进行新颖性测定的说明。HC努力在60日内就食品或食品配料的新颖性状态提供书面回复。FDRs第B部分第28节［第B. 28. 002（1）小节］规定，除非新型食品的制造商或进口商具备以下条件，否则任何人不得销售或宣传销售新型食品：首先，通知食品管理局其打算销售或宣传的新型食品；然后会收到b. 28. 002（1）（b）中所述的对新型食品在加拿大的销售无异议的信函。

与PNT不同，新型食品和食品配料的监管不仅基于它们是否具有与同类产品不同的或新的特征，还基于所使用的过程。如果食品或食品配料符合加拿大法规中定义的“新型食品”定义，则需要经过HC漫长而复杂的批准流程。

3.2.2 审批情况

HC拥有完整的新型食品安全评估数据库，包括“转基因食品”。并非数据库中的所有食物都来自生物技术。如前所述，HC还维护一个许可食品成分数据库；然而，通过基因工程获得的菌株的允许食品成分来源与经典菌株的分类没有任何不同，这使得它们的识别非常耗时。

当申请人向HC提交新颖性测定请求时，如果食品被确定为非新颖，HC将非新颖性测定公布在食品和食品配料的非新颖性测定列表上。

3.2.3 标识和可追溯性

参见第1章1. 2. 7。此外，针对食品和食品配料，加拿大国家标准《转基因和非转基因食品的自愿标识和宣传标准》规定，加工助剂，待售食品中低于0. 01%（重量百分比）的酶（例外，见第6. 2. 7 a段）和微生物基质（基质本身不存在于成品中）不会影响食品或配料是否被视为转基因产品。

3.2.4 监管和检测

加拿大没有任何生物技术产品的监测计划，也没有积极检测生物技术产品。

3.2.5 附加监管要求

无。

3.2.6 知识产权（IPR）

加拿大动物生物技术的知识产权包括在三项不同的法案中：《专利法》《版权法》和《商标法》。

FAS/渥太华尚未发现任何与微生物生物技术相关的知识产权问题。

3.3 市场营销

3.3.1 公众/私人意见

参见第1章1.3部分。

澳大利亚农业生物技术年报

USDA 美国农业部
对外农业服务局GAIN全球农业信息网
规定报告：按规定-公开发表
日期：2021年10月11日
报告编号：AS2021-0021
报告名称：农业生物技术年报
国家：澳大利亚
报告类别：生物技术及其他新生产技术
编写人：Lindy Crothers
批准人：Levin Flake

报告要点

澳大利亚联邦政府支持生物技术，并承诺长期为其研究和开发提供大量资金。澳大利亚生产委员会最近完成了一项关于农业企业监管负担的调查，调查重点关注对澳大利亚农业竞争力和生产力有重要影响的法规，包括对转基因产品有影响的法规。2021年7月1日，新南威尔士州在长达18年的暂停期后解除了对转基因粮食作物的禁令。这意味着，除塔斯马尼亚州外，澳大利亚各州现在都可以种植联邦批准的转基因作物。

［内容提要］

美国非常关注澳大利亚有关农业生物技术及其衍生产品的政策和监管框架，因为它们可能对美国的出口产生影响。澳大利亚的两项具体政策对与美国的贸易产生了破坏性影响。一项是，未经加工的（整粒）转基因玉米和大豆尚未获得澳大利亚监管部门的批准，未经进一步加工不得进口。另一项是，转基因含量超过 1% 的食品必须事先获得批准并进行标识，这有可能限制美国中间产品和加工产品的销售。澳大利亚对这项技术的政策和观点影响着其他国家，有可能促使它们制定类似的监管制度。

澳大利亚仍存在关于生物技术的争论。联邦政府非常支持生物技术；政府承诺为其研发长期提供大量资金；并批准生物技术产品，如转基因棉花、康乃馨和油菜品种全面上市，各州政府也承诺为生物技术的研究和开发提供资金。最初，大多数州对引进这项技术持谨慎态度，并暂停种植转基因作物。然而，经过几次州一级的审查，新南威尔士州、维多利亚州和西澳大利亚州取消了对转基因油菜的生产禁令。南澳大利亚州于 2019 年 8 月表示有意解除禁令，并于 2020 年 5 月通过法案，允许除袋鼠岛外的南澳大利亚州所有地区种植转基因作物。2021 年 7 月 1 日，新南威尔士州（NSW）在暂停种植转基因作物 18 年后，解除了对转基因作物种植的禁令。这意味着联邦政府批准的转基因作物现在可以在澳大利亚大陆的每个州种植。在塔斯马尼亚州（直到 2029 年的下一次审查）和澳大利亚首都地区（ACT）仍然实行禁令，不种植商业作物，但允许进行田间试验。

美国对澳大利亚的出口会因某些转基因产品未获政府批准而受到限制。这种限制对美国的商业影响最明显的是饲料谷物，如全玉米和大豆。除了这种市场准入限制外，澳大利亚还以需要限制外来杂草种子为由，出于植物检疫的原因阻止许多谷物和谷物产品的进口。

澳大利亚联邦政府种植转基因的区域如下。

北部地区：仅限于联邦立法（没有暂停）。

昆士兰：仅限于联邦立法（没有暂停）。

新南威尔士州：自 1996 年起种植基因改造棉花，自 2008 年起种植基因改造油菜籽。在 2021 年取消立法对商业化转基因粮食作物的禁令。

澳大利亚首都地区：立法规定暂停种植商业化转基因食品作物。

塔斯马尼亚州：立法规定在 2029 年前暂停种植商业化转基因作物。

维多利亚：只适用于联邦立法（没有暂停）。

南部地区：2020 年 5 月立法除袋鼠岛外，本州所有地区均可种植基因改造作物。

西部地区：2016 年允许种植转基因作物。

第1章 植物生物技术

2000年《基因技术法》区分了“转基因生物”（“GMOs”）和“转基因”（“GM”）产品。转基因产品（在本报告中称为GE产品）是一种源自或生产自GMO的产品（《基因技术法案》第10节）。

1.1 生产和贸易

1.1.1 产品开发

英联邦科学和工业研究组织（CSIRO）目前正在农业、生物安全和环境科学领域对一系列技术进行研究。示例包括：①核糖核酸干扰（RNAi）或基因沉默——项目包括培育具有增值特性的小麦品种、提高水产养殖生产率、抗病毒植物、不褐变土豆、提高消化率的动物饲料和增强生物燃料。②标记辅助育种——植物项目包括抗霉酿酒葡萄。

现场试验批准的产品清单见附录2附表1。

1.1.2 商业化生产

转基因棉花、油菜、红花和康乃馨是唯一被基因技术监管办公室（OGTR）批准进行商业化推广的作物。据估计，澳大利亚几乎所有棉花区都种植了转基因棉花品种。2003年，OGTR批准了两个转基因油菜品种的商业化发布。2008年，新南威尔士州（NSW）、维多利亚州和西澳大利亚州（WA）取消了州一级的禁令，允许在特定地区种植转基因油菜和棉花。2016年，西澳大利亚州废除了2003年的《无转基因区法案》，允许种植经批准的转基因作物。2020年，南澳大利亚州解除了对转基因作物的禁令，允许该州除袋鼠岛以外的所有地区种植转基因作物。2021年7月，新南威尔士州解除了对转基因粮食作物的禁令，为未来的发展铺平了道路。多年来，新南威尔士州一直允许种植转基因棉花和油菜。

2020年，塔斯马尼亚州政府批准将转基因种植暂停期延期至2029年。塔斯马尼亚州和澳大利亚首都地区（ACT）是目前唯一暂停转基因作物种植的州。值得注意的是，首都地区不种植商业作物，但允许CSIRO和大学等研究机构对转基因作物进行田间试验。

1.1.2.1 康乃馨

2006年，转基因康乃馨成为第一个被OGTR评估为“对人或环境构成最小风险并且足够安全，任何人无须许可证即可使用”的转基因产品。它们已被列入“转基因”

登记册。可以在 OGTR 网站上找到已获商业发布授权的转基因作物的完整列表。

1.1.2.2 棉花

自 1996 年第一个转基因品种获得批准和引进以来，澳大利亚一直在种植转基因棉花。几乎所有澳大利亚种植的棉花都是转基因棉花。此外，还有几个新的转基因棉花品种正在开发中（见附表 1 的批准部分）。

1.1.2.3 油菜

自 2003 年以来，许多转基因油菜籽品种已获得 OGTR 批准。2008 年，新南威尔士州和维多利亚州政府取消了转基因种植暂停令，这些品种开始了首次商业种植。2009 年，西澳大利亚州启动了试验，并于 2010 年进行了首次商业种植。从 2020 年开始，南澳大利亚州的农民可以种植转基因油菜籽。各州转基因油菜总量见图 1。

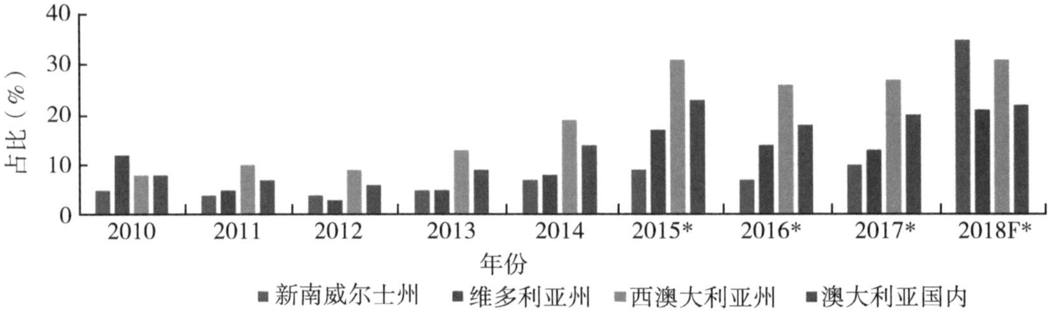

图 1　各州转基因油菜总量

注：＊2015 年、2016 年和 2017 年总面积/国家数字代表仅种植转基因油菜的州（西澳大利亚州、维多利亚州和新南威尔士州）。

1.1.2.4 红花

红花是澳大利亚的一种小宗作物，主要用于食用油和工业油市场，其粗粉用作饲料。整粒种子也可用作鸟类饲料。商业化红花生产主要集中在新南威尔士州、维多利亚州和南澳大利亚州。首个商业化转基因红花于 2018 年发布。两个转基因红花品系已获准发布，经过改良以提高种子中的油酸含量。OGTR 网站上有一份概况介绍。

1.1.3 出口

澳大利亚几乎所有的棉花都是转基因棉花，但澳大利亚不向美国出口棉花。澳大利亚是油菜籽的主要出口国，其中一些是转基因的。澳大利亚农业部在线发布了《进口国要求手册》（MICoR），涉及肉类、乳制品、鱼类、活体动物、植物和蛋类以及非规定商品（蜂蜜、加工食品）。该数据库列出了需要生物技术申报的进口国。

1.1.4 进口

根据《2000 年基因技术法案》（the ACT），进口材料必须获得批准或授权。进口商必须向 OGTR 申请许可证或授权，才能将任何转基因材料（食品除外）进口到澳大利亚。监管机构和农业部密切合作，共同监管和执行这项规定。进口许可证申请表（适用于任何产品）中都有一节涉及产品的基因工程状况。进口转基因产品或已知与转基因材料混合的产品时，进口商必须通过《进口检疫材料许可证申请书》告知农业部。许可证申请表还要求进口商提供该法案下相关授权的详细信息（例如，低风险交易报告的 OGTR 许可证号，NLRD，标识符编号和评估机构生物安全委员会的名称，IBC）。

含有转基因材料的食品必须获得澳大利亚和新西兰食品标准局（FSANZ）的批准，如果转基因成分含量大于 1%，则必须有明确的标识。这适用于所有国产和进口食品。标准 1.5.2 中包括目前所批准的转基因食品清单。澳大利亚很大一部分豆粕是进口的，包括从美国进口的。

澳大利亚的生物技术立法不涵盖豆粕等加工动物饲料。因此，这些产品无须获得事先批准或许可证即可进口。然而，对某些产品，如饲料用全谷物，有检疫限制。由于可能存在环境释放，作为饲料进口的未加工转基因产品需要 OGTR 的许可证。参见 OGTR 情况说明书："库存饲料和转基因作物。"

1.1.5 粮食援助

澳大利亚不提供或接受任何直接的粮食援助。澳大利亚外交和贸易部通过世界粮食计划署和联合国粮食及农业组织等机构提供人道主义粮食援助。

1.1.6 贸易壁垒

关于标识要求，见本章 1.2.7。

1.2 政策

1.2.1 法规框架

该法案于 2001 年 6 月 21 日生效，是国家监管计划的联邦组成部分。该法案和相关的《2001 年基因技术条例》为基因技术监管办公室评估可行的基因工程产品提供了一个全面的程序，评估范围从认证实验室中的封闭式的工作到环境释放。基因技术监管局拥有广泛的权力来监督和执行许可条件。联邦、州和地区之间的政府间协议是澳大利亚基因工程生物监管体系的基础。基因技术立法与管理论坛（LGFGT）由联邦、各州和地区的部长组成。该论坛对监管框架进行广泛监督，并就作为立法基础的政策问题提供指导。基因技术常设委员会向 LGFGT 提供高级别支持，该委员会由来自各辖区的高级官员组成。该法案的目标是："通过识别由基因技术或由此产生的风险，并通过规范与转基因生物的某些交易来管理风险，从而保护人们的健康和安全，并保护环境。"

该法禁止与生物技术产品进行任何交易，除非交易以下几种：①特许交易。②申报后的低风险交易。③纳入 GMO 注册名单的交易。④紧急交易中规定的交易。

该法案的主要特点是任命独立的基因技术监管机构，并要求其进行透明和负责任的实施行为。监管机构与社区、研究机构和私营企业进行广泛协商，管理并确保法案实施。

OGTR 具体负责通过识别基因技术造成的风险或因基因技术造成的风险，保护人们的健康和安全，并保护环境；此外，OGTR 通过监管与转基因生物（GMO）的某些交易来管理风险。

OGTR 的其他管理工作包括：①向公众提供有关转基因生物监管的信息和建议。②向基因技术部长会议（GTMM）提供关于转基因生物监管立法框架有效性的建议，包括相关立法的修订建议。③推动监管机构统一转基因生物和转基因产品的风险评估。④监测监管转基因生物的国际工作。⑤与管理基因技术的国际组织及其他国家管理转基因生物的机构保持联系。

OGTR 与其他监管机构联络，协调生物技术产品的使用和销售审批。该法建立了转基因生物交易和转基因产品的公开记录，并将其放在 OGTR 网站上。该法案还设立了两个咨询委员会，为转基因技术管理局和转基因技术专家组提供咨询，其中包括：①基因技术咨询委员会——一个由高素质专家组成的小组，他们为转基因产品应用提供科学和技术建议。②基因技术伦理和社区咨询委员会——就与转基因材料和产品相关的伦理问题和社区普遍关注的事项提供建议（表 1）。

表 1　澳大利亚监管机构监管基因技术内容

监管机构	监管内容	监管范围
OGTR 基因技术监管办公室	与转基因生物相关的交易	管理澳大利亚生物技术产品的国家计划。任务是通过识别和管理转基因技术带来的风险，保护人们的健康、安全并保护环境
TGA 药物管理局	人类保健部分	为澳大利亚的药品、医疗器械、血液和组织（包括 GE 衍生治疗产品）的监管提供框架，并确保其质量、安全性和有效性
FSANZ 澳大利亚和新西兰食品标准管理局	人类可食用食品	制定食品安全、含量和标签标准。对使用生物技术生产的食品上市前进行强制性安全评估
APVMA 澳大利亚农药和兽药管理局	农药和兽药	负责农业化学品的国家监管体系，包括转基因作物和兽医治疗所用产品生产或使用的化学品。评估人类和环境安全、产品功效（包括杀虫剂和除草剂抗性管理）以及与残留物有关的贸易问题
AICIS 澳大利亚工业化学品引进管理署	工业化学品	提供公告和评估计划，以保护公众、工人和环境的健康免受工业化学品的有害影响
农业、水与环境部	进出口产品	对可能构成检疫性害虫和疾病风险的所有动物、植物和生物产品的进口进行监管。进口许可申请必须表明转基因产品或材料的存在以及符合法案规定的相关授权

农业部和 OGTR 必须批准主要进口到澳大利亚用于动物饲料的玉米和大豆等全谷物转基因产品，澳大利亚的集约化畜牧业使用了大量的转基因饲料产品。农业部还为进口产品提供检疫检验和认证，以确保它们没有病虫害并符合特定的许可条件。监管机构评估产品，向进口产品的组织颁发许可证，也为农业部已有规定之外的情况提供保障。监

管机构认为可能存在生物安全风险时，在必要时会使用特殊条件禁止产品使用。图 2 简要概括了澳大利亚的监管框架。

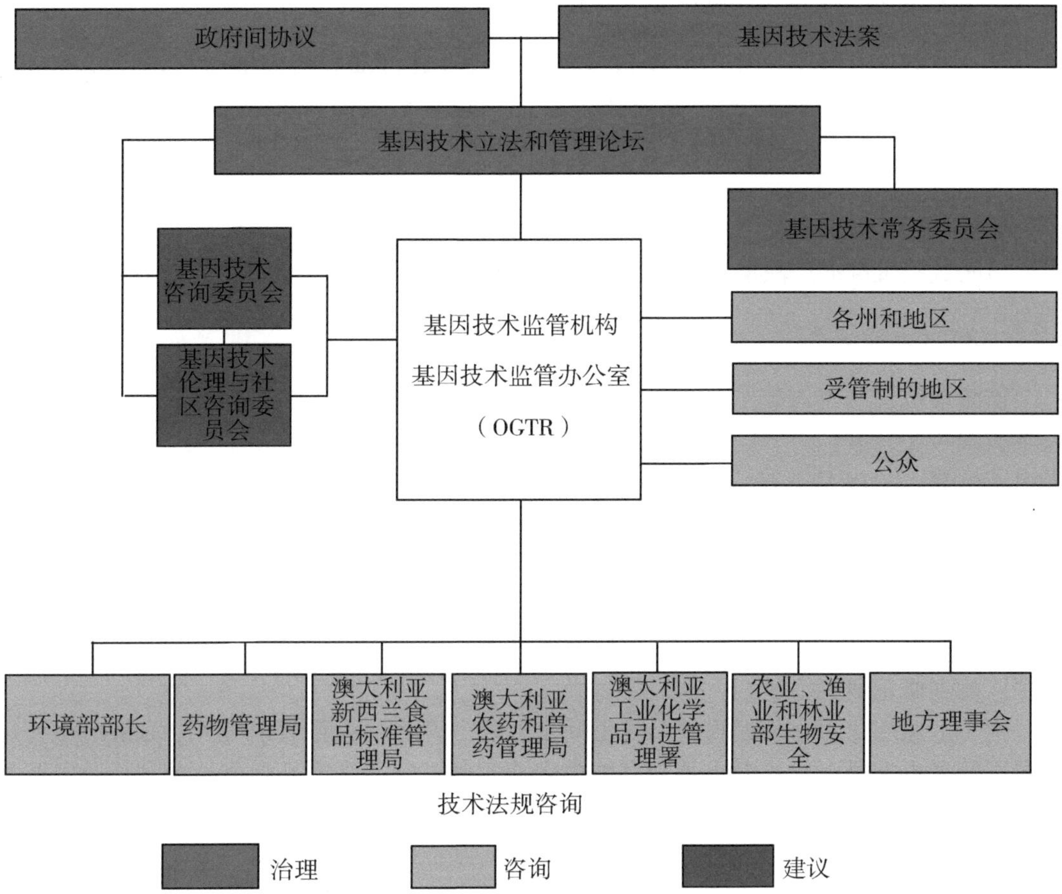

图 2　基因技术监管体系

来源：基因技术监管办公室。

澳大利亚重视有关生物技术的争论，联邦政府非常支持生物技术，已承诺为研发长期提供大量资金，并批准转基因棉花、康乃馨和油菜品种全面上市。州政府也承诺为研发提供资金，但大多数州政府都采取了更为谨慎的态度，最初暂停了转基因植物的种植。

1.2.2　审批情况

除了转基因棉花、油菜和康乃馨品种，2018 年 6 月 OGTR 批准种植用于工业高油酸产品的转基因红花。转基因红花种植地点主要位于新南威尔士州、维多利亚州和南澳大利亚州。

附录 2 中的表格提供了有关 GMO 记录中有意放行交易（DIRs）的信息（即发放使

用许可证，也包括现场试验）。所有申请的完整详细信息，包括已撤回或批准的申请，可在 OGTR 网站中找到。

1.2.3 复合性状转化体或叠加性状转化体的批准

复合性状转化体必须由 OGTR 授权。对于商业化产品，可以通过在许可证中明确列出特定的复合性状转基因产品或在许可证中包含亲本品种的特定条件来满足相关要求。

1.2.4 田间试验

田间试验批准的产品清单见附录 2 中的表格。OGTR 网站上提供了试验地点地图。

1.2.5 新兴生物技术

该法案包含“基因技术”的广义定义和“转基因生物”的广义定义。2001 年基因技术法规对定义进行了一些修订，但与 2001 年相比保持不变，这对整合新兴生物技术提出了挑战。2019 年 6 月，对 2001 年基因技术法规的技术审查得出以下结论：①使用 SDN-1 修饰的生物体不是转基因生物；②使用模板引导 SDN 技术和 ODM 修饰的生物体是转基因生物；③一些 RNA 干扰（RNAi）技术不是转基因生物；④没有转基因的转基因衍生产品不是转基因。

有关更多信息，请访问 OGTR 立法文件网站。国家基因技术计划第三次审查页面上也可以找到修正案的概述。

由于上述变化，基因编辑产品的田间试验已经开始。在维多利亚州，DairyBio 公司正在进行世界上最大的基因组编辑高能黑麦草田间试验。该产品是与乳制品行业以及其他热带草类研究者合作开发的，旨在提高消化率。昆士兰还在开发基因组编辑的高粱品种，旨在提高蛋白质水平并提高畜禽的消化率，从而降低生产成本。

新西兰食品标准局正在审查《食品标准法典》如何适用于新育种技术（NBT）衍生的食品，这些新育种技术在近 20 年首次制定标准 1.5.2“使用基因技术生产的食品”时尚未使用。新西兰食品标准局正在考虑，根据标准 1.5.2，从各种新育种技术中提取的哪些食品需要获得上市前批准，以及是否应修改标准 1.1.2—2 中“使用基因技术生产的食品”和“基因技术”的定义，以便更明确地说明哪些食品需要获得上市前批准。2019 年 12 月，发布了最终报告，其中包含以下三项建议：①新西兰食品标准局将拟定一项提案，修改《食品标准法规》中来源于新育种技术的食品的定义，使其跟上时代。②新西兰食品标准局将考虑以加工和非加工为基础的定义，并确保以风险相称的方式管理新育种技术衍生的食品。③新西兰食品标准局将确保与利益相关者进行公开交流和积极接触，并探讨如何提高人们对新育种技术衍生食品的认识。

审查过程于 2020 年 2 月开始，公共咨询由于 2019 冠状病毒疾病流行而被推迟，现有要求继续使用。

1.2.6 共存

自 1996 年转基因棉花品种首次商业化种植以来，澳大利亚就出现了转基因作物、传统作物和有机作物并存的情况。作为转基因作物许可的一部分，OGTR 规定转基因作物不应与传统或有机作物混合种植。对于环境释放的申请，OGTR 必须与各州和地区、其他澳大利亚政府机构、相关地方委员会和公众就风险评估和风险管理计划进行协商。各作物之间分离和共存通过州特定法规和行业协议进行管理。

农业部网站上提供了一些关于各作物共存的出版物。澳大利亚农业生物技术委员会还维护着一个小型网站以专注提供有关共存的信息。

1.2.7 标识

澳大利亚新西兰食品标准局负责批准转基因食品进入澳大利亚市场。自 2001 年以来，澳大利亚要求，最终食品中含有引入的 DNA 或蛋白质的转基因食品需强制贴标识。根据该标准，含有转基因材料或特性发生改变（例如，与传统食品相比，营养价值发生变化）的食品或配料必须贴上“转基因”标识，示例如图 3 所示。

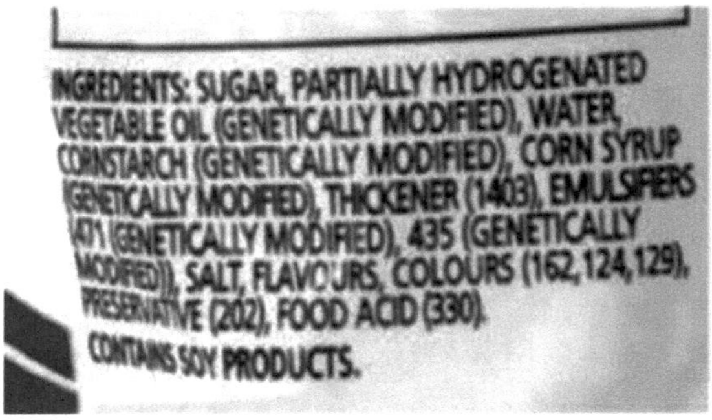

图 3 转基因食品强制标签示例

对于零售的未包装食品（如未包装的水果、蔬菜、加工食品或半加工食品），必须将“转基因”字样与食品或食品中的转基因成分相关联。来自转基因产品（如棉籽或油菜）的精炼油不需要标识，因为该油不含遗传物质并且与传统的棉籽油相同。《食品标准法典》的标准 1. 5. 2 中有标签规定。转基因动物饲料不需要标识。然而，这些产品需要获得 OGTR 的批准才能在澳大利亚使用，并且还必须满足生物安全进口条件。

1.2.8 监测和检测

OGTR 的监管合规领域在《2000 年基因技术法案》的支持下进行监测、审计、检查和调查。监测和检测活动还包括风险评估和管理、组织活动审查和报告。

1.2.9 低水平混杂（LLP）策略

澳大利亚已批准关于转基因产品低水平混杂（LLP）的国际声明。2005 年，澳大利亚就常规油菜托运和品种试验中转基因油菜残留的阈值达成了全国共识。由澳大利亚政府及各州和地区的部长组成的初级产业部长理事会商定了两个低水平混杂（LLP）的偶然存在（AP）阈值，分别是：①受澳大利亚油籽联合会支持，油菜籽粒中转基因油菜的 AP 阈值为 0.9%。②2006—2007 年，油菜籽粒中转基因油菜的第二个阈值设定为 0.5%，此后为 0.1%。OGTR 包括常规监控在内的监管规定细节，可以在其网站上找到。

1.2.10 附加监管要求

不适用于现状。

1.2.11 知识产权（IPR）

植物的知识产权由澳大利亚知识产权局根据 1994 年植物育种者权利法案进行管理。

1.2.12 《卡塔赫纳生物安全议定书》的批准

澳大利亚尚未签署或批准《卡塔赫纳生物安全议定书》，澳大利亚政府也没有考虑加入该议定书的准确时间。这是由于对议定书实际执行情况的担忧，以及其他缔约方的不确定性以及缔约方影响决策能力的不确定性。澳大利亚政府坚持认为该议定书没有必要，因为澳大利亚已经通过 OGTR 建立了一个强有力的监管框架。

1.2.13 国际条约/论坛

根据 2000 年《基因技术法》第 27 节，基因技术监管机构的职能包括：监测生物技术监管的国际惯例；与相关国际组织保持联系；促进生物技术风险评估的协调统一。澳大利亚参与多边努力，促进应用基于科学、透明和可预测的监管方法，促进创新，确保安全可靠的全球粮食供应，包括种植和使用新兴技术衍生的农产品。自 2001 年澳大利亚监管计划启动以来，OGTR 一直参与多边论坛，并与其他国家的对应机构进行合作。

澳大利亚是《国际植物保护公约》“关于新兴农业生产技术，特别是植物生物技术的联合声明”的支持国之一（与巴西、加拿大、阿根廷、巴拉圭和美国一道）；自 1963 年以来，澳大利亚也是食品法典委员会和经济合作与发展组织（OECD）生物技术监管协调工作组的成员。

1.2.14 相关问题

澳大利亚国际农业研究中心（ACIAR）是一个政府发展机构，负责监督来自外交和贸易部外交事务办的法定职权的国际农业研究项目，包括生物技术方面的研究项目。其核心目的是作为澳大利亚政府援助政策的一部分，为澳大利亚与发展中国家之间的研究伙伴关系提供中介和资金。它们主要在 4 个区域开展工作：巴布亚新几内亚和太平洋岛国、东亚、南亚和西亚以及东非和南非。

1.3 市场营销

1.3.1 公共/私人意见

OGTR 委托编写了一份关于社区对生物技术态度的报告。最新调查（2019 年）和最终报告可在 OGTR 网站上下载。总体调查结果是，澳大利亚对生物技术的态度趋向于中立，而反对态度则呈下降趋势。

1.3.2 市场接受度/研究

尽管澳大利亚的反生物技术活动提倡严格的标识要求并要求暂停种植相关产品，但澳大利亚政府支持农业生物技术，并在《卡塔赫纳生物安全议定书》方面与美国结盟。因为有大量关于环境效益的报道，并且杀虫剂和除草剂的使用量大幅下降，国内普遍种植转基因棉花，几乎没有争议。转基因棉籽出现在国内油料和粕类市场上也没有受到很大的反对。

第 2 章　动物生物技术

2.1　生产和贸易

2.1.1　产品开发

澳大利亚研究人员正在利用生物技术提高动物生产效率。合作研究中心（CRC）和 CSIRO 支持开发用于牲畜疾病预防和诊断的新疫苗和治疗方法的研究。此外，还正在进行基因编辑研究，以生产抗禽流感的鸡，并修改鸡蛋中的过敏原。CSIRO 正在农业、生物安全和环境科学领域开展其他技术的研究，包括：标记辅助育种——帮助牛育种家选择无角牛；鸡性别区分——一种新的生物技术，用于孵化前区分雄性和雌性小鸡；解锁鱼类的遗传多样性——结合遗传技术和传统分类学方法。

澳大利亚公共和私人研究机构以及大学的牲畜克隆研究仅限于选择种牛，在有限的研究环境中大约不到 100 头肉牛、奶牛及少量绵羊。

2.1.2　商业化生产

无。

2.1.3　出口

无。

2.1.4　进口

无。

2.1.5　贸易壁垒

检疫要求是动物产品进入澳大利亚的主要贸易壁垒。这些检疫要求同样适用于转基因动物产品。克隆动物或动物产品没有其他生物安全要求。

2.2　政策

2.2.1　监管框架

澳大利亚动物生物技术研究受 OGTR 监管，转基因和克隆动物也受州和地区政府动物福利立法以及澳大利亚科学用途动物护理和使用规范的约束。转基因动物被 OGTR 视为“应申报的低风险交易”（NLRD），这意味着“在满足某些风险管理条件的情况下，经评估对人类健康和安全以及环境构成低风险的转基因生物可进行交易。”OGTR 网站上提供了 NLRD 的完整列表，包括开展研究的机构名单。

农业部在其生物安全进口风险评估中涵盖了动物健康（生物安全）问题。克隆动物或克隆动物产品不被视为动物健康或生物安全风险，也未被评估为危险。对于克隆牛、绵羊或山羊胚胎进口，没有其他生物安全限制。这同样适用于克隆动物衍生产品的进口，这些产品与非克隆产品受相同的检疫条例约束。克隆动物食品的监管方式与转基因食品不同。澳大利亚新西兰食品标准局认为，克隆动物及其后代的食品等同于传统饲养动物的产品，无须额外监管。

2.2.2 审批

附表中提供了 GMO 记录当前 DIR 的汇总信息（即授予各种用途的许可证，包括现场试验）。所有申请的详细信息，包括撤回和放弃的申请以及商业用途的申请，也可在 OGTR 网站上找到。

2.2.3 新兴生物技术

见前文 1.2.5 创新技术部分。

2.2.4 标识和可追溯性

克隆动物或其后代的食品无须特殊标签要求；详情请参见 FSANZ 网站。

2.2.5 知识产权（IPR）

澳大利亚的知识产权由澳大利亚知识产权局管理。

2.2.6 国际条约/论坛

澳大利亚是世界动物卫生组织（OIE）的积极成员。澳大利亚首席兽医官是国际兽疫局世界代表大会现任主席，其办公室借鉴澳大利亚其他政府部门和机构、行业机构和其他专家的专业知识，协调澳大利亚的国际兽疫局工作。

2.2.7 相关问题

无。

2.3 市场营销

2.3.1 公共/私人的意见

目前，澳大利亚有少量的克隆牛用于繁殖。虽然克隆动物本身不会作为食物进入食物链，但它们的后代很可能会作为食物进入食物链。澳大利亚研究人员和业界同意不允许克隆动物作为食物进入食物链。澳大利亚媒体未发表任何评论。第 1 章中包含的信息表明，消费者接受生物技术程度变高。CSIRO 和其他科学家通过 OECD 合作以确定转基因动物的问题，并努力消除这些障碍。

2.3.2 市场接受度/研究

尚未对克隆动物食品的接受度进行具体研究。

第3章 微生物生物技术

3.1 生产和贸易

3.1.1 商业化生产

据信，澳大利亚有公司利用微生物生物技术生产食品配料，但很难确定具体信息。

3.1.2 出口

没有官方统计数据，也没有关于微生物生物技术产品出口的估计。然而，澳大利亚出口的酒精饮料、乳制品和加工产品可能含有微生物生物技术衍生的食品成分。

3.1.3 进口

所有酶制剂，包括从微生物生物技术中提取的酶制剂，都需要进口许可证才能进入澳大利亚。通过搜索澳大利亚生物安全进口条件（BICON）数据库，可以找到要求的全部详细信息。酶的进口许可申请，还需要一份进口生物材料的清单，这些材料可用于从转基因微生物中提取食品配料。清单详情可在澳大利亚农业、水和环境部网站上找到。

关于微生物生物技术产品的进口，既没有官方统计数据，也没有估计数字。澳大利亚进口微生物生物技术食品配料，如传统上用于酒精饮料、乳制品和加工产品的酶。同样，澳大利亚进口的酒精饮料、乳制品和加工产品可能含有微生物生物技术食品成分。

3.1.4 贸易壁垒

对转基因食品的事先批准要求和标签准则是进入澳大利亚的主要贸易壁垒。鉴于使用微生物生物技术方法生产的大多数产品在最终产品中不含转基因蛋白，故不适用。

3.2 政策

3.2.1 监管框架

涵盖其他形式生物技术的政策法规同样适用于微生物生物技术。如果最终产品中没有新的DNA，则无须管理（需要进口许可证除外）；如果有新的DNA，则受澳大利亚新西兰食品标准局的监管。

澳大利亚对转基因产品的监管适用于最终产品，而不是用于生产产品的过程。使用微生物生物技术生产的产品只有在最终产品含有新DNA（即不同于使用“传统”方法生产的 DNA）的情况下才会受到监管。

3.2.2 审批情况

只有当最终产品含有新 DNA 时，才需要事先批准和标识。

3.2.3 标识和可追溯性

在以下情况，含微生物生物技术衍生成分的食品无须在成分列表中连同特定成分的名称一起被标记为“转基因”。

①满足以下两个条件：该食品或成分是根据《澳新食品标准法典》用作加工辅助剂或用作食品添加剂的物质；食品中没有发现新的 DNA 或新的蛋白质。

②食品或食品配料是调味物质，其浓度不超过 1 克调味剂/千克食品（即不超过 0.1%）。

③食品或食品配料无意中出现在食物中或者每种成分的含量不超过 10 克/千克。

《澳新食品标准法典》涉及使用微生物生物技术生产的食品成分的部分包括：①标准 1.3.1-食品添加剂；②附表 16-可用作食品添加剂的物质类型；③标准 1.3.3-加工助剂；④附表 18-加工助剂；⑤标准 1.5.2-使用基因技术生产的食品；⑥附表 26-使用基因技术生产的食品。

3.2.4 监测和检测

食品不会进行转基因成分的常规检测。

3.2.5 附加监管要求

无。

3.2.6 知识产权（IPR）

知识产权由澳大利亚知识产权局管理。

3.2.7 相关问题

无。

3.3 市场营销

3.3.1 公共/私人的意见

公众意见请参阅本报告 1.3.1。迄今为止，市场研究中尚未包含有关微生物生物技术的具体问题，因此无法提供有关意见。

3.3.2 市场接受度/研究

如前所述。

附录

附录 1　澳大利亚农业生物技术各组织链接

澳大利亚政府：

①基因技术监管办公室（https：//www. ogtr. gov. au/）；

②澳大利亚新西兰食品标准局（http：//www. foodstandards. gov. au/）；

③澳大利亚农药和兽药管理局（https：//apvma. gov. au/）；

④农业和水资源部（https：//www. agriculture. gov. au/agriculture－land/farm－food－drought/biotechnology）；

⑤英联邦科学和工业研究组织（CSIRO）（https：//www. csiro. au/en/research/production/biotechnology/Gene－technology）；

⑥谷物研发公司（https：//www. grdc. com. au/）；

⑦澳大利亚知识产权局（https：//www. ipaustralia. gov. au/）；

⑧澳大利亚国际农业研究中心（ACIAR）（https：//www. aciar. gov. au/）；

其他组织：

①澳大利亚农业生物技术委员会（https：//www. abca. com. au/）；

②澳大利亚生物技术公司（https：//www. ausbiotech. org/）；

③全国农民联合会（https：//nff. org. au/key－issue/biotechnology/）；

④澳大利亚克罗普利夫（https：//www. croplife. org. au/）；

⑤澳大利亚农业研究所（https：//www. farminstitute. org. au/）；

⑥法律和遗传学中心（http：//www. utas. edu. au/law－and－genetics）；

⑦澳大利亚农业和法律中心（https：//www. une. edu. au/research/research－centres－institutes/the－australian－centre－for－agriculture－and－law）；

⑧澳大利亚农业知识产权中心（http：//www. acipa. edu. au/）；

附录 2　可放行作物

附表 1 提供了当前涉及植物产品“转基因生物记录”（即授予各种用途的许可证，包括现场试验）上可放行（DIR）交易的汇总信息。

附表 1　可放行植物

作物	申请人	许可用途和特征
香蕉	昆士兰理工大学	抗病性转基因香蕉的限控释放
野牛草	墨尔本皇家理工大学	抗除草剂和矮化表型转基因野牛草的限控释放
油菜	巴斯夫澳大利亚有限公司	耐除草剂转基因油菜的商业化释放和杂交育种系统（MS11×RF3 和 MS11×RF3×MON 88302）
油菜	巴斯夫澳大利亚有限公司	耐除草剂转基因油菜（Brassica napus）的商业化释放和杂交育种系统（MS11）
油菜	孟山都澳大利亚有限公司	耐除草剂转基因油菜的限控释放
油菜	澳大利亚恩优种业有限公司	用于改变含油量和除草剂耐受性的转基因油菜的限控释放
油菜	澳大利亚恩优种业有限公司	含 ω-3 转基因油菜（DHA 菜籽油）商业化
油菜	Pioneer Hi-Bred Australia Pty 公司	耐除草剂转基因油菜的商业释放
油菜	巴斯夫澳大利亚有限公司	双抗除草剂转基因油菜的商业化和杂交育种系统开发
油菜	孟山都澳大利亚有限公司	耐除草剂转基因油菜商业化
油菜	巴斯夫澳大利亚有限公司	耐除草剂转基因油菜商业化和杂交育种系统开发
油菜	巴斯夫澳大利亚有限公司	用于澳大利亚种植系统的抗除草剂转基因油菜和其杂交育种系统的商业化
油菜	孟山都澳大利亚有限公司	澳大利亚全面发布抗草甘膦®油菜（甘蓝型油菜）
鹰嘴豆	昆士兰理工大学	耐旱和其他环境胁迫性转基因鹰嘴豆的限控释放
白三叶草	澳大利亚 PTM 私人有限公司	限制和控制释放经基因改造的白三叶草，以增加浓缩单宁
棉花	孟山都澳大利亚有限公司	转基因耐除草剂棉花的商业发行（MON 88701）
棉花	先正达澳大利亚有限公司	抗虫转基因棉花（COT102）的商业发行
棉花	孟山都澳大利亚有限公司	抗虫抗除草剂转基因棉花的限控释放
棉花	孟山都澳大利亚有限公司	抗虫性和抗除草剂转基因棉花的商业发行（Bollgard® 3XtendFlex™和 XtendFlex™棉花）

（续表）

作物	申请人	许可用途和特征
棉花	巴斯夫澳大利亚有限公司	转基因抗虫和抗除草剂棉花的商业发行 GlyTol®（BCS-GH002-5）和 GlyTol TwinLink Plus®（BCS-GH002-5×BCS-GH004-7×BCS-GH005-8×SYN-IR102-7）
棉花	孟山都澳大利亚有限公司	转基因抗虫和耐除草剂棉花（COT102×MON-15985 Bollgard® Ⅲ和 COT102×MON-15985×MON 88913 Bollgard® Ⅲ×抗草甘膦 Flex®）的商业发行
棉花	孟山都澳大利亚有限公司	耐除草剂（抗农达 Flex® MON88913）棉花在澳大利亚的商业发行
棉花	农业科学澳大利亚有限公司	抗虫转基因棉花的商业发行（WideTrike™防虫棉）
棉花	孟山都澳大利亚有限公司	南纬 22°以北转基因耐除草剂和/或抗虫棉系的商业发行
棉花	巴斯夫澳大利亚有限公司	耐除草剂 Liberty Link®棉花的商业发行
印度芥菜	私人有限公司	改变油含量转基因印度芥菜（芥菜）的限控释放
黑麦草	经济发展、就业、运输和资源部	用于果聚糖生物合成的转基因多年生黑麦草的限控释放
红花	Go 资源私人有限公司	高油酸转基因红花的商业发行
高粱	昆士兰大学	籽粒品质性状转基因高粱的限控释放
小麦	墨尔本大学	改变铁吸收、运输和生物利用度的转基因小麦的限控释放
小麦	CSIRO 公司	抗病、耐旱、改变含油量和改变籽粒组成的转基因小麦的限控释放
小麦和大麦	阿德莱德大学	非生物胁迫耐受性和产量改良转基因小麦和大麦的限控释放
小麦、面包和硬质小麦	CSIRO 公司	抗锈病转基因面包小麦和硬粒小麦的限控释放

资料来源：基因技术调控办公室。

附录 3　可放行动物

附表 2 提供了有关动物和病毒转基因生物记录中当前 DIR 的汇总信息（即授予各种用途的许可证，包括现场试验）。

附表 2　可放行动物

产品	申请人	许可用途和特征
疫苗	生物财产私人有限公司	鸡用转基因疫苗 Vaxsafe® ILT 的限控释放
疫苗	Zoetis 澳大利亚研究与制造有限公司	保护鸡免受致病性大肠杆菌感染的转基因疫苗的商业发行

资料来源：基因技术监管办公室。

南非共和国农业生物技术年报

USDA 美国农业部
对外农业服务局GAIN全球农业信息网
规定报告：按规定-公开发表
日期：2021年10月18日
报告编号：SF2021-0060
报告名称：农业生物技术年报
国家：南非共和国
报告类别：生物技术及其他新生产技术
编写人：Dirk Esterhuizen and Amy Cladwell
批准人：Ali Abdi

报告要点

南非拥有成熟健全的转基因产品监管体系，该体系始于1997年颁布的“转基因”法案。如今，南非是世界十大转基因作物生产国之一，也是非洲最大的转基因作物生产国。截至目前，南非已经批准了27个转基因植物转化体商业化生产，包括玉米、大豆和棉花3类商品。南非转基因商品的生产面积约为280万公顷。南非正在制定新育种技术（NBTs）监管政策，并考虑根据其现行的“转基因”法案监管基因组编辑产品。新育种技术不必要的严格监管可能会阻碍创新研究和农业贸易。

[内容提要]

南非是农产品净出口国。经过一个非凡的生产年，预计 2021 年出口总额将创 120 亿美元的历史新高。2021 年，南非对美国的农产品出口预计约为 5.25 亿美元，在柑橘出口增长的带动下，较上年增长 20%。美国约占南非农业出口总额的 4%。柑橘、澳洲坚果和葡萄酒是出口到美国的主要产品。由于新冠疫情对南非经济的负面影响，南非从美国的农业进口在 2020 年有所下降，预计 2021 年将增长 25%，达到 3.3 亿美元。南非从美国进口的主要农产品包括家禽、小麦、杏仁、玉米种子和食品配料。

南非拥有高度发达的商业化农业，这些商业化农业最主要依赖于生物技术方面的研究和有效的植物育种能力。30 多年来，南非一直参与生物技术的研究和开发，并将继续成为非洲大陆生物技术的领导者。自 1997 年以来，南非已有 27 个转基因植物转化体获得了商业种植批准。所获批的商业化种植作物主要是玉米、大豆和棉花。2020/2021 年度，这 3 种作物在南非共种植了 330 万公顷，其中约有 280 万公顷为转基因作物。这使南非成为世界上十大转基因作物生产国之一，也是非洲最大的转基因作物生产国。大多数南非农民已经采用了植物生物技术；在南非，超过 80% 的玉米种植，大约 95% 的大豆种植，以及所有的棉花种植都来源于转基因。

玉米是南非主要大田作物。它是大多数人口的主食，也是最常用的饲料粮。南非是玉米净出口国。在过去的 20 年里，南非的玉米产量增加了一倍多，这在一定程度上得益于转基因种子的使用。在连续第二年丰收后，2021/2022 销售年度（MY）（2021 年 5 月 1 日至 2022 年 4 月 30 日）南非玉米出口量预计上涨约 40%，达到 350 万吨。

南非正在制定 NBTs 的监管政策，并公开表态称正在考虑根据其现行的“转基因”法监管基因组编辑产品。这意味着根据南非的“转基因”法案，所有基因组编辑产品都将被视为转基因。该方法与其他几个国家的做法背道而驰，这些国家已经决定，某些基因组编辑产品如果不含外源 DNA，就可以获得生物技术监管豁免。

第 1 章　植物生物技术

1.1　生产和贸易

1.1.1　产品开发

30 多年来，南非一直参与生物技术的研究和开发，并将继续成为非洲大陆生物技术的领导者。截至目前，南非已经批准了 27 个转基因植物转化体进行商业生产，包括 2021 年批准的 3 个新转化体（参见附录中的附表 1）。这些转基因转化体属于玉米、大豆和棉花 3 种商品范畴，包括耐除草剂、抗虫和耐旱性状。

在过去的 5 年里，南非授权了 42 项田间试验许可。附录中的附表 2 总结了自 2017 年以来发放试验许可的转化体、性状、产品和公司。

除了大型跨国转基因公司，如 Bayer、Syngenta、BASF 和 Corteva 之外，南非的一些半国有企业、大学和农业工业组织也参与了新兴的转基因研究。其中包括以下组织：

1.1.1.1　农业研究委员会生物技术平台

农业研究委员会生物技术平台（ARC-BTP）成立于 2010 年，是农业研究委员会的重要机构。ARC-BTP 主要研发农业行业内应用于基因组学、数量遗传学、标记辅助育种和生物信息学所需的高通量的资源和技术。ARC-BTP 的重点是将自己打造成一个研究和服务双驱动的机构，提供一个可以接纳和培训高技术研究人员的环境。整个非洲大陆的 ARC、合作方、公司、科学委员会和研究人员都可以获得该平台内建立的技术服务。

ARC 的转基因研究集中在蔬菜、观赏植物和本地作物上。该司已经确定并实施了研究项目，目的是开发更适合南非条件的新品种。

1.1.1.2　斯泰伦博斯大学葡萄酒生物技术研究所

斯泰伦博斯大学（IWBT）的葡萄酒生物技术研究所是南非唯一一家专注于研究葡萄和葡萄酒微生物的研究所。该研究所与南非的葡萄酒和鲜食葡萄产业有着非常密切的合作。

IWBT 的研究重点是了解葡萄酒相关生物的生物学，包括葡萄、葡萄酒酵母和葡萄酒细菌的生态学、生理学、分子和细胞生物学，以促进优质葡萄和葡萄酒的可持续、环保和经济高效的生产。IWBT 不断整合生物、化学、分子和数据分析科学领域的最新技术来实现这些目标。

IWBT 的具体研究主要有 3 个方面。第一个方面重点是更好地了解葡萄酒相关的微生物多样性，酿酒酵母和非酿酒酵母的生理、细胞和分子特征，以及葡萄酒酵母菌株的遗传改良。第二个方面侧重于乳酸菌和其他细菌，包括它们对葡萄酒的影响、代谢特征和苹果酸—乳酸发酵的改善。第三个方面侧重于葡萄品种的生理学、细胞和分子生物学以及遗传改良。

葡萄酒和相关产品占南非对美农业出口的很大一部分，每年出口额超过 4 000万美元。

1.1.1.3 南非甘蔗研究所

南非甘蔗研究所（SASRI）的品种改良计划包括操作和研究活动，这些活动促进了具有蔗糖、产量、病虫害、农艺和碾磨特性的品种的研发和发布，这些特性是加工者和种植者所期望的。

目前，现代生物技术方法应用于研究项目，包括：通过基因工程富裕甘蔗耐旱性；解决甘蔗中的转基因沉默；揭示甘蔗抗病的遗传变异；通过转基因技术提高氮的使用效率；具有重要战略意义的转基因种质的中长期保护；组织特异性转基因表达。

1.1.2 商业化生产

南非商业化种植 3 种转基因作物，即玉米、大豆和棉花。在 2020/2021 年度（MY），南非种植这 3 种作物的总面积为 330 万公顷，其中约有 280 万公顷种植了转基因种子。在全部转基因种植面积中，转基因玉米种植面积约占 75%，即 210 万公顷，其次是转基因大豆，约占 24%，即 67 万公顷，转基因棉花约占 1%，即 28 000公顷。这使南非跻身全球十大转基因作物生产国之列（表 1）。

表 1　过去 7 年间南非转基因玉米的种植面积　　单位：$\times 10^3$ 公顷

上市时间	白玉米	黄玉米	总种植面积
2014/2015 年度			
总种植面积	1 572	1 139	2 711
转基因玉米	1 323	1 041	2 364
占比（%）	84	91	87
2015/2016 年度			
总种植面积	1 448	1 205	2 653
转基因玉米	1 324	1 055	2 380
占比（%）	91	88	90
2016/2017 年度			
总种植面积	1 015	932	1 947
转基因玉米	914	821	1 735
占比（%）	90	88	89
2017/2018 年度			
总种植面积	1 643	985	2 629

（续表）

上市时间	白玉米	黄玉米	总种植面积
转基因玉米	1 580	885	2 465
占比（%）	96	90	94
2018/2019 年度			
总种植面积	1 268	1 050	2 318
转基因玉米	1 103	856	1 959
占比（%）	87	81	85
2019/2020 年度			
总种植面积	1 298	1 002	2 300
转基因玉米	1 175	690	1 865
占比（%）	91	69	81
2020/2021 年度			
总种植面积	1 616	995	2 611
转基因玉米	1 365	769	2 134
占比（%）	84	77	82

资料来源：粮食和农业政策局（BFAP）、Grain SA。

1.1.2.1 玉米

玉米是南非生产的主要大田作物，既用于人类消费（主要是白玉米），也用于动物饲料（主要是黄玉米），年平均产量超过1 300万吨。1997 年，南非批准了第一个转基因玉米转化体（抗虫）。

从那时起，转基因玉米种植逐步稳步增加，目前转基因玉米占玉米种植总量的80%以上。表 1 显示了过去 7 个销售年度南非种植转基因玉米的情况。2020/2021 年度种植的 260 万公顷玉米中，约有 210 万公顷种植了转基因种子。

2020/2021 年度白玉米种植面积为 160 万公顷，其中估计有 84%，即 140 万公顷种植了转基因种子。黄玉米种植面积近 100 万公顷，其中约 77%种植了转基因种子。在2020/2021 年度，大约 75%的转基因种子种植由复合性状品种（抗虫和耐除草剂）组成，而单一抗虫（7%）和耐除草剂（18%）转化体总共约占转基因玉米种植总量的 25%。

过去几季常规玉米种植增加的主要原因是对非转基因玉米价格溢价的预期。此外，在谷物价格较低和天气条件不稳定的环境下，农民更倾向于降低投入成本和经济风险。转基因种子的成本通常高于传统种子。

玉米产量的长期趋势表明，南非正在以更少的面积生产更多的玉米（图 1）。事实上，南非有记录以来产量最大的 3 种玉米作物是在过去 5 年中生产的，主要是由于单产增加。总体而言，南非的玉米产量在过去 20 年间翻了一番多（图 2），这证实了采用新的生产技术（如转基因种子）和更高效、更有效的耕作方式（包括精准农业）对生产输出有积极影响。有迹象表明，这种在更少公顷土地上生产更多玉米的趋势将在未来持续。

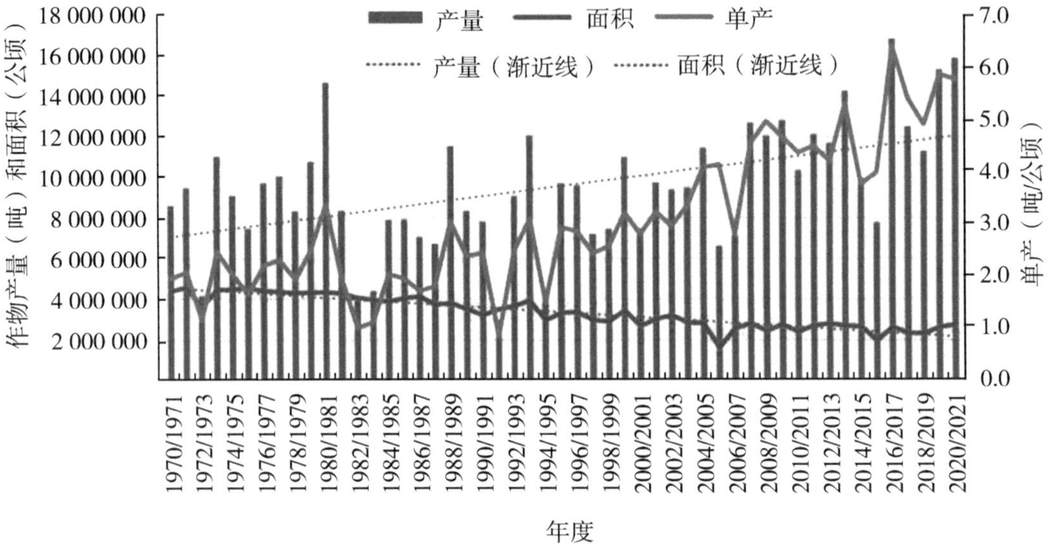

图 1　过去 50 年南非商品化玉米的种植面积、产量和单产

资料来源：南非谷物信息服务（Sagis）。

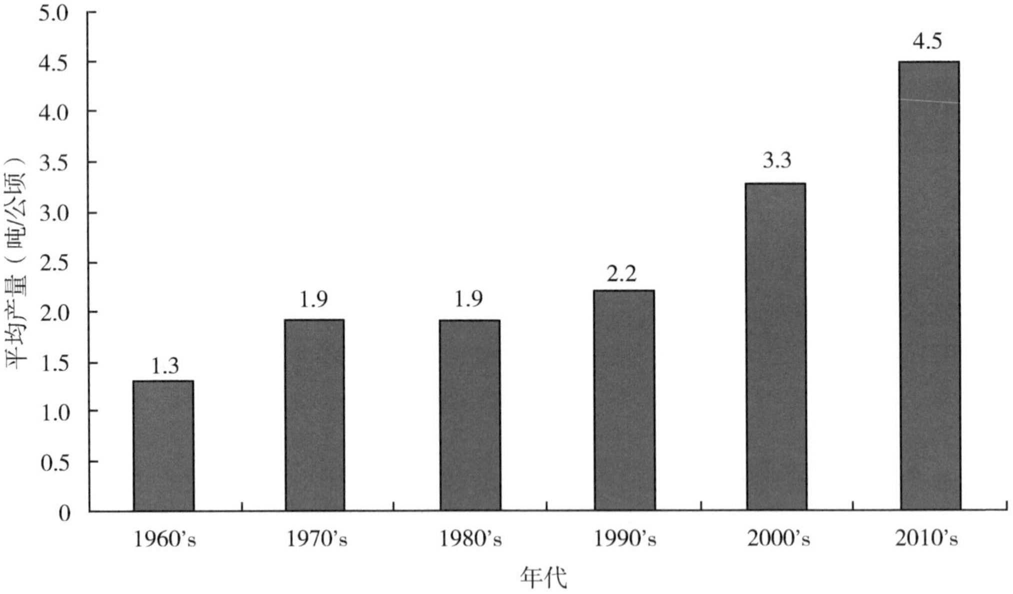

图 2　南非玉米平均单产趋势

1.1.2.2 大豆

过去 15 年，南非的大豆产量呈现积极趋势，主要是由于大豆加工能力扩大以取代豆粕进口以及采用转基因大豆（图 3）。此外，许多生产商已经意识到将大豆用于与玉米轮作中的积极作用。因此，南非的大豆种植面积在过去 10 年中增加了一倍多。事实上，在 2020/2021 生产年度，农民种植大豆的面积达到创纪录的 827 100公顷，比上一年增加了 17%。20 年前，南非农民仅种植了 134 000公顷的大豆。转基因大豆于 2001 年首次在南非获得商业化批准。到 2006 年，75%的大豆作物是转基因作物。如今，邮报估计超过 95% 的大豆种植了转基因种子。

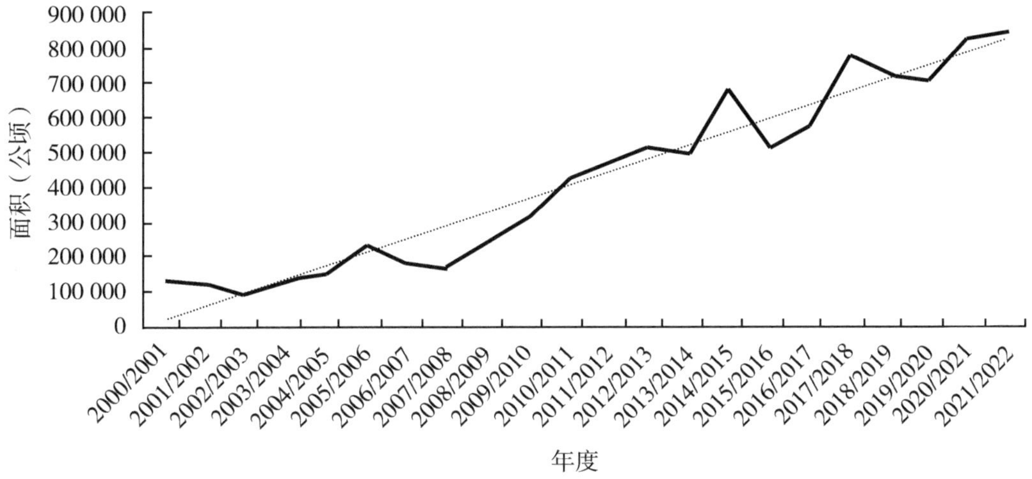

图 3　南非大豆种植面积趋势

资料来源：南非谷物信息服务（Sagis）。

1.1.2.3 棉花

2020/2021 年度棉花种植面积下降了 42%，从 28 350公顷减少至 16 176公顷。种植面积减少的主要原因是玉米和大豆土地的重新分配。此外，某些产区过度潮湿和不利的气候条件阻碍了棉花种植。然而，预期国际棉花价格将有显著提高，下一个生产季，相对于谷物或油籽，棉花生产相对利润空间更大。因此，预计下一季棉花种植面积将增加。1997 年，第一个转基因棉花转化体（抗虫性）在南非获得批准，目前当地所有的棉花种植都来自转基因种子。

1.1.3 出口

南非在大多数年份都是玉米净出口国，除非干旱导致减产。比勒陀利亚报道估计，在连续第二年获得丰收之后，南非在 2021/2022 销售年度（2021 年 5 月 1 日至 2022 年 4 月 30 日）应该能够将玉米出口增加近 40 %至 350 万吨。在 2021/2022 年度的前 16 周，南非已经出口了 120 万吨玉米。这相当于平均每周出口超过 75 000吨玉米。中国台湾地区、越南和日本目前是南非玉米的三大出口市场（表 2）。

在2019/2020年度和2020/2021年度，津巴布韦是南非玉米的主要出口市场，此前津巴布韦于2019年年底取消了对转基因玉米进口的限制。然而，2021年5月，津巴布韦农业销售授权局停止发放玉米和玉米粉的进口许可证。据津巴布韦农业部称，进口限制是必要的，因为国内玉米产量达到270万吨，是1984年以来的最高产量。因此，津巴布韦将出现近30年来最大的玉米过剩情况。种植面积的扩大，加上本季节开始以来的良好降雨，使得玉米喜获丰收。

由于津巴布韦不再是潜在的出口市场，而南部非洲地区的各玉米生产和消费国家，如马拉维、赞比亚、坦桑尼亚和莫桑比克，作物产量相对较大，该地区对玉米的需求比往常更弱。因此，南非不得不为其过剩的玉米开拓其他市场。南非在2021/2022年度重点关注的出口市场包括越南、中国台湾地区、日本、韩国和西班牙。

南非在2020/2021年度出口了250万吨玉米，比上一销售年度增长了76%，玉米产量增长了35%。南非出口了140万吨黄玉米和110万吨白玉米。津巴布韦（516 000吨）、韩国（364 000吨）和中国台湾地区（323 000吨）是2020/2021年度南非玉米的三大市场（表2）。

表2　南非2020/2021年度和2021/2022年度的玉米出口情况

2020/2021年度 5月1日至翌年4月30日（×10³吨）				2021/2022年度[①] 5月1日至翌年4月30日（×10³吨）			
国家和地区	白玉米	黄玉米	总计	国家和地区	白玉米	黄玉米	总计
津巴布韦	371	145	516	中国台湾地区	0	219	219
韩国	0	364	364	越南	0	215	215
中国台湾地区	0	323	323	日本	0	214	214
博茨瓦纳	238	48	286	韩国	0	209	209
日本	0	205	205	西班牙	0	104	104
莫桑比克	132	50	182	博茨瓦纳	77	4	81
纳米比亚	109	62	171	意大利	39	27	66
斯威士兰	58	111	169	斯威士兰	7	29	36
意大利	128	0	128	莫桑比克	21	12	33
越南	0	106	106	纳米比亚	6	18	24
莱索托	65	10	75	莱索托	17	1	18
埃塞俄比亚	20	0	20	津巴布韦	6	0	6
沙特阿拉伯	0	1	1	安哥拉	0	2	2
出口总额	1 122	1 425	2 547	出口总额	173	1 054	1 227

资料来源：Sagis。

注：①2021年5月1日至2021年8月20日的初步出口数据。

南非的大豆出口量相对较小，因为大多数国内产品都是在当地加工以生产油和蛋白粉。邮报预计，在不久的将来，大豆的出口将继续受到限制，因为当地压榨厂有足够的能力加工大部分国产大豆。

南非的棉花出口量相对较小，2020/2021 年度出口量为 11 500吨。越南、孟加拉国和中国台湾地区是南非棉花的三大市场。

1.1.4 进口

南非允许进口经南非监管部门批准的用于食用和饲用的的转基因作物和转基因加工产品（种植不需要批准）。附录中的附表 3 列出了自 2001 年以来在南非获得商品许可的101 个转基因转化体［见 General Release Approvals _ GMO Act 15 1997. pdf（dalrrd. gov. za）］。商品许可意味着南非允许这些食用和/或饲用的转化体的进口。这些转化体包括 6 种作物，即玉米、大豆、油菜、棉花、水稻和油菜籽。截至本报告撰写时，2021 年有 3 个新转化体获得商品许可，包括大豆和棉花转化体。2020 年有 4 个新转化体获得商品许可，而 2019 年没有新转化体获得商品许可。

尽管大豆面积迅速扩大，但加工商需要进口大豆才能满足使用。因此，南非在2020/2021 年度进口了约 116 000吨大豆，以弥补国内产量的不足。巴西（55 000吨）和美国（52 667吨）是 2020/2021 年度南非的两个主要大豆供应国。然而，由于当地大豆产量急剧增加，邮报预计 2021/2022 年度不会进口大豆。

南非的棉花进口量有限，2020/2021 年度为 8 500吨。在该年度，赞比亚和巴西是南非的两个主要棉花供应国。

1.1.5 粮食援助

即使在多年干旱的情况下，南非也未接受粮食援助。然而，运往莱索托、斯威士兰、赞比亚和津巴布韦的国际粮食援助通常经过南非德班港。为了让含有转基因商品的货物通过南非，“GMO”登记办公室需要采取多项措施，包括提前通知以确保可以采取适当的控制措施。还需要接受国出具一封信函，说明其接受粮食援助货物并确认该货物含有转基因产品。

1.1.6 贸易壁垒

农业、土地改革和农村发展部（DALRRD）（以前的农业、林业和渔业部）规定，根据“转基因生物”法，只有获得批准的转基因转化体才能进入南非。根据南非监管程序：“无论是哪种作物，来自哪个国家，只要出口国批准的转化体数量和类型与南非相同或更少，将给转基因货物发放进口许可证。”南非监管程序批准转基因转化体有时比供应国的监管程序需要更长的时间。授权速度的差异导致产品获准在南非以外地区用于商业用途，但在南非境内不获批准。非同步审批导致严重的贸易中断风险，因为南非对食品和饲料中未经授权的（在南非）生物技术转化体混杂仅适用 1% 的阈值。

过去，由于非同步转基因审批，美国不允许向南非出口玉米。然而，2016 年 12 月5 日，“转基因”法案的注册官告知利益相关者，所有与美国不同步的玉米转基因转化体均已获得第 13 届执行委员会的批准。因此，南非从美国进口了近 30 万吨玉米。南非谷物和油菜籽行业的利益相关者继续监督转基因非同步审批，以确保南非与其贸易伙伴（包括美国）之间的贸易不会不必要地中断。

1.2 政策

1.2.1 法规框架

在南非，转基因农业植物产品研发受 1997 年“GMO”修正法案（1997 年第 15 号法案）监管。其他法规，尤其是转基因产品的法规，也会在南非政府其他部门的立法中有涉及，即：

卫生部，例如食品安全和标识要求；环境、林业和渔业部，例如环境影响评估（EIA）的发布后监测和触发；贸易和工业部，例如标识。

最后，南非是关于转基因产品的两项国际协议的缔约方，即《卡塔赫纳生物安全议定书》（以环境为重点）和食品法典委员会（以食品安全为重点）。这些法规共同构成了南非的国家生物安全框架（NBF）（表 3）。

表 3　南非的国家生物安全框架

领域		国家	国际
卫生	“转基因生物”法案，1997	《食品、化妆品和消毒剂法》，1972 年	食品法典
环境		《国家环境管理法》，1998 年 《国家环境管理生物多样性法》，2004 年	《卡塔赫纳生物安全议定书》
社会环境		《消费者保护法》，2008 年	

资料来源：南非生物安全。

1.2.1.1 历史背景

1979 年，南非政府成立了基因工程委员会（SAGENE）。SAGENE 由数名南非科学家组成，并受委托担任政府的科学咨询机构。它为南非在食品、农业和医药领域采用生物技术铺平了道路，并为实施 1997 年“GMO”法案奠定了基础。有关 SAGENE 和“GMO”法案实施的更多历史信息，见 SF2020-0056。

1.2.1.2 1997 年“转基因”法案

1997 年的“GMO”法案及其相关法规由 DALRRD 管理。根据“转基因生物”法案，设立了一个决策机构［执行委员会（EC）］、一个咨询机构［咨询委员会（AC）］和一个行政机构（“转基因生物”注册商）。这些机构的主要职能是：提供措施以促进转基因产品的负责任地开发、生产、使用和应用；确保所有涉及使用转基因产品的活动都以限制对环境、人类健康和动物健康可能造成的有害后果的方式进行；重视事故的预防和废物的有效管理；制定共同措施，以使得转基因产品使用相关的活动所产生的潜在风险得到演变或者降低；为风险评估制定必要的要求和标准；建立适当的程序对涉及转基因产品使用的特定活动进行发布。

南非政府于2005年修改了1997年的“转基因”法案，使其符合《卡塔赫纳生物安全议定书》（CBP），并于2006年再次解决了一些经济和环境问题。《转基因生物法》的这些修正于2007年4月17日公布，并在条例公布后于2010年2月生效。修订后的“GMO”法案没有改变先前存在的序言，该序言确立了立法的总体宗旨，即将生物安全的需要与促进转基因产品开发的必要性相结合。

“GMO”法案的修正案明确指出，基于科学的风险评估是决策的先决条件，并授权EC决定是否需要根据《国家环境管理法》进行环境影响评估。修正案还增加了具体的立法，允许社会经济考虑因素纳入决策，并使这些考虑因素在决策过程中非常重要。

修正案还创建了至少八项关于事故和/或无意越境转移的新规定。“事故”的新定义旨在涵盖两种情况，即处理转基因产品的无意越境转移和南非境内的无意环境释放。

总之，“GMO”法案及其修正案的存在和适用为南非提供了一个决策工具，使当局能够对特定转基因产品的活动可能产生的潜在风险进行基于科学的个案评估。

1.2.1.3 执行委员会

执行委员会是DALRRD部长在处理与转基因产品有关的事务时的咨询机构，更重要的是，它是批准或拒绝转基因产品申请的决策机构。执行委员会还有权任命任何在科学领域具有专业知识的人在执行委员会任职以提供建议。执行委员会由南非政府内不同部门的代表组成，包括：DALRRD；环境、林业和渔业部；卫生部；贸易、工业和竞争部；高等教育、科学和技术部；就业和劳工部；体育、艺术和文化部。在就转基因申请作出决定之前，执行委员会有义务与咨询委员会协商。咨询委员会通过其主席在执行委员会中有代表。执行委员会的决策基于所有成员的共识。如未能达成一致意见，向执行委员会提交的申请将被驳回。出于这个原因，执行委员会的所有代表都必须具备生物技术和生物安全方面的重要知识。

1.2.1.4 咨询委员会

咨询委员会由DALRRD部长任命的十名科学家组成。执行委员会就咨询委员会成员的任命向部长提供建议。咨询委员会的作用是就转基因申请向执行委员会提供建议。咨询委员会得到了来自各个学科的、拥有渊博的科学知识的众多小组委员会成员的进一步支持。咨询委员会与小组委员会成员一起负责评估与食品、饲料和环境影响相关的所有申请的风险评估，并向执行委员会提交建议。

1.2.1.5 注册员

注册员由DALRRD部长任命，负责管理“转基因”法。注册员按照执行委员会规定的指示和条件行事。注册员负责审查申请以确保符合法案、发放许可证、修改和收回许可证、维护登记册、并监测所有用于封闭使用和试验释放场所的设施。图4展示了南非转基因申请流程。

1.2.1.6 南非其他影响转基因产品的法规

2004年《国家环境管理生物多样性法》（《生物多样性法》）的制定是为了保护南非的生物多样性免受特定威胁，并将转基因产品列为这些威胁之一。该法第78条规定，

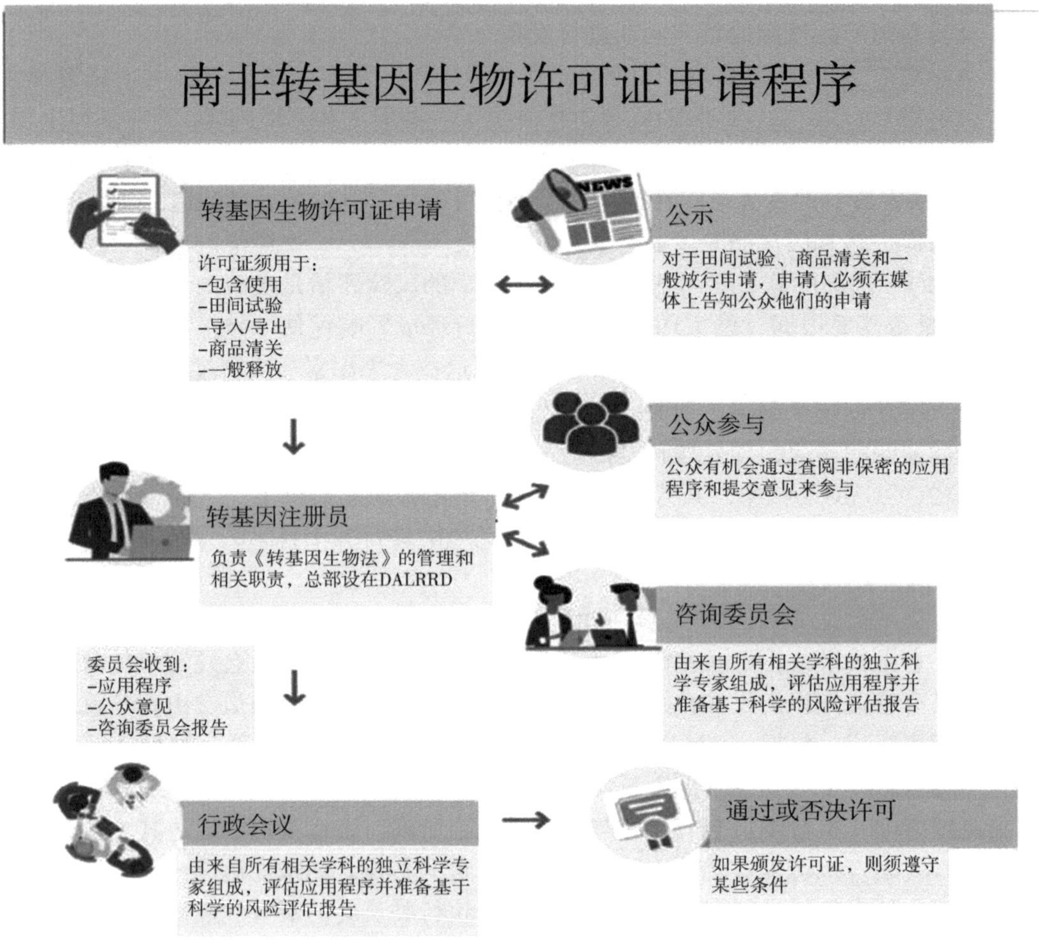

图 4　南非转基因申请流程

如果转基因产品可能对任何本地物种或环境构成威胁，环境、林业和渔业部长有权拒绝根据“转基因”法申请的一般或试验性放行许可。

根据《生物多样性法》，还成立了南非生物多样性研究所。南非生物多样性研究所的任务是监测并定期向环境事务部长报告任何释放到环境中的转基因产品的影响。该立法要求报告非目标生物和生态过程的影响、本地生物资源以及用于农业的物种的生物多样性。

1.2.2 审批

附录中的附表 1 显示了根据 1997 年《转基因生物法》批准的在南非全面放行的所有转基因转化体［也可参见 General Release Approvals _ GMO Act 15 1997. pdf (dalrrd. gov. za)］，这意味着这些转化体可用于商业种植、食品或饲料，并且允许这些转化体的进口和出口。自 1997 年以来，南非共有 27 个转基因植物转化体获得放行批准。这些转化体存在于3种作物中，即玉米、大豆和棉花（表4）。在过去的两年中，4个新的转基因转化体获得批准：拜耳的抗虫和耐除草剂的玉米和大豆，以及先正达的抗虫和耐除草剂玉米。

表4　南非27个批准的可用于商业化生产的转基因植物转化体的性状和所属研发公司

作物	性状	拜耳	先正达	科迪华
玉米	抗虫	2	1	
	耐除草剂	1	1	2
	抗旱	1		
	复合性状	3	3	5
大豆	耐除草剂	1		
	复合性状	1		
棉花	抗虫	2		
	耐除草剂	2		
	复合性状	2		

资料来源：农业、土地改革和农村发展部。

附录中的附表3列出了自2001年以来在南非获得商品许可的101个转基因转化体［另见 Commodity Clearance Approvals_GMO Act 15 1997. pdf（dalrrd. gov. za）］。有关获得商品清关的产品的更多信息，请参见第一章1.1.4。

1.2.3　复合性状转化体的批准

南非要求对含有两种或两种以上已批准性状种子的转基因种植种子实行单独批准，如耐除草剂和抗虫性的转基因种子。这一要求意味着即使单个性状已经被批准，公司实际上需要从复合性状的批准流程重新开始。执行委员会在2012年的第一次会议上再次确认，每个复合性状转化体都必须按照“转基因”法案进行单独的安全评估。目前，14个复合转化体（抗虫和耐除草剂），11个玉米，2个棉花和1个大豆，已被批准在南非种植。

1.2.4　田间试验

南非根据1997年的“转基因”法案允许对转基因作物进行田间试验。了解已被批准用于田间试验的转基因转化体，请参考附录中的附表2。涉及转基因的所有基地必须在“转基因”法案注册处注册。每个基地必须向注册服务商登记一份每个设施和应用单独的申请，申请必须包括：基地负责人的姓名、标明基地内不同单元的设施地图、清楚标明基地的位置图，包括其地理坐标、对基地内活动的科学风险评估，以及提议的风险管理机制、措施和策略。

收到申请后，注册服务商会联系审计咨询委员会，以考虑申请并提出建议。基地注册后，注册官向申请人提供注册证明和相关指南信息。基地的注册有效期为三年，而后必须提出续期申请。

1.2.5 新兴生物技术

南非目前正忙于内部审议，以确定包括基因组编辑和衍生产品在内的新育种技术的监管政策。然而，监管机构已经公开证实，南非正在考虑根据当前的“转基因”法案来监管基因组编辑。这意味着根据南非的“转基因”法案，所有基因组编辑产品都将被视为转基因产品。这种方法与包括巴西、阿根廷、日本、以色列和尼日利亚在内的其他几个国家的做法背道而驰，这些国家已经确定，某些基因组编辑产品如果不含外来 DNA，就应免受生物技术法规的约束。如果南非真的决定在当前的“转基因”法案下管理所有的基因编辑产品，这将是一个不同的基因组编辑产品的风险评估系统。

1.2.6 共存

共存并不是一个需要在南非实行具体准则或条例的问题。政府把批准的转基因农作物的管理权交给了农民。南非目前没有国家有机标准。

1.2.7 标识和可追溯性

南非自 2004 年，卫生部根据《食品、化妆品和消毒剂法案》（1972 年）第 25 条引入标识条例以来，一直实施强制性标识条例。该法规仅在某些情况下要求对转基因食品进行标识，包括存在人类或动物来源的过敏原或基因，以及食品在成分、营养价值、储存方式、制备或烹饪方面与非转基因食品有显著差异。规则还要求对转基因食品的强化特性（如“更有营养”）声明进行验证。这些规定并没有包括针对不含转基因产品的声明的规定。由于目前所有的转基因食品都被认为是基本等同的，也就是说，与传统食品没有区别，所以这些法规从未实际执行过。

相反，自 2011 年 4 月 1 日起生效的贸易和工业部消费者保护法规定，所有的转基因产品都必须进行标识。该法的主要目的是防止剥削或伤害消费者，并促进他们的社会福利。因此，《消费者保护法》有以下条款规定，所有含有转基因材料的产品都必须贴上标识［第 24（6）条］：（6）生产、供应、进口或包装任何规定商品的任何人必须在这些商品的包装上或与这些商品的包装相关联地以规定的方式和形式展示一份通知，根据适用的法规披露这些商品中任何转基因成分或组分的存在。

根据该法案：所有含有超过 5%转基因成分的食品，无论是在南非还是其他地方生产，都需要以显眼且易于辨认的方式和大小进行声明，声明“含有至少 5%的转基因生物”；这些产品转基因成分含量低于 5%的产品可能会标明“转基因含量低于 5%”；如果无法或不适合测试商品是否存在转基因成分，则产品必须标明“可能含有转基因成分”；含有不到 1%的转基因含量的产品可能被标记为“不含转基因生物”。

法规第 25 条基于健康和食品安全问题，而《消费者保护法》则纯粹基于价值，取决于消费者就食品作出明智的选择或决定的知情权。

该法案的转基因法规修正案草案于 2012 年 10 月发布，实质上只是将措辞从“标记转基因生物”更改为“标记转基因成分或组分”。这一变化的一个重要含义是，必须将成分单独标记为“含有转基因生物”，而不是整个产品。

南非商界对转基因标识法案的局限性很重视，但该部门没有采取进一步行动来制定更实用的指导方针。因此，尚未公布《消费者保护法》下的新转基因标识法规，排除了南非食品供应链中利益相关者对转基因标识的要求。

1.2.8 监测和检测

在南非，批准的转基因商品是通过“GMO”法案（1997 年）下的许可系统进口的。该系统适用于转基因生物和加工商品。“GMO”法案允许授权检查员进行例行检查，以检查商品并取样以测试是否存在未经批准的转基因成分。

1.2.9 低水平混杂（LLP）策略

南非的低水平混杂（LLP）容忍度仅为 1%。但是，如果产品经过研磨或其他加工，通常不会出现进口问题。2016 年，南非努力使他们的批准与美国和其他生产商同步，这是朝着避免 LLP 情况迈出的积极一步。如果出口国批准的转化体数量和类型与南非相同或更少，则不考虑作物和国家，而是为进口转基因货物签发进口许可证，而不是对未经批准的转化体进行测试。

1.2.10 附加监管要求

在转基因种子获准进行例行发布后，南非不需要额外的种子注册。种子认证也是自愿的，但《植物改良法》中列出的特定品种和育种者或其所有者的要求除外。

1.2.11 知识产权（IPR）

在南非经营的生物技术公司在收取技术费用方面与美国基本相同。该政策通常有效，因为南非是世界贸易组织（WTO）与贸易有关的国际产权（TRIPS）协议的签署国。棉花和玉米农民每年都必须购买新的转基因杂交种子。农民签订为期一年的许可协议，技术费包含在这些作物的种子价格中。

大豆的知识产权执法更为复杂。技术开发商试图在农民将收成送到码头时向他们收取费用。这笔费用可能很难收取，因为大豆是自花授粉的，因此不需要每年购买种子。此外，农民经常使用大豆作为农场饲料，因此它可能永远不会进入商业流通。因此，DALRRD 部长于 2018 年 6 月 22 日批准对大豆征收法定税款，根据该税款，种子公司可以因其在南非大豆种子市场的表现而获得补偿。大豆育种和技术税已获批准，有效期为 2 年，并于 2019 年 3 月 1 日生效。第一年的税率为每吨 65 兰特（4.40 美元），第二年为每吨 80 兰特（5.40 美元）。这些价值是按上一销售年度大豆平均价格的 1.2% 计算的，将在生产商出售其大豆时支付。大豆税将由南非栽培品种和技术局（SACTA）管理，并根据其市场份额支付给种子公司。SACTA 是一家非营利性公司，旨在管理所有自花授粉作物的种子税。多年来，SACTA 一直在收取和支付对小麦和大麦征收的税款。

1.2.12 《卡塔赫纳生物安全议定书》的批准

南非已签署并批准了《卡塔赫纳生物安全议定书》（CPB）。南非在 DALRRD 的“GMO”监管办公室的领导下，修改了其“GMO”法案以与 CPB 保持一致。

1.2.13 国际条约/论坛

南非是以下相关条约的签署国：世界贸易组织（WTO-SPS）实施卫生和植物检疫措施协定、食品法典委员会（法典）、粮食及农业组织（FAO）的国际植物保护公约（IPPC）、《生物多样性公约》、国际谷物协议。

南非并未积极参与到这些国际组织有关转基因植物的讨论中。

1.2.14 相关问题

无。

1.3 市场营销

1.3.1 公共/私人的意见

人类科学研究委员会（HSRC）于 2016 年 11 月 1 日发布了一项评估南非公众对生物技术认知的最新研究（另见 Public Perception on Biotechnology in South Africa）。调查显示，48%的南非人意识到他们正在吃转基因食品，49%的人认为这样做是安全的。调查还显示，53%的公众熟悉“生物技术”这个词。如需更多信息，请参阅报告 SF2020-0056。

1.3.2 市场接受度研究

在生产方面，南非农民可分为两类，即商业农民和小规模/新兴农民。转基因产品对这两个群体都具有广泛的吸引力，其中 80%以上的玉米、95%的大豆和所有棉花都种植了转基因种子。每个群体都肯定了转基因作物的优势，使用较少的投入但却具有较高的产量。小农还发现转基因作物在害虫和杂草管理方面比传统或传统杂交品种更容易。

在消费方面，南非每年商业使用近 1 200万吨玉米，其中 50%以上（主要是白玉米）用于人群消费。在过去十年中，由于对玉米的食品以及动物饲料需求增加（图 5）。白玉米是许多南非家庭的主食，尤其是低收入消费者的主食，因为它是一种相对便宜的碳水化合物来源。白玉米的人均消费量估计约为每年 96 千克。黄玉米被用作动物饲料的主要成分，尤其是在肉鸡行业。随着南非过去 10 年经济增长呈下降趋势，失业率不断上升（目前为 34%），许多消费者，尤其是低收入消费者，正更多地转向白玉米粉，将其作为相对便宜的碳水化合物来源。鸡肉也是如此，因为它相对便宜且无处不在，在过去的 20 年里，它已成为大多数南非人饮食中最重要的蛋白质来源。随着当地肉鸡产业扩大服务当地市场，对黄玉米作为饲料来源的需求也增加了。

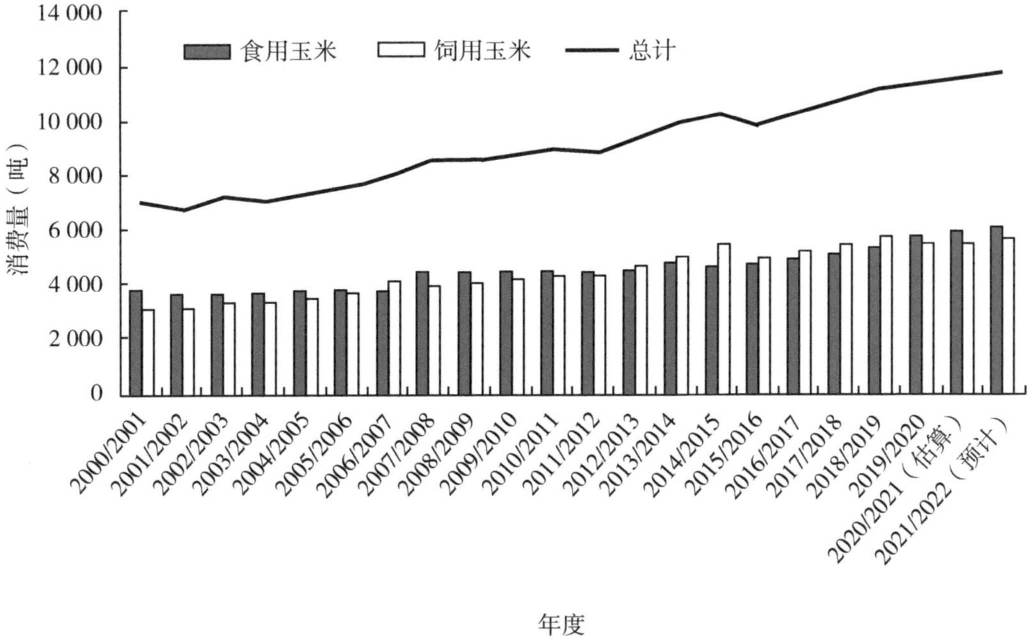

图 5　南非玉米的商业消费量

资料来源：Sagis。

第 2 章　动物生物技术

2.1　生产和贸易

2.1.1　产品开发

动物生物技术也受 1997 年的“GMO”法案监管，任何研究或产品开发申请都必须得到 EC 的批准。然而，迄今为止，还没有动物生物技术产品在南非申请审查。邮报也未了解到有正在研发中的任何动物克隆。

2.1.2　商业生产

南非目前没有转基因或克隆动物的商业化生产。

2.1.3　出口

南非没有出口转基因或克隆动物产品。

2.1.4　进口

南非没有进口转基因动物产品。

2.1.5　贸易壁垒

不适用。

2.2　政策

2.2.1　监管框架

如前所述，动物生物技术受 1997 年的“GMO”法案管辖。DALRRD 的生物安全局已主动制定了有关动物生物技术的风险评估框架。

另一方面，尽管适用相关法规和研发伦理准则，包括《动物改良法》和国家卫生研究伦理委员会（NHREC）的指南，但动物克隆在南非并未受到具体监管。

《动物改良法》不包含动物克隆的相关规定。目前，该法案仅对人工授精和胚胎移植进行监管。但是，该法案正在审查中，并且在流程修订之后将发布以解决克隆问题。

国家卫生研究伦理委员会（NHREC）是根据 2003 年第 61 号国家卫生法成立的法定机构。该法案授权卫生部长建立委员会并规定了 NHREC 的职能，简言之，包括提供指导与健康有关的伦理问题，并未涉及人类和动物的研究制定指导方针。理事会通过与相关国际组织联络，观察国际卫生道德问题的发展并就其提出建议。

2.2.2 审批

无。

2.2.3 新兴生物技术

无。

2.2.4 标识和可追溯性

2011 年 4 月 1 日生效的南非《消费者保护法》规定的转基因产品强制性标识被搁置。但是，如果实施，《消费者保护法》下的转基因标识法规将适用于转基因动物。

目前，食品、化妆品和消毒剂法案中对转基因产品的标识要求仅适用于转基因动物产品与非转基因同类产品有显著不同的产品。

2.2.5 附加监管要求

不适用。

2.2.6 知识产权（IPR）

南非是 WTO 与贸易有关的国际产权协议（TRIPS）的签署国，因此，知识产权得到政府的支持。

2.2.7 国际条约和论坛

南非是以下相关条约和论坛的签署国：世界贸易组织实施卫生和植物检疫措施协定（WTO-SPS），食品法典委员会（法典），世界动物卫生组织（OIE）。

南非没有积极参与这些国际组织内与转基因动物有关的讨论。

2.2.8 相关问题

不适用。

2.3 市场营销

2.3.1 公共/私人的意见

目前没有发现与畜牧克隆或转基因动物相关的有关公众看法的调研。

2.3.2 市场接受度/研究

不适用。

第3章　微生物生物技术

3.1　生产和贸易

3.1.1　商业化生产

南非的多家公司涉及食品配料的商业生产。其中许多公司在酶、添加剂、调味剂、色素、维生素和调味料的生产过程中使用微生物生物技术。南非食品配料制造商有两个协会代表，即南非食品科学与技术协会（https：//www. saafost. org. za/）和南非香精香料行业协会（https：//saaffi. co. za/）。许多研究机构也涉足微生物生物技术，例如：西开普大学微生物生物技术研究所；自由州大学微生物、生化和食品生物技术系和开普半岛科技大学生物医学和微生物生物技术研究所。

3.1.2　出口

2020 年，南非出口了 17 亿美元可能含有微生物生物技术衍生成分的加工产品（图 6）。微生物生物技术衍生产品的大部分贸易来自增值产品类别，例如①葡萄酒和啤酒以及②预制食品。然而，南非在 2020 年还出口了价值 4 100 万美元的微生物生物技术衍生酶。美国仅占南非这些产品出口市场的 7 %或 1. 26 亿美元左右。

3.1.3　进口

2020 年，南非进口了价值 7. 05 亿美元的微生物生物技术衍生食品成分，例如酶或可能含有微生物生物技术衍生食品成分的加工产品（图 7）。这些进口产品包括来自美国价值 6 200万美元的含有微生物生物技术衍生食品成分的加工产品。2020 年，南非还进口了价值 5 700万美元的微生物生物技术衍生酶，其中 1 600万美元是从美国进口的。

3.1.4　贸易壁垒

目前没有报道阻碍含微生物生物技术衍生物成分的加工产品的贸易的特定贸易壁垒。

3.2　政策

3.2.1　监管框架

迄今为止，南非尚未对微生物生物技术来源的食品成分采用“基于过程”的审查

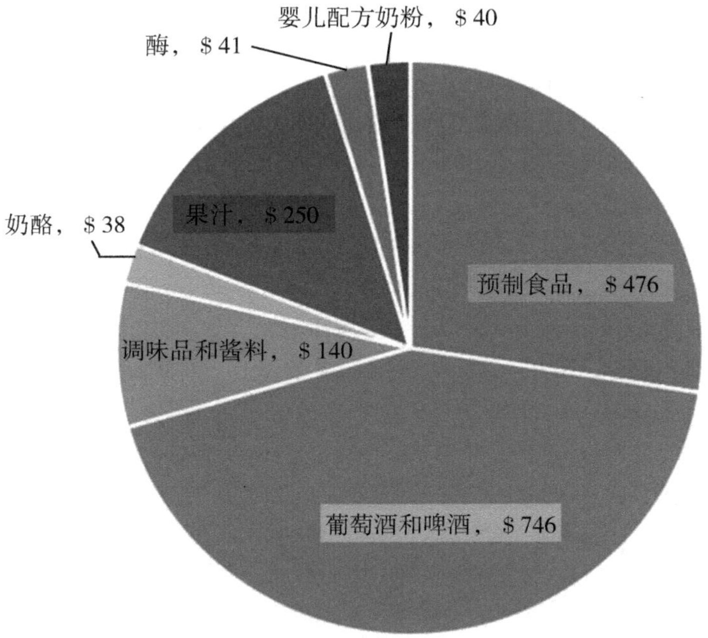

图 6　2020 年南非可能含有微生物生物技术衍生成分的加工产品出口量（单位：百万美元）
资料来源：贸易数据监测。

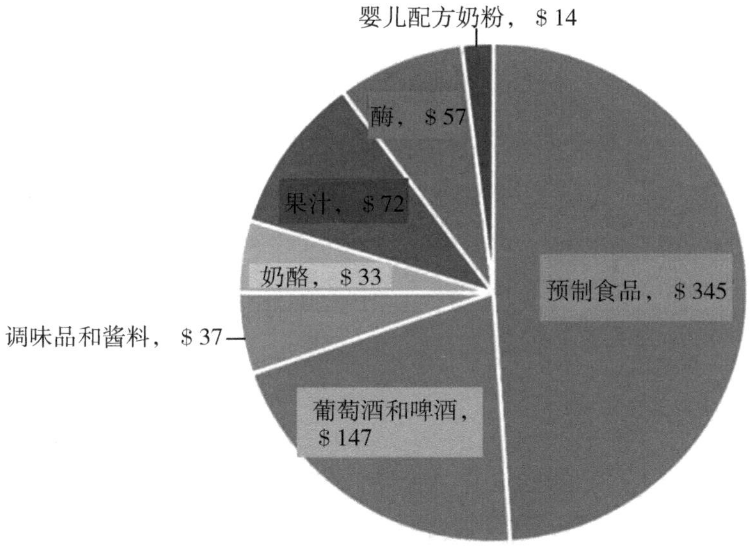

图 7　2019 年南非进口的可能含有微生物生物技术衍生成分的加工产品（单位：百万美元）
资料来源：贸易数据监测。

方法。因此，来自微生物生物技术的食品成分不受本报告第 1 章 A 节所述的南非“转基因”法案的监管。但是，食品成分受《食品、化妆品和消毒剂法》第 20 号规定的监管。1972 年第 54 号《食品、化妆品和消毒剂法》，对食品添加剂、食品着色剂和微生物标准进行了具体规定。因此，南非的食品添加剂、食品着色剂和微生物标准法规由卫生部食品控制司制定和管理。该部门还在“转基因生物”法案的执行委员会中代表卫生部，并作为法典联络点。

南非适用的食品着色剂添加剂清单和微生物标准法规包括：Miscellaneous additives，Regulations Relating to Food Colorant，Regulations-Additives-Sweeteners-List of Permissible Sweeteners，Regulations Relating to the Use of Sweeteners in Foodstuffs（R733/201），Codex General Standards for Food Additives，Regulations Governing Microbiological Standards for Food stuffs and Related Matters（R692/1997）。这些法规还规定了对添加剂使用的要求，包括标识要求。

在没有针对特定添加剂的法规的情况下，南非通常采用食品法典委员会（CAC）的食品添加剂通用标准（GSFA）。如果某种添加剂在南非的确定清单中或食品法典没有涵盖，出口商可以向卫生部申请使用该添加剂的许可。值得注意的是，这可能是一个漫长的过程，因为卫生部可能会要求提供证据证明添加剂可以安全食用。

3.2.2 批准

允许的添加剂和着色剂清单包含在表 5 中规定的具体法规中。

表 5　南非现行食品添加剂、食品着色剂和微生物标准法规

法规名称
复合添加剂
食品着色剂法规
法规-添加剂-甜味剂-允许的甜味剂清单
食品种甜味剂使用法规（R733/201）
食品添加剂通用标准法典 Codex General Standards for Food Additives
食品和食品相关物品中微生物标准法规（R692/1997）

资料来源：（卫生署：食品管理司）。

3.2.3 标识和可追溯性

在南非，转基因衍生产品的标识受《食品、化妆品和消毒剂法》（1972 年）第 25 条和 2011 年《消费者保护法》的监管。有关这些法律的说明见 1.2“政策”部分，1.2.7 标识和可追溯性。

加工食品和酒类的标识规定也受《食品、化妆品和消毒剂法》管辖。入境口岸的卫生部检查员负责确保遵守标识规定。根据现行法规，标识上不强制包含营养信息表。但是，如果标识包含营养信息，则它必须符合现有的标识法规（另见 Foodstuffs，Cosmetics and Disinfectants Act：Regulations：Labeling and advertising of foodstuffs）。

3.2.4 监管和检测

不适用。

3.2.5 附加监管要求

不适用。

3.2.6 知识产权（IPR）

南非是 WTO 与贸易有关的国际产权协议（TRIPS）的签署国；因此，知识产权得到政府的支持。

3.2.7 相关问题

没有不在现行背景下的微生物生物技术相关问题。

3.3 市场营销

3.3.1 公共/私人的意见

目前没有发现与微生物生物技术相关的有关公众看法的调研。

3.3.2 市场接受度/研究

南非拥有发达和先进的食品部门，这是食品原料使用和需求的关键驱动力。另见 FAS/比勒陀利亚就该主题完成的报告［例如食品加工成分-南非（2021）］。虽然缺乏与南非微生物生物技术衍生食品成分的销售和使用有关的市场接受度评估，但可以肯定的是，它在食品行业被广泛接受。

附录

附表 1　南非获批的转基因转化体

公司	转化体	作物/产品	性状	批准年份
拜耳	MON87701×MON89788	大豆	抗虫、耐除草剂	2021
先正达	BT11×MIR162×GA21	玉米	抗虫、耐除草剂	2021
先正达	BT11×MIR162×MON89034×GA21	玉米	抗虫、耐除草剂	2021
拜耳	MON87427×MON89034×MIR162×NK603	玉米	抗虫、耐除草剂	2020
陶氏	DAS40278-9	玉米	耐除草剂	2019
陶氏	MON89034×TC1507×NK603×DAS40278-9	玉米	耐除草剂	2019
陶氏	DAS40278×NK603	玉米	抗虫、耐除草剂	2019
陶氏	MON89034×TC1507×NK603	玉米	抗虫、耐除草剂	2018
孟山都	MON87460	玉米	抗旱	2015
杜邦	TC1507×MON810×NK603	玉米	抗虫、耐除草剂	2014
杜邦	TC1507×MON810	玉米	抗虫、耐除草剂	2014
杜邦	TC1507	玉米	抗虫、耐除草剂	2012
先正达	BT11×GA21	玉米	抗虫、耐除草剂	2010
先正达	GA21	玉米	耐除草剂	2010
孟山都	MON89034×NK603	玉米	抗虫、耐除草剂	2010
孟山都	MON89034	玉米	抗虫	2010
孟山都	Bollgard Ⅱ×RR flex（MON15985×MON88913）	棉花	抗虫、耐除草剂	2007
孟山都	MON88913	棉花	耐除草剂	2007
孟山都	MON810×NK603	玉米	抗虫、耐除草剂	2007
孟山都	Bollgard RR	棉花	抗虫、耐除草剂	2005
孟山都	Bollgard Ⅱ，line15985	玉米	抗虫	2003

（续表）

公司	转化体	作物/产品	性状	批准年份
先正达	BT11	玉米	耐除草剂	2002
孟山都	GTS40-3-2	大豆	耐除草剂	2001
孟山都	RR line 1445&1698	棉花	耐除草剂	2000
孟山都	Line 531/Bollgard	棉花	抗虫	1997
孟山都	MON810/Yieldgard	玉米	抗虫	1997

附表 2　自 2017 年以来批准试行的转基因转化体

公司	转化体	作物/产品	性状	批准年份
孟山都	MON87701×MON89788	大豆	抗虫、耐除草剂	2017
	MON87427×MON89034×MIR162×NK603	玉米	抗虫、耐除草剂	2017
	MON87460×MON89034×NK603	玉米	抗虫、抗旱、耐抗生素	2017
	MON87427×MON89034×MIR162×NK603	玉米	抗虫、耐除草剂	2018
	MON87001×MON89788	大豆	抗虫、耐除草剂	2018
	MON87460×MON810	玉米	抗虫、抗旱、耐抗生素	2019
	MON87001×MON89788	大豆	抗虫、耐除草剂	2019
拜耳	GHB614×LLCotton25	棉花	耐除草剂	2018
	MON87427×MON89034×MIR162×NK603	玉米	抗虫、耐除草剂	2020
	MON87460×MON810	玉米	抗虫、抗非生物胁迫	2020
	MON87701×MON89788	大豆	抗虫、耐除草剂	2020
	MON87460×MON810	玉米	抗虫、抗旱	2021
陶氏	MON89034×1507×NK603×DAS-40278-9	玉米	抗虫、耐除草剂	2017
	MON89034×TC1507×NK603×DAS40278-9	玉米	抗虫、耐除草剂	2017
	MON89034×TC1507×NK603	玉米	抗虫、耐除草剂	2017
	NK603×DAS-40278-9	玉米	耐除草剂	2017
	DAS-40278-9	玉米	耐除草剂	2017
	DAS40278-9	玉米	耐除草剂	2018
	NK603×DAS-40278-9	玉米	耐除草剂	2018
	MON89034×1507×NK603	玉米	抗虫、耐除草剂	2018
	MON89034×1507×NK603×DAS40278-9	玉米	抗虫、耐除草剂	2018
	DAS-44406-6	大豆	耐除草剂	2020
	DAS-81419-2×DAS-44406-	大豆	抗虫、耐除草剂	2020

（续表）

公司	转化体	作物/产品	性状	批准年份
先锋	DP-0561139	玉米	耐除草剂	2019
	NK603×T25×DAS-40278-9	玉米		2020
	DP-056113-9	玉米		2020
	TC1507×MIR162×NK603	玉米	抗虫、耐除草剂	2020
	MON89034×TC1507×MIR162×NK603×DAS40278-9	玉米	抗虫、耐除草剂	2020
先正达	BT11×MIR162×GA21	玉米	抗虫、耐除草剂	2018
	BT11×MIR162×MON89034×GA21	玉米	抗虫、耐除草剂	2018
	BT11×MIR162×GA21	玉米	抗虫、耐除草剂	2019
	BT11×MIR162×MON89034×GA21	玉米	抗虫、耐除草剂	2019
	MIR162	玉米	抗虫	2020
	BT11×MIR162×GA21	玉米	抗虫、耐除草剂	2020
	BT11×MIR162×MON89034×GA21	玉米	抗虫、耐除草剂	2020
	MIR162	玉米	抗虫	2021
	BT11×MIR162×GA21	玉米	抗虫、耐除草剂	2021
	BT11×MIR162×MON89034×GA21	玉米	抗虫、耐除草剂	2021
巴斯夫	GHN614×LLCotton25	棉花	耐除草剂	2020
	GHN614×LLCotton25	棉花	耐除草剂	2021
Genective	VOC-1981-5	玉米	耐除草剂	2017
Sensako	HB4	大豆	提高草本植物非生物胁迫耐受性	2020

附表 3　商品清关的转基因转化体

公司	转化体	作物	性状	批准年份
先锋（pty）	DAS-81419-2×DAS-44406-6	大豆	抗虫、耐除草剂	2020
巴斯夫	GMB151	大豆	抗虫、耐除草剂	2018
巴斯夫	GHB811	棉花	耐除草剂	2018
先锋（pty）	MON89034×TC1507×MIR162×NK603×DAS40278-9	玉米	抗虫、耐除草剂	2018
孟山都	MON87427×MON87419×NK603	玉米	抗虫、耐除草剂	2018

（续表）

公司	转化体	作物	性状	批准年份
孟山都	MON87427×MON89034×MIR162×MON87419×NK603	玉米	抗虫、耐除草剂	2018
孟山都	MON87427×MON89034×MON810×MIR162×MON87411×MON87419	玉米	抗虫、耐除草剂	2018
孟山都	MON87427×MON89034×MON87419×NK603	玉米	抗虫、耐除草剂	2018
孟山都	MON87427×MON89034×TC1507×MON87411×DAS59122-7×MON87419	玉米	抗虫、耐除草剂	2018
孟山都	MON87751×MON87701×MON87708×MON89788	大豆	抗虫、耐除草剂	2018
拜耳	FG72×A5547-127	大豆	耐除草剂	2018
陶氏	MON89034×TC1507×MIR162×NK603	玉米	抗虫、耐除草剂	2018
先正达	BT11×MIR162×MIMR604×5307×GA21	玉米	抗虫、耐除草剂	2018
孟山都	MON87705×MON87708×MON89788	大豆	耐除草剂	2018
孟山都	MON87427×MON87460×MON89034×TC1507×MON87411×DAS-59122-7	玉米	抗虫、耐除草剂	2018
孟山都	MON87427×MON89034×MIR162×MON87411	玉米	抗虫、耐除草剂	2018
孟山都	MON87427×MON89034×TC1507×MON87411×DAS-59122-7	玉米	抗虫、耐除草剂	2018
孟山都	MON87427×MON87460×MON89034×MIR162×NK603	玉米	抗旱、抗虫、耐除草剂	2018
孟山都	MON87708×MON89788×A5547-127	大豆	耐除草剂	2018
先正达	BT11×MIR162×MON89034	玉米	抗虫、耐除草剂	2018
孟山都	MON87427×MON89034×MON88017	玉米	抗虫、耐除草剂	2017
孟山都	MON89034×MIR162	玉米	抗虫	2017
先正达	BT11×MIR162×MON89034×GA21	玉米	抗虫、耐除草剂	2017
杜邦先锋	DP114×MON810×MIR604×NK603	玉米	抗虫、耐除草剂	2017

（续表）

公司	转化体	作物	性状	批准年份
孟山都	MON87705×MON89788	大豆	高油酸、耐除草剂	2016
孟山都	MON87708×MON89788	大豆	耐除草剂	2016
拜耳	FG72	大豆	耐除草剂	2016
拜耳	A5547-127	大豆	耐除草剂	2016
陶氏	DAS68416-4×MON89788-1	大豆	耐除草剂	2016
陶氏	DAS81419-2	大豆	抗虫	2016
先正达 SA	3272×BT11×MIR604×GA21	玉米	抗虫、耐除草剂	2016
杜邦先锋	TC1507×MON810×MIR162	玉米	抗虫、耐除草剂	2016
先正达 SA	BT11×TC1507×GA21	玉米	抗虫、耐除草剂	2016
孟山都	MON87427×MON89034×MIR162×NK603	玉米	抗虫、耐除草剂	2016
孟山都	MON87427×MON89034×1507×MON88017×59122	玉米	抗虫、耐除草剂	2016
孟山都	MON87460×NK603	玉米	抗旱、耐除草剂	2016
孟山都	MON87427×MON89034×NK603	玉米	抗虫、耐除草剂	2016
杜邦先锋	TC1507×MON810×MIR162×NK603	玉米	抗虫、耐除草剂	2016
杜邦先锋	TC1507×MIR604×NK603	玉米	抗虫、耐除草剂	2016
杜邦先锋	TC1507×MON810×MIR604×NK603	玉米	抗虫、耐除草剂	2016
杜邦先锋	TC1507×59122×MON810×NK603	玉米	抗虫、耐除草剂	2016
杜邦先锋	TC1507×59122×MON810×MIR604×NK603	玉米	抗虫、耐除草剂	2016
陶氏	DAS81910-7	棉花	耐除草剂	2016
陶氏	DAS-24236-5×DAS-21023-5	棉花	抗虫	2016
陶氏	MON89034×TC1507×MON88017×DAS-59122-7×DAS-40278-9	玉米	抗虫、耐除草剂	2016
陶氏	MON89034×TC1507×NK603×DAS-40278-9	玉米	抗虫、耐除草剂	2016
先正达	3272×BT11×MIR604×TC1507×5307×GA21	玉米	抗虫、耐除草剂	2016
杜邦先锋	DP4114	玉米	抗虫、耐除草剂	2016

（续表）

公司	转化体	作物	性状	批准年份
孟山都	NK603×T25	玉米	耐除草剂	2016
先正达	MZHG0JG	玉米	耐除草剂	2016
杜邦先锋	DP73496	油菜	耐除草剂	2016
孟山都	MON87460×MON89034×NK603	玉米	抗旱、抗虫、耐除草剂	2015
先正达	BT11×MIR162	玉米	抗虫、耐除草剂	2015
孟山都	MON87460×MON89034×MON88017	玉米	抗虫、耐除草剂、耐非生物胁迫	2015
先正达	GA21×T25	玉米	耐除草剂	2015
先正达	SYHTOH2	大豆	耐除草剂	2014
先正达	BT11×59122×MIR604×TC1507×GA21	玉米	抗虫、耐除草剂	2014
先正达	BT11×MIR604×TC1507×5307×GA21	玉米	抗虫、耐除草剂	2014
先正达	BT11×MIR162×MIR604×TC1507×5307×GA21	玉米	抗虫、耐除草剂	2014
先正达	MIR162	玉米	抗虫	2014
孟山都	MON89034×MON88017	玉米	抗虫、耐除草剂	2014
孟山都	MON87701×MON89788	大豆	抗虫、耐除草剂	2013
孟山都	MON89788	大豆	耐除草剂	2013
陶氏	DAS-44406-6	大豆	耐除草剂	2013
陶氏	DAS-40278-9	玉米	耐除草剂	2012
巴斯夫	CV127	大豆	耐除草剂	2012
陶氏/孟山都	MON89034×TC1507×NK603	玉米	抗虫、耐除草剂	2012
先正达	MIR604	玉米	抗虫	2011
先正达	BT11×GA21	玉米	抗虫、耐除草剂	2011
先正达	BT11×MIR604	玉米	抗虫、耐除草剂	2011
先正达	MIR604×GA21	玉米	抗虫、耐除草剂	2011
先正达	BT11×MIR604×GA21	玉米	抗虫、耐除草剂	2011
先正达	BT11×MIR162×MIR604×GA21	玉米	抗虫、耐除草剂	2011
先正达	BT11×MIR162×GA21	玉米	抗虫、耐除草剂	2011
先正达	BT11×MIR162×TC1507×GA21	玉米	抗虫、耐除草剂	2011

（续表）

公司	转化体	作物	性状	批准年份
先锋	TC1507×NK603	玉米	抗虫、耐除草剂	2011
先锋	59122	玉米	抗虫	2011
先锋	NK603×59122	玉米	抗虫、耐除草剂	2011
先锋	356043	大豆	耐除草剂	2011
先锋	305423	大豆	高油酸、耐除草剂	2011
先锋	305423×40-3-2	大豆	高油酸、耐除草剂	2011
陶氏	TC1507×59122	玉米	抗虫、耐除草剂	2011
陶氏	TC1507×59122×NK603	玉米	抗虫、耐除草剂	2011
拜耳	LLRice62	水稻	耐除草剂	2011
拜耳	LLCotton25	棉花	耐除草剂	2011
孟山都	MON863	玉米	抗虫	2011
孟山都	MON863×MON810	玉米	抗虫	2011
孟山都	MON863×MON810×NK603	玉米	抗虫、耐除草剂	2011
孟山都	MON88017	玉米	抗虫	2011
孟山都	MON88017×MON810	玉米	抗虫	2011
陶氏 & 孟山都	MON89034×TC1507×MON88017×59122	玉米	抗虫、耐除草剂	2011
孟山都	MON810×NK603	玉米	抗虫、耐除草剂	2004
孟山都	MON810×GA21	玉米	抗虫、耐除草剂	2003
先锋 Hi-Bred	TC1507	玉米	抗虫、耐除草剂	2002
孟山都	NK603	玉米	耐除草剂	2002
孟山都	GA21	玉米	耐除草剂	2002
先正达	Bt11	玉米	抗虫	2002
AgrEvo	T25	玉米	耐除草剂	2001
先正达	Bt176	玉米	抗虫	2001
AgrEvo	Topas 19/2，Ms1Rf1，Ms1Rf2，Ms8Rf3	油菜	耐除草剂	2001
AgrEvo	A2704-12	大豆	耐除草剂	2001

墨西哥农业生物技术年报

USDA美国农业部
对外农业服务局GAIN全球农业信息网
规定报告：按规定–公开发表
日期：2021年10月20日
报告编号：MX2021–0087
报告名称：农业生物技术年报
国家：墨西哥
报告类别：生物技术及其他新生产技术
编写人：Adriana Otero
批准人：Rhiannon Elms

报告要点

自2018年5月以来，墨西哥没有报告任何官方生物技术食品或饲料产品的批准。此外，墨西哥还以预防原则为由，拒绝或推迟了2019年所有种植转基因棉花的许可申请。棉花是墨西哥唯一种植的转基因作物，尽管在2018/2019销售年度产量达到了创纪录的水平，但由于缺乏更新的种子供应，加上该行业面临的其他挑战，产量（大约减少了33%）和质量都大幅下降。2021年1月1日，一项法令生效，要求在2024年1月之前逐步淘汰草甘膦和转基因玉米，并用可持续的和“文化上适当”的替代品取而代之。墨西哥是世界上最大的转基因玉米和大豆进口国之一，2020年进口额分别达到约31亿美元和22亿美元，主要来自美国。

[内容提要]

在当前政府的管理下，墨西哥的生物技术监管政策环境变得越来越不确定。目前有越来越多的生物技术食品和饲料产品等待批准，其中许多已经通过了法定审查和批准期限。在2021年12月的第一周，由墨西哥国家科学技术委员会（CONACYT）管理的国家生物安全注册处（NRB）进行了更新，以反映2020年和2021年转基因种植许可证的申请情况。自2020年3月以来的首次更新显示，2020年正在处理15项转基因棉花申请(2项为实验性申请，4项为试验性申请，9项为商业化申请)，以及2021年1项转基因苜蓿商业化种植申请。CONACYT是政府实体，负责维护NRB，并通知所有关于种植转基因种子许可的申请、决议和转基因产品的消费授权。对于微生物生物技术产品，墨西哥的法规只要求通知联邦当局，不需要额外的监管程序。这使得该部门有了更好的发展，相关产品的国际贸易价值达数十亿美元。

第 1 章　植物生物技术

1.1　生产和贸易

1.1.1　产品开发

墨西哥目前没有正在开发的想要在未来五年内实现商业化的转基因植物或作物。墨西哥国家食品卫生、安全和质量服务局（SENASICA）是农业和农村发展秘书处（SADER）的一个机构，自 2019 年以来没有批准任何转基因作物种植申请。在 2019 年、2020 年和 2021 年没有批准任何实验性或试验性的种植许可。

1.1.2　商业化生产

1.1.2.1　棉花

棉花是墨西哥唯一一种商业化生产的转基因作物，其特性包括对鳞翅目昆虫的抗性和对除草剂草甘膦的耐受性；对除草剂麦草畏、草铵膦、草甘膦的耐受性；草甘膦耐受性；以及对鳞翅目昆虫和麦草畏、草甘膦、草铵膦的耐受性。

自 2019 年以来，生产商一直面临棉籽短缺的问题，因为墨西哥政府一直拒绝或拖延批准转基因棉籽许可证，理由是预防原则，以及担心转基因品种与该国南部传统野生棉种群发生混杂的情况出现。在墨西哥唯一获准种植的转化体已经被淘汰，在世界市场上无法获得，种植商报告他们没有足够的种子用于种植。棉花在全国各地都有种植，但种植条件差别很大。现有的品种往往不适合所有地区，造成更大的波动性，质量不确定性，并增加了生产成本。

在墨西哥，获得种植棉花许可的过程是通过 SADER 把许可证直接发给申请特定面积的种子公司。在获得许可后，这些公司会直接向批准区域内的种植者出售种子。

2021/2022 年度种植面积预计为 15.9 万公顷，较 2018/2019 年度减少 35%。缺乏转基因种子直接导致了种植面积的减少。2020 年，美国对墨西哥的棉籽出口达到 1 300 万美元，低于 2018 年 1 700 万美元的高点。截至 2021 年 6 月，贸易额较 2020 年同期下降了 86%，仅达到 200 万美元。从历史上看，所有的棉籽都是从美国进口的，然而，据知情者表示，这个生长期种植的棉籽只有 40% 是从美国官方公司购买的。由于老品种将停止生产，这一比例可能在未来几年进一步下降。

1.1.2.2　大豆

2012 年，转基因大豆获得了 7 个州的商业种植批准，然而，国内蜂蜜生产商发起了 8 项法庭诉讼，并向国家人权委员会（National Commission on Human Rights）提起了诉讼。2015 年，墨西哥最高法院裁定，没有证据表明蜂蜜贸易、环境或健康受到损害。然而，法院授权在坎佩切、尤卡坦和金塔纳罗奥的 7 个社区进行协商。虽然咨询过程是透明的，而且得到了许多人的认可，但一些社区表示，他们没有足够的信息来进行适当的咨询。因此，在 2017 年 6 月，该公司宣布将不会在 7 个州实现转基因大豆的商业化，以避免干扰磋商。2017 年 9 月，国家卫生、食品安全和质量服务局（SENASICA）在未获授权的地区检测到转基因大豆后，撤销了原 2012 年的许可。自 2013 年以来，没有转基因大豆的种植申请。

1.1.2.3 玉米

有公民请愿者组织发起了一场关于转基因玉米的集体诉讼，声称“转基因玉米影响了保护、可持续利用以及公平公正地分享本土玉米生物多样性的人权”，从而限制了转基因玉米的种植。2013 年的诉讼是针对墨西哥政府的几个办事处提起的，包括农业和农村发展秘书处（SADER）和环境与自然资源处（SEMARNAT），这两个处当时都在为基于科学的监管程序的重要性发声，在发布与转基因许可证发放相关的决定时，应该遵循国家法律和国际协议。然而，2013 年 10 月有利于原告的裁决使得一项预防措施出台，暂停了对墨西哥转基因玉米的试验、试点和商业化的许可。裁定之后，有人就裁定的具体内容（例如预防措施）以及程序和技术理由提出了几次上诉。2016 年 3 月判决了一宗这样的诉讼，允许恢复转基因玉米的试验种植。然而，公司和科研机构没有提交许可申请，因为在投资实验之前，他们更倾向于确定市场销售情况。

此外，2020 年 12 月 31 日，墨西哥政府发布了一项法令，要求在 2024 年 1 月之前逐步淘汰供人食用的转基因玉米（更多信息请参阅贸易壁垒 F 部分）。

1.1.2.4 苜蓿

目前，有一项减少木质素生物合成并具有草甘膦耐受性的苜蓿商业化种植申请正在等待 SENASICA 的审批。这种苜蓿在 2014 年获得了试验许可，并在 2018 年获得了试点许可。苜蓿将是墨西哥批准的第三种转基因作物。

1.1.3 出口

转基因产品的出口不需要提交转基因的具体内容，但需要根据国际标准提交研发该转基因生物的目的。

墨西哥的棉花产量无法满足国内需求。棉花的出口水平将在很大程度上取决于棉花的质量，因为质量较低的棉纤维不适合国内纺织工业使用。由于向土耳其、巴基斯坦和中国出口的劣质棉花数量超出预期，2020/2021 年的出口量预计为 50 万包。生产的转基因棉主要用于国内消费，被用于加工各种国内产品和出口产品。在新冠肺炎疫情期间，纺织业使生产适应了对床单、毛巾和个人防护用品等家用产品的新需求。随着墨西哥和美国经济的复苏，对服装的高需求，预计在未来将会进一步增加。墨西哥是美国牛仔裤和 T 恤的重要供应商（用转基因棉花在墨西哥制造），根据纺织和服装办公室（OTEXA）的数据，2021 年前 5 个月对美国出口的棉 T 恤比 2020 年同期增长了 53%。

1.1.4 进口

联邦卫生风险保护委员会（COFEPRIS）作为卫生秘书处的一部分，授权进口转基因作物用于食品和饲料。在2018年5月之前，共有181种不同品种获得授权：苜蓿（4种）、棉花（36种）、水稻（1种）、油菜籽（10种）、番茄（3种）、柠檬（2种）、玉米（90种）、土豆（6种）、甜菜（1种）、大豆（28种）。自此，国家生物安全注册处未再发布任何关于批准或驳回的官方更新。

1.1.4.1 棉花

墨西哥从美国进口转基因棉花以满足其国内需求的近50%。由于全球纺织和服装需求增加，预计2021/2022年度从美国进口的棉花将进一步增加。

1.1.4.2 玉米

墨西哥是全球第二大转基因玉米进口国，主要供应来自美国、巴西和阿根廷。近年来进口量有所增加，2021/2022年度的进口水平预计将超过1 700万吨，约占全国消费量的39%。

1.1.4.3 大豆

墨西哥是世界第三大大豆进口国，供应来自美国和巴西。在饲料需求缓和增长、加工需求很大以及人口增长的情况下，预计2021/2022年度大豆进口量将增加25万吨，达到625万吨。

1.1.4.4 油菜籽

墨西哥消费的几乎所有油菜籽都是从加拿大和美国进口的，只有少量是国内生产的。进口详情如表1所示。

表1　墨西哥：含有转基因的总进口量　　单位：$\times 10^3$ 吨

作物种类	2019/2020年	2020/2021年	2021/2022年
玉米	16 526	16 500	17 000
棉花 *	570	1 000	1 100
大豆	5 748	6 000	6 250
油菜籽	1 312	1 350	1 390

资料来源：FAS GAIN 报告 MX2021-0050，MX2021-0021 和 MX2021-0028。

1 000 吨；* 1000 相当于 480 磅棉花包。

1.1.4.5 粮食援助

墨西哥并没有接受粮食援助。2021年9月，墨西哥向海地提供了1.7吨粮食援助。2021年7月，墨西哥向古巴提供了粮食援助。没有关于这些食物中转基因成分的信息。

1.1.4.6 贸易壁垒

墨西哥的生物技术监管政策环境在其现任政府下越来越多变。NRB是CIBIGEM的负责机构。自2018年5月以来，CONACYT没有更新或统计食用和饲用转基因产品的申请，但注意到COFEPRIS在2019年和2020年没有作出任何裁决。目前有越来越多的生物技术食品和饲料产品等待批准，其中许多已经超过了6个月的法定审查和批准期限。

2021年1月1日，一项总统令（附件中有链接）生效，根据该总统令，“墨西哥男女饮食中转基因玉米谷物的使用”以及草甘膦将在2024年1月前逐步淘汰。转基因玉米将被“可持续的、文化上适当的替代品”所取代。在过渡时期，草甘膦将不会在任何政府资助的项目中使用。该法令指示有关部门撤销现有的转基因玉米产品许可，并禁止批准新的转基因玉米产品，只要这些决定符合两个标准：符合“适用标准”和“无草甘膦玉米粒供应充足”。墨西哥目前的玉米生产不能自给自足，进口占总消费量的近40%。

来自7个州的不同玉米使用公司（包括种子、油料、食品和饲料生产商）和农业协会已经对该法令提起了26起诉讼（amparos）或质疑，还有两起正在审查中。

1.2 政策

1.2.1 监管框架

墨西哥的综合生物科技法规是《基本法》，于2005年3月在《联邦公报》（官方日报）公布。这部法律解释了生物技术衍生产品的研究、生产和销售的几个立法问题。墨西哥的《基本法》及其实施细则（附例）旨在促进安全使用现代生物技术，并预防和控制生物技术产品的使用和应用对人类健康、植物和动物健康以及环境福祉可能产生的风险。

2012年11月，《确定墨西哥玉米起源中心和遗传多样性中心协议》公布。该协议是墨西哥基本法要求的法律程序的一部分，包括墨西哥北部8个州（下加利福尼亚州、下加利福尼亚州苏尔、奇瓦瓦、科阿韦拉、新莱昂、塔毛利帕斯州、锡那罗亚州和索诺拉）禁止使用转基因玉米种子的地区的地图。该协议也具有限制性，因为它涉及转基因玉米的储存和运输。

2011年4月，墨西哥联邦公报公布了一项协议，确定了限制使用转基因生物的8个通知程序。墨西哥《生物安全法》规定，“转基因生物”的“限制使用”是指遗传物质被修饰或通过修饰、生长、储存、使用、加工、销售、销毁或消除的任何活动。为了进行这种限制性使用活动，必须使用物理屏障或化学或生物屏障的组合，达到有效限制与人和环境接触的目的。该法规定，设施区域或者限定的使用空间范围不得是环境的一部分。

2014年12月，《联邦公报》公布了一项标识标准，其中包括用于种植、栽培和农业生产的转基因种子的通用标识规范，并于2015年6月生效。这一墨西哥规范（NOM）确立了用于作物或农业生产的转基因种子和繁殖材料标签的特征和内容。根据《转基因生物指南》第9条和第12条的规定，有必要在NOM中列出转基因种子标签的信息和特征。

2018年公布了一项标准，确定了转基因植物在培育实验和试点阶段的风险评估要求。

1.2.1.1 生物技术监管

2020 年 4 月 4 日，一项名为《本土玉米保护法》的国会法令公布，该法令强化了《基本法》和相关法规的众多条款，并呼吁成立一个咨询委员会（尚未成立），可以就本土玉米品种的保护向总统提供意见。

《有机产品法》于 2006 年 2 月 7 日在《联邦公报》上公布。这部法律为生物技术衍生食品的使用制定了附加规定。该法律对生物技术衍生产品的监管规定了 3 个具体领域：

- 第 27 条规定，在有机产品的整个生产链中，禁止使用来自或利用基因工程生产的所有材料、产品、成分且产品必须标明不含转基因。
- 禁止使用第 27 条规定的改变产品的有机特性的物质或禁忌材料。
- SADER 可以对任何被发现有违反法律的公司或个人处以罚款。

与生物技术和生物安全直接或间接相关的法规都列在这里。

1.2.1.2 负责生物技术监管的部门和机构

《基本法》界定了墨西哥负责监测和执行生物技术法规的秘书处和机构各自的职责和管辖范围。各秘书处的职责和作用如下。

（1）农业和农村发展秘书处（SADER）

农业和农村发展秘书处的作用是，以个案分析为原则，评估转基因动物、植物和微生物的实施活动对动物、植物和水生生物健康以及对环境和生物多样性的所带来的潜在风险，并根据风险评估及其结果，相关负责方进行起草和归档。SADER 负责决定——作物、牲畜和渔业方面——哪些与转基因动物、植物或微生物相关的活动是允许的，并为这些活动颁发许可证和接收通知。SADER 还为所有与转基因动物、植物或微生物相关的实验和活动提供指南和参数。这些活动包括转基因动物、植物或微生物田间试验、试点项目、商业化、销售以及进口。该司负责监测和减轻转基因动物、植物或微生物意外或允许释放对动物、植物、水生健康和生物多样性可能造成的影响。

（2）环境和自然资源秘书处（SEMARNAT）

环境保护，包括生物多样性和野生动物物种属于环境保护秘书处的工作范围。所有其他物种则属于 SADER 的管辖范围。SEMARNAT 的作用是在个案基础上分析和评估使用转基因动物、植物或微生物进行的活动可能对环境和生物多样性造成的潜在风险。该分析是基于相关负责方起草和归档的风险评估及其结果。此外，SEMARNAT 还负责批准和许可涉及转基因野生动物环境释放的活动，并负责为此类活动提供指南和参数。SEMARNAT 还监测转基因动物、植物或微生物意外释放可能对环境或生物多样性造成的影响。在 SADER 负有主要责任的情况下，SEMARNAT 仍负责在 SADER 决议之前发布具有约束力的生物安全意见。[注：是 SADER（通过 SENASICA）而不是 SEMARNAT 对作物、牲畜和渔业的环境释放进行批准，尽管 SEMARNAT 事先通过其跨部门程序向 SADER 提出了具有约束力的意见、最终报告。]

（3）卫生秘书处（SALUD）

卫生秘书处的职责是通过国际食品安全委员会的作用确保用于药品或人类消费的转基因农产品的食品安全。根据《基本法》的规定，SALUD 以个案分析为原则，评估由有关各方起草和提交的关于转基因动物、植物或微生物安全和潜在风险的研究报告。

（4）转基因生物安全秘书处间委员会（CIBIOGEM）

墨西哥的生物技术政策活动由 CIBIOGEM 协调，这是 CONACYT 的一个跨部门机构。它由六个秘书处的代表组成：非洲发展和经济事务部、联合国秘书处、非洲发展和经济秘书处、财政和公共信贷秘书处、经济秘书处和教育秘书处。虽然该机构没有执行职能，但它负责协调与转基因动物、植物或微生物及其产品和副产品的生产、出口、运输、繁殖、释放、消费和有利使用相关的联邦政策。CIBIOGEM 的主席任期为两年，由 SADER、SEMARNAT 和 SALUD 秘书处轮流担任。目前，SADER 的秘书正处于担任委员会主席任期的第一年。CIBIOGEM 有一名副总裁，由 CONACYT 总干事永久担任。根据《基本法》，CIBIOGEM 由一名执行秘书领导，该执行秘书由 CONACYT 在与成员秘书处协商后提名，然后由墨西哥总统批准。

1.2.2 审批情况

墨西哥没有对食品和饲料的审批进行区分，COFEPRIS 负责批准用于消费的转基因产品。从 1995 年到 2018 年，多个转基因商品被批准用于食品和饲料。玉米是被授权消费最多的商品（181 项中有 90 项）。在墨西哥，用于消费的转基因产品的批准（授权）与用于种植或环境释放的批准（许可）是不同的，因为用于消费的产品的授权是确定的（没有时间限制）。然而，许可证通常只适用于一个种植期，需要在每个种植/收获周期内进行审批。对驯化物种（作物、牲畜和渔业）的环境释放由 SADER 监管，对野生物种的环境释放则由 SEMARNAT 管理。SEMARNAT 是负责发布具有约束力的生物安全意见的机构，这是在 SADER 作出任何决议之前就完成的。

关于消费授权，《基本法》规定，卫生秘书处通过 COFEPRIS 收到完整的申请后，最多有 6 个月的时间作出裁定。收到的申请名单必须由国家生物安全注册处的有关部门公布。虽然并不是每次都能满足这些时限要求，但审批过程相对顺利。然而，自 2018 年 5 月以来，COFEPRIS 没有发布任何转基因食品和饲料产品的授权，国家生物安全注册处也没有关于转基因食品和饲料产品申请的信息。

种植和进口转基因作物的种子都需要申请向环境中释放转基因作物的许可证。批准转基因作物试验、试点或商业化许可的程序很复杂，因为 SADER 和 SEMARNAT 内部的多个委员会和委员会之间必须提供关于释放的意见（可以在这里找到程序的完整解释）。虽然主要批准机构是 SADER（通过 SENASICA），但 SEMARNAT 通过环境风险总局（DGIRA）发布具有约束力的意见。种植许可证审批程序如下。

第一，申请人必须向 SENASICA 提交一份根据放行阶段（试验性、试点或商业化）对转基因作物的所有要求（生物安全规则第 5、16、17 和 19 条）的档案。

第二，SENASICA 将审核所有信息是否完整（10 天），并接收档案或要求提供所缺的遗漏信息。SENASICA 将材料提交给 SEMARNAT，如果需要，SEMARNAT 有 3 天的时间询问附加信息。申请人将有 20 天的时间完成材料。

第三，一旦收到完整的卷宗材料，必须由国家生物安全注册处公布。SENASICA 将公布申请信息供公众咨询，任何人，包括与商业化实施区域相关的州政府，皆可发表其意见。这些意见必须得到技术和科学支持，并在 20 个工作日内收到，SENASICA 将考虑发布的意见，以制定附加生物安全措施。

第四，SENASICA 与国家统计与地理研究所（INEGI）、国家林业、农业和畜牧研究所（INIFAP）、国家生态与气候变化研究所（INECC）、国家生物多样性知识和利用委员会（CONABIO）和国家林业委员会（CONAFOR）就转基因作物的释放进行磋商，并接受 SEMARNAT 的有约束力的意见。

第五，SEMARNAT 将负责在 SENASICA 决议之前，根据相关实施方编写和提交的研究报告进行分析和风险评估，就相关转基因作物可能对环境和生物多样性造成的风险发布一份具有约束力的生物安全报告。

第六，SENASICA 将根据相关方提供的信息和文件分析结果，发布商业化许可决议。

第七，SENASICA 可签发许可证，对有关环境进行释放活动，并可建立监测、控制和除许可中有关方提出的措施外的其他措施；或者在下列情况下拒绝许可：①当请求不符合 BL 的规定或不符合许可证发放的规定时；②利害关系方提供的信息，包括有关该转基因作物可能造成的风险的信息是虚假的、不完整的或不充分的；③当 SENASICA 得出结论认为所涉转基因作物带来的风险将对人类健康或生物多样性造成不利影响，或对动物、植物或水产养殖健康造成严重或不可逆转的损害时。

SENASICA 将在以下最长期限内处理完成许可证申请，包括与进口相关的申请，从申请被批准后的工作日算起：实验性环境释放需要 6 个月；试验性环境释放需要 3 个月；商业化环境释放需要 4 个月。实际上并不是都能在时限内完成。

1.2.3 复合或叠加转化体的批准

复合或叠加转化体，如果是两个或两个以上已经批准的基因工程复合性状的组合，则墨西哥生物安全法规不需要额外的审查。然而，在实践中，墨西哥政府监管机构认为这是不同于原来的转化体，会自行评估。

1.2.4 田间试验

截至 2021 年 12 月的第一周，NRB 目录已更新了 2020 年和 2021 年转基因种植许可证的申请，这是自 2020 年 3 月以来的首次更新。更新反映了 2020 年转基因棉花的 15 项申请（2 项为试验，4 项为试点，9 项为商业化），以及 2021 年转基因苜蓿商业种植的 1 项申请。申请被列为正在评估过程中。2019 年的申请显示 7 项棉花种植被驳回（3 项用于商业种植，4 项用于试点阶段），12 项正在评估（4 项试验，5 项试点，3 项用于商业阶段）。

1.2.5 新兴生物技术

墨西哥尚未确定植物或植物产品中新兴生物技术（如基因组编辑）的监管细则。SADER 正在技术层面讨论基因组编辑问题。

1.2.6 共存

《基本法》第 90 条规定，可考虑设立无转基因作物区，以保护有机农产品和征集社区感兴趣的其他产品。当转基因作物与生产有机农产品的生产过程中产生的同一种作物相吻合时，当科学和技术证明它们的共存不可行时，或当转基因作物不符合其认证的规范要求时，应设立自由区。这些区域将由 SADER 根据 CIBIOGEM 的指示和国家生物多样性理解和利用委员会的意见来确定。裁决结果将在《联邦官方公报》上公布。

1.2.7 标识和可追溯性

《基本法》不要求在健康和营养特征上与常规食品和饲料（即谷物）相当的包装食品和饲料（商品）进行标识。

1.2.8 监管和检测

自 2018 年以来没有监测活动报告。负责监测项目的当局是 SADER 和 SEMARNAT。有两个由 CIBIOGEM 协调的监测网络，第一个监测网络是墨西哥转基因生物检测实验室网络，该网络由符合检测标准的政府、公共和私人实验室组成。该网络有助于在需要对转基因作物的数量和种类进行确切了解的情况下进行检测，例如作为故意或无意释放的证据。第二个监测网络是墨西哥转基因生物监测网络，其目的是监测未经批准的转基因植物或动物的存在及其对环境的影响（积极和/或消极）。政府、公共机构和生物技术公司都是这个网络的一部分，定期（但随机）执行监视，或者在无意释放的投诉之后执行监督。

1.2.9 低水平混杂（LLP）策略

在墨西哥，如果检测到食品或饲料中发现的未经授权的转化体，没有相关的 LLP 政策或容忍度。对于种子，墨西哥采取了一种实用的方法，认为未经授权的转基因转化体属于杂质。与其他类型的杂质一样，进口的转基因种子可接受 2%的掺入物质。

1.2.10 其他监管要求

《基本法》和《实施细则》对转基因作物的批准提出了 100 多项要求。没有其他额外要求。获得商业许可证的人被要求在每个生长季节报告生物安全措施的执行情况。

1.2.11 知识产权（IPR）

墨西哥是世界知识产权组织（WIPO）、世界贸易组织（WTO）以及国际植物新品种保护联盟（UPOV）的成员。

墨西哥制定了立法，根据其《工业产权法》处理工业知识产权问题，包括农业生物技术问题。

1.2.12 《卡塔赫纳生物安全议定书》批准

2002 年，墨西哥参议院批准了《卡塔赫纳生物安全议定书》（CPB)。根据 CPB，墨西哥有义务通过国内立法，使其国内法与国际义务相协调。这一批准有助于确保国会在 2005 年 2 月最终批准墨西哥的基本法。

1.2.13 国际条约和论坛

墨西哥是《国际植物保护公约》（IPPC）的成员，是《食品法典》（Codex，自 1969 年以来）、世界动物卫生组织（OIE）和经济合作与发展组织（OECD）的成员。

《美国-加拿大-墨西哥协定》（USMCA）的农业分会详细说明了在农业生物技术方面的职责和配合。USMCA 要求美国、墨西哥和加拿大公开有关使用生物技术生产的作物的批准过程的细节，鼓励生产商同时提交批准申请，并确保对这些申请及时作出决定。此外，当一个成员国的进口产品被发现含有少量未经批准的生物技术生产的作物时，进口国应迅速采取行动，必要时及时终止装运。美国和加拿大还成立了一个农业生物技术合作工作组，以帮助其他国家和 14 个国际组织进行信息交流，推进透明、科学和基于风险的监管方法和政策。USMCA 的规定适用于通过传统生物技术（包括 DNA 重组方法）和基因编辑等新技术生产的作物。

1.2.14 相关问题

墨西哥于 2012 年发布了《气候变化总法》（LGCC)，并通过气候变化国际秘书委员会（CICC）进行了实施。2016 年，墨西哥批准了《巴黎协定》，其中包括 NDC 的目标，即到 2030 年将温室气体（温室气体）和短期气候污染物（SLCP）的排放减少 22%，黑炭减少 51%。墨西哥还承诺，到 2024 年和 2030 年，清洁能源将分别占比到 35%和 43%（见 INDC 墨西哥)。墨西哥在 2020 年 12 月更新了其 2016 年国家决定贡献（NDC)，没有新的或增加的减排目标。

1.3 市场营销

1.3.1 公共/私人的意见

墨西哥非政府组织（NGO）强烈反对生物技术。PROCCYT 是一家私人组织，代表国内最主要的生物技术研发商和作物保护公司。该组织的主要目标是促进生物技术的积极使用，并向决策者、立法者和公众分享和传播科学知识。

1.3.2 市场接受度/研究

总的来说，墨西哥的消费者、生产者、进口商和零售商一直不参与生物技术的辩论，后者往往选择让行业协会进行重要的游说和教育宣传。人们更关心的是食品的价格和质量，而不是其基因组成。

第 2 章　动物生物技术

2.1　生产和贸易

2.1.1　产品开发

墨西哥目前没有正在开发的、可能在未来五年内商业化的转基因动物。

2.1.2　商业化生产

目前，还没有以生产为目的的转基因动物或克隆动物的商业化生产。

2.1.3　出口

无。

2.1.4　进口

墨西哥用于牲畜生产的人工授精基因高度依赖进口，奶牛尤甚。

2.1.5　贸易壁垒

无。

2.2　政策

2.2.1　监管框架

同样的规定也适用于（转基因）家畜和昆虫。在墨西哥，生物技术法规对所有物种普遍适用，并没有对植物、动物或微生物进行特别的区分。就植物生物技术而言，《基本法》及其实施规则和协议是一个全面的法律框架，也规范了转基因动物或源自这些动物的产品的开发、商业化、进口和处置。同样，SADER、SEMARNAT 和 SALUD 是墨西哥负责监测和执行动物生物技术法规的秘书处。

墨西哥秘书处在动物生物技术的职责和作用与其在植物生物技术的职责和作用相同。引入转基因动物用于食用或饲料将需要 COFEPRIS 的授权，而生产转基因动物将需要 SADER 的许可。墨西哥公众对转基因的看法可能会影响与动物生物技术相关的决策。

2.2.2 审批情况

无。

2.2.3 新兴生物技术

墨西哥尚未确定动物或动物产品的新兴生物技术（如基因组编辑）的监管细则。目前正在讨论这个问题，重点是在技术层面。

2.2.4 标识和可追溯性

和转基因植物的规定一样。

2.2.5 附加监管要求

和转基因植物的规定一样。

2.2.6 知识产权（IPR）

和转基因植物的规定一样。

2.2.7 国际条约和论坛

墨西哥是食品法典的成员国，但不参加与动物生物技术有关的工作组。在墨西哥积极参与的经济合作与发展组织（OECD）生物技术监管工作组中，其他国家提出了转基因鱼、昆虫和微生物相关的问题，墨西哥促成了协商一致文件的出炉。

2.2.8 相关问题

尽管转基因动物、克隆和实验室培育的肉类可以在帮助墨西哥生产商应对气候变化及其对农业影响的核心挑战方面发挥核心作用，但在墨西哥，没有用于商业或正在商业生产的克隆或转基因动物或动物衍生产品。

2.3 市场营销

2.3.1 公共/私人的意见

目前还没有人公开反对克隆或转基因动物。但是，考虑到部分公众反对转基因作物，可能会出现反对转基因动物的声音。总的来说，官方消息称公众缺乏关于转基因动物的知识，有必要在该方面对公众进行知识普及。

2.3.2 市场接受度/研究

无。

第3章 微生物生物技术

3.1 生产和贸易

3.1.1 商业化生产

根据OECD关键生物技术指标（Key Biotech Indicators）的数据，墨西哥拥有426家开展或利用生物技术研究活动的公司，低于美国现有的2 562家公司（2016年数据，墨西哥最新信息）。

其他分析列出了553家公司，其中59%是新工艺或新产品的开发者，同时也是生物技术的用户。其中，7%被认为是“大”公司，7%是“中型”公司，12%是“小型”公司，21%是“微型”公司。在这些实体中，有51%的公司没有关于公司规模的详细资料。

在墨西哥，47%的公司开展农业食品生物技术项目，33%开展与健康有关的项目，19%开展工业项目。同一家公司可以在一个、两个甚至所有三个应用领域中执行项目。那些在健康或农业食品领域开发应用技术的公司通常也将其用于与工业相关的生物加工过程。

农业—食品生物技术是指利用生物系统、生物体或其衍生物应用各种技术，开发目标性状动植物新品种或先进的动植物繁殖技术。对于微生物生物技术，农业食品的应用包括开发益生元和益生菌等功能食品，或在初加工和食品和饮料行业进行多种添加、生产产品，以及加工，如酒精饮料或乳酸产品等。一些在墨西哥使用微生物生物技术的公司及其产品的例子介绍如下。

3.1.1.1 利用生物催化剂生产辣椒素

不需要种植和收获植物，即可生产多种辣椒素，可调节辣度，控制和标准化的辛辣度，以及合适的物理性质。可用于食品工业生产酱料、调味品和加工食品（Applied Biotec Cuernavaca，Morelos）。

3.1.1.2 生物防腐剂的生产和使用

用于控制新鲜奶酪中的致病和变质微生物（Sigma Alimentos Lácteos，哈利斯科）。

3.1.1.3 生产工业用酵素

淀粉，洗涤剂，纺织，制革，酿酒，烘焙，乳制品，补充剂，蛋白质，腌制食品，动物营养，糖，水果和蔬菜（enmexs - estado de México）。

3.1.2 出口

墨西哥出口的许多产品在其生产链中使用微生物生物技术。从2020年7月至2021

年 6 月，墨西哥出口了4 700万美元的奶酪和凝乳、52 亿美元的啤酒、550 万美元的葡萄酒、4.33 亿美元的调味品和酱料、2.03 亿美元的酶和 4.74 亿美元的果汁等产品。

3.1.3 进口

墨西哥进口的许多产品在其生产链中使用微生物生物技术。2019 年 8 月至 2020 年 7 月，墨西哥进口了 5.36 亿美元的奶酪和凝乳、4 900 万美元的啤酒、2.26 亿美元的葡萄酒、3.2 亿美元的调味品和酱料、9.83 亿美元的酶和6 100万美元的果汁等产品。

3.1.4 贸易壁垒

无。

3.2 政策

3.2.1 监管框架

就植物和动物生物技术而言，《基本法》及其实施规则和协议是全面的法律框架，也规范转基因微生物或源自这些微生物的产品的开发、商业使用、进口和处置。同样，SADER、SEMARNAT 和 SALUD 是墨西哥的秘书处，负责监测和执行微生物生物技术方面的生物技术法规。

墨西哥秘书处在微生物生物技术的职责和作用与其在植物生物技术的职责和作用相同。将转基因微生物用于食品或饲料将需要 COFEPRIS 的授权，而限制转基因微生物的生产将需要向 SADER 发出通知或在微生物将释放到环境中时获得许可。

3.2.2 审批情况

如果转基因微生物的使用有限制，则无须批准，只需要告知即可。目前还没有将转基因微生物释放到环境中的许可证申请。

3.2.3 标识和可追溯性

和转基因植物的规定一样。

3.2.4 监管和检测

和转基因植物的规定一样。

3.2.5 附加监管要求

和转基因植物的规定一样。

3.2.6 知识产权（IPR）

和转基因植物的规定一样。

3.2.7 相关问题

和转基因植物的规定一样。

3.3 市场营销

3.3.1 公共/私人的意见

新冠疫情大流行揭示了生物技术领域许多以前不为人知的方面，因电视和媒体上经常讨论 PCR、RNA、抗体和疫苗。生物技术和微生物学研究人员也经常在媒体上解释如何调查疾病的原因，如何开发诊断试剂盒，以及开发疫苗的步骤。所有这些交流都有助于公众对微生物生物技术知识的了解，并有助于形成对这一科学领域益处的积极看法。

3.3.2 市场接受度/研究

没有最新研究。

附件

总统令要求在 2024 年 1 月之前淘汰草甘膦和转基因玉米，后者将被一种“可持续的、适合区域性的”替代品取代：corn_decre_eng . docx

欧盟农业生物技术年报

USDA美国农业部
对外农业服务局GAIN全球农业信息网
规定报告：按规定–公开发表
日期：2021年12月29日
报告编号：E42021–0088
报告名称：农业生物技术年报
国家：欧盟
报告类别：生物技术及其他新生产技术
编写人：Tania De Belder
批准人：Elisa Fertig

报告要点

欧盟（European Union，EU）复杂的生物技术政策框架对研究环境构成挑战，限制了欧盟农民使用新兴技术。因此，欧盟大量进口转基因（Genetically engineered，GE）饲料，却很少种植。然而，人们对基因编辑等新技术的认识正在改变这种情况。2021年4月29日，欧盟委员会公布了“基于欧盟法律和法院C–528/16案裁定的新基因技术现状的研究”。这项研究表明，这些新技术可以有助于实现欧盟绿色协议中从农场到餐桌和生物多样性的战略目标，而当前的转基因法令不适合这个目标。2021年9月24日，欧盟委员会发起了一项政策倡议，以确定如何监管这些新技术，并制定了一份拟在2023年出台的政策草案。

（本报告为USDA工作人员对商品和贸易问题的评估，而非美国政府政策的官方立场。）

[内容提要]

欧盟（European Union，EU）大量进口转基因（Genetically Engineered，GE）饲料以维持畜牧业的发展。美国是欧盟的大豆主要供应国，其中大多数为转基因大豆。尽管欧盟及其成员国（MS）努力在欧盟种植蛋白作物以实现饲料自给自足，但欧盟农民仍需进口安全、可靠和可负担的饲料。欧盟农业生物技术的支持者主要为农业领域的科学家和专业人士，包括农民、种子公司和饲料供应链的代表。

欧盟的转基因作物商业种植仅限于玉米，占总玉米种植面积的1%（西班牙和葡萄牙2021年的转基因玉米种植面积为10.2万公顷）。所有19个或部分成员国禁止种植这唯一的一个许可品种。激进分子的破坏威胁和艰难的市场环境也阻碍了转基因作物的种植。

二十多年来，欧洲消费者一直受反转基因组织不断散布的恐慌情绪的影响，消费者对转基因产品的态度大多是负面的。欧盟食品业和零售商调整了产品供应，以满足消费者。越来越多的人倡议在零售时通过使用非转基因标识，来区分非转基因食品，几家大型超市宣传只销售非转基因产品。

欧盟对转基因产品的审批程序包括科学风险评估和易受政治影响的风险管理。前者由欧洲食品安全局（European Food Safety Authority，EFSA）执行，后者由欧盟委员会（European Commission，EC）负责，以确定各成员国的意见。这一安排令欧洲议会（European Parliament，EP）不满，他们谴责委员会的决定，并试图对风险管理阶段进行改革，因为欧洲议会认为欧盟委员会的管理过于宽松。2020年仅1种转基因作物获得进口许可，而欧盟委员会在2021年批准了18种转基因产品。

2019年9月，欧盟通过了一项《一般食品法（修订案）》，旨在提高风险分析流程的透明度、研究结果的可靠性、客观性和独立性以及负责执行风险评估流程的机构——EFSA的管理方法和优势。该所谓的“透明监管”法规于2021年3月27日生效。

欧盟主要对动物生物技术相关的基础医学研究感兴趣。某些成员国同样出于农业目的开展改善牲畜育种的研究。由于消费者的接受度低，尚无任何通过克隆动物或转基因动物生产的食物。

2018年7月25日，欧洲法院（European Court of Justice，ECJ）裁定，以新型诱变方法（即基因编辑）产生的物种应受《转基因生物指令》的监管。这些新型诱变方法将受目前转基因产品的风险评估和审查要求、标识和监管义务以及溯源法律的约束。

欧洲法院还表示，欧盟成员国有权监管由常规诱变（化学和辐射）产生的不受转基因指令限制的生物体，只要这些行动遵循欧盟法律，特别是产品的自由流通。法国于2020年5月向欧盟委员会通报，将根据法国国务委员会2020年2月的裁决，豁免以化学或物理试剂的方法造成的体外随机突变。然而，这一裁决与欧盟委员会最近的决定不一致，如果法国按照其理事会的建议执行，将面临被欧盟制裁的风险。目前该事项处于停滞状态，在2022年春天法国总统大选前不太可能发生变化。

最后，2020年5月20日，根据“欧盟绿色协议①”，欧盟委员会宣布了“从农场

---

① 参见GAIN报告公告：https://www.fas.usda.gov/data/european-union-green-deal-strategies-eu-agri-food-sector-present-politically-ambitious-policy.

到餐桌（F2F）战略”和“2030 年欧盟生物多样性战略”，以期提高粮食和农业的可持续性。这标志着旨在从根本上改变欧盟农业经营以及为欧盟消费者生产和提供食品方式的多步立法过程的开始。在 F2F 战略的第 10 页上，欧盟委员会特别指出：新兴技术，包括生物技术和生物产品的开发，只要对消费者和环境安全，同时为整个社会带来益处，就可以在提高可持续性方面发挥作用……农民需要获得一系列适应气候变化压力的优质种子。

欧盟理事会要求欧盟委员会提交一份关于欧盟新基因技术现状的研究报告。2021 年 4 月 29 日，欧盟委员会发布了一份题为《基于欧盟法律和法院 C-528/16 案的裁决的新基因技术的现状研究》的报告。虽然法院裁定基因编辑产品属于指令 2001/18/EC 管辖范围，但委员会的研究得出结论，该指令与这些新产品并不适应，需要有针对性的政策支持。该研究称，基因编辑可以为实现欧盟绿色协议的 F2F 战略和生物多样性战略的目标做出贡献，委员会将与欧盟的立法者和利益相关者进行广泛沟通。2021 年 9 月 24 日，该委员会公布了一项政策倡议和对某些源自基因编辑植物的初始影响评估，公众咨询将于 2022 年第二季度开始，影响评估预计也将在 2022 年进行，政策草案将在 2023 年出台。

欧盟委员会对新的基因技术和相关立法提案的研讨，将在确定农业生物技术如何支持欧盟绿色协议的 F2F 战略和生物多样性战略方面发挥作用。此外，其研讨结果将对欧盟如何对待生物技术产生持续影响。

本报告中的缩略词

CGFM	玉米麸质饲料及粗粉
ECJ	欧盟法院
DG SANTE	卫生与人类安全总局
DDGS	干全酒糟
EC	欧盟委员会
EFSA	欧洲食品安全局
ENVI	欧洲议会环境、公共卫生与食品安全委员会
EP	欧洲议会
EU	欧盟
FAS	对外农业服务局（美国农业部）
GAIN	全球农业信息网络（海外农业局）
GE	基因工程（美国政府使用的官方术语）（在本报告里一般指转基因）
GMO	转基因生物（欧盟使用的官方术语，在引用特定法规用语时使用）
JRC	欧盟委员会联合研究中心
LLP	低水平混杂

（续表）

MS	欧盟成员国
MT	公吨
NBTs	新兴育种技术
OECD	经济合作与发展组织
PPP	公私合作
RASFF	食品饲料快速预警系统
PAFF	欧盟植物、动物、食品及饲料常务委员会
UK	英国
USDA	美国农业部

术语

“基因工程”是指在植物或动物育种中使用转基因。转基因是将基因从一种生物导入另一种生物的过程，目的是使后者具有新的性状。在欧洲，由此产生的生物被称为“转基因生物”（GMOs）。

“新兴生物技术”在这里用作欧洲术语“新兴育种技术”（NBTs）的同义词，通常是指基因编辑，不包括传统的基因工程（转基因）。

本报告中，除非另有说明，欧盟（EU）是指欧盟27个成员国（MS）和英国（UK）。

第 1 章　植物生物技术

1.1　生产和贸易

1.1.1　产品开发

在植物生物技术方面，有相当一部分国际知名的公共和私企研究人员来自欧洲。然而，由于不利的政治和监管环境，该技术不太可能在短期内引领新型生物技术植物在欧盟的商业化。

包括巴斯夫（BASF）、拜耳（Bayer）、科沃施（KWS）和利马格兰（Limagrain）在内的几家主要的私营企业均来自欧洲。然而，私营企业对于开发适合欧盟种植的转基因植物品种的兴趣已经降低。激进人士一再破坏试验田，加上欧盟审批程序的不确定性和周期延长，使得基因工程成为一项不具吸引力的投资。因此，欧盟企业将精力集中于欧洲以外市场，并且现在其大多数植物生物技术研究场所均在欧洲以外。几家主要的欧洲私企研发商已将其研发业务转移至美国（拜耳于 2004 年，巴斯夫于 2012 年，科沃施于 2015 年分别在美国开设了新的研究中心），基因编辑技术的研发正面临同样的命运。2020 年 2 月，荷兰最大的种用马铃薯生产商——HZPC 宣布，鉴于欧盟对 NBTs 的严格规定，该公司将于 2021 年将其部分研究和田间试验转移至加拿大。

政府机构和大学开展基础研究和有限的产品研发。

产品研发是研究流程的终点，未来几年内，由于极少重视产品研发，且大多数政府机构无力承担欧盟监管审批系统的高额费用，政府研究不太可能引领基因工程植物在欧盟的商业化。包括几个欧盟研究机构和美国农业部农业研究局（USDA ARS）在内的国际团队，研发了一种名为 HoneySweet 的可抵抗李痘病毒的基因工程李子树。尽管已成功完成了许多田间试验，但预计仍需数年才可获得欧盟成员国的商业化最终许可。

对于基因编辑技术，包括比利时、德国、匈牙利、意大利、荷兰、波兰、西班牙和瑞典以及英国在内的一些欧盟国家正在利用这些技术开发新的植物品种。例如，比利时某个研究小组正在开发同源转基因晚疫病抗性的 Bintje 马铃薯。荷兰瓦赫宁根大学（Wageningen University）对马铃薯和苹果开展了同源转基因研究。然而，由于监管环境的不确定性，包括欧盟法院 2018 年 7 月的判决，未来几年内这些植物不太可能在欧盟商业化。更多信息，请参见 1.2“政策”中“基因编辑技术”部分。

欧盟在植物生物技术方面有多项公私合作（public-private partnerships，PPPs）。在欧盟，欧洲循环生物联合企业（CBEJU）与生物工业联盟（BIC）之间建立了合作，投资 20 亿欧元，为促进欧洲有竞争力的循环生物工业项目提供资金。在 2021—2031 年，

CBEJU 承担了欧盟创新研究项目“地平线欧洲（Horizon Europe）”。该合作建立在其前身生物工业联合企业（BBIJU）的成功基础上，同时应对该行业当前面临的挑战。该合作关系是根据理事会法规（EU）2021/2085 建立的。

对于植物生物技术的医学应用，欧盟正在开展一些实验室研究。在实验室中，基因工程植物和植物细胞被用于开发具有药用价值的蛋白质，基因工程微生物可以生产结构简单的蛋白质，如胰岛素和生长激素，其中部分已商业化，基因工程植物和植物细胞可用于开发更复杂的分子（疫苗、抗体、酶）。

欧盟国家开展的植物生物技术研究的其他实例见本章 1.2“政策”中“田间试验”和附录 1 所列的各国报告链接。

1.1.2 商业生产

2020 年仅 2 个成员国种植 Bt 玉米。

唯一被批准在欧盟种植的基因工程植物为 MON810 玉米，为抗欧洲玉米螟（害虫）的 Bt 玉米。

表 1 显示，2021 年，欧盟 Bt 玉米的种植面积减少了 8.5%，为 10.1 万公顷，西班牙占 96%，葡萄牙占 4%。MON810 被种植于玉米螟存在且对生产有害的地区。

欧盟生产的 Bt 玉米在当地用作动物饲料。西班牙和葡萄牙的饲料谷仓不具备转基因和非转基因玉米单独的生产线，因为几乎所有市售饲料都含有转基因大豆作为其蛋白质来源，因而默认标记为“含转基因产品”。在许多情况下，进入食品链的玉米加工企业通过身份保留程序，使用非转基因玉米进行生产。食品玉米加工企业愿意支付更高的价格，导致一些农民选择种植传统玉米品种。

2017 年以来，捷克和斯洛伐克停止种植 Bt 玉米（罗马尼亚于 2016 年停止种植）。尽管捷克政府科学地采用生物技术，但由于转基因产品销售困难，农民停止种植转基因玉米。捷克国内生产的转基因玉米被用于沼气生产和农场养牛。在捷克和斯洛伐克，零售商都在推销不含转基因的产品和未经转基因饲料喂养的动物制品。

表 1　欧盟 Bt 玉米种植面积　　单位：公顷

项目	2016 年	2017 年	2018 年	2019 年	2020 年	2021 年
西班牙	129 081	124 197	115 246	107 130	98 152	96 606
葡萄牙	7 069	7 036	5 733	4 718	4 216	4 313
捷克	75	0	0	0	0	0
罗马尼亚	0	0	0	0	0	0
斯洛伐克	112	0	0	0	0	0
Bt 玉米总面积	136 337	131 233	120 979	111 848	102 368	100 919
欧盟玉米种植总面积	8 561 930	8 271 640	8 259 470	8 923 970	8 980 000（估值）	8 900 000（估值）

（续表）

项目	2016 年	2017 年	2018 年	2019 年	2020 年	2021 年
Bt 玉米在玉米总面积中占比（%）	1.59	1.59	1.46	1.25	1.14	

注：资料来源于 FAS 欧盟办事处和欧盟统计局。

2015 年以来，已有 19 个欧盟国家根据指令（EC）2015/412“选择退出”在其全部或部分领土种植转基因作物。该法规也称为“选择退出”指令，允许任何成员国出于社会经济而非科学原因“选择退出”种植许可的转基因作物。出台该法律的理由是防止成员国利用“虚假科学”援引保障条款。选择退出种植并未引起农业方面的变化，因为 2015 年选择退出的国家在实施该法规时均未种植转基因作物，也未导致授权过程中成员国投票变化①。

表 2 概述了成员国执行选择退出指令的情况。

表 2　欧盟种植禁令

情况	国家和地区
之前未禁止种植的 8 个国家和 4 个地区根据 2015 年指令选择退出转基因玉米种植。这一决定并未引起农业方面变化，出于各种原因，包括不适应当地生长条件、抗议威胁和行政限制，而于 2015 年选择退出的国家均未种植转基因作物	8 个国家：克罗地亚*、塞浦路斯、丹麦*、拉脱维亚、立陶宛、马耳他、荷兰、斯洛文尼亚 2 个国家的 4 个地区：比利时瓦隆；英国及北爱尔兰、苏格兰和威尔士
9 个已依照多个程序禁止种植的国家根据新指令选择退出转基因玉米种植	奥地利、保加利亚、法国、德国*、希腊、匈牙利、意大利、卢森堡*、波兰
2 个于 2019 年种植转基因玉米的国家	西班牙、葡萄牙
其他国家和地区，仍然允许种植，但由于各种原因，包括不适应当地生长条件、抗议威胁和行政限制，未种植转基因玉米	7 个国家：爱尔兰、罗马尼亚、瑞典、芬兰、爱沙尼亚、斯洛伐克*、捷克 2 个地区：比利时佛兰德斯、英国英格兰

注：*表示在选择退出之前，克罗地亚并未在全国范围内禁止种植转基因作物。然而，克罗地亚关于转基因的旧法律禁止在保护区及其缓冲区、有机农业地区和对生态旅游具有重要意义的地区开展转基因环境释放。这项法律将全国大部分地区排除在转基因作物种植之外。丹麦和卢森堡只选择退出了 MON810 的种植，和当时正在准备种植的 7 种玉米中的 3 种。德国新政府于 2018 年春季发布的联合协议指出，将在全国范围内监管禁止种植转基因作物（选择退出），该项立法尚未生效。斯洛伐克尚未正式选择退出，但立法极大阻碍了转基因作物的种植。

一些“选择退出”转基因作物种植的成员国已将指令（EC）2015/412 纳入其国家法律，其他成员国仍在采取行动。

有关成员国情况的进一步说明，请参阅附录 1 中所列的 USDA/FAS 国家报告。

① 有关本指令的更多信息，请参阅：EU-28 - Biotechnology Annual Report 2017.

1.1.3 出口

欧盟不出口任何转基因作物或植物，欧盟生产的转基因玉米在当地用作动物饲料和用于沼气生产。

1.1.4 进口

欧盟每年进口：超过3 000万吨的大豆和豆粕（包括转基因和非转基因产品），1 200万~2 500万吨玉米和玉米加工副产品（转基因和非转基因产品），300万~600万吨油菜籽和菜粕（转基因和非转基因产品）。据估计，欧盟进口的转基因产品中，大豆产品占90%~95%、玉米占20%、油菜籽占不到25%。贸易数据未区分传统和转基因品种，因此本节中的图表包括这两个类别。表3列出了欧盟主要供应国中转基因作物在大豆、玉米和油菜籽总产量中的份额。

表3 欧盟主要供应国中转基因作物在总产量中的份额

国家	大豆	国家	油菜籽/油菜	国家	玉米
阿根廷	100%	澳大利亚	22%	巴西	89%
巴西	96%	加拿大	95%	加拿大	100%
加拿大	95%	俄罗斯	0	俄罗斯	0
巴拉圭	99%	乌克兰	占出口的10%~12%	塞尔维亚	0
乌克兰	占出口的50%~65%			乌克兰	占出口<1%
美国	94%			美国	92%
				越南	3%

资料来源：ISAAA报告54和FAS/Kyiv（2021）。

1.1.4.1 欧盟每年进口超过3 000万吨的大豆产品

欧盟缺乏蛋白质产出，其产量不足以满足动物饲料需求。欧盟每年必须进口超过3 000万吨的大豆和豆粕，主要用于动物饲料。

过去5年，每年平均进口大豆约1 400万吨，豆粕约1 700万吨（详见图1和图2）。目前，欧盟进口的大豆占其供应量的77%~78%①，大部分大豆由国内压榨设备处理。

目前，欧盟大豆的主要供应国为美国和巴西，豆粕的主要供应国为巴西和阿根廷。豆粕的最大使用国（德国、西班牙、法国、比荷卢经济联盟②和意大利）也是畜禽的主

① 请参阅欧盟油菜籽的最新GAIN更新。

② 比利时、荷兰和卢森堡。

要生产国①。

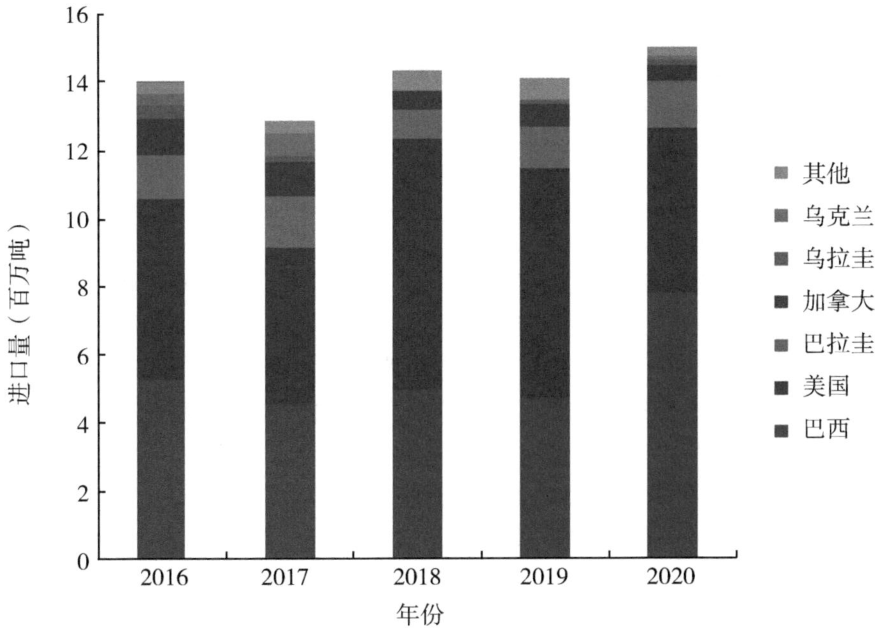

图1　欧盟大豆进口

资料来源：贸易监测数据（欧盟统计局）。

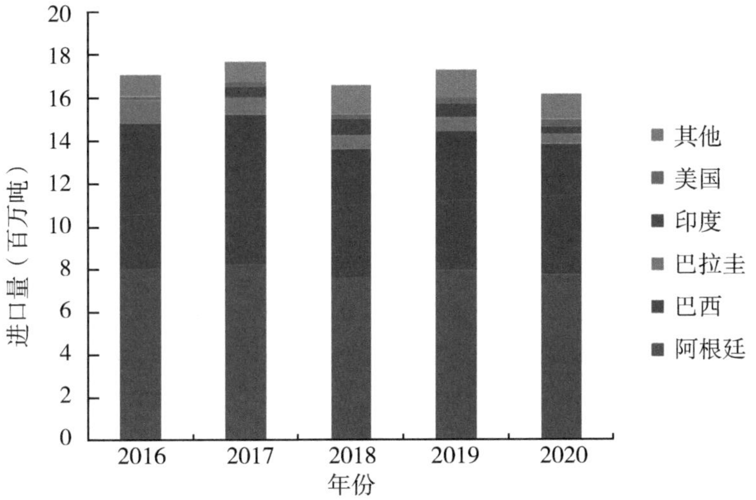

图2　欧盟豆粕进口

资料来源：贸易监测数据（欧盟统计局）。

---

① 如 2020 报告所述：https：//apps. fas. usda. gov/newgainapi/api/Report/DownloadRortByFileName?fileName=Agricultural%20Biotechnology%20Annual_Brussels%20USEUEuropean%20Union_11-20-2020.

欧盟对非转基因豆粕的需求由有机产业、某些按地理标志销售的产品以及各种无转基因标识举措推动。非转基因豆粕主要由国内种植的大豆和从巴西和印度进口的大豆供应。预计未来几年欧洲非转基因大豆产量将增加。

1.1.4.2 一些旨在减少欧盟对进口大豆产品依赖的举措

欧盟对进口大豆和豆粕的依赖性一直存在争论，总的来说，相对于动物饲料的总需求，目前欧盟的大豆生产潜力仍然很小。2021/2022 销售年度欧盟的大豆产量估计为 290 万吨，仅占需求的一小部分①。相比之下，每年进口的大豆产品超过 3 000 万吨。

2018 年 11 月，欧盟委员会发布了欧盟植物蛋白发展报告。然而此报告并未讨论欧盟对农业生物技术的限制如何对欧盟的目标产生不利影响，例如改进种畜和抗逆性更好的蛋白类作物，以适应欧盟的气候和环境条件。

1.1.4.3 某些欧盟国家补贴当地非转基因蛋白生产

某些成员国，如法国、德国和西班牙等制定了蛋白质作物国家战略，旨在鼓励作物轮作，同时减少对进口蛋白质的依赖。其中包括一些激励措施，如向农民提供多项支持或将蛋白质作物作为固氮作物（生态重点领域），以符合 2014—2020 年共同农业政策（CAP）的环保合规。由于新的 CAP 被推迟，这些措施已被纳入了 2021—2022 年的过渡期，在此期间保持原定策略和规则。同时，成员国正在准备 2023—2027 年的 CAP 战略计划，并将在年底提交给委员会。这些计划将包括在农村地区采取广泛的、有针对性的干预措施，以满足成员国的具体需求，希望根据欧盟层面的目标（绿色协议、从农场到餐桌、生物多样性等），取得切实的成果。

多瑙河大豆组织是由奥地利政府支持的非政府组织，促进多瑙河地区（奥地利、波斯尼亚和黑塞哥维那、保加利亚、克罗地亚、德国、匈牙利、罗马尼亚、塞尔维亚、斯洛伐克、斯洛文尼亚和瑞士）非转基因大豆的生产。根据该协会的数据，多瑙河地区大豆的生产潜力可达 400 万吨。

自 2017 年 7 月以来，已有 15 个成员国签署了旨在提高欧盟大豆产量的《欧洲大豆宣言》。

更多信息，请访问欧盟委员会网站。

1.1.4.4 欧盟每年进口 1 200 万~2 500 万吨玉米

过去 5 年，玉米平均进口量为 1 700 万吨，目前欧盟进口的玉米占其供应量的 20%~25%。据估计，转基因玉米仅占玉米进口总量的 20%多一点。最大的玉米进口国（西班牙、比荷卢经济联盟②、意大利和葡萄牙）拥有大量的畜禽业，但其国内谷物产量有限③。过去 5 年，乌克兰一直是欧盟主要的玉米供应国，2020 年占比 56%，乌克兰政府不允许生产转基因作物（图 3）。

过去 10 年，来自美国的玉米平均占欧盟玉米进口总量的 5%（图 4）。1998 年美国

---

① 请参阅欧盟油菜籽的最新 GAIN 更新：https：//www. fas. usda. gov/data/European－union－oilseeds－and－products－semi－annual。

② 比利时，荷兰和卢森堡。

③ 有关欧盟粮食市场的更多信息，请参阅欧盟《2021 年粮食和饲料年度报告》。

开始种植转基因玉米，导致美国对欧盟的出口急剧下降。这是由于与美国的审批进度（非同步审批）相比，欧盟审批具有滞后性，以及欧盟缺乏转基因低水平混杂的政策。此外，美国生产的大多数转基因玉米品种均为一个品种中转入多个基因①，这些品种被称为（转入）复合基因的作物。进口美国玉米主要用于动物饲料加工和生产生物乙醇，迄今为止，西班牙是美国玉米在欧盟的主要进口国。2011 年、2014 年和 2018 年玉米进口量增加。然而，由于 2018 年 6 月欧盟对美国进口玉米征收额外关税，以制裁美国对欧盟钢铁和铝产品征收的关税，2019 年美国进口玉米所占市场份额降至近 0。这些关税将于 2022 年 1 月逐步取消，这为恢复美国对欧盟的玉米出口创造了机会。

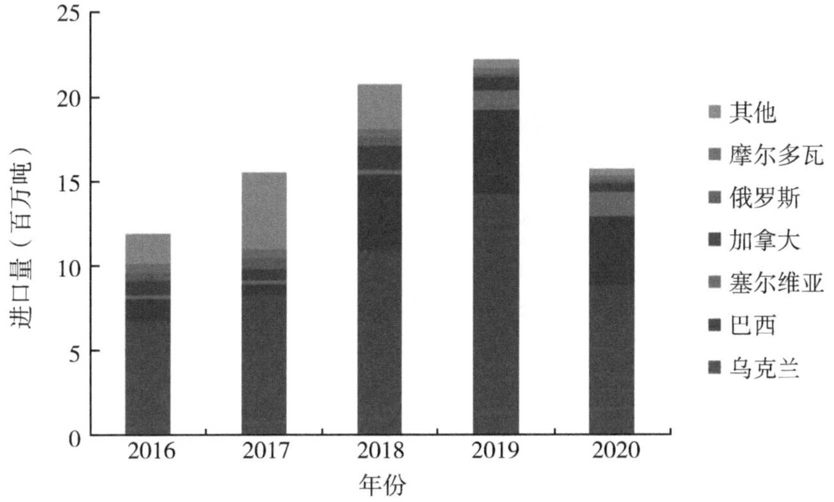

图 3　欧盟玉米进口

资料来源：贸易监测数据（欧盟统计局）。

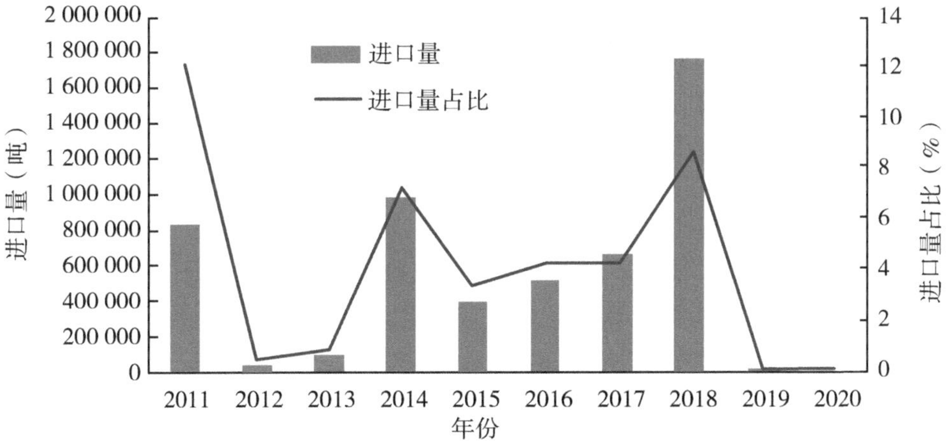

图 4　欧盟从美国进口的玉米

资料来源：贸易监测数据（欧盟统计局）。

① 一个转基因作物包含多个来源的 DNA 序列整合到目标基因组。

1.1.4.5 美国是欧盟玉米加工副产品的主要供应国

2020 年，欧盟进口了 56.7 万吨玉米酒糟（DDGS）和玉米粕（CGFM；见图 5）①，转基因产品约占进口总额的 80%。美国是欧盟 DDGS 和 CGFM 的主要供应国，过去 5 年平均占 80%的市场份额。根据价格和欧盟审批转基因玉米新品种的速度，进口量每年都有所不同。

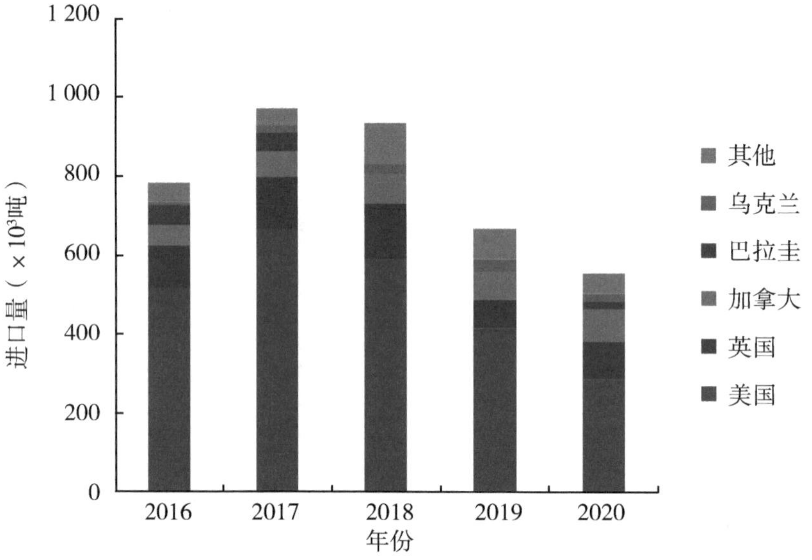

图 5 欧盟 DDGS 和 CGFM 进口

资料来源：贸易监测数据（欧盟统计局）。

1.1.4.6 欧盟每年进口 300 万~600 万吨油菜籽产品

过去 5 年，欧盟平均每年进口 480 万吨油菜籽和 36.1 万吨菜籽粕（图 6 和图 7）。据估计，转基因产品占进口总额的比例不到 25%。欧盟三大油菜籽供应国（乌克兰、澳大利亚和加拿大）种植转基因油菜籽（表 3），俄罗斯是欧盟主要菜籽粕供应国，但俄罗斯不种植转基因油菜。

虽然欧盟是世界上最大的油菜籽生产地区，但当地需求超过供应，因而进口大量的菜籽用于榨油，菜籽粕被用于畜牧业的动物饲料。

1.1.4.7 粮食援助

欧盟以食品、货币、代金券、设备、种子或兽医服务等形式提供粮食援助。欧盟委员会人道主义援助和公民保护总局负责粮食援助，援助物不包括转基因产品。更多信息，请访问欧盟委员会网站。

欧盟并非外部粮食援助的接受国，但根据“欧洲最贫困者援助国家基金”，在欧盟内部会进行一些再分配，其中不包括转基因产品。

① DDGS 为玉米蒸馏过程的副产品；CGFM 为玉米湿法制粉的副产品。

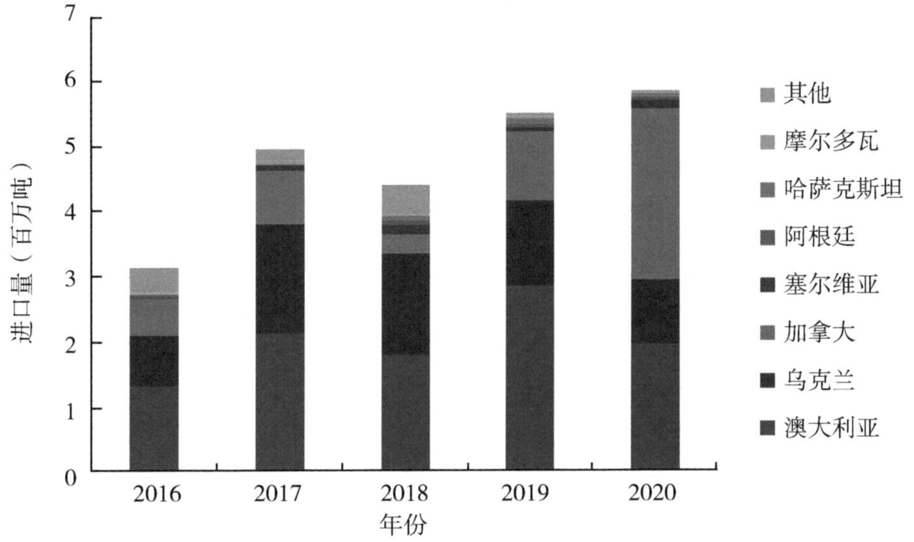

图 6　欧盟油菜籽进口

资料来源：贸易监测数据（欧盟统计局）。

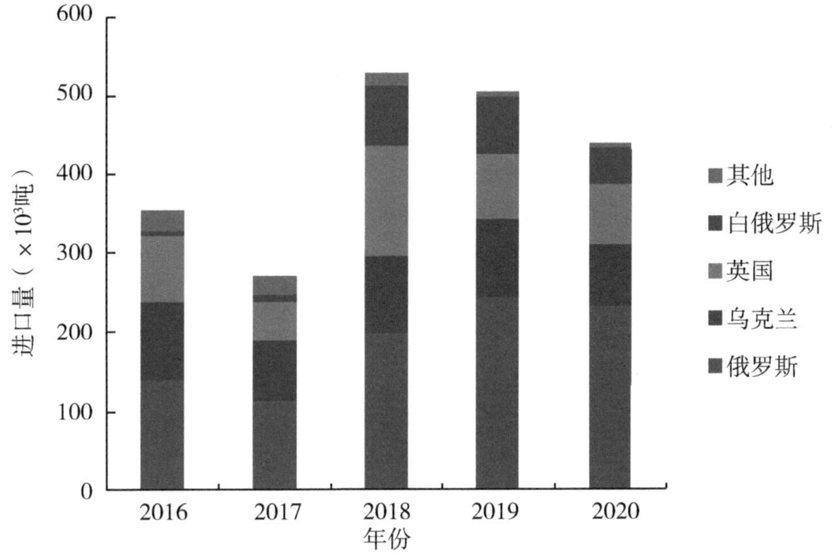

图 7　欧盟菜籽粕进口

资料来源：贸易监测数据（欧盟统计局）。

1.1.5　贸易壁垒

请参阅本报告的以下部分：审批所遵循的时间表；低水平混杂政策；选择退出种植（转基因作物）的国家。

此外，某些国家禁止销售欧盟许可的转基因作物，2007 年以来，奥地利禁止进口和加工 1 个转基因玉米品种和 4 个转基因油菜品种；保加利亚禁止在学校销售含转基因产品的食品。更多信息，请参阅附录 1 所列的各国报告。

1.2 政策

1.2.1 监管框架

1.2.1.1 政府监管部门及其对转基因植物的监管职责

在欧盟，无论食用或饲用转基因产品的进口、销售、加工或种植，都必须经过许可。获取进口、销售或加工许可所需的步骤见（EC）1829/2003 号法规。获取种植许可必须遵循的程序见 2001/18/EC 号指令。

这两种情况下，欧洲食品安全局（EFSA）在许可流程的风险评估阶段必须得出结论，即转基因品种与传统品种等同安全。一旦 EFSA 给出正面意见，成员国将对是否应当许可该产品作出政治决定。欧盟委员会卫生和食品安全总局（DG SANTE）负责该程序后期的风险管理，其间应将决议草案提交给植物、动物、食品及饲料常务委员会（PAFF）转基因产品分委员会，或《转基因生物环境释放》指令技术进步及实施委员会的成员国专家。

成员国政府职责部门包括农业与食品、环境、卫生和经济部门。

1.2.1.2 生物安全主管部门的职责和成员

EFSA 的核心任务为独立评估转基因植物对人类和动物健康及环境的任何可能风险，其职责仅限于提供科学建议，而非许可转基因产品。EFSA 的基因工程生物小组的主要任务包括：①转基因食品和饲料应用的风险评估：EFSA 小组对转基因生物（依据 2001/18/EC 号指令）及衍生食品或饲料［依据（EC）1829/2003 号法规］的安全性提供独立的科学建议。风险评估工作是基于对科学信息和数据的审查开展的。②制定指南：指南旨在阐明 EFSA 风险评估方法，确保工作透明度，并向企业提供撰写和提交申请的指导。③根据风险管理人员特定要求提供科学建议：例如，EFSA 小组就可能出现或现存于欧盟的尚未许可的转基因生物的安全性提供科学建议。④自主任务：主动确定需进一步关注的转基因生物风险评估有关的科学问题，例如，利用动物喂养试验，制定生物风险评估科学报告。

EFSA 小组汇集了来自欧洲不同国家的风险评估专家，成员专业领域涵盖：食品和饲料安全性评估（食品和遗传毒理学、免疫学、食品过敏）；环境风险评估（昆虫生态学与种群动态、植物生态学、分子生态学、土壤学、目标害虫抗性演化、对生物多样性的影响）；分子特征和植物学（基因组结构与进化、基因调控、基因组稳定性、生物化学与代谢）。其履历和利益声明在 EFSA 网站公布。

随着时间的推移，EFSA 指南因为已被编入法律而变得更加严格。其影响包括：①由于知识和经验随着时间推移而扩展，削弱了风险评估人员、研究人员和开发人员采用最科学合理方法的能力。②阻碍了风险评估人员采取灵活、假设驱动、证据权重的方法。③给申请人增加了不必要的成本和负担，去提供缺乏科学依据或预测价值的数据和信息。④直接导致风险评估流程不断延长和不必要的延迟——目前 EFSA 对生物技术产品的意见总体平均需 4.7 年。

1.2.1.3 可能影响植物生物技术相关监管决策的政治因素

引进农业生物技术 30 多年来，欧盟始终处于矛盾状态。欧盟委员会持续采取不一致和不可预测的方式监管该技术，一定程度上归因于对生物技术持传统情感和意识形态的欧盟消费者和反生物技术团体，不断向欧洲议会代表施压，给转基因作物品种的种植和使用审批带来影响。相反，欧盟农业却依赖大量进口转基因饲料用于其庞大的畜牧业，阿根廷、巴西、加拿大和美国帮助解决这一需求，主要供应转基因玉米和大豆。有关欧盟反生物技术团体及其对监管决策影响的更多信息，请参阅本章 1.3 “市场营销”部分，1.3.1 政府/企业意见。

2019 年 12 月 1 日，由 Ursula von der Leyen 领导的新一届欧盟委员会正式就任，为获得环保团体的支持，解决许多欧盟公民对环境的担忧，委员会的首要行动便是制定欧盟绿色协议。包括两个战略：生物多样性战略[①]和从农场到餐桌战略[②]，均旨在大幅限制农药使用和其他农业投入。委员会表示，将根据绿色协议为基因工程产品许可流程增加可持续性标准，目前尚在研究如何实施。

1.2.1.4 食品、饲料、加工和环境释放审批监管的区别

欧盟法规提供了详细的转基因产品审批流程，根据转基因产品是否用于欧盟进口、分销、加工或种植，要求有所不同，具体如下。

第一，（EC）1829/2003 号法规规定了获取进口、分销或加工许可所需的步骤；

第二，2001/18/EC 号指令提出了获取种植许可必须遵循的程序，（EC）2015/412 号指令允许成员国在其领土内以非科学原因限制或禁止种植欧盟许可的转基因植物（“选择退出”指令）。

第三，为了简化申请手续，欧盟委员会根据（EC）1829/2003 号法规制定了一套独特的申请程序，允许企业就一种产品及其所有用途仅提交一份申请。按照该简化程序，对于食品、饲料或工业产品的种植、进口和加工，仅开展一次风险评估和许可。但由于种植申请的不可预测性，过程缓慢，申请人倾向于避免这一程序，仅申请食品和饲料审批。

将生物技术项目投放食品和饲料市场的许可[③]。获取进口、分销或加工生物技术项目的许可，流程如下。

---

① https://www.fas.usda.gov/data/european-union-eu-member-states-adopt-their-position-biodiversity-strategy.

② https://www.fas.usda.gov/data/european-union-eu-member-states-adopt-official-position-farm-fork-strategy.

③ 欧洲议会和理事会（EC）1829/2003 号法规。

第一，向成员国相应国家主管部门提交申请①，主管部门在收到申请后 14 天内以书面形式告知申请人收悉，并将申请转交至 EFSA。

第二，EFSA 立即通知其他成员国和欧盟委员会该申请，通过互联网公开发布申请书的摘要。

第三，EFSA 有义务遵守从收到有效申请到发布意见的 6 个月期限，当 EFSA 或国家主管部门通过 EFSA 要求申请人提供补充信息时，可延长期限。

第四，EFSA 向欧盟委员会、成员国和申请人提交申请意见，并在公布后 30 天内完成公众征询。

第五，收到 EFSA 意见后 3 个月内，欧盟委员会向 PAFF 提交 EFSA 意见的决议草案，以供表决。

2011 年 3 月 1 日之后提交给 PAFF 的决议草案，受《里斯本条约》规定的程序规则约束。根据规则，如果决议草案未获得多数票支持，被委托人可向委员会提交修订草案，或向申诉委员会（由成员国官员组成）提交原始草案。如果申诉委员会在提交之日起 2 个月内未通过或否决决议草案，则欧盟委员会可通过该决议。《里斯本条约》之后，程序规则赋予委员会更多的自由裁量权。《里斯本条约》之前，委员会必须通过决议草案。按照新规则，委员会可选择是否通过。

许可在整个欧盟的有效期为 10 年，最迟在许可到期前 1 年，许可持有人可向欧盟委员会申请续期 10 年。除其他事项外，许可续期申请必须包含自先前决议以来，消费者或环境安全风险评价有关的任何新信息。如许可到期前未作出续期决定，则许可有效期自动延长，直至作出决定。

有关许可产品清单，请参阅 1.2“政策”部分，1.2.2 审批。

（1）转化体种植许可②

各成员国相应主管部门在转化体商业化种植前，必须提供书面同意见。商业化前释放的标准许可程序如下。

第一，申请人必须向成员国相应国家主管部门提交一份在其境内将实施释放的通知③。

第二，成员国主管部门利用欧盟委员会建立的信息交换系统，在收到通知后 30 天内，向委员会提交所收到各通知的摘要。

第三，委员会必须在收到摘要后 30 天内将其提交给其他成员国。

第四，各其他成员国可在 30 天内通过委员会或直接提交意见。

第五，国家主管部门有 45 天时间评估其他成员国的评论，如果评论与国家主管部

---

① 申请必须包含：申请人名称和地址；食品名称及规格，包括所用的转化体；已进行的研究和其他任何可用材料的拷贝，以证明对人类或动物健康或环境无不利影响；转化体的检测、采样和鉴定方法；食品样本；上市后监测方案（如适用）；标准格式的申请摘要；（EC）1829/2003 号法规的第 5（3）条食用和第 17（3）条饲用中所列随附信息的完整清单。

② 欧洲议会和理事会 2001/18/EC 号指令。

③ 除其他外，通知应包含：提供开展环境风险评估所需信息的技术资料。环境风险评估和结论，以及所用方法的任何参考文献和说明。完整细节见 2001/18/EC 号指令第 6（2）条。

门的科学意见不一致，则将其提交给 EFSA，EFSA 将在收到文件后 3 个月内给出意见。

第六，委员会随后将 EFSA 意见的决议草案提交给监管委员会，以供表决。

与如前所述将转基因生物加入食品和饲料市场的情况类似，2011 年 3 月 1 日之后提交给监管委员会的决议草案，受《里斯本条约》规定的程序规则约束。

有关许可产品清单，请参阅 1.2“政策”部分，1.2.2 审批。

此外，（EC）2015/412 号指令允许成员国在其领土内以非科学原因限制或禁止种植欧盟许可的转基因植物（“选择退出”指令）。关于该指令的更多信息，请参阅 1.1 生产和贸易。

（2）EFSA 的透明监管倡议

2019 年 6 月 20 日关于欧盟食品链风险评估透明度和可持续性的（EU）2019/1381 号法规，是对《食品法规通则》的修订，旨在确保更大的透明度、增加研究的独立性、加强 EFSA 的管理，以及开发全面的风险沟通，将影响整个农业食品行业 8 个部门的立法行为，包括：“GMO”2001/18/EC 号指令和（EC）1829/2003 号法规。

2021 年 3 月 9 日，欧盟委员会发布了以下新的指导文件：根据欧洲议会和理事会 2001/18/EC 号指令第 13 和第 17 条提交关于将转基因生物释放到环境中的委员会通知。

大多数利益相关方欣然接受更大的透明度和额外的资源以供 EFSA 审查，但申请人同时有些担忧。其中大部分围绕着从 EFSA 审查中披露科学信息和研究的时间，以及获取这些信息的方式，例如通过需注册的门户网站或全球可开放访问的数据库。虽然尚无完整细节，但立法要求 EFSA 在其认为申请有效或可接受时，应立即主动披露申请有关的非机密数据。这一过程处于风险评估流程的早期阶段，业界担心可能导致非专家对科学数据的错误解释，从而在 EFSA 评估完成前将其结果政治化。

立法还要求 EFSA 推进风险沟通策略，以更好地提高公众对风险分析和管理的理解，这可能有助于转基因产品许可的去政治化。委员会将与 EFSA 共同制定一项实施法案，详细说明其“风险沟通总体计划”。

（3）欧盟委员会修订专家委员会规则的提案

2017 年 2 月 14 日，欧盟委员会提议修订（EU）182/2011 号法规规定的专家委员会规则。该提案由理事会和议会共同决定，旨在通过以下方式让成员国负责决策：在申诉委员会中仅投赞成或反对票；允许第二次向部长级申诉委员会提交；公布成员国投票结果；允许向部长会议申诉。

尽管理论上该提案适用于欧盟立法的所有区域，但显然是主要针对敏感的生物技术领域作出的决定。一旦通过，该提案将使决策过程延长 6 个月。

2020 年 1 月 31 日，欧洲议会法律事务委员会（EP JURI）报告员 Jozsef Szajer（欧洲人民党，匈牙利）提交了一份报告草案，提议对 2014 年专家委员会提案进行 11 项修订，主要旨在告知欧洲议会和公众风险管理流程，和成员国特定表决的理由。其他 5 个欧洲议会委员会通过了修订案，将被纳入 JURI 委员会最终报告中。这些委员会分别为：国际贸易委员会（INTA），农业和农村发展委员会（AGRI），产业、研究与能源委员会（ITRE），环境、公共健康和食品安全委员会（ENVI）以及宪政事务委员会（AFCO）。2020 年 12 月 16 日欧洲议会举行全体投票，但截至本报告发布，尚无结论。

理事会的工作仍处于停顿状态，产业利益相关者和 Post 分析预测，大多数成员国不会将改革作为立法重点。

（4）可持续粮食系统框架倡议

作为“从农场到餐桌”战略的一部分，欧盟委员会宣布将在 2023 年年底前发布一项立法提案，以提高欧盟食品体系的可持续性。其目标是加快向更可持续的粮食体系过渡，并提高欧盟市场上所有食品的可持续性。对于欧盟委员会来说，这一建议有助于确保欧盟成员国之间的政策一致性、将可持续性等纳入所有与粮食有关的政策，以及加强粮食系统的弹性。目前的路线图中没有对“可持续性”的精确定义，但最终的立法除了更常用的环境可持续性概念外，还可以包括与健康饮食有关的方面。

2021 年 9 月 28 日，欧盟委员会发布了一份路线图，概述了其提出的一项法规的意图，以提高欧盟市场上所有食品的可持续性。根据这一路线图，欧盟委员会宣布将在 2022—2023 年准备一份影响评估报告。作为影响评估的一部分，欧盟委员会将在 2022 年第一季度启动为期 12 周的公众咨询期。预计立法提案将于 2023 年第四季度出台。

欲了解更多信息，请参阅 GAIN 报告：欧盟委员会发布将可持续性纳入所有食品相关政策的未来法规路线图。

1.2.1.5 可能影响美国出口的法律法规

请参阅本章 1. 1 部分“生产和贸易”，1. 1. 5 贸易壁垒。

1.2.1.6 审批时间表

新的转基因作物正以越来越快的速度进入全球市场，欧盟审批生物技术植物的监管程序比供应国漫长很多。这已导致在供应国解除管制并种植的与在欧盟许可的转基因产品之间的差距扩大，使得相关农产品和加工产品的贸易被部分或完全中断。

这给农产品贸易企业带来了麻烦，因为限制了采购选择，并增加了与尚未许可种植国家之间开展业务的风险。如在入境口岸检测到这些品种，则运往欧盟的农产品将被拒绝入境。欧洲饲料制造商及谷物和饲料贸易商，一再批评欧盟冗长的许可流程，因为拖延会导致贸易中断，以及欧盟动物饲料业所需高蛋白产品的价格上涨。

欧盟的拖延也会影响农民的种植决定，主要出口国审批不同步会阻碍农民选择先进的种子。欧盟以外国家的农民也可能为继续作为或成为欧盟农产品供应商，而选择不种植转基因品种。

图 8 和图 9 给出了按照欧盟法规应当遵循的审批时间表，欧盟监管审查流程应尽量为 12 个月：EFSA 开展环境、人类和动物健康安全性评估需 6 个月，欧盟委员会审批需 6 个月，但实际上转基因产品的审批需 6 年以上。相比之下，加拿大、巴西和美国的审批流程平均需 2 年左右，韩国需 3 年。欧盟审批流程冗长的主要瓶颈在于 EFSA，尽管转基因产品在全球已有 25 年的安全使用历史，且 EFSA 拥有监管转基因产品全面的制度性记录，但 2018 年转化体安全性评估平均需 4. 7 年。

在欧盟申请转基因产品审批的第一步，通常需 6 个月以上。申请人向 EFSA 提交产品相关资料，然后等待数月到约 2 年（例外时长达 4 年），由 EFSA 审查申请和开展“完整性检查”，成功通过 EFSA 的“完整性检查”时，已过去 6 个月。EFSA 工作组随后审查资料，开展环境、人类和动物健康安全性评估，工作组可随时暂停工作，要求申

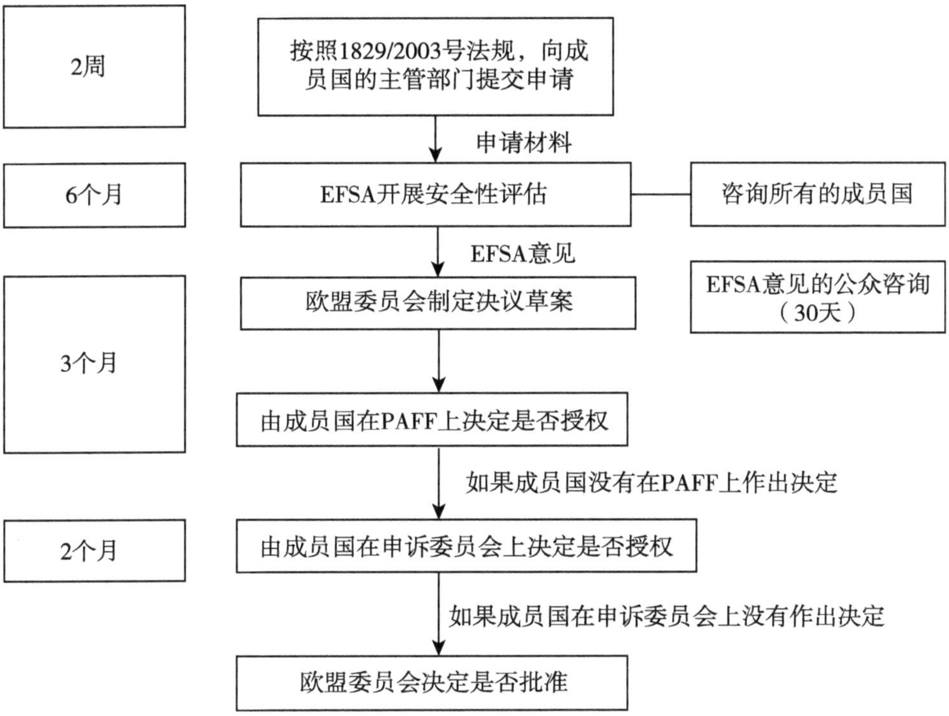

图 8　欧盟食品和饲料审批流程

资料来源：USDA/FAS。

请人提供额外信息——进行问题答复和/或开展附加研究。当申请人提交答复或完成所要求的研究时，EFSA 重启工作。因此，EFSA 可能主张满足 6 个月期限，但可无限期超时。

每年提交的生物技术申请数多于许可决定数，造成 EFSA 和委员会工作的积压，行业组织不断向欧盟委员会和成员国施压，要求其遵循法定审批程序。2014 年 9 月，3 个欧盟行业组织（COCERAL、FEFAC 和 EuropaBio①）就许可的重大延误向欧盟监察机构提出诉讼。欧盟监察机构是负责调查针对欧盟组织机构管理不当投诉的实体组织。2016 年 1 月，监察机构代表欧盟委员会裁定：存在管理不当，且拖延许可是不合理的。

此后，欧盟开始以更符合时间表的进度开展审批。但由于 2020 年的疫情，新一届委员会首先关注其标志性的“绿色协议”，然后不得不适应疫情的限制，导致积压了大量工作。委员会组织网络会议的行动迟缓，投票不得不以书面程序开展，增加了数周时间。这导致 2020 年只有一种产品获得批准，然而，欧盟委员会在 2021 年批准了 18 种产品（更多详情见 1. 2. 2 审批部分。）

1.2.2　审批

欧盟委员会官网提供已许可及待许可转基因产品的完整清单，EFSA 官网提供待许

① 农业生物技术部已从 EuropaBio 中分离出来，现在隶属 CropLife Europe。

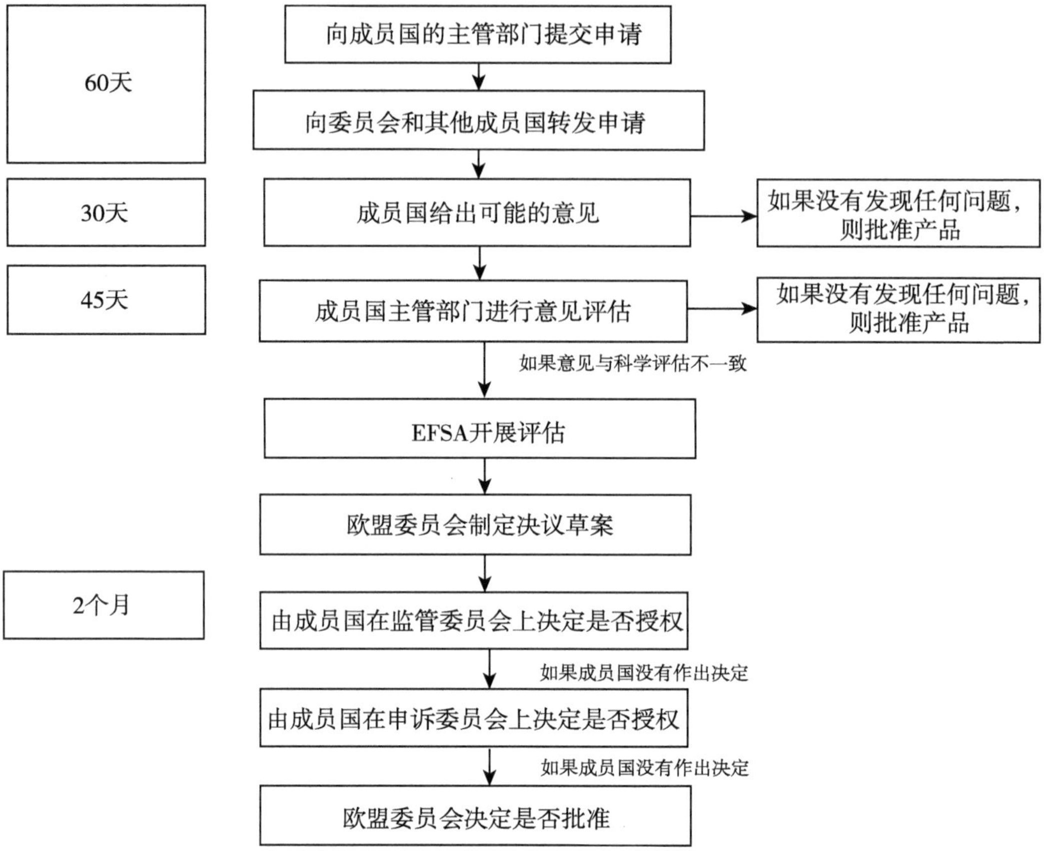

图 9　欧盟种植审批流程

资料来源：USDA/FAS。

可转基因产品的清单。

MON810 Bt 玉米是唯一获得种植许可的转基因植物。截至本报告，在欧盟获得食用或饲用许可的转基因产品包括玉米、棉花、大豆、油菜、甜菜和微生物的几个品种。许可决定的有效期为 10 年，如果提交给 EFSA 的申请有效，则许可延期直至有新的许可。

到目前为止，2020 年仅 1 个转化体获得许可。9 月 28 日，欧盟委员会许可了拜耳公司耐除草剂大豆 MON 87708×MON 89788×A5547-127[①]。

2020 年底，由于 PAFF（植物、动物、食品和饲料常务委员会）会议受 COVID-19 疫情影响而暂停，成员国有约 20 种转基因作物待 EFSA 许可，其中 8 种处于最后阶段。该委员会在 2021 年批准了其中 18 种产品（1 月批准 8 种产品，8 月批准 10 种产品）。

完成欧盟完整的转基因许可程序后，欧盟委员会会许可转化体。已许可转化体生产的产品，须遵守欧盟严格的标签和溯源规则。尽管欧盟生物技术产品的审批过程漫长而

① 拜耳公司的 XtendFlex®大豆，更多信息，请参阅该 GAIN 报告：https：//www. fas. usda. gov/data/European-union-European-commission-approves-import-ge-soybean.

复杂，但这些批准是一个积极的信号，表明欧盟委员会仍在遵循欧盟的规定。

1.2.3 复合性状转化体的审批

复合性状转化体的审批流程与单一转化体相同，按照（EU）503/2013号法规附录2的规定开展风险评估。申请人应提供各单一转化体的风险评估，或引用已提交的申请。复合性状转化体的风险评估还应包括基因稳定性、基因表达，以及基因之间潜在相互作用的评估。

与大多数国家大多数转基因产品的审批流程不同，欧盟审批复合性状产品时独立于已审查的单一性状产品；这一政策延缓了玉米审批速度，随着复合性状大豆的日渐普及，还可能开始延缓大豆审批流程。

1.2.4 田间试验

任何机构若因开展田间试验将转基因作物释放入环境，必须首先获得预计释放或田间试验所在成员国相关国家主管部门的许可。11个成员国①和英国允许开展田间试验，但2020年仅6个成员国和英国开展了野外田间试验，包括比利时、捷克共和国、荷兰、罗马尼亚、西班牙和瑞典。阻碍田间试验的主要因素包括：激进分子的反复破坏、繁琐的许可流程，以及种子企业的投资无吸引力。

在欧盟，转基因作物的田间试验被称为"出于上市以外的任何其他目的、有意的转基因植物环境释放（试验释放）"。田间试验不被视为"限制性释放"，且与转基因产品上市的许可流程无关。

欧盟委员会联合研究中心（JRC）保存了一份清单，该清单是根据2001/18/EC号指令B部分提交给欧盟国家主管部门的转基因植物和其他转基因生物的田间试验通知清单，西班牙累计田间试验通知总数最多。最近几年（2016—2021年），通知数量最多的国家为西班牙（135份）、德国（98份）、荷兰（105份）和瑞典（29份），比利时有12份，英国和匈牙利各17份。某些开展实验研究的政府机构与私企合作，在其他国家开展田间试验。实际开展的田间试验数量可能低于通知数量，可查询田间试验的管理报告。

（关于选定国家田间试验的更多信息，请参阅附录1所列的USDA/FAS国家报告。）

1.2.5 基因编辑技术②

20世纪初以来，包括诱变和杂交育种技术在内的多种手段，拓宽了培育新植物品种的可能性。最近30年，随着更多生物技术应用的涌现，许多新兴技术得以发展，使得作物改良更加快速和精准，可作为转基因的补充或替代技术。此外，其中大多数技术

① 比利时、德国、捷克、斯洛伐克、丹麦、芬兰、葡萄牙、荷兰、罗马尼亚、西班牙、瑞典和英国。

② "基因编辑技术"指"转基因技术"。"新兴生物技术"指除转基因之外的新型育种技术（NBTs）。

可通过传统育种方法培育植物，进而消除消费者对转基因作物的顾虑。由于现行法律框架，欧盟 2001/18/欧盟委员会号指令无法反映新技术开发取得的进展，因此欧盟科学家、植物育种家和部分成员国已敦促欧盟委员会澄清基因编辑技术及其应用的合法地位。

2018 年 7 月 25 日，欧盟法院（ECJ）裁定，根据欧盟法规，通过新型基因编辑技术培育的物种，将按照“转基因”进行监管。该判决使得这类物种及其衍生的食品和饲料产品，都必须经历欧盟昂贵且冗长的许可流程，并履行溯源、标识和监测义务。这对欧盟创新和农业具有重大的潜在负面影响，未来可能造成贸易中断。

根据欧盟法院的裁决，欧盟委员会要求联合研究中心（JRC）及欧洲转基因实验室网（ENGL）发布一份关于“通过新型诱变技术获得的食品和饲料植物产品的检测”的报告。与预期一致，报告发现“目前尚无法解决基因编辑产品的检测、鉴定和定量等问题”，例如，无法证明单核苷酸突变并非自然或通过传统诱变发生。

2019 年 5 月 14 日欧盟农渔业理事会会议期间，邀请新一届委员会在其工作计划中增加对欧盟“转基因”法规的审查①，12 个成员国支持要求采取欧盟统一方法并审查现行法规。2019 年 9 月 6 日，基于 2019 年 5 月 14 日的理事会会议，欧盟理事会轮值国芬兰要求欧盟委员会提交一份诱变现状的研究报告和提案，并就潜在决策对该转化体的影响展开研究。② 2019 年 11 月 8 日，理事会一致通过一项决议，要求欧盟委员会于 2021 年 4 月 30 日之前提交一份欧盟新型基因组技术现状的研究报告，以及后续所需的提案或其他措施，提案必须附有影响评估。

部分成员国的补充声明已经公开：塞浦路斯、匈牙利、拉脱维亚、卢森堡、波兰和斯洛文尼亚表示，应保持目前的保护水平；荷兰和西班牙表示，该研究需“解决现行法律框架的充分性、效率和一致性等问题”；荷兰强调采取行动的紧迫性；瑞典补充认为，该研究应当包含成本估算。

委员会已通过问卷调查收集了成员国和利益相关方的意见，以协助本研究。利益相关方的名单，可点击链接：https：//ec. europa. eu/food/plant/gmo/modern_biotech/stake-holder-cons ultation_en。支持从欧盟“转基因指令”中豁免基因编辑的欧洲利益相关方团体，也为本研究作出了充分的贡献。

2021 年 4 月 29 日，欧盟委员会发布了题为《根据欧盟法律和法院 C-528/16 案的裁决的新基因组技术的现状研究》的报告。虽然法院裁定基因编辑产品属于“转基因指令”管理范围，但委员会的研究得出结论，该指令不适合这些较新的生物技术产品，需要制定针对性的管理政策。该研究认为，基因编辑可以为欧盟绿色协议的从农场到餐桌和生物多样性战略的目标做出贡献。欧盟委员会表示，将与欧盟的共同立法者和利益相关者进行广泛沟通。

2021 年 9 月 24 日，欧盟委员会公布了其流程图，为某些基因编辑技术生产的植物制定一项立法倡议。这一倡议将为通过靶向诱变获得的植物及其食品和饲料产品提出一

---

① 参见“理事会会议成果”。

② 参见“理事会决议草案”。

个法律框架。该政策流程图是以委员会的研究结果为基础制定的。流程图的公布是立法程序的第一步。该活动有4周的反馈期，于2021年10月22日结束，共收集了7万多份回复。2022年第二季度将进行更全面的公众咨询。政策草案的目标是2023年。在欧盟，关于基因编辑的研讨将持续一整年，可能还会提出关于可追溯性和标签的问题。

有关这一主题的更多背景信息，请参阅附加报告“欧洲联盟：委员会发布生物技术研究”和附加报告“欧洲委员会发布某些基因编辑技术生产的植物立法行动流程图。”

如欲进一步了解欧盟利益相关方对欧盟法院裁决的反应，请参阅1.3“市场营销”部分1.3.2市场接受度/研究。

另一重要贡献是EFSA对其现行“转基因”风险评估指南适用性的研究，该指南对某些类型基因编辑培育的植物产品进行监管①。EFSA于2020年11月24日公布了意见，确定并非所有指南都适用于通过基因编辑培育的产品，尤其是不含其他物种DNA的产品。这预示着，欧盟最重要的食品安全主管部门至少在一定程度上承认，某些基因编辑产品与通过转基因技术培育的产品有本质区别。根据EFSA的报告摘要，“转基因”小组未发现通过SDN-1、SDN-2或ODM（即基因编辑技术不会使产品含其他物种的DNA）产生的基因组修饰存在特定的新风险。

欧洲法院作出上述决定后，法国向欧盟委员会通报，为了遵守法国国务委员会在2020年2月作出的决定，将化学或物理试剂导致的体外随机突变技术从名单中删除。然而，据FAS/Paris报道，这一裁决与欧盟委员会最近的决定不一致，如果法国按照其理事会的建议行事，将面临被制裁的风险，因为这可能不符合某些个别市场。这种情况目前处于停滞状态，而且在2022年春天法国总统大选之前不太可能发生变化。

1.2.6 共存

由成员国国家主管部门（而非欧盟）制定转基因作物与传统和有机作物共存的规则。在欧盟层面，欧洲共存管理局针对共存的最佳农业管理方法，组织技术和科学信息交流，在此基础上制订特定作物共存措施指南。

西班牙农场层面的共存，由国家育种协会提倡的良好农业实践方案进行管理，该方案每年出版一次，并由种子销售商连同种子一同分发。方案的最新版本可在链接中找到（西班牙文）。根据APP/1083/2018部长令，种植转基因玉米的农民必须与法国边境建立20米的隔离距离（更多信息详见a部分）。欧盟某些地区，比如比利时南部和匈牙利，共存规则非常严格，并限制转基因作物的种植。

（如想了解各国家共存规则的更多信息，请参阅附录1中所列的USDA/FAS国家报告②。）

---

① EFSA意见：https：//www.efsa.europa.eu/en/efsajournal/pub/6299.

② 请在FAS/Paris的GAIN报告中找到更多关于这个主题的信息：https：//www.fas.usda.gov/data/france-french-implementation-european-court-justice-ruling-jeopardizes-exports-rapeseed-france.

1.2.7 标识

1.2.7.1 欧洲法规：转基因产品的强制性标识和溯源

（EC）1829/2003 号和（EC）1830/2003 号欧盟法规要求对来源于或含有转基因成分的食品和饲料进行标识，该法规适用于原产于欧盟和从第三国进口的产品。食品包装、饲料、散装货物和原料必须贴有标识。

实际上，消费者很少能看到含转基因成分的食品标签，因为许多生产商为避免销售损失已经改变了产品成分，使其免于标识。尽管产品通过了安全性评估，但仍需标签来告知消费者。由于这种标签往往会被解读为警告，生产商认为贴有这种标签的产品不会赢得市场青睐。

1.2.7.2 免于标识的产品

一是转基因饲料喂养动物的动物产品（肉、乳制品、蛋）。

二是因偶然或技术上无法避免的原因，掺入比例不高于 0.9%的含量且已许可转基因成分的产品（参见本报告的“低水平混杂策略”章节）。

三是根据 1169/2011/EC 号指令第 2.2 条，法律未定义为“成分”的产品，例如加工添加剂（即由转基因微生物生产的食品酶）。

1.2.7.3 食品标识法规

见（EC）1829/2003 号法规第 12~13 条。

第一，如果食品含有一种以上的成分，则标签上，“转基因”或“由转基因［成分名称］生产”字样必须紧跟在相关成分后的括号内。含转基因成分的复合组分应标识为“含转基因［生物名称］生产的［成分名称］”。例如，含转基因大豆提取豆油的饼干必须标识为“含转基因大豆提取的豆油”。

第二，如果成分以类别名称（例如植物油）命名，则必须使用“含转基因［生物名称］”或“含由转基因［生物名称］生产的［成分名称］”字样。例如，对于含转基因油菜籽生产的菜籽油的植物油，配料表中必须显示“含转基因菜籽油”字样。

第三，标识可放在配料表脚注中，前提是字体至少与配料表相同。

第四，如果无成分清单，标签必须清楚标识“转基因”或“由转基因［成分名称］制成”字样。例如，无成分清单的产品标识“转基因甜玉米”或“含转基因玉米生产的焦糖”。

第五，如果产品无包装，标签必须清晰标识在产品附近（例如超市货架上的说明）。

1.2.7.4 饲料标识法规

见（EC）1829/2003 号法规第 24~25 条。

第一，对于含转基因成分或由转基因成分组成的饲料，“转基因”或“由转基因［生物名称］生产”字样必须紧跟在饲料名称后的括号内。

第二，对于基因工程生产的饲料，“转基因［生物名称］生产”字样必须紧跟在饲料名称后的括号内。

第三，标识也可放在饲料列表脚注中，打印字体应至少与饲料列表相同。

1.2.7.5 溯源规则要求

1829/2003 号法规定义的溯源规则要求，所有相关经销商传输和保留转基因产品信息，以便识别产品的供应商和买方。经销商必须以书面形式向消费者提供以下信息：

第一，标明产品或某些成分含转基因生物，由转基因生物组成，或由转基因生物加工而成。

第二，关于这些转基因生物的特定信息。

第三，如果由转基因生物组成或含转基因生物混合物的产品仅用于食品、饲料或加工，经销商可以用用途声明代替该信息，必须附有一份含所有转基因生物的列表。

第四，供应链中每笔交易后的 5 年内，各经销商必须记录、保存这些信息，并能够确定产品销往和购自何处。

1.2.7.6 自愿性非转基因标识系统

欧盟尚无非转基因标识的统一立法。如果不会误导消费者，允许自愿性使用非转基因标识，主要用于动物产品（肉、奶制品和鸡蛋）、甜玉米罐头和大豆制品。

奥地利、捷克、法国、德国、匈牙利、意大利、波兰和斯洛伐克已立法或制定指南，以推进非转基因标识。瑞典政府尚未实施非转基因标识，认为可能会产生误解，因为大多数食品通常不含转基因成分。

在几乎所有欧盟国家，都有一些针非转基因标识的企业倡议。在捷克和斯洛伐克，肉类和奶制品零售商经常要求农民保证其牲畜未饲喂转基因作物。

2015 年，欧盟委员会发表了一份研究报告，评估了在整个欧盟内采用统一方法的可能性。研究着眼于 7 个成员国和包括美国在内的几个第三方国家的非转基因标识和认证制度。更多信息，请参考欧盟委员会研究报告。

各国非转基因标识系统的更多信息，请参阅附录 1 中所列的 USDA/FAS 国家报告。

1.2.8 监测和检测

1.2.8.1 环境影响和用作食品或饲料加工的强制性监测计划

2001/18/EC 号指令和（EC）1829/2003 号法规规定：

- 获取转基因生物①上市许可的第一步是提交申请，必须包括环境影响监测计划②，监测计划的期限可能与建议期限不同。
- 在适当的情况下，申请书必须包含一份用作食品或饲料上市后的监测提案③。
- 上市后，申请人应确保根据主管部门书面同意书所定的条件，进行监测及报告，监测报告应提交给欧盟委员会和成员国主管部门。基于报告，根据同意书并在其规定的

---

① “生物”是指“任何可复制的生物实体”。对于不含任何可复制实体的食品和饲料，无须纳入环境影响监测计划。

② 2001/18/EC 号指令：第 5 条和附件Ⅲ用于试验性释放，第 13 条和附件Ⅶ用于上市。

③ （EC）1829/2003 号法规第 5 条和第 17 条。

监测计划框架内，收到报告的主管部门可在首个监测期限后调整监测计划①。

• 监测结果必须公开②。

• 许可的续展期限为 10 年。除其他信息外，延长许可的申请还必须包括监测结果报告③。

1.2.8.2 食品和饲料快速预警系统

食品和饲料快速预警系统（RASFF）用于报告可能的食品安全问题。根据 RASFF 最新的年度报告，由于转基因食品或饲料的偶然存在，2020 年有 10 批货物被欧盟拒绝入境。

RASFF 的基本功能如图 10 所示，只要 RASFF 网络的一个成员（欧盟委员会、EFSA、成员国、挪威、列支敦士登或冰岛）有任何食品或饲料可能存在风险的信息，会立即传送给其他成员。成员国应立即将任何旨在限制饲料或食品上市的决定，以及任何与人类健康风险相关的入境拦截，通报给 RASFF。货物禁止进口时，大多数通报涉及入境点或边境检查点的管制。

最新的通报列表见 RASFF 网站。

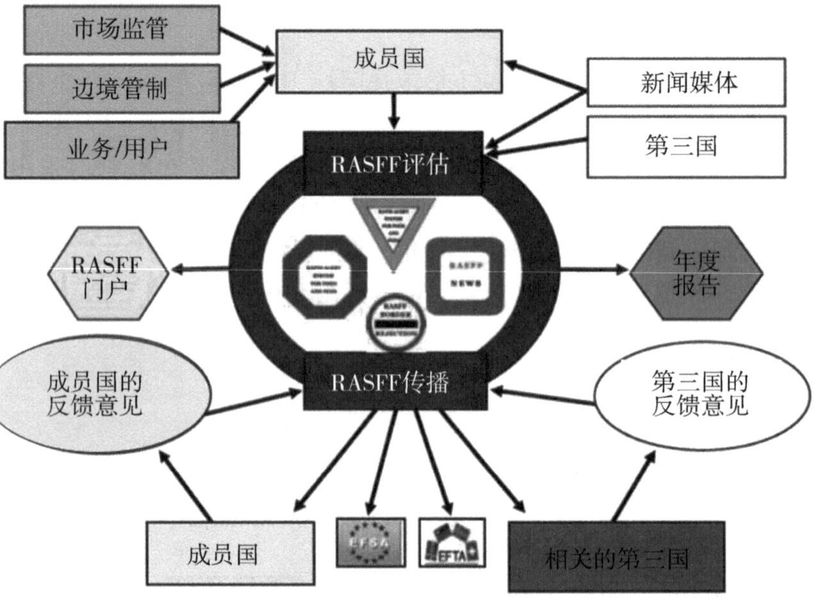

图 10 RASFF 信息流程

资料来源：RASFF 年报。

---

① 2001/18/EC 号指令第 20 条。

② 2001/18/EC 号指令第 20 条-（EC）1829/2003 号法规第 9 条。

③ 2001/18/EC 号指令第 17 条-（EC）1829/2003 号法规第 11 条和第 23 条。

1.2.9 低水平混杂（LLP）策略

过去20年，全球转基因作物种植面积的稳步增长，导致更多的转基因作物偶然出现在交易的食品和饲料中，造成贸易中断，进口国封锁货物并将其销毁或退回原籍国。常出现两种类型的事件：一是低水平混杂（LLP），定义为检测出低水平的转基因作物，其已被至少一个国家许可，但进口国尚未许可。这类事件大多与审批系统不同步有关。二是偶然混杂（AP），定义为未经任何国家许可的转基因作物的偶然混杂（这种情况下，混合作物来自田间试验或非法种植）。

1.2.9.1 饲料、食物和种子中偶然混杂的阈值

2011年，欧盟委员会发布了一项法规，只要向EFSA提交申请，即允许装运含0.1%上限尚未许可的转基因成分的饲料。

2016年，PAFF未能成功为食品中转基因低水平混杂限额制定技术解决方案。因此，对运往欧盟的食品中尚未许可的转基因成分的绝对零容忍仍在继续，使得许多食品难以出口到欧盟市场，因为很难保证不含痕量的转基因成分。食品生产商调整了配料，以避免这一情况。

至于种子，转基因材料偶然存在的阈值水平尚未设定。欧盟不得不在国内生产种子，或从数量有限的原产国（塞尔维亚、智利、土耳其、美国、新西兰和南非等）进口，这些国家的种子在限制性条件下生产，从而防止出现任何尚未许可的转化体（玉米种子进口情况见图11）。

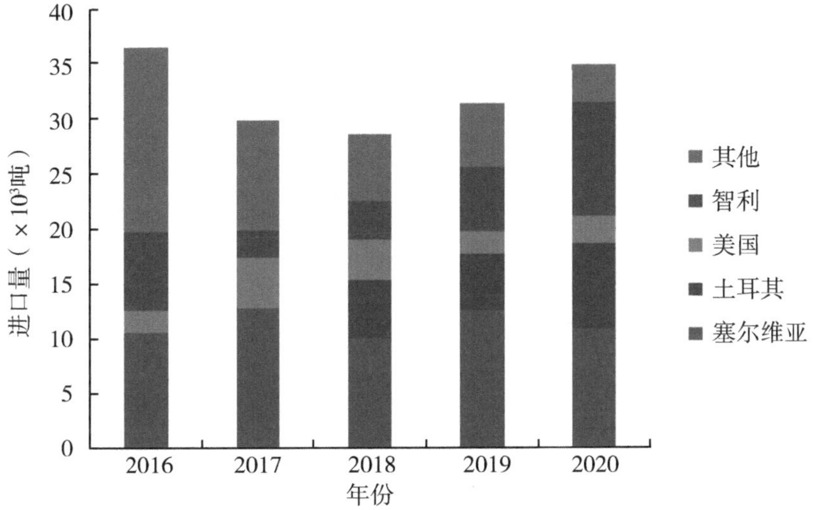

图11 欧盟玉米种子进口

资料来源：贸易监测数据（欧盟统计局）。

1.2.9.2 关于非欧盟进口饲料和食品中转基因低水平混杂风险评估的新指导文件

2017年11月20日，EFSA根据（EC）1829/2003号法规发布了关于进口食品和饲料中低水平混杂的转基因植物材料风险评估的新指导文件。

1.2.10 附加监管要求

除西班牙外，在几乎所有成员国，生产转基因作物的农民必须向政府登记土地信息①。在某些国家，这一义务往往会阻碍农民种植转基因作物，因为激进分子可以利用其进行 定位。

在西班牙，自 2019 年起，农民在提交 CAP 支付申请表时，必须申报他们持有的所有农业地块，并出于统计、控制和监督目的，申报他们是否种植转基因玉米品种，包括计划将转基因玉米作为第二作物种植的玉米品种。

在葡萄牙，想要种植转基因作物的农民必须在种植前 20 天向主管部门提交一份完整的通知表格，并随时告知种植计划的任何更改。

1.2.11 知识产权（IPR）

1.2.11.1 植物品种权与专利权的比较

某些知识产权系统适用于欧盟的植物相关发明。表 4 比较了植物品种权（也称为植物育种者权利）和专利。

表 4 植物品种权与专利权比较

	植物品种权	专利
产权包括内容	植物育种者权利包括该植物品种所有权，品种由单一基因型或复合基因型导致的性状界定	专利包括 1 项技术发明 专利要素包括：①植物——如果该植物不由基本的生物学过程产生；如果该植物分类不到品种层级；如果本发明可以用于制造 1 个以上的特定植物品种，并且权利要求中未提及各植物品种。②生物学材料（如基因序列）——从自然环境中分离出来或通过某技术生产的生物材料，即使其以前在自然界存在。③微生物的生物学过程及其产物。④技术流程。⑤植物品种本身、生产植物和动物的基本生物过程、通过基本生物学过程生产的动植物，不可申请专利
需满足的条件	如果该植物品种与任何其他品种有明显区别，其相关特性足够一致且稳定（DUS），则可以授予品种权	专利只能授予新的发明，涉及创造性的步骤，并易于产业应用
保护范围	单一品种及其衍生品种在欧盟范围内受到保护	所有拥有专利发明的植物都在欧盟受到保护。这种保护延伸至所有包含这种发明的生物学材料，前提是该发明确实产生了相应功能（详见 98/44 号指令的第 9 部分）

① 在西班牙，总面积是基于转基因种子销售记录计算的，可在农业部网站上公开获得。自 2019 年起，农民在提交 CAP 支付申请表时，必须申报其持有的所有农业地块，出于统计目的，一并申报是否种植转基因玉米品种。

（续表）

	植物品种权	专利
豁免	科学研究；育种者豁免允许自由使用受保护品种开展进一步的育种和新品种的自由商业化（实质性派生品种除外）。私人和非商业用途；（EC）2100/94号法规里有一项例外规定，特定条件下，允许生产者选择使用农场自留种	在欧盟层面，根据欧洲专利局，植物的所有用途在欧盟都受到保护①
保护期	自发布之日起25年（某些植物为30年：树木、藤本植物、天门冬属品种、马铃薯品种、林木、球根花卉等）	自申请日起20年
主管部门	欧盟植物品种局（CPVO）负责植物品种权系统的管理	欧洲专利局审查欧洲专利申请
法律依据	CPVO网站提供了所有现行立法，包括关于植物品种权的（EC）2100/94号法规。UPOV网站提供了UPOV公约（植物保护新品种国际公约）的文本以及成员国根据该公约的立法	在欧盟申请生物技术发明专利的法律依据包括：①欧洲专利公约（EPC），由所有成员国批准的国际条约，为欧洲专利局授予专利提供了法律框架。②欧洲专利局申诉委员会的判例法，规定了如何作法律解释。③关于生物技术发明法律保护的98/44/EC号指令，自1999年起在欧洲专利公约中实施，并作为补充解释手段。④执行欧洲专利公约和98/44/EC号指令的国家法律（自2007年起在所有成员国中实施，见USDA FAS国家报告）

注：资料来源于欧盟植物品种局、欧洲专利局。

1.2.11.2 国际组织对植物品种权和专利的立场

国际种子联合会（ISF）的立场是，最有效的知识产权系统应平衡保护创新与其他参与人可进一步改进植物品种的途径。ISF支持植物品种权。

欧洲种子协会（Euroseeds）支持专利权和植物品种权共存，并且将植物品种和基本生物学流程排除在专利保护之外。此外，Euroseeds通过延长研究豁免期，促进保障所有植物遗传材料可自由获取，以供进一步育种研究，法国和德国专利法即是如此。

2017年7月，欧洲专利局修订了《欧洲专利公约实施细则》，规定欧洲专利不得授予仅通过“基本生物学流程”获得的植物或动物。“基本生物学流程”是指自然发生的过程，如整个基因组的杂交和随后的植物或动物筛选。然而，欧洲专利局技术申诉委员会于2018年12月驳回了这一决定，认为《欧洲专利公约》优先于欧洲专利局的实施细则，最终决定将由欧洲专利局扩大的申诉委员会作出②。

---

① 这一点在一些欧盟国家引起了争议。

② 这一决定于2020年5月14日作出，以下是欧洲专利局的最终决定：https：//www. epo. org/law-practice/case-law-appeals/pdf/g190003ex1. pdf. 该决定驳回了技术上诉委员会的意见和决定，并确认了规则28（2）的有效性，即从专利性中排除了主要由生物过程获得的植物和动物。

2019 年 9 月 19 日，欧洲议会通过了一项关于“植物和基本生物学流程专利化”的无约束力决议，呼吁欧盟委员会尽最大努力说服欧洲专利局不授予通过基本生物学流程获得的产品专利，还敦促欧洲专利局立即对此事进行法律澄清，强调签署《欧洲专利公约》的 38 个国家不得允许传统育种产品获得专利。

1.2.12 《卡塔赫纳生物安全议定书》批准

《生物多样性公约》（CBD）为 1992 年在里约全球首脑会议上开放签署的一项多边条约，有 3 个主要目标：保护生物多样性、生物多样性的可持续性利用以及公平公正的分享利用遗传资源所产生的利益。

此后通过了 CBD 两项补充协定：《卡塔赫纳生物安全议定书》（2000 年）和《名古屋遗传资源获取议定书》（2010 年）。

1.2.12.1 《卡塔赫纳生物安全议定书》

《卡塔赫纳生物安全议定书》（CPB）旨在确保活的改性活生物体（LMOs）的安全操作、运输和使用。欧盟于 2000 年签署，2002 年批准。实施 CBP 的法规已就位（完整列表见 CBP 网站）。

主管部门为欧盟委员会的欧盟委员会联合研究中心（JRC）、欧洲食品安全局（EFSA）的转基因生物小组、欧盟委员会环境总局和卫生与人类安全总局（DG SANTE）。

欧盟委员会 1946/2003 号法规规定了转基因产品的跨境流动，并将《卡塔赫纳生物安全议定书》纳入欧盟法律。改性活生物体跨境流动的程序包括：给进口方的通知；向生物安全信息交换所提交的信息；标识和随附文件的要求。

更多信息，请参阅 CBP 网站上的欧盟简介。

1.2.12.2 名古屋遗传资源获取议定书

《名古屋遗传资源获取议定书》旨在公平分享利用遗传资源所产生的惠益，包括适当获得遗传资源和转让相关技术，欧盟于 2011 年签署了该协议。

实施议定书强制性内容的（欧盟）511/2014 号法规于 2014 年 10 月生效。根据该法规，用户必须确定其获取和使用遗传资源合规，这要求寻找、保存和传递所获取遗传资源的信息。

欧洲种子联盟认为，鉴于培育植物品种时使用了大量的遗传资源，“这将造成巨大的行政负担”“欧洲种子行业绝大多数的小型企业将发现不可能合规”。

1.2.13 国际条约/论坛

欧盟为食品法典委员会成员，包括其 27 个成员国（英国除外）。欧盟委员会在委员会中代表欧盟，DG SANTE 为联络点。

所有成员国都签署了《国际植物保护公约（IPPC）》这一国际条约，旨在防止植物和植物产品害虫的传播和引入，推进采取适当措施控制害虫。DG SANTE 为 IPPC 在欧盟的官方联络点。欧盟及其成员国最近未表明任何对 IPPC 中植物生物技术的立场。

1.2.14 相关问题

1.2.14.1 欧洲大豆宣言

2017年7月以来，15个欧盟成员国和5个非欧盟欧洲国家（科索沃、摩尔多瓦、马其顿、黑山和瑞士）签署了旨在推进欧盟大豆生产的《欧洲大豆宣言》。虽然并非是具有约束力的政策，奥地利、保加利亚、克罗地亚、芬兰、法国、德国、希腊、匈牙利、意大利、卢森堡、荷兰、波兰、罗马尼亚、斯洛文尼亚和斯洛伐克的农业部长签署了《欧洲大豆宣言》，并同意自愿执行该宣言的规定。该宣言还包括一项关于无转基因饲料的规定，即签署国“支持市场的进一步发展以可持续性种植非转基因大豆和大豆产品”。该宣言还赞同类似于多瑙河大豆协会和欧洲大豆协会规定的产品标识系统。

1.2.14.2 无转基因地区

除种植选择退出和种植禁令外，某些欧盟自治地区、省、地区或联邦州已宣布自身为无转基因地区，且是“欧洲无转基因地区网络”成员。这些地区由政策声明制定，大多数为农业生产型地区，无法从欧盟当前转基因种植中获益。除非禁止或正式选择退出，尚无声明相关的法律强制机制可以阻止农民在这些地区种植转基因植物。

1.2.14.3 允许成员国“选择退出”使用欧盟许可的生物技术作物的提案

2015年4月，卫生和食品安全专员 Andriukaitis 宣布，对欧盟生物技术许可流程进行审查，允许成员国“选择退出”使用欧盟许可的基因工程植物或其产品（例如饲料）。2015年10月，欧洲议会拒绝了这一“选择退出”使用的提案。支持和反对增加使用生物技术的欧洲议会成员均谴责这一提案，认为不符合欧盟单一市场和世贸组织义务。技术支持者担心提案会导致进口禁令，绿色和平组织认为提案力度不够。因此，欧洲议会要求欧盟委员会撤回提案（577票赞成，75票反对，38票弃权），但遭到委员会拒绝。这促使欧洲议会要求委员会提出新的提案，但委员会称没有“B计划”。被欧洲议会否决后，尽管成员国投票通过的可能性很小，但目前该提案还是正式提交给议会审议。基本上，在无一致通过的提案的情况下，委员会声称，欧洲议会和成员国不愿支持提案生效是对现有规则的认可。作为回应，欧洲议会通过了各种反对转基因应用的不具约束力的决议，这些决议无法律效力，更像是欧洲议会的政治立场。

1.3 市场营销

1.3.1 政府/企业意见

自20世纪90年代农业生物技术首次引入欧盟以来，不同类型民间社会组织一直在抗议。这些团体普遍反对经济增长和全球化，在技术进步和预防原则广泛应用的活动中，他们看到的风险大于机遇。某些人捍卫仅专注于理解现象的假想科学，而非推动有用、有益的应用；其他人与 Hans Jonas 和 Bruno Latour 等哲学家的观点一致，拒绝或强烈批评科学进步。总的来说，他们对新技术特别是生物技术持怀疑态度，认为其危险且几乎无公共益处，是由牺牲公众利益谋求私利的企业开发的。作为其政治战略之一，行为包括游说政府部门、破坏（破坏研究试验和种植田地），以及加强公众恐惧的宣传。这些组织虽然是少数，但对自身事业充满热情，在媒体上非常活跃。虽然被各国接受的程度不同，但其沟通能力非常成熟，其行为效果被媒体放大，对舆论产生了强烈的影响。当今全球种植的转基因作物大多为抗虫或耐除草剂植物，给农民而非消费者带来直接利益，这一事实使得反转组织的宣传更易受到公众的欢迎。这些组织直接通过游说或者间接通过影响公众舆论，在制定限制欧盟采用生物技术的法规方面发挥了重要作用。他们的行为使生物技术成为一个敏感的政治问题；民选官员现在很难对生物技术保持中立，迫使其选择支持或反对的公共立场，并承担政治后果。

为在欧盟使用转基因植物辩护的利益相关者，包括农业领域科学家和专业人员，如农民、种子企业和饲料供应链的代表，包括进口商等，与生物技术反对者相比，他们受到媒体的关注较少。

科学家们强调，生物技术反对者的行为导致欧盟科学知识损失，包括公共研究和风险评估领域。2018 年欧盟法院对基因编辑作出裁决后，成立了一个名为 EU-SAGE（通过基因编辑实现欧洲可持续性农业发展）的科学家网络，以提供基因编辑相关信息，推进欧洲和欧盟成员国政策的制定，使基因编辑能够用于可持续性农业和食品生产。EU-SAGE 代表 131 个欧洲植物科学研究所和学会。更多信息，请查询网站 www. eu-sage. eu。

农业领域专业人员担心限制性政策的负面经济影响，包括欧洲种子、牲畜和家禽领域竞争力下降。实践证明，由于可增加产量和降低成本，大多数欧盟农民支持使用转基因品种。目前主要阻碍因素如下。

第一，欧盟仅许可了 1 种转基因作物的种植。如果有其他更适合其农艺条件的性状，更多的农民会种植转基因作物。

第二，19 个成员国对唯一许可种植的转基因作物实施了禁令。如果允许，这些国家的一些农民会种植转基因作物。

第三，激进分子的抗议威胁或破坏给许多农民造成惊吓，因为除西班牙外，大多数成员国都强制登记商业种植转基因作物田地的详细位置。

第四，在某些成员国，零售的要求或政府/企业的倡议，如欧盟大豆宣言，阻碍了转基因作物的种植和销售。

第五，某些成员国对非转基因产品的兴趣越来越高，农民倾向于提供溢价的非转基因产品而非数量竞争的市场环境。

第六，欧盟是转基因产品的主要进口国，主要用于畜禽业饲料。转基因产品在动物生产领域及其饲料供应链中的市场接受度很高，包括动物饲料企业，以及依赖进口产品生产的动物饲料的畜禽养殖户。

第七，欧洲进口商和饲料生产商一再批评欧盟的政策（许可流程冗长、缺乏可行的商业化低水平混杂处理政策），认为可能导致饲料短缺、价格上涨，以及在生物育种领域失去竞争力，被进口生产标准较低的动物肉类替代。欧盟的生物技术政策对大宗商品贸易企业来说是一个挑战，因为限制了采购选择，增加了与尚未许可转化体的国家开展业务的风险。

第八，一些成员国的饲料行业也采取了行动，旨在根据当地政府的蛋白质战略和/或满足消费者需求，使用较少的转基因产品。奥地利、克罗地亚、捷克、法国、德国、希腊、匈牙利、爱尔兰、荷兰、斯洛伐克、斯洛文尼亚和英国即是如此，尤其是乳制品行业，但家禽、鸡蛋、牛肉和猪肉生产亦是如此。

第九，近20年，欧洲消费者一直受声称转基因作物有害的反转组织负面信息的影响，消费者对转基因产品的态度大多是消极的，担心种植和消费这类产品的潜在风险，转基因产品在食品中的使用已成为一个备受争议和政治化的问题。此外，舆论普遍表示对国际企业不信任。尽管政府研究被认为比企业信息更加可信和中立，但政府研究不是那么容易获得。在种植转基因作物的欧洲国家（西班牙和葡萄牙），消费者的认知不那么消极，公众的认知各不相同：针对性状，转基因作物对消费者和环境均有益，在一定程度上改变了争论的动态；针对用途，纺织和能源领域使用转基因植物比食品领域的争议更小，对转基因植物的医疗用途并无争议。

某些发展可能开始改变消费者的认知，分别是：为消费者提供营养或其他效益的转基因作物；新兴技术，如同源转基因和基因编辑，被认为比转基因更“天然”；以及提供环境效益的转基因作物。

2019年发布的新《欧盟食品安全民意调查》① 显示，食品中是否存在转基因成分远不是欧盟消费者的主要担忧（图12）。仅27%的欧盟消费者将“食品或饮料中的转基因成分”列为其在食品方面的五大担忧之一。图12反映了媒体对不同主题的报道；抗生素和农药残留是近年来媒体关注最多的话题。

欧盟研究项目“消费者选择（Consumer Choice）”旨在将个人购买意向与实际行为进行比较。结果显示，消费者在收到有关转基因食品问卷时的回答，并不能可靠地反映其在零售商店购物时的行为。事实上，大多数购物者不会回避有转基因标识的产品。

欧盟食品行业调整其产品供应以满足消费者的认知，欧盟已许可50多种转基因植物用于食品。然而，由于消费者的负面认知，食品制造商调整配方，以避免“含转基因”的标识。与往常一样，各国情况有所不同，越来越多的例子表明，转基因标识的进口食品在英国和西班牙取得了销售成功。

大多数食品零售商，特别是大型超市，宣传其只销售非转基因产品。欧盟成员国有几个举措，零售时通过自愿使用无转基因标识进行区分。例如，在捷克和斯洛伐克，肉类和奶制品的零售商要求农民保证其牲畜未喂养转基因作物。一些零售商担心提供转基因标识产品可能会成为激进分子的行动目标，意味着将承担不可接受的品牌风险，这阻碍了含转基因标识食品的推出。

1.3.2 市场接受度/研究

1.3.2.1 欧盟各国对转基因的接受度差异很大

根据对转基因农业应用的接受程度，成员国可分为三大类，包括：①应用型。可能

① 欧洲民意调查表的最新版本不包括这类信息，所以最好参阅这个版本：https：//europa.eu/eurobarometer/surveys/detail/2241.

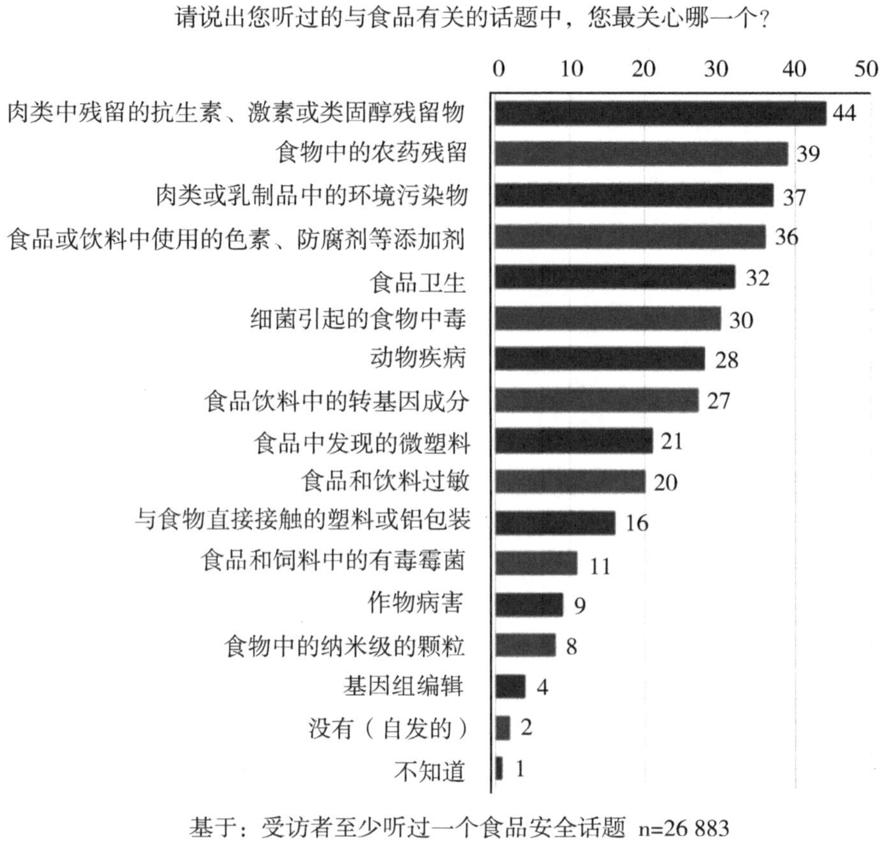

图 12　欧盟公民对食品的担忧

资料来源：2019 年欧盟食品安全民意调查。

种植，政府支持，很少或者没有消费者反对，饲料行业接受度高。②分歧型。没有种植，政府和消费者反对，饲料行业接受度高，务实的饲料业和农民。③反对型。进口但不种植，农民、行业、消费者和政府反对。

“应用型”的政府通常比较务实，且行业对这项技术持开放态度。这一类包括转基因玉米种植国（西班牙和葡萄牙），以及其他一些成员国，这些成员国如果有其他更适合其条件的性状被欧盟许可种植后，可能也会生产转基因作物，或者这些国家饲料严重依赖进口（捷克、比利时北部的佛兰德斯和英国的英格兰）。葡萄牙是 2 个种植转基因作物的欧盟国家之一，但与西班牙不同，葡萄牙政府存在分歧。英国脱离欧盟缩小了这一支持新兴技术国家集团的规模。罗马尼亚的农民仍支持使用转基因作物，但其社会其他行业对此观点不一。

“分歧型”的成员国的大多数科学家、农民和饲料企业都愿意采用这项技术，但消费者和政府在反转组织的影响下拒绝了这项技术。例如，法国、德国和波兰过去种植 Bt 抗虫玉米，但之后实施了国家禁令。比利时南部（瓦隆尼亚）、保加利亚和爱尔兰受到类似其他国家的影响，特别是法国和波兰。瑞典自 2011 年起自愿禁止转基因饲料。

北爱尔兰、苏格兰和威尔士，自2016年决定选择退出转基因作物种植后，一直存在分歧。这类群体中，德国越来越反对农业生物技术，丹麦、芬兰和荷兰的农业组织对转基因的认知存在分歧。

“反对型”的成员国的大多数利益相关者和政策制定者都反对这项技术，这些国家大多位于中欧和南欧（奥地利、克罗地亚、塞浦路斯、希腊、匈牙利、意大利、马耳他和斯洛文尼亚），拉脱维亚和卢森堡反对转基因技术，政府通常支持有机农业和地理标志产品，少数农民支持种植转基因作物。斯洛伐克自2017年以来，由于政治变化一直处于“强烈反对”这一类。立陶宛和爱沙尼亚的政府、农业领域和消费者目前均反对转基因技术应用。

1.3.2.2 欧盟正在进行一场关于基因编辑的辩论

考虑整个欧洲的科学家、农业和食品领域专业人士、普通公众和反生物技术激进分子，各国之间存在差异，但总体趋势如下。

第一，绝大多数科学家对欧盟法院关于基因编辑的判决深感担忧，警告可能会在欧盟终止一个有前景的研究领域。

第二，农业领域的大多数专业人士（农民、种子公司和包括进口商在内的饲料供应链组成者）支持使用基因编辑技术，并对欧盟法院的裁决可能带来的负面经济影响感到担忧。一些小型农民组织和食品企业与反转组织关系密切，但仅占欧盟农业和食品领域的一小部分。至于有机农民，其政治倾向认为只有自然发生的才是有益和道德的，包括教条主义个人或团体，以及利用有机农业创造最大经济收益的市场导向的团体。教条主义团体拒绝一切其认为“非自然”的事物，拒绝现代技术，倾向于使用传统技术培育的品种。对于以市场为导向的有机农民来说，“非转基因”是一种营销策略；如果能带来环境效益并在消费者中具有明显的正面形象，他们可能会使用一些基因编辑技术生产的种子。

第三，食品行业和零售商的首要任务是使其产品适应消费者的认知。然而，目前普通民众对基因编辑技术的农业应用认识不足。

第四，反转组织在法国、德国、希腊、爱尔兰、意大利、斯洛伐克和英国积极开展活动，反对基因编辑技术。

第五，新一届委员会并未表示赞成或反对基因编辑技术。欧盟绿色协议的早期草案提到“新兴技术”，如果不考虑这些技术，“绿色协议”的目标——减少农药等农业投入，将很难在生产力无大幅下降的情况下实现。根据2018年欧盟法院的裁决，卫生专员 Kyriakides 和委员会都指出了2021年4月关于这些技术法律地位研究的潜在结果。

1.3.3 研究

表5引用了欧盟对转基因植物和植物产品认知的相关研究。

表 5　欧盟对转基因植物及其产品认知的研究

报告	评论
2019 年欧盟食品安全民意调查	EFSA 委托的涉及食品安全问题的风险认知民意调查（2019 年）
关于在新鲜食品和加工食品中转基因认知对比	佛罗里达大学食品和资源经济系开展的一项跨文化研究（2013 年）

资料来源：USDA/FAS 编制。请参阅各链接以了解各自来源。

第2章 动物生物技术*

2.1 生产和贸易

2.1.1 产品开发

大多数成员国开展转基因动物基础研究，包括奥地利、比利时、捷克、丹麦、法国、德国、匈牙利、意大利、荷兰、波兰、斯洛伐克、西班牙和英国。大多致力于开发转基因动物，用于医学和药物研究：一是研究疾病。通过生物技术，如基因编辑和转基因，建立人类疾病的动物模型。二是利用转基因猪生产组织或器官（异种器官移植）。三是利用哺乳动物乳汁或鸡蛋清生产具有药用价值的蛋白质（血液因子、抗体、疫苗）。蛋白质也可在实验室环境中由动物细胞生产。

一些国家（如德国、波兰、匈牙利、西班牙和英国）还利用动物生物技术开展农业研究：一是改进动物育种（如高产绵羊、福利性状、奶牛和猪的基因组学、抗病家禽/牲畜免疫研究）。二是研究家禽家畜繁殖的分子过程；以及用于农业害虫的生物控制。三是欧盟用于研究的转基因动物包括蝇类、线虫、蛾、热带青蛙、热带鱼、小鼠、大鼠、母鸡、猫、兔、猪、山羊、绵羊、奶牛和马。

欧盟开展的转基因动物研究的部分实例：

①波兰国家动物育种研究所的动物繁殖和生物技术部开展胚胎克隆、体细胞克隆（猪、兔、山羊、牛、猫、马）以及动物转基因等科学实验研究。

②匈牙利国家农业研究和创新中心（NAIK）农业生物技术研究所有3个研究小组，从事胚胎干细胞研究、反刍动物基因组和兔基因组生物学研究。

③英国 Oxitec 公司正在开发转基因昆虫，以解决人类健康和农业问题（例如，作为生物防治剂开发的转基因油橄榄蝇，可保护油橄榄树免受虫害；转基因果蝇，可保护水果、坚果和蔬菜免受虫害；转基因粉红棉铃虫，可防治棉花虫害；转基因蚊子，可减少登革热和寨卡等病毒媒介的蚊子种群数量；以及转基因小菜蛾）。

④英国爱丁堡 Roslin 研究所的研究人员（1996年培育出克隆羊多莉）已经培育出可抵抗非洲猪瘟病毒的猪。研究人员使用了基因编辑技术，该技术可模拟自然的基因突

---

* 转基因和基因编辑修饰 DNA，引入新的性状并改变该物种一个或多个特征。动物克隆为辅助生殖技术，不会修改动物 DNA，因此与动物转基因不同（无论在科学方面，还是在对该技术和/或其衍生产品的监管方面）。研究人员和企业利用其他动物生物技术时经常使用克隆技术，因此本报告中包括克隆技术。

变，以至于与利用传统方法产生的自然基因变异无法区分。基因编辑不涉及抗生素耐药基因的使用，科学家们希望这一突破能使转基因更被公众接受。Roslin 研究所发育生物学负责人 Whitelaw 教授认为，抗病动物可在 5～10 年内商业化。Roslin 研究所致力于利用基因编辑来提高牲畜对传染病的抵抗力，以及培育不会传播禽流感的鸡。

⑤2018 年，西班牙猪研究中心报告了关于转基因猪的研究活动。2017 年，公共农业研究所（INIA）上报国家生物安全委员会（CNB），开展转基因兔、山羊和绵羊繁殖的分子水平研究。2013 年已开展 CRISPR-Cas9 小鼠的基础研究；动物基因编辑研究由国家生物技术中心（CNB）等政府机构组织开展。

⑥比利时 Flemish 生物技术研究所（VIB）在基因编辑技术方面非常活跃，尤其是在提高 CRISPR 技术的编辑效率方面。VIB 广泛的生物医学研究项目使用植物和动物模型，以开发人类和动物新的诊断工具和治疗方案。

有关成员国研究的更多信息，请参阅附录 1 中所列的 USDA/FAS 国家报告。

2.1.2 商业化生产

欧盟没有用于食品的转基因动物被商业化生产，迄今为止，尚未向 EFSA 提交任何转基因动物环境释放或上市的申请。

2019 年，Oxitec 公司（总部位于英国）推出了几项新举措，培育转基因生物技术蚊子以防治传播疾病的蚊子。2020 年 5 月 1 日，Oxitec 公司宣布其在美国的试验项目获得美国环保局的批准，其田间试验将在佛罗里达州门罗市和得克萨斯州哈里斯市进行，为期两年。

2020 年 8 月 19 日，Oxitec 公司宣布最终一项协议被批准，在佛罗里达群岛开展安全、不咬人的埃及伊蚊的示范项目。更多信息，请参阅：https：//www. oxitec. com/en/news/oxitecs-friendly-mosquito-technology-receives-us-epa-approval-for-pilot-projects in-us。此前，法国 Cryozootech 公司培育了克隆马，但已停止运营。

2.1.3 出口

英国出口转基因蚊卵，用于开发和随后在巴西等非欧盟国家释放。Oxitec 公司的技术将与登革热控制计划合作，于 2020—2021 年蚊虫季节，部署于巴西圣保罗州因达亚图巴市各地。更多详情，请参阅 Oxitec 公司的新闻稿。

2.1.4 进口

欧盟已进口了克隆动物的精液（图 13）和胚胎，具体数量不详。美国是欧盟最大的牛精液供应国，平均市场份额超过 50%，其次为加拿大（近 30%）。

2.1.5 贸易壁垒

公众和政治反对是利用动物生物技术改良动物育种的主要障碍。

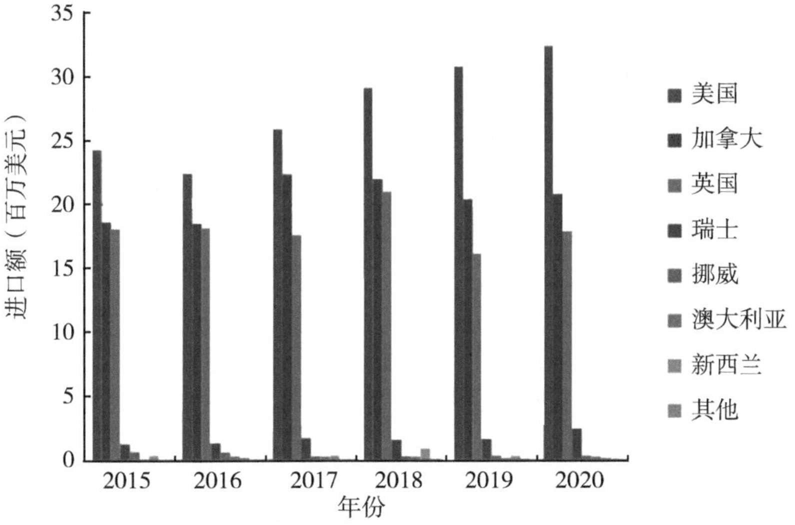

图 13　欧盟牛精液进口

资料来源：欧洲统计局。

2.2　政策

2.2.1　监管框架

2.2.1.1　政府主管部门

监管动物生物技术的 3 个欧洲实体：欧盟委员会卫生和食品安全总局（DG SANTE）；欧盟理事会；欧洲议会，特别是以下委员会：环境、公共卫生和食品安全（ENVI），农业和农村发展（AGRI），国际贸易（INTA）。欧盟对转基因动物的监管框架与基因工程植物相同。此外，EFSA 于 2013 年发布了《转基因动物环境风险评估指南》，于 2012 年发布了《转基因动物食品和饲料风险评估及动物健康和福利指南》。有关转基因动物的其他信息、相关文件和报告可在 EFSA 网站查询。

2.2.1.2　影响监管决议的政治因素

影响动物生物技术监管决议的利益相关者包括：动物保护主义者、当地食品组织、生物多样性保护者和消费者协会。

2.2.1.3　可能影响美国贸易的立法和法规

欧盟现行新型食品法规［（EU）2015/2283 号法规］已于 2015 年 12 月公布，大部分条款于 2018 年 1 月 1 日起生效，（EC）258/97 和（EC）1852/2001 号法规失效。虽然欧盟目前尚无动物克隆生产的食品，但理论上，在通过动物克隆特定法规之前，此类食品仍被（EU）2015/2283 号法规所涵盖。

欧洲议会多年来一直试图利用新型食品立法来推动欧盟动物克隆禁令，以及动物克隆及其后代衍生产品的销售禁令。最终，通过了新型食品法规，其中包括一项声明，来自动物克隆的产品在通过动物克隆特定法规前仍受新型食品法规的约束。

2013 年 12 月，欧委会发布了关于动物克隆的立法提案，目的是只要动物福利问题仍然存在，就禁止以养殖为目的的克隆。2015 年 6 月，欧洲议会的农业和环境（AGRI）、公共卫生和食品安全（ENVI）委员会通过了关于欧委会提案的联合报告。该报告呼吁修订原提案，包括全面禁止动物克隆、进口动物克隆体、原始产品，以及销售和进口来自动物克隆体和后代的食品。联合报告还呼吁将提议的两项委员会指令合并为一项提案，以便根据联合决定程序通过一项条例。

2015 年 9 月，全体会议批准后，AGRI/ENVI 联合报告被列入理事会进行首次审议。理事会对联合决定程序的审议阶段没有最后期限或时间表。理事会可以接受欧洲议会的修正案，或者，如果他们不接受欧洲议会的立场，可协商采用一个共同的立场。但是，理事会对这些建议的讨论尚未超出技术水平。鉴于这一问题的政治敏感性，理事会不愿意对这些建议进行充分讨论。

2020 年 1 月 29 日，欧盟委员会通过了工作计划，阐明了欧盟在 2020 年的行动目标。与此同时，委员会还审查了目前等待欧洲议会和理事会决定的所有申请，并建议撤回和废除其中的 34 项，包括关于克隆牛、猪、羊、山羊和马等动物的申请，以及关于将动物克隆食品投放市场的提案。

2.2.2 基因编辑技术[①]

关于通过基因编辑技术生产的动物的最新政策见 1.2“政策”部分，1.2.5 基因编辑技术。

欧洲农业、食品和自然应用科学研究联盟（UEAA）报告称，2019 年 6 月，法国兽医学院（UEAA 的成员之一）一致投票支持一份关于基因编辑家畜的立场文件。科学院建议在各级鼓励利用现代基因组工程技术的研究项目，并给予充分的资助。然而，迄今为止，与农业生产有关的项目并没有增加，但与动物健康和疾病治疗有关的一些研究仍在继续。

UEAA 还建议欧盟立法，迅速建立适应转基因家畜的监管框架，以加速这一领域的技术发展，促进创新。这项立法应考虑到，大多数基因编辑动物的研究，只有在它们实际上能带来可观的经济、健康、动物保护或环境效益时才有意义。

UEAA 的另一项建议包括，生产或进口基因编辑家畜相关申请，应由主管当局个案分析，并以科学合理的基础为依据，同时要考虑社会接受程度。

2.2.3 标识和可追溯性

欧盟法规（EC）1829/2003 号和（EC）1830/2003 号要求生产转基因动物食品和饲料要有标识。关于动物克隆，欧盟（EU）2015/2283 号新食品条例第 9 条规定，“欧盟动物克隆清单中的新食品条目应包括新食品的规格以及在适当的情况下的具体标识，告知消费者任何特定性状或食物特性，如成分、营养价值或食品的作用和预期用途，使

① “基因编辑技术”是新育种技术（NBTs）的同义词，它不包括转基因技术。

一种新食品不再等同于一种已有食品对特定人群健康的影响。”

2.2.4 知识产权

转基因动物专利的立法框架与转基因植物相同（见 1.2“政策”部分，1.2.11 知识产权）。

以下任何一项都不能被授予欧洲专利：动物品种；通过手术或治疗来治疗动物身体的方法，以及在动物身体上实施的诊断方法；改变动物的遗传特性的程序，这种程序可能使动物遭受痛苦，而对人类以及由此产生的动物没有任何实质性的医疗好处①。

2.2.5 国际条约/论坛

欧盟是食品法典委员会的成员，拥有 27 个成员国。食品法典委员会设有工作组，并制定有关转基因动物的准则。例如，它制定了对源自转基因动物的食品进行食品安全评估的指南。欧盟及其成员国就法典中讨论的问题起草欧盟立场的文件。

世界动物卫生组织（OIE）没有关于转基因动物的具体指南，但是它有动物克隆生产的指南。欧盟委员会积极参与 OIE 的工作，反馈来自成员国的意见。

欧盟目前 27 个成员国中有 21 个②是经济合作与发展组织（OECD）的成员，该组织设有工作组并制定生物技术政策准则。

欧盟是《卡塔赫纳生物安全议定书》的缔约国，该议定书旨在确保转基因活生物体的安全处理、运输和使用（见 1.2“政策”部分，1.2.12 卡塔赫纳生物安全议定书）。

2.3 市场营销

2.3.1 公众/个人意见

欧盟畜牧业不支持克隆或转基因动物用于农业商业化目的。然而，在一些欧盟成员国中，畜牧业从业者对动物基因组学和标记辅助选择的动物育种感兴趣。一般公众对动物生物技术的兴趣有限，但如果问的话，人们通常对转基因动物比对转基因植物更有敌意。媒体覆盖率低，它们偶尔报道关于欧盟一级的监管决定或关于在欧盟以外国家销售此类产品的报告，针对不同的用途大家有不同的意见。如果提高动物福利的水平较高，可能会增加公众对该技术的接受程度。然而，相当一部分人仍然会拒绝接受，认为这是反自然的。一些组织正在欧盟积极反对这项技术，包括动物福利活动家、当地食物团体和生物多样性活动家。

医疗应用是动物生物技术最被接受的用途。使用动物进行医学研究，目的是寻找疾病的治疗方法或保护濒危物种，这普遍被认为是有利的。公众对转基因昆虫的认识程度较低。

---

① 数据来源：欧洲专利局。

② 非经合组织的欧盟成员国包括保加利亚、克罗地亚、塞浦路斯、立陶宛、马耳他和罗马尼亚。

2.3.2 市场接受度/研究

在欧盟，公众对动物生物技术的了解很少，但总体而言，政策制定者、行业和消费者的市场接受度很低。动物生物技术是一个没有被广泛讨论的争议性问题。

欧洲关于生物技术的最新调查可以追溯到 2010 年。报告指出，克隆动物作为食品甚至不如转基因食品受欢迎，仅有 18%的欧洲人表示支持。

第3章 微生物生物技术

3.1 生产和销售

3.1.1 商业化生产

很难获得有关转基因微生物开发和生产实践的信息。然而，微生物的转基因和基因编辑技术在整个欧盟的实验室都被广泛使用。利用发酵生产食品酶和食品添加剂比用化学手段生产这些成分更有优势，而且在未来可能会变得更加重要。微生物的基因工程是成功的关键。

3.1.2 出口

欧盟向美国或其他国家出口含有转基因微生物衍生食品成分的产品。在欧盟，如果最终产品不含转基因微生物及其转基因遗传物质，则不需要进行转基因标识。

3.1.3 进口

欧盟进口的转基因微生物衍生的食品成分或加工产品与不含转基因微生物的类似食品没有做区分，因此没有可用的数据。一些欧盟国家在进口管制中，发现了转基因微生物的痕迹，受到了欧盟转基因监管食品饲料快速预警系统的警告和制裁；然而，欧洲食品安全局的指南允许使用DNA。

3.1.4 贸易壁垒

转基因微生物及其转基因遗传物质必须在最终产品中去除，否则欧盟将视其为转基因生物。如果不满足这一条件，产品必须贴上含有转基因生物的标签，转基因微生物必须根据欧盟转基因指令获得批准。

3.2 政策

3.2.1 监管框架

负责的政府部门及其在转基因监管中的作用请参见1.2“政策”部分，1.2.1监管框架部分。

转基因微生物和/或衍生食品成分的监管与转基因植物或动物的监管有何不同?

转基因微生物及其产品属于两项转基因指令的范围，即第2009/41/EC号指令——

包含“转基因微生物”的用途和第2001/18/EC号指令，该指令涵盖了转基因生物环境释放中的行为。

“限制性使用”指令（指令2009/41/EC）将“限制性使用”定义为“微生物经过基因改造，或以任何其他方式培养、储存、运输、销毁、处置或使用转基因材料，并使用特定措施限制其接触的任何活动，为公众和环境提供高度安全”。为了符合本指令的要求，两个标准非常重要。第一个标准是最终产品中必须没有转基因微生物，第二个标准是没有重组DNA（rDNA）。如果不符合这些标准，转基因微生物产品就属于第2001/18/EC号指令关于“转基因生物”环境释放的范围，转基因植物和动物也是如此。这种转基因微生物产品必须符合（EC）1829/2003号法规，该法规涵盖了转基因食品和饲料的市场准入要求和授权程序，以及（EC）1830/2003号法规，该法规涉及转基因生物的可追溯性、标识以及食品的可追溯性、由转基因生物生产的饲料产品等。更多信息请参见1.2政策部分。在许多情况下，行业倾向于根据“限制性使用”指令（指令2009/41/EC）申请转基因微生物高纯度产品的授权。这样产品不必贴上“转基因”标签。美国食品公司Impossible Foods根据“有意释放”指令提交了一份申请，要求一种转基因微生物生产的调味品，使其素食汉堡具有肉味。他们生产大豆血红蛋白的转基因微生物目前正在接受欧盟的“转基因”审批程序审查。该公司报告称，他们相信欧盟公众不会因产品上的“转基因”标签对这类产品望而却步。

3.2.1.1 转基因微生物和/或衍生食品成分在使用前的附加产品注册或批准要求

如后文所述，使用转基因微生物生产的产品可能会根据其用途进行进一步监管。无论生产过程是否涉及基因工程，欧盟都有一套针对食品酶、食品添加剂、食品调味料和新型食品的法规。有关这些法规的更多信息，请参阅美国农业部/国外农业服务的欧盟食品和农产品进口法规和标准报告。

（1）食品配料

欧盟拥有一份被称为食品添加剂和食品调味品的欧盟认证名单。它们分别在（EC）1333/2008号法规和（EC）1334/2008号法规的附件中提供。欧盟委员会在（EC）1333/2008号法规中引用了欧盟食品酶清单，但尚未公布。根据2015年3月15日截止日期前提交的所有申请，委员会编制了一份登记册①。一旦欧洲食品安全局对登记册中的每种食品酶发布意见，欧盟食品酶清单将被采纳。同时，有关食品酶和用食品酶生产的食品投放市场和使用的现行国家规定继续适用。在成员国中，只有丹麦和法国有专门的食品酶立法。有关这些国家立法的更多具体信息，请查阅相应的GAIN报告。

要将产品添加到欧盟清单中，所有3个类别都必须遵循（EC）1331/2008法规中描述的“通用授权程序”，每个类别都有自己的应用程序。（EU）234/2011号条例对其实施进行了说明。委员会网站在专门网页上为申请人提供指导②。

---

① https://ec.europa.eu/food/sites/food/files/safety/docs/fs_food-improvement-agents_enzymes_register.pdf.

② https://ec.europa.eu/food/safety/food_improvement_agents/common_auth_proc_guid_en.

（2）新型食品

食品中使用的转基因微生物衍生产品可能受欧盟关于新型食品的（EC）2015/2283法规的约束①。欧盟术语“新食品”是指在1997年5月15日之前（无论成员国加入欧盟的日期如何），在欧盟范围内未在很大程度上用于人类食用的任何食品，并且属于“新食品”立法第3条中提到的十类食品中的至少一类。该法规指出，新食品（EC）2015/2283法规不适用于“属于（EC）1332/2008法规范围内的食品酶、属于（EC）1333/2008法规范围内的食品添加剂和属于（EC）1334/2008法规范围内的食品调味品”。然而，制造商必须意识到，如果转基因微生物衍生产品的生产方式是全新的，那么它就可以被视为一种“新型食品”。欧洲食品工业集团欧洲食品添加剂公司在其网站上以决策树的形式提供有用的指导。EFSA接受所有评估申请，以及对任何产品的授权要求提出的质疑。

3.2.1.2 可能影响美国出口的未决立法或法规

最新的监管进展源于2018年7月欧盟法院的案例，该案例涉及通过较新的转基因技术开发的植物中的诱变应用②。这项裁决对转基因微生物有影响，因为欧盟主要的“转基因”立法广泛涉及微生物。判决指出，新诱变技术产生的生物体属于欧盟转基因指令2001/18/EC的监管范围③。目前，欧盟委员会正在根据欧盟法律对“新型基因组技术”的地位进行研究④。公众咨询将于2022年年初开始，预计将进行影响评估，目标是2023年发布政策草案。

3.2.2 批准

对于符合欧盟“有意释放”指令的转基因微生物产品，请参见1.2“政策”部分，1.2.2审批部分。转基因微生物的其他产品，主要是食品成分，与之前提到的清单中的传统方式生产的产品没有区别（见前文）。

3.2.3 标识和可追溯性

对于符合欧盟“有意释放”指令的转基因微生物产品，（EC）1830/2003号法规适用于“转基因生物”的可追溯性和标识、转基因食品和饲料产品的可追溯性。有关详细信息，请参见1.2“政策”部分，1.2.7标识部分。如果转基因微生物产品在没有任何转基因微生物痕迹的情况下得到彻底净化，并且欧盟的“限制性使用”指令适用，则不需要“转基因”标识。

---

① 见GAIN报告New EU Novel Food Regulation Applicable as of January 1（2018）.

② 见GAIN报告。EU Court Extends GMO Directive to New Plant Breeding Techniques（2018）.

③ 见欧洲法院的新闻稿和裁决。https：//curia. europa. eu/jcms/upload/docs/application/pdf/2018- 07/cp180111en. pdf.

④ 见欧盟委员会关于新基因组技术的研究报告。https：//ec. europa. eufood/plant/gmo/modern_biotech/new-genomic-techniques_en.

3.2.4 监测和检测

进口加工产品中转基因成分的质谱检验。请参阅附录 1 中列出的成员国报告。阳性试验结果提交至食品饲料快速预警系统，阳性检测结果出具后可能需要销毁或运出欧盟。更多有关信息，请参见 1.2 政策——1.2.8 监测和检测部分。

3.2.5 附加监管要求

无。

3.2.6 知识产权（IPR）

关于生物技术发明的法律保护的第 98/44/EC 号欧盟指令适用于转基因微生物，并在所有成员国中实施。有关更多信息，请参见 1.2 政策——1.2.11 知识产权（IPR）部分和附录 1 中的成员国报告。

3.2.7 相关问题

另一个挑战是从监管指令中删除对外源重组 DNA 监管。检测方法变得越来越灵敏，转基因微生物衍生的成分通常少量添加到食品中，因此即使是残留在最终产品中的最小数量的重组基因物质也能被检测出来，一些成员国认为这是不合规的。因此，该类产品需要一个检测阈值。

3.3 市场营销

3.3.1 公众/个人意见

欧盟没有公众对微生物生物技术了解情况的统计数据。如本报告第一部分所述，欧洲消费者更希望他们的食品不是转基因食品。由于转基因微生物一般在生产中使用，但最终消费品中并不存在，因此欧洲公众可能并不反对使用这种技术。

通过绿色协议和刺激循环经济的要求，欧盟已经明确承诺，要变得更加环保。消费者对动物替代品和非乳制品的需求以及对新型食品包装材料的需求正在上升。转基因微生物能够通过发酵产生新的复杂分子。与化学工艺相比，发酵使用较少的投入和产生较少的废物，再加上技术成本的下降，这将为转基因微生物发展提供动力①。

3.3.2 市场接受度/研究

没有可用的市场接受度研究资料。

---

① 见 GAIN 报告 Green Deal Strategies for the EU Agri-Food Sector Present a Politically Ambitious Policy Roadmap.

附录

附录 1　相关报道

USDA/FAS 编写了有关个别欧盟成员国的综合报告。农业生物技术年度报告的最新版本适用于下列国家：奥地利、比利时、保加利亚、克罗地亚、捷克、法国、德国、匈牙利、意大利、罗马尼亚、西班牙、瑞典。

USDA/FAS 还撰写了关于生物技术最新发展的各种报告。通过选择 GAIN 网站搜索选项下的“生物技术”类别或通过国外农业服务网站查看这些报告。

附录 2　欧盟的 27 个成员国+英国

AT	奥地利	IE	爱尔兰
BE	比利时	IT	意大利
BG	保加利亚	LT	立陶宛
CY	塞浦路斯	LU	卢森堡
CZ	捷克	LV	拉脱维亚
DE	德国	MT	马耳他
DK	丹麦	NL	荷兰
EE	爱沙尼亚	PL	波兰
EL	希腊	PT	葡萄牙
ES	西班牙	RO	罗马尼亚
FI	芬兰	SE	瑞典
FR	法国	SI	斯洛文尼亚
HR	克罗地亚	SK	斯洛伐克
HU	匈牙利	UK	英国①

① 2020 年 1 月 31 日，英国退出欧盟（Brexit）。

西班牙农业生物技术年报*

USDA美国农业部
对外农业服务局GAIN全球农业信息网
规定报告：按规定–公开发表
日期：2021年12月1日
报告编号：SP2021−0031
报告名称：农业生物技术年报
国家：西班牙
报告类别：生物技术及其他新生产技术
编写人：Marta Guerrero
批准人：Karisha Kuypers

报告要点

本报告介绍了西班牙的农业生物技术在生产和贸易、政策和营销及发展等方面的情况。报告内容主要包括植物、动物和微生物3个部分。西班牙是欧盟农业生物技术强国，也是最大的转基因玉米种植国和转基因饲料原料消费国。作为欧盟成员国，西班牙农业生物技术政策没有什么变化。目前，所有的关注点都集中在欧盟委员会（European Commission）未来对基因编辑产品的监管要求上。

***免责声明**

西班牙作为欧盟成员国，遵守欧盟农业生物技术相关指令和法规。建议结合欧盟农业生物技术年报一起阅读本报告。

［内容提要］

西班牙作为欧盟成员国，必须遵守欧盟规则。尽管欧洲的生物技术环境日益复杂，但西班牙一直采取基于科学的方法来规范生物技术的使用，以保护农民获得农业创新的机会，避免贸易中断。西班牙是欧盟成员国中种植转基因玉米最多的国家（2021 年转基因玉米种植面积为 96 606 公顷），从 1998 年就开始了商业化种植 MON810 转基因玉米。只要通过授权，该国的监管框架允许对转基因（GE）和新兴生物技术（IB）进行允许范围内的研究和田间试验。西班牙冬季谷物产量不稳定，本身又是出口驱动型畜牧业，使得西班牙成为欧盟最大的粮食进口国，其他欧盟成员国只有蛋白质饲料原料（即大豆和豆粕）的结构性短缺。西班牙建设性地回应了欧盟委员会（EC）关于新的基因组技术的询问，并对欧盟委员会的研究持肯定态度，该研究承认基因编辑在应对全球挑战方面的潜力。报告书还建议修订欧盟的法律，将利用现代植物育种技术开发的不引入其他物种基因的农作物排除在转基因生物（GMO）监管对象之外。对于转基因动物的研究需事先通报并获得授权，并遵守与转基因植物研究相同的规则。公共机构为医药目的进行的基础研究占了通报的大多数。西班牙克隆动物的研究无须进行公共注册，克隆研究的通报也不是强制性的。西班牙的食品生产过程中广泛使用微生物。然而，食品行业选择使用以微生物生物技术作为工具获得的食品成分，而不是包含微生物生物技术产品的食品成分，这样就避免了冗长的监管以及转基因标识要求。

术语

“基因工程”：又叫“转基因技术”。

“新兴生物技术（IB）”：与“新育种技术（NBTs）”同义，通常是指基因编辑技术，但不包括传统意义的转基因技术（欧盟称为 GMOs）。

第1章 植物生物技术

1.1 生产和贸易

1.1.1 产品开发

在西班牙，经过提前备案、公告和审批后，可以在限定的范围内开展转基因研究和环境释放和田间试验（Law 9/2003 - in Spanish）。同样，经过备案和审批，也可以进行基因编辑相关研究。但由于欧盟相关规章制度的限制，极大地阻碍了西班牙这些新兴生物技术的研究开发，难以充分发挥其商业价值。因此，虽然在西班牙国内可以适度开展转基因相关的研究和环境释放试验，但估计在未来5年内，在西班牙市场上不会有转基因或新兴生物技术研究的新成果上市。

限定性研究①：2020年，向主管部门报告的转基因植物研究活动包括巴利阿里群岛大学（Universidad Islas Baleares）研发的高表达花青素番茄；Barberet & Blanc 研发的转基因牵牛花和 SemillasFitó 开发的其他非特定植物。

截至2021年本报告发布之日，西班牙关于转基因植物研究的通报包括 Eurofins Trialcamp 开展的玉米授粉研究、Viveros California 控制真菌病害的草莓以及马拉加大学（Universidad de Malaga）开展的草莓植株发育和病原体抗性研究。

田间试验：向主管部门递出申请的田间试验仍非常少。这反映了由于国内严格的监管和市场准入条件，公共部门和企业对利用转基因或新兴生物技术开发适应本国情况的作物的兴趣不高。据联合研究中心称，2021年，西班牙国家研究委员会（CSIC）仅提交了两份烟草植物田间试验的通告（图1）。

1.1.2 商业化生产

西班牙是欧盟最大的转基因 Bt 玉米生产国，种植面积占欧盟全部转基因作物种植面积的95%，剩下的5%分布在欧盟成员国中除西班牙外唯一的种植转基因作物国家——葡萄牙。2021年，西班牙种植转基因 Bt 玉米的面积达到96 606公顷。自1998年以来，MON810 玉米一直在西班牙进行商业化种植。西班牙的17个自治区中有12个自治区种植了 Bt 玉米。在埃布罗河流域（阿拉贡、加泰罗尼亚和纳瓦拉自治区）的玉米

---

① 根据第9/2003号法律，所有打算将特定设施用于转基因生物的限制用途的对象都有义务提前通知主管当局。但是，如果活动的风险为零或可忽略不计，则无须将同一实体随后进行的试验通报主管当局。因此，除了这些列出的研究活动之外，可能会发生额外的零或微不足道的有限研究活动。

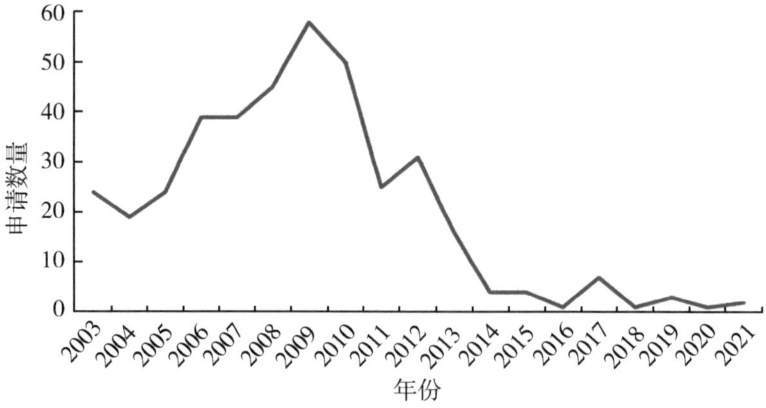

图 1　西班牙开放性田间试验情况通报

资料来源：马德里对外农业服务局（FAS），根据联合研究中心（JRC）信息整理。

螟虫高发区，MON180 的种植非常集中。欧盟 412/2015 号指令发布时，该指令赋予成员国在其境内限制或禁止生物技术种植的灵活性，西班牙是决定不退出的 9 个[①]欧盟成员国之一。

1.1.2.1　总玉米种植面积

自 2013/2014 年以来，西班牙的玉米种植面积持续下降。自 2019/2020 年以来，西班牙的玉米总面积稳定在 35.5 万公顷左右（图 2）。在玉米螟灾害地区，灌溉技术和转基因玉米的使用稳定了玉米的产量。2021/2022 年的玉米种植面积有所增加，得益于种植作物利润的提高、春季良好的种植条件，以及埃布罗谷等地区在冬季作物收获后将玉

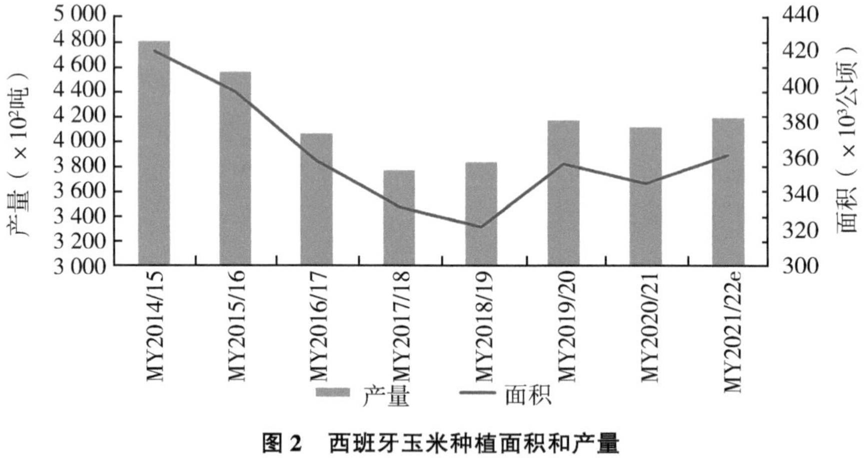

图 2　西班牙玉米种植面积和产量

数据来源：马德里对外农业服务局（FAS）及农业、渔业和食品部（MAPA）。

注：1. 以上数据包括转基因和非转基因；2. MY：生产销售年度；3. 玉米销售时期为 9—10 月。

---

① 决定不退出的欧盟成员国包括西班牙、葡萄牙、爱尔兰、芬兰、罗马尼亚、瑞典、爱沙尼亚、斯洛伐克、捷克，以及比利时的弗兰德斯地区。

米作为第二茬作物的栽培等做法。玉米种植面积未能进一步增加的影响因素主要包括：欧盟的绿色发展策略确定的作物多样化以及在缺乏耕作工具的情况下，需要进行轮作以控制害虫和杂草的侵害。

1.1.2.2 转基因玉米种植

除 2015 年外，转基因玉米的种植份额持续扩大，在 2016 年达到最高点（图 3）。自 2019 年①以来，转基因玉米种植面积计算方法的改变，影响了转基因玉米种植面积的绝对值。

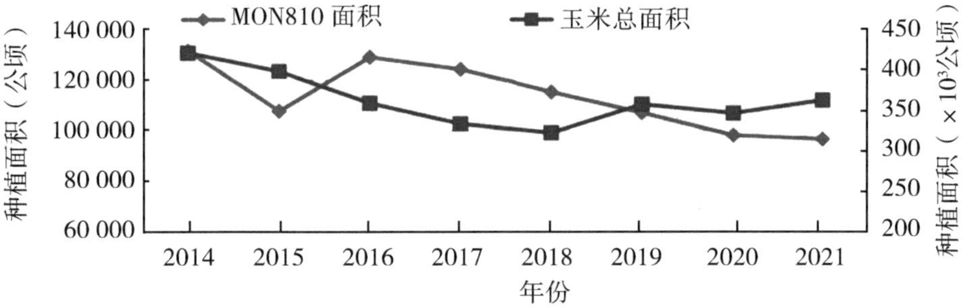

图 3　西班牙玉米种植总面积和 MON810 玉米种植面积②

注：左轴表示 MON810 种植面积；右轴表示玉米总种植面积。

2021 年的数据显示，转基因玉米种植减少了 2%，而同期玉米总面积增长了近 5%。转基因玉米份额的下降（图 4）可以解释为市场上玉米种子长周期供应有限，而被传统玉米种子取代。

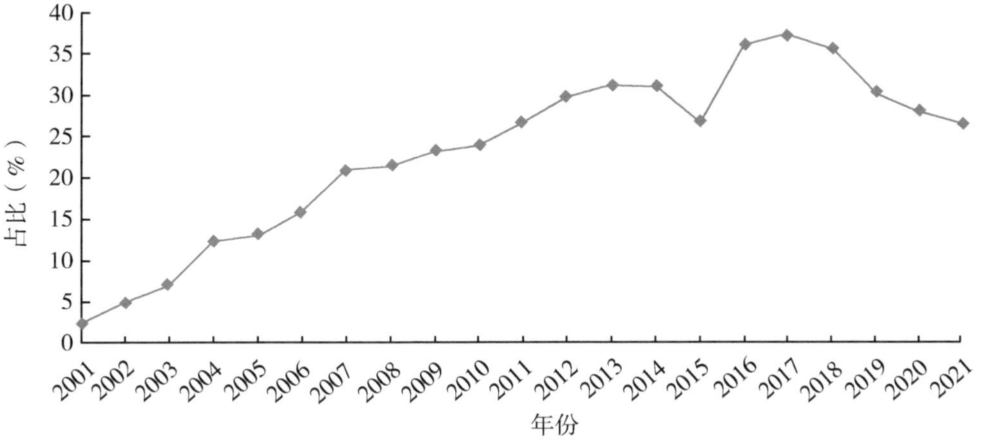

图 4　MON810 玉米种植面积在西班牙所占份额

数据来源：马德里对外农业服务局（FAS）及农业、渔业和食品部（MAPA）。

---

① 截至 2018 年，农业部公布的通用玉米种植面积估算是考虑到公司的种子销售申报，并假设平均种植密度为每公顷 8.5 万颗种子。

② 自 2009 年以来，西班牙农业、渔业和食品部（MAPA）公布了转基因作物的种植面积，不仅包括欧盟共同目录中国家登记的玉米品种，还包括那些获得临时授权的品种。图 3 中 2009 年至今的数据已相应更新。

然而，转基因玉米品种在埃布罗河流域的应用仍然很广泛。阿拉贡和加泰罗尼亚（图5）分别占全国转基因玉米种植面积的42%和34%。在这些地区，玉米螟是区域性的，而转基因玉米的使用有助于减少第二季作物的虫害①，使农民可以在同一块土地上种植两种粮食作物并从中获利。

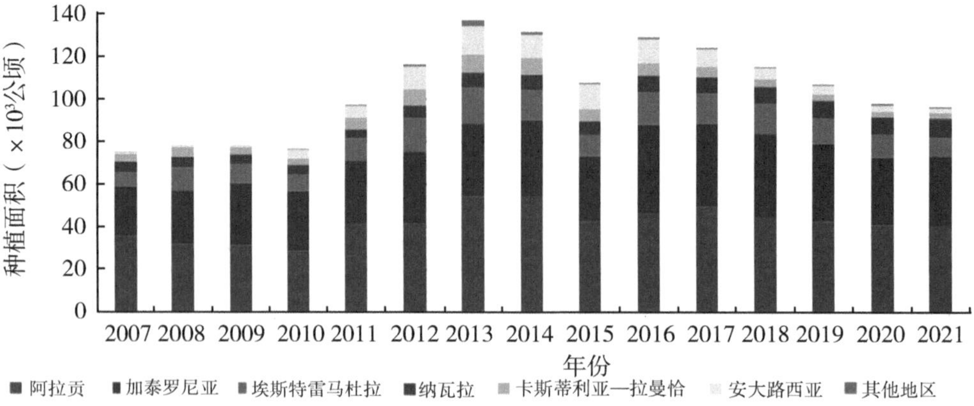

图5 各地区转基因玉米种植面积

数据来源：马德里对外农业服务局（FAS）及农业、渔业和食品部（MAPA）。

2021年7月，加泰罗尼亚地区植物卫生服务部门（Catalonia' Regional Plant Health Services）向农民预警了Plad' Urgell县（加泰罗尼亚莱达）存在玉米根虫（*Diabrotica virgifera*）为害风险。这是在西班牙首次发现玉米根虫。出现虫害迹象的区域是MON 810广泛栽培的饲料厂密集地区。

自2014年以来，根据2014/62/EU条例决定，这种害虫不再被视为有害的检疫性生物，但它会对玉米造成重大损害，因此应高度重视其存在并采取措施防止其传播。当地卫生服务机构建议将作物轮作作为一种减轻这种害虫为害的方法。限制西班牙转基因玉米种植面积进一步扩大的原因分析如下。

（1）玉米种植面积稳定

西班牙玉米总种植面积已稳定在35.5万公顷左右。作物轮作控制虫害、欧盟绿色发展策略②确立的作物多样化，以及与其他作物的竞争都限制了玉米面积的进一步扩大。与此同时，玉米作为第二季作物，以及在一些地区可替代作物种类有限，这些因素防止了玉米总面积的下降。

（2）转基因玉米主要集中在玉米螟虫害高发地区

MON810是欧盟唯一准许种植的转基因转化体，种植区域也局限于玉米螟高发地区。其他性状转基因作物的批准可能会激发起广大农民的种植兴趣。

---

① 在埃布罗河流域，种植玉米作为第二作物是一种相当普遍的农艺做法。农民在冬天种植大麦，在春天收获，而短周期玉米则在秋天收获。

② 农民得到的大部分支持（约30%）与绿化措施有关。为了遵守绿化措施，农民必须观察作物多样化。面积在10~30公顷的农场必须种植至少两种不同的作物，而面积在30公顷以上的农场必须在其可耕种的土地上种植至少3种不同的作物，这最终导致单一栽培地区的细微差异。

（3）转基因玉米仅用于饲料加工

目前，除了小部分定制专供外，多数情况下饲料生产线并未严格区分转基因和非转基因。事实上，几乎市场上在售的所有饲料蛋白原料都含有转基因大豆，因此，标记为“含有转基因成分”。通常情况下，为食品生产提供原料的玉米加工厂（包括湿磨坊和干磨坊）为了保障原料为非转基因玉米，大多数当地食品生产商通过跟供应商签订真实性保证协议，避免转基因成分掺入食品原料中，以规避转基因标识的相关要求。同时，还将进一步限制转基因作物流向动物饲料加工厂。

1.1.3 出口

西班牙是谷物类粮食和油菜籽的净进口国，其国内生产总量远不足以满足其出口型畜牧业的巨大需求。尽管西班牙是欧盟转基因玉米生产的主要力量，但其转基因产品出口量微乎其微，而主要用于满足国内饲料行业的需求。

1.1.4 进口

西班牙是欧盟（EU）最大的饲料原料进口国。因为饲料需求影响了国内粮食和油籽的进口。西班牙对进口的强烈依赖及对转基因作物的科学管理体系，饲料链的利益相关方高度接受该技术，转基因作物种植和进口受到这些因素影响不断扩大。此外，西班牙大量进口基因工程产品。运往西班牙的农业生物技术产品，主要包括大豆和大豆制品，以及玉米和玉米加工副产品。

1.1.4.1 谷物

谷物进口量取决于国内作物的规模、牧场的可用性和畜牧业需求的变化。西班牙每年的粮食进口总量在1 200万~1 700万吨，其中600万~1 000万吨是玉米进口。在过去的10年里，西班牙的玉米进口量一直呈上升趋势，主要原因是，与其他饲料谷物相比，玉米的价格竞争力有所提高，并且，西班牙以出口为导向的畜牧业的需求也保持稳定。随着美国、阿根廷、巴西等国家逐步采用农业生物技术，西班牙的商品贸易公司不得不从乌克兰进口大部分额外的欧盟玉米（图6）。

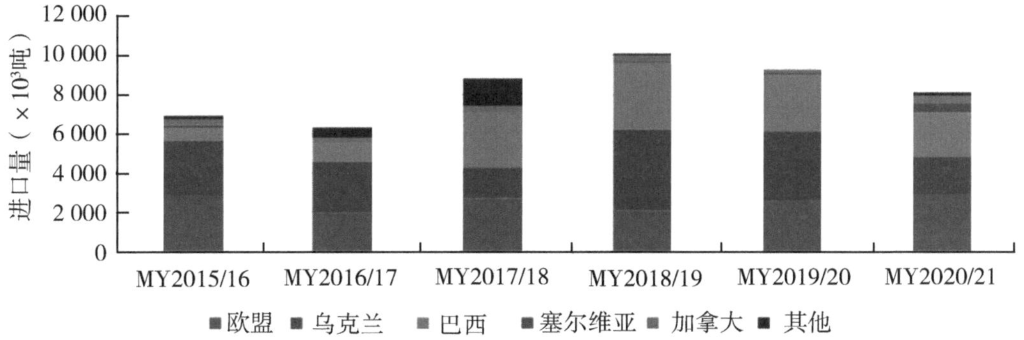

图6 西班牙的玉米进口来源①

数据来源：贸易数据监测公司。

① 玉米销售年为10月至翌年9月。

美国对西班牙的农产品出口主要是大宗商品和消费导向型产品，2015—2019 年，在美国出口值中占比分别为 36%和 43%（图 7）。大豆和坚果是其中最主要的两大类别，分别占贸易总量的 23%和 40%。

图 7 展示了美国对西班牙的玉米出口从 1998 年开始急剧下降，当时转基因玉米首次在美国种植，这是美国和欧盟转基因转化体非同步审批的直接后果。2017/2018 年度西班牙对美国玉米进口的复苏在 2018 年 6 月结束，当时由于欧盟对美国钢铁和铝的关税征收 25%报复性关税，美国玉米进口中断。

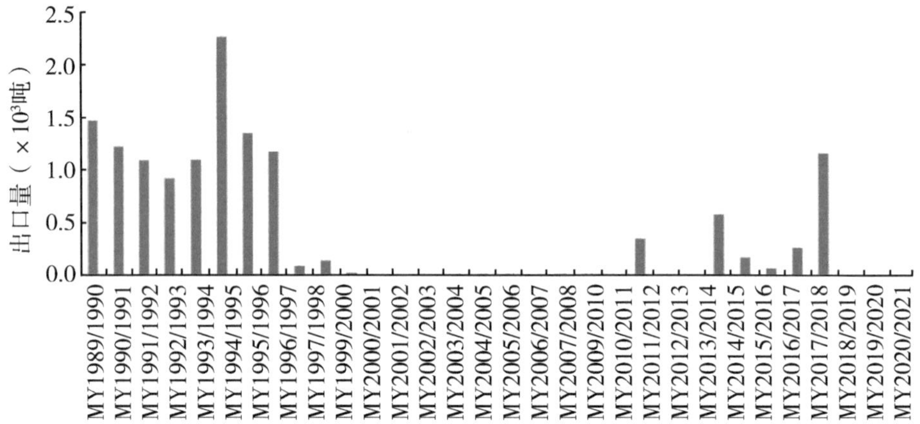

图 7　美国向西班牙出口玉米的年度总量

数据来源：贸易数据监测公司。

关于玉米副产品加工情况，如图 8 所示，2021 年饲料原料价格飙升，为进口美国干酒糟及可溶物（DDGS）提供了机会。以玉米蛋白饲料（CGF）为例（图 9），欧盟内部的贸易（主要是非转基因）满足了西班牙的所有需求。

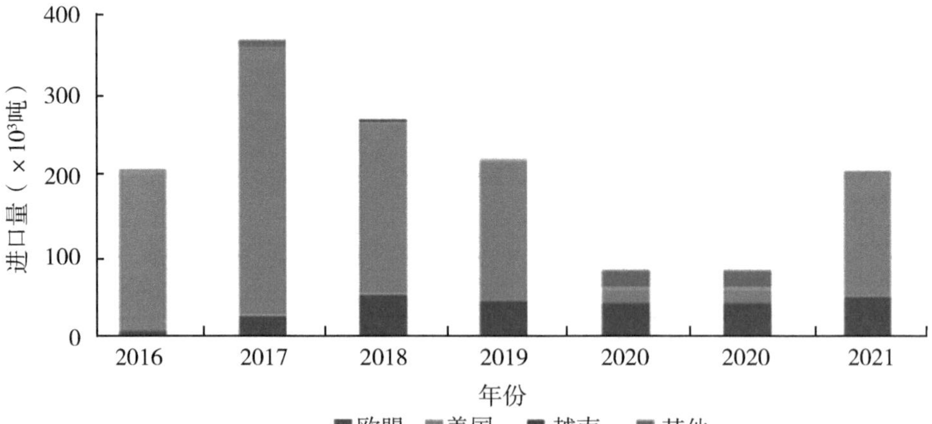

图 8　西班牙粮食酒糟进口量

数据来源：贸易数据监测公司。

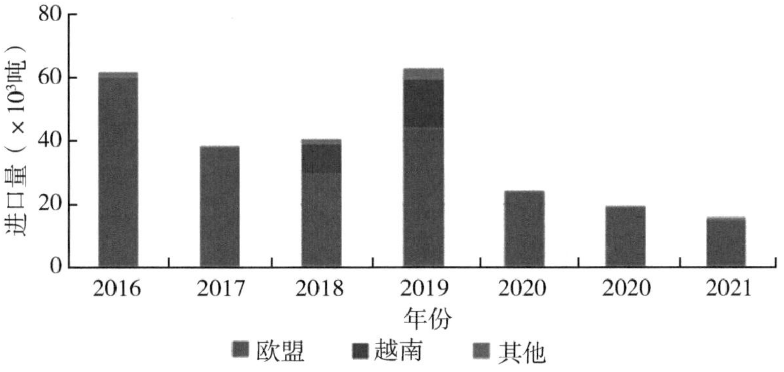

图 9　西班牙玉米蛋白饲料进口量

数据来源：贸易数据监测公司。

1.1.4.2　油料

西班牙生产的油料原料包括橄榄和向日葵，主要用于食品市场。本国油菜籽产量很小，通常出口到葡萄牙或法国等邻近国家。因此，国内大部分的蛋白质饲料原料依靠进口。平均而言，西班牙每年进口的大豆和豆粕总量接近 600 万吨。西班牙进口的大豆产品几乎都是转基因的，除了那些专门针对特定利基市场的产品。据《邮报》估计，西班牙的非转基因豆粕需求占总销售额的近 2%，西班牙大豆（2021 年为 4 900 吨）部分满足了需求，主要用于食品用途和水产养殖饲料。欧盟对转基因产品审批速度放缓的影响，对蛋白质饲料成分（主要是大豆）进口的影响小于谷物进口。在 2020/2021 年度，西班牙的大豆种子进口量保持不变（图 10），原属于美国的大豆市场份额有极少量流向巴西和加拿大。2020/2021 年度数据显示，新冠疫情后，主要来自阿根廷的豆粕进口出现复苏（图 11）。

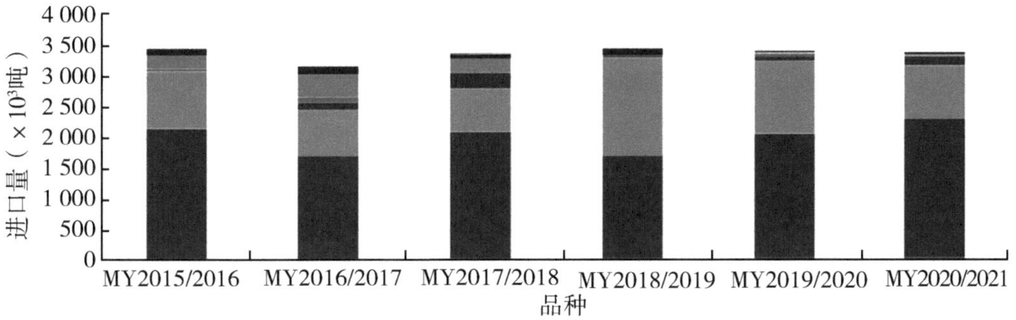

图 10　西班牙大豆的进口量

数据来源：贸易数据监测公司。

1.1.5　粮食援助

西班牙不是粮食援助对象，也不对外提供转基因产品用于粮食援助。

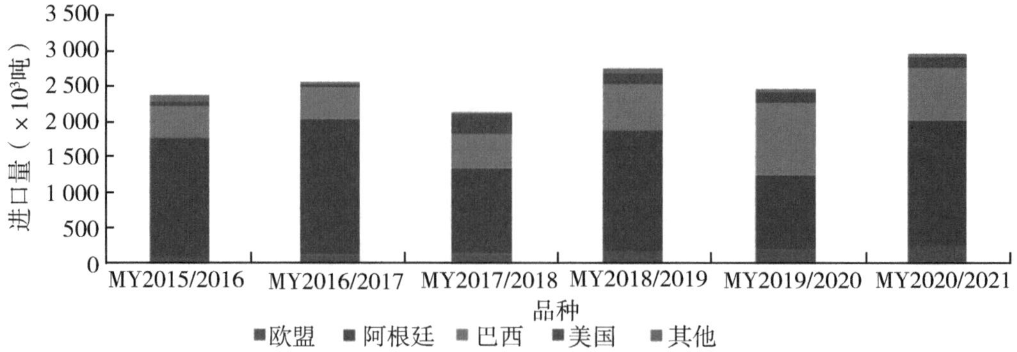

图 11　西班牙豆粕进口量

数据来源：贸易数据监测公司。

1.1.6　贸易壁垒

1.1.6.1　大宗商品

在美国已获批种植的转基因转化体，因非同步审批因素，尚未获得出口欧盟的授权，这仍然是目前主要的贸易壁垒。以往的粮食供应国快速发展扩大转基因作物种植，极大地影响了西班牙的贸易流向。例如，在玉米贸易方面，乌克兰、塞尔维亚和俄罗斯多年来通过减少从美国、阿根廷和巴西的进口量来逐步提升它们的市场份额（图 6）。此外，贸易商一直以来奉行无风险原则，因此对未经批准的转化体的要求①也对贸易往来发挥着约束作用。

1.1.6.2　易耗品

在西班牙，基本上不存在转基因标签标识的消费品。多数食品制造商和食品进口商可在食品生产中不使用含有转基因的原料，可换成非转基因原料的供应商，以避免在食品上标注或营销中声明“含有转基因成分”。

1.1.6.3　种子

种子贸易受偶然混杂零容忍度的影响。欧盟目前只允许种植 MON810 玉米，这对含或者有其他转基因转化体偶然混杂的美国种子的出口构成了贸易壁垒。目前，欧盟还没有对种子中偶发掺杂转基因成分设定阈值，西班牙不得不从法国等其他欧盟成员国进口玉米种子，其中 90%以上来自法国，其余的来自智利、美国、土耳其、塞尔维亚和南非，占玉米种子进口市场的 5%。这些国家在限制性条件下生产种子，以防止来自未经批准的转基因转化体的种子偶然混杂。北半球种植玉米不利的生长条件导致 2021 年从智利进口的玉米种子增加（图 12）。

---

① 指检测无意中存在的转基因作物。

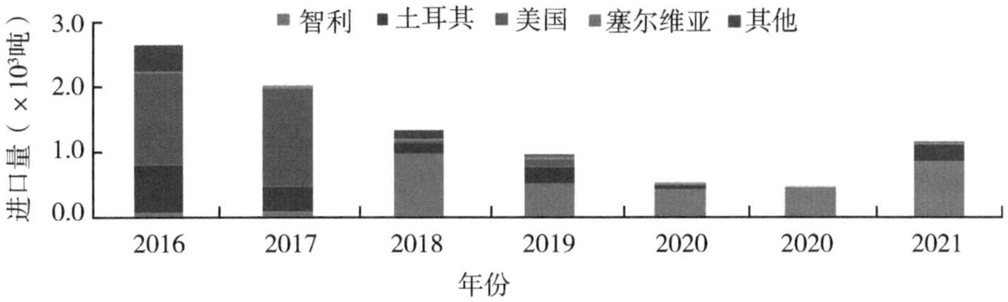

图 12　西班牙的非欧盟玉米种子进口

数据来源：贸易数据监测公司。

1.2　政策

1.2.1　法规框架

西班牙作为欧盟成员国，必须遵守欧盟相关规定。欧盟制定的相关管理条例直接适用于所有欧盟成员国，欧盟指令需要转化为国家法律，因此它们为成员国政府提供了在不改变欧盟指令基本范围的情况下行使一定自由裁量权的机会。有关欧盟农业生物技术监管框架的更多信息，请参阅欧盟农业生物技术年度报告。

欧盟关于“转基因生物”环境释放的第 2001/18 号指令已转化为西班牙国家法律第 9/2003 号，对转基因的限制性使用及环境释放两方面进行了规范。同时，该条款还界定了两个相关职能部门——国家生物安全委员会（CNB）和转基因生物部际委员会（CIOMG）的职能和职责，对西班牙农业生物技术决策制定发挥重要作用。在这样双层体系下，CNB 进行风险评估，CIOMG 根据 CNB 的评估结果确定国家决策定位，并进行风险管理。

自 2018 年 6 月西班牙新政府成立及内阁重组以来，农业和环境事务被分别划定为农业、渔业和食品部（MAPA）和生态过渡和人口统战部（MITECO）两个不同的部门系统管辖。CNB 隶属于 MITECO，而 CIOMG 则隶属于 MAPA。

1.2.1.1　国家生物安全委员会（CNB）

CNB 是 MITECO 下属的一个机构，其职责是对向国家或地区提交的转基因种植、限制性使用和销售申报资料进行科学评估。CNB 成员由各部委代表、自治区代表和农业生物技术专家组成。该委员会由环境质量和评估及自然环境局局长担任主席。CNB 的成员组成可在链接中查询（https：//www. miteco. gob. es/es/calidad-y-evaluacion-ambiental/temas/biotecnologia/lista_cnb_mayo2021_tcm30-526637. pdf，西班牙文）。

1.2.1.2　转基因生物部际委员会（CIOMG）

CIOMG 采用技术手段并管理风险，是全国生物技术产品限制性使用、释放和销售授权的技术主管机构，与 CNB 保持协调一致，并负责与欧盟及西班牙各自治区相关机构的沟通联络等事务。该委员会由农业部秘书长担任主席，由农业生物技术相关的各部代表组成，其中包括农业、渔业和食品部（MAPA）、消费部（MOC）、经济与企业部

（MINECO）以及内阁事务部的代表。

1.2.1.3 其他相关部门

西班牙植物品种办公室隶属于农业生产和市场总局，负责转基因种子登记和监测。目前，已有82个转基因玉米品种批准商业化种植。农业、渔业和食品部（MAPA）动物饲料和资源保护总理事会负责协调处理国家饲料计划，而消费部下属的食品安全和营养局（AESAN）负责监督食物链。其他部级部门与CIOGM或CNB一起参与农业生物技术决策过程。在西班牙登记种植的玉米品种的相关资料，可从https：//www.mapa. gob. es/app/regVar/BusRegVar. aspx？id=es查询。

1.2.1.4 民间社会组织——转基因生物咨询委员会

虽然西班牙通过了转基因作物商业化种植，但也很重视信息公开化和公众参与度。2010年10月，根据西班牙第2616/2010号部长令，CIOMG下设立转基因生物咨询委员会（CPOGM）。该机构的宗旨是确保公众参与农业生物技术问题，以便CIOMG从民间社会代表及时获取第一手公众信息。CPOGM可以对欧盟作出的决议发表意见，并且可向CIOMG提交组织审查的提案。该委员会由农民协会、农业合作社、消费者组织、工会、非政府环保组织、食品生产商、药企、创业组织和全国农村发展网络的代表组成。种子育种行业代表未包括其中。由于西班牙的分权管理结构，中央①和地方职权②不同。

1.2.2 审批情况

1.2.2.1 进口

转化体进口批准权由欧盟掌握。获得批准的转基因转化体名单请参阅欧盟委员会网站。成员国有机会通过参与欧盟各委员会的工作，在技术和政治层面参与审批过程。有关欧盟批准程序的更多信息，请参阅欧盟农业生物技术年度报告。西班牙一般情况下都会在布鲁塞尔食品链及动物健康常设委员会（SCFCAH）中投票支持新转化体的进口活动，少数例外。

1.2.2.2 种植

多年来，西班牙政府一直在努力推进收回转基因作物种植决策权的进程。在首轮辩论启动时，西班牙就此事谨慎地作出反应，对共有市场影响和遵守世贸组织规则提出了担忧。西班牙投票赞成种植决定权重新国有化的决定，目的也是以此打开新转基因作物种植的大门。而在西班牙皇家法令364/2017号中，修订了法律9/2003（西班牙语）将欧盟第（EU）2015/412号指令转化为国家法律，其中规定，在靠近边境的地方种植转基因玉米，必须遵守设置20米的隔离距离。

更多信息参考本报告1.2政策。

---

① 中央管理部门负责转基因生物和含有转基因生物的产品的上市许可，批准用于研发的转基因生物的限制使用和故意放行（在国家项目中实施），批准含有转基因生物的人或动物药品，并在商品品种目录注册前对田间试验进行监测和控制。

② 自治区行政机关负责转基因生物研究开发的限制使用审定放行和监测管理工作（属于国家政府项目的除外）。

1.2.3 复合或叠加性状转化体审批

对于转基因单个、复合和叠加性状转化体的审批程序是相同的，具体参照 1.1.2 部分所述。

1.2.4 田间试验

允许开展相关大田试验，但须事先通报。详见 1.1“生产和贸易”部分，1.1.1 产品开发部分。

1.2.5 新兴生物技术

西班牙当局主管部门对新兴生物技术（IBs）持有积极态度。在 2015 年西班牙发布的一份立场文件（见：https：//www.miteco.gob.es/es/calidad-y-evaluacion-ambiental/temas/biotecnologia/informe-cnb-ntmv-es-tcm30-481902.pdf）中，西班牙当局表达了他们对 IBs 采取个案分析方法的支持态度，并支持以产品为审查重点。专注于过程的科学控制和分析方法更受认可，毕竟科学发展速度比监管体系框架的更新更快。西班牙一直以来对农业技术创新都主张采用以科学为基础的控制方法。

欧洲法院（ECJ）于 2018 年 7 月 25 日裁定，凡生产中涉及和引用创新农业生物技术的相关单位和组织必须遵守欧盟 2001/18 号令。该项法令一出台，其在欧盟各成员国实施落实的可行性引发了西班牙国内激烈讨论。

2019 年 1 月，西班牙国家生物安全委员会针对欧洲法院的裁决发布了一份报告，回应了西班牙转基因生物部际委员会（CIOMG）提出的请求。该报告明确指出，鉴于定向诱变具有特异性，应该作为一种低风险的技术。既然通过基因组编辑技术获得的产品与自然突变没有区别，就没必要对进口产品执行相关的限定性规定和进行强制检测。因此，建议对欧盟 2001/18/EC 号法令进行修订。

2019 年 2 月，CIOMG 也针对欧洲法院的裁决作出了回应，提交了一份报告，对当前欧盟法规引发的后果进行了分析，并呼吁欧盟对生物技术相关政策进一步广泛审查，与时俱进更新。

在 2019 年 5 月 14 日召开的欧盟农业理事会上，包括西班牙在内的 14 个欧盟成员国呼吁更新欧盟生物技术有关的法律，并呼吁欧盟进一步明确细化利用创新生物技术开发产品的批准程序。

2019 年 11 月，欧盟委员会通过第（EU）2019/1904 号决定，要求欧盟委员会根据法院对 C-528/16 号案件的判决，就新型基因组技术在欧盟法律中的地位提交一份研究报告，并根据研究结果酌情提交一份提案。西班牙在 2020 年春季通过回复欧盟委员会的调查问卷参与了这项研究。包括西班牙在内的欧盟成员国的调研结果在欧盟委员会网站上公开。西班牙对欧盟委员会的调查作出了非常有建设性的回应，在审查了不同的信息来源后，CIOMG 确定了将传统生物技术法规应用于新兴生物技术的主要问题，例如确定使用的技术，如何获得对违规行为处以罚款的可靠证据，并确保控制系统的效率。CIOMG 还发现了新兴生物技术有利于实现包括减缓气候变化、绿色农业、农场到餐桌等农业政策的农产品行业目标，同时，可适应中小医疗企业以及社会的新要求。在研究和发展方面，CIOMG 表示，将传统的生物技术监管应用于新兴生物技术，将抑制创新研究技术在出版物的公开，因此降低了技术转让的可能性。

欧盟委员会于 2021 年 4 月发布了“根据欧盟法律和法院对 C-528/16 号案件的裁决对新基因组技术现状的研究”，该研究承认了基因编辑在应对全球挑战方面的潜力，并指出，大多数商业应用研究都是在欧盟以外进行的。该报告书还建议，将不引入其他物种基因的现代植物育种技术培育的农作物排除在转基因生物（GMO）监管对象之外，并修订欧盟的法律。欧盟委员会研究的结论受到西班牙主管当局的欢迎，西班牙支持欧盟委员会的倡议，调整当前的监管框架，使之适应最新的科学发展。

如需更多信息，请参阅题为“欧洲委员会发表生物技术研究”的 GAIN 报告。

2021 年 9 月，欧盟委员会发布了一份关于基因组编辑某些应用所衍生植物的初始影响评估报告，以及一份关于通过定向诱变和顺式基因编辑获得的植物及其食品和饲料产品的法律框架路线图。委员会仅计划在 2023 年第二季度通过该文件，应该不会在 2024 年之前被立为法规。欲了解更多信息，请参阅 GAIN 报告，题为“欧盟委员会发布关于通过某些基因组编辑技术产生的植物的立法倡议路线图”。

更多有关信息，请参阅报告 1.1 生产和贸易。

1.2.6 共存

西班牙是欧盟最大的转基因作物种植国，仍未实施共存规则。尽管缺乏共存措施，西班牙农民仍然在持续地种植转基因玉米，农民之间也未发生过任何矛盾冲突。

2004 年公布了共存法令的第一份草案，但由于有关各方缺乏协商一致意见而被放弃。西班牙内部的共存是通过遵循国家种子育种协会制定的良好农业规范来管理和协调，该规范每年出版一次，并由种子经销商连同种子一起进行分发。最新版本参见链接：https：//www. anove. es/wp - content/uploads/2020/05/Guia - 2020 - cultivo - Maiz - Bt. pdf（西班牙语）。根据西班牙部长法令 APA/1083/2018 规定，在法国边境处，种植转基因玉米的农民必须设立 20 米的隔离距离。其他关于审批相关信息见 1. 2. 1 法规框架和 1. 1. 6 贸易壁垒。

1.2.7 标识

西班牙的转基因标识管理遵循欧盟统一制定的法律［欧盟条例（EC）1829/2003 关于转基因食品和饲料、条例（EC）1830/2003 关于转基因生物追溯和标识］。目前在国内尚未制定“非转基因”标识的相关法规。

欧盟食品标签法规规定，非转基因食品或饲料中“偶然”（即意外和技术上不可避免的）出现欧盟授权的转基因转化体的阈值为 0.9%。成分含量超过 0.9% 的食品或饲料产品必须标明“含有转基因生物”。西班牙种植收获的 Bt 玉米主要用于国内生产复合饲料，而且饲料生产中使用的豆粕大多也为转基因的，这些饲料都直接标记为“含有转基因成分”。为了避免在食品包装上贴上“含有转基因成分”的标签，大多数食品制造商不会将转基因原料或产品用于食品生产中。在西班牙，不含转基因的标识不受监管，不过，一些食品制造商选择自愿在标签上使用不含转基因的措辞，作为一种营销手段。欧盟关于标识的统一法规条例的详细信息，请参阅食品和农业进口法规和标准报告 EU-28 以及 USEU 网站上关于标识的信息。

1.2.8 监测和检测

西班牙转基因监测和检测系统是基于欧盟法规条例运行的。在食品和药物管理局内部，动物饲料和资源保护分局负责协调国家饲料计划，而隶属于消费部的西班牙食品安全和营养局（AESAN）则负责监督食物链控制。但由于西班牙的政府结构分散，检测和管控工作是在地方层面进行的，而中央政府仅对关税（海关）进行把控。西班牙通过食品和饲料快速警报系统（RASFF）数据库向消费者、经销商以及其他成员国发布食品安全问题的报告。在国家相关主管部门的协调下，自治区在整个食品和饲料链上建立了自己的监测和抽样计划。抽样计划基于风险评估来设置，主要在批发和加工环节进行。自 2017 年以来，在西班牙边境检查点没有拦截未获批的转基因产品的入境货船。各自治区在国家主管部门的协调下，在整个食品和饲料链中建立自己的监测和抽样计划。抽样计划基于风险评估，主要在批发和加工层面进行。

自 2021 年 1 月 1 日起，第四项控制计划即《2021—2025 年国家食物链官方控制计划》出台。该计划包括在其范围内，对食品和饲料用途的转基因产品环境释放中的官方控制，旨在确保这种释放符合现行法规的要求。为此，官方在 3 个方面进行了控制。

用于转基因作物在商业领域的种植。关于转基因作物生产的官方控制计划的细节可以在链接中找到。

转基因作物的田间试验。

用于转基因食品和饲料生产的种子。农业部决议中（https：//www. mapa. gob. es/es/agricultura/temas/biotecnologia/resolucionsemillas_tcm30-559444. pdf）规定了检测转基因存在的控制、采样和分析要求。

1.2.9 低水平混杂（LLP）策略

西班牙作为欧盟成员国，要遵守欧盟的法规指令，以及欧盟关于农业生物技术的相关规定。2011 年 7 月，欧盟立法对于饲料产品规定阈值为 0. 1%①，而对食用产品的容忍度为零。因此，无论最终的用途是什么，贸易商在进货时都会奉行无风险政策。

西班牙食品产业允许食品中的低水平混杂（LLP）。在政府管理层面，西班牙的决策定位由 CIOMG 汇集参与农业生物技术监管的各个部门代表的意见而决定（见监管框架体系部分）。而在与消费者直接相关的事情上（如食品 LLP），食品安全和营养局（AESAN）则在 CIOMG 的决策中扮演着更重要的角色。

就种子而言，目前尚未确定偶然转基因材料混杂的阈值水平。因此，西班牙只能从少数几个国家（美国、土耳其、南非和智利）购买转基因种子。而其国内则一直要求

---

① 该水平相当于欧盟标准实验室用定量方法验证转基因材料的最低水平。它只适用于待授权或授权过期的非法农业生物技术产品的“偶然”出现。

育种企业必须设定种子中转基因成分偶然混杂的阈值，才能与其他种子生产企业正常开展贸易往来。更多信息参见 1.1 生产和贸易部分。

1.2.10 附加监管要求

直到 2019 年，西班牙商业化转基因作物唯一公开的信息是各省、各自治区和全国的种植总面积。而这些数据也是根据转基因种子销售记录计算出来的，并在农业、渔业和食品部网站上进行公示（西班牙语）。

此外，据西班牙农业担保基金（FEGA）年度协调报告（https://www.fega.es/sites/default/files/CIRCULAR-2-2019-SOLICITUD-UNICA2019.pdf）显示，为了便于统计，农民在提交限额支付申请表时，必须申报所持有的所有农地信息，不管是否用于种植转基因玉米品种。为了防止这些信息被滥用，西班牙农业主管部门一直不愿公布转基因作物商业化种植地块位置的相关信息。

1.2.11 知识产权（IPR）

由位于法国昂热的共同体植物品种局（CPVO）颁发的《欧盟植物新品种权》（CPVR）为保护植物品种提供了知识产权。然而，1973 年 10 月的《欧洲专利公约》将植物品种专利排除在外。植物新品种保护组织使育种者能够获得在欧盟范围内有效的单一知识产权。CPVR 作为一种替代保护形式，与各成员国的国家植物保护立法并存。

西班牙有自己的植物品种保护制度体系，但与欧盟法规相一致，以遵守共同的市场规则。西班牙第 3/2000 号法律（西班牙文）规定了植物品种保护权利，该法律体现了西班牙立法与欧盟法规以及欧盟保护种子新品种联盟规则的一致性。在西班牙农业、渔业和食品部植物品种办公室（OEVV）负责处理进口需求、种子注册和认证，以及种子和苗圃产品的商品目录。西班牙的注册程序分为两个步骤。OEVV 主要负责国内自由销售的商业化品种目录和国家保护品种目录。该系统让育种者对品种潜力进行评估，并允许其在产生品种保护注册成本之前，收集农民的反馈信息。一是商业品种的登记能够让育种者在西班牙进行繁殖和植物品种商业化生产。二是品种保护登记，使权力所有人拥有产权，并对一种植物品种进行独家开发。

植物新品种须在提交申请表后，在商品品种目录上注册。在商品品种目录注册前，还须对新品种进行差异性、同质性和稳定性检验。《保护植物品种目录》的登记采取自愿原则。西班牙《植物品种保护权法》为登记在册的这些受保护植物品种的育种者提供 25 年的保护期。同一种植物品种不可能同时受到欧盟共同体和国家的制度的双重保护。育种者必须选择是保留国家权利还是欧洲权利。育种企业更趋向于选择欧盟权利。当一个品种被授予 CPVR 时，则在 CPVR 的有效期内，该国家权利或专利将失效。

MON810 是唯一可在西班牙商业化种植的转基因作物，和西班牙种植的大多数玉米一样，是杂交玉米品种。在这里，转基因作物不存在知识产权的问题，因为杂交种子不能用于繁种。

1.2.12 《卡塔赫纳生物安全议定书》的批准

欧盟是《卡塔赫纳生物安全议定书》的缔约方，西班牙作为欧盟成员国，也理应签署。西班牙于2002年1月批准了该议定书。在国家层面，农业、渔业和食品部，特别是农业生产和市场总局的支撑部门遵循该议定书（protocolo. cartagena@ mapa. es）。西班牙定期出席《卡塔赫纳生物安全议定书》缔约方会议。

关于《卡塔赫纳生物安全议定书》的更多信息可在其官网上找到（http：//bch.cbd. int/protocol/）。

1.2.13 国际条约和论坛

西班牙是多项国际条约和公约的成员，包括国际植物保护公约（IPPC）和食品法典（CODEX）。每一个组织的西班牙联络点可在其官网链接中找到。不过，作为欧盟成员国，西班牙的投票与欧盟一致，除非非欧盟的统一决定，在这种情况下，每个会员国都有投票权。西班牙是美洲农业合作研究所（IICA）的联系国，也是该研究所欧洲常驻马德里代表的东道国。更多信息，请参见欧盟农业生物技术年度报告。

1.2.14 相关问题

无转基因区域：在转基因作物的商业化生产和试验研究以外区域，当地的一些自治区和省级都宣称自己为无转基因区。而这些区域是由各自治区、省或地区级的行政区确定形成，其农业生产基本上无法从转基因作物种植中获益。据邮报了解，没有与此声明有关的法律执行机制，这阻碍了农民在这些区域种植转基因作物。

1.3 市场营销

1.3.1 公众/私人意见

1.3.1.1 主管部门

西班牙政府在农业创新监管方面历来采取务实和以科学为基础的方法。在传统农业生物技术（转基因）方面，西班牙一直将科学作为监管决策的基础。西班牙主管部门认为科学是决策过程的重要组成部分，并维护欧洲科学机构的作用。国际生物技术为应对气候变化及其对农业的不利影响所作出的承诺，支持西班牙主管当局支持欧盟委员会的倡议，使现行监管框架适应最新的科学发展。

1.3.1.2 农业利益关系人

在农业领域，生物技术被当成通过提高产量和减少投入提高农场竞争力的一种工具。大多数西班牙农民组织都愿意种植转基因作物。利用生物技术、灌溉系统等农业技术来提高竞争力和取得稳定的产出水平这一点，在农业领域得到大多数人的积极认可和支持。

西班牙可持续农业联盟（ALAS）成立于2016年，聚集了一群西班牙农业利益相关者，旨在基于科学证据支持所有可持续生产性农业模式。鉴于国内产量变化波动以及对进口饲料原料的依赖，通过技术布局增加国内产能非常关键。此外，在玉米螟虫危害严重的地区，玉米种植者普遍接受并采用转基因生物技术品种。

西班牙饲料原料供应链、饲料和畜牧业一直是农业生物技术的传统支持者。西班牙的畜牧业以出口为导向。因此，考虑到牲畜生产商面临全球竞争，而西班牙依赖进口饲料，国内饲料和牲畜行业一再声明，增加转基因产品的供应将有助于他们在全球市场上平等竞争。

最初没有从转基因技术中受益的一些农民或食品生产商也逐渐对转基因技术产生兴趣，因为他们感受到了技术对竞争力的影响。此外，缓解持续干旱、降低植物虫害对产量的影响的新的技术将受到农业生产者的欢迎。利用转基因生物技术开发的新性状为讨论带来了新的利益相关者，因为这些技术可以为品系作物以外的其他作物带来积极的性状，包括消费者利益或环境利益。

1.3.1.3 零售商和消费者

西班牙零售商和肉类消费者对用转基因饲料喂养的肉类没有强烈反应。有关西班牙消费者偏好的其他详细信息，可在题为“COVID 如何改变消费者行为”的 GAIN 报告中找到。

1.3.2 市场接受度/研究

转基因标识的消费品在西班牙市场中非常少见，许多食品制造商在食品生产流程中不会使用转基因产品，以避免在产品标签上标识“含有转基因物质成分”。相比之下，大多数牲畜饲养者都使用含有转基因标识的复合饲料，而市场中无转基因成分的饲料很少。采用转基因饲料喂养的动物的肉不需要贴上标识，这样消费者在购买肉类时就不用纠结如何选择。最近关于西班牙农业生物技术的营销或接受度问题的研究并不多。

2010 年欧盟关于公众对农业生物技术认知的民意调查结果显示，西班牙对农业生物技术/基因工程的乐观指数是欧盟最高的（74%）。同时，调查还表明，西班牙人对转基因食品持支持态度，35%的受访者同意或完全同意鼓励发展转基因食品。

在 2011 年欧盟民意调查中，当被问及令大众担忧的环境问题时，西班牙人对转基因作物使用的担忧（13%）低于欧盟公民的平均水平（19%）。西班牙人和欧洲人对使用化肥和杀虫剂造成农业环境污染的担忧更甚于对使用转基因作物的担忧。

西班牙科学技术基金会（FECYT）针对西班牙科学和技术的社会认知每两年进行一次社会调查。2018 年调查结果显示，31. 2%受访者表示，对植物生物技术的担忧多过对该技术产生的效益。而这一比例相对于 2016 年的 33. 4%来说有所降低。欧盟 2019 年关于食品安全的民意调查显示，仅 17%的西班牙人对食品中的转基因成分表示担忧，而在整个欧盟有 27%的公民表示担忧。

2020 年关于“如何使食物适合未来公民”的民意调查结果发现，西班牙人在购买食物时，将食品安全性、成本和营养含量作为主要标准。同样的民意调查显示，对西班牙消费者来说，可持续食品意味着所有人都负担得起、营养健康、很少或不使用杀虫剂。

2015年7月发表的一项题为《欧洲农业面临的挑战和可能的生物技术解决方案》的研究，确定并分析了13个欧盟国家（包括西班牙）的9种主要作物（包括玉米）的农业挑战。该研究考察了公立和私立研究机构如何利用传统育种、分子标记辅助育种、转基因技术、同源转基因技术、RNAi技术或诱变来应对这些挑战。这项研究结果表明，对于欧洲的9种主要作物，有40%的问题无法从现有科学文献中找到解决方案，在近年开展的欧洲公共研究项目中也没有涉及。私营机构也仅解决了若干挑战中易被忽视的小部分问题。这也说明农民的需求与当前的育种和生物技术研究之间还存在相当大的差距。总的来说，某些欧盟国家当前的政治形势是转基因研究在未来应用中的主要障碍。

安塔玛（Antama）基金会①2016年11月发起一项名为《西班牙Bt玉米种植：经济、社会和环境效益（1998—2015）》的研究，其中强调了自1998年以来，西班牙Bt玉米的种植已经减少了85.3万吨以上的玉米进口的事实。

在一项题为《转基因大豆：欧盟不可替代的原料——西班牙饲料和畜牧业原料的替代品及其经济影响评估》的研究中，英国雷丁大学的Francisco J. Areal得出结论，大豆蛋白质含量高、且价格具有优势，在饲料生产中具有重要作用。2000—2014年，西班牙进口转基因大豆及其产品，与同期进口普通大豆及其产品相比，节省了5 550亿欧元。根据该项研究，用普通大豆产品替代转基因大豆产品，将使大豆和豆粕的价格分别上涨291%和301%。

2016年11月，英国雷丁大学的Francisco J. Areal又发表了一篇题为《西班牙转基因玉米种植的经济、社会和环境效益（1998—2015）》（西班牙文）的研究报告（Antama基金会赞助）。他在该研究中强调了西班牙转基因作物种植在提高作物产量及其利润率、减少进口需求量、改善玉米健康（降低霉菌毒素发生率），并提高额外的净二氧化碳固定率等方面产生的效益。

2019年6月，PG Economics的农业经济学家格雷厄姆·布鲁克斯（Graham Brookes）发表了一篇题为《在西班牙和葡萄牙使用抗虫（转基因）玉米21年来对农场水平的经济和环境贡献》的研究报告。在该研究中，他分析了西班牙和葡萄牙种植转基因玉米的经济和环境效益，并得出结论，种植转基因玉米使伊比利亚半岛的农民获得了189万吨的增收产量，相应地增加了2.834亿欧元的收入。

2020年9月，西班牙农业、渔业和食品部发布了一系列研究报告，其中包括阿根廷、澳大利亚、巴西、加拿大、中国、美国、日本和新西兰等国家的新兴生物技术监管体系框架。

此外，该部还详细阐述了一份关于新兴生物技术的文献综述，以及这些技术如何适应欧盟的政策制度，如共同农业政策（CAP）、气候变化、绿色新政和从农场到餐桌战略等，以及新兴生物技术为满足社会新需求所呈现的可能性。通过这些评论，凸显了新兴生物技术在提高农业部门的生产力和可持续性、提高作物抗性，减少对农业进口的依赖、减少农业对环境的影响、提高食品的营养成分含量或延长食品的保质期等方面所具

---

① 一个公益性组织，旨在促进人们对新技术应用于农业的认识。该基金会受西班牙种子公司和拥护农业生物技术的机构支持。

有的潜力。

2021 年，英国纽卡斯尔大学自然与环境科学学院农村经济中心与西班牙 Pablo de Olavide 大学经济学系共同发表了一项研究，题为：欧盟对食品和饲料中转基因成分的检查：它们有效吗？该研究探讨了控制食品和饲料转基因含量使其不超过限量规定中检测方法的有效性。

第2章　动物生物技术①

2.1　生产和贸易

2.1.1　产品开发

在西班牙允许使用动物生物技术开展相关研究，但必须像植物生物技术一样，通过相关机构的备案审批等程序。根据西班牙 MITECO 管理的公共日志，在 1998—2020 年开展过转基因动物限制性研究的有：猪、啮齿类动物、苍蝇和斑马鱼（表 1）。其中大多数都是由公立机构为医药研究目的而进行的基础科学研究。

2017 年，西班牙公共农业研究所（INIA）以解析家兔、山羊、绵羊等家畜动物的繁殖分子过程为目标开展相关研究。

目前，西班牙的一些公立机构，如 CNB，引领着国内开展动物基因编辑的研究。自 2013 年开始，对小鼠开展 CRISPR-Cas9 技术相关的基础研究。更多信息请参考 http：//wwwuser. cnb. csic. es/～montoliu/CRISPR/。

西班牙自 2003 年开始通过体细胞核移植（SCNT）进行动物克隆研究。目前，公共研究中心和大学还在努力学习和改进这项技术，到目前为止，还没有私营企业参与这类研究。

目前，西班牙还没有克隆研究的登记信息，也没有强制性要求克隆研究进行通告。根据媒体提供的信息，在西班牙克隆技术仅限于科研活动，一些探索性研究包括：（1）2003 年，阿拉贡农产品技术研究中心（CITA）与 INIA 的科学家一起研究了野生山羊。（2）2009 年，公立机构巴塞罗那大学细胞生物学、生理学和免疫学系进行了克隆小鼠研究。（3）2009 年，穆尔西亚大学动物繁殖系开展了克隆猪研究。（4）2010 年，巴伦西亚兽医调查基金会和费利佩王子调查中心的研究人员克隆了斗牛。据报道，这头克隆公牛并没有预期的斗牛应有的行为表现，因此未用于斗牛的繁殖。（5）2014 年，阿拉贡农产品技术研究中心的科学家因未能筹集到足够的资金，终止比利牛斯山野生山羊的第二次克隆研究。

2.1.2　商业化生产

在西班牙，转基因动物和克隆动物都没有进行商业化应用。西班牙目前没有生产食

① 动物基因工程和动物克隆包括在动物生物技术之内。虽然动物遗传工程是指修改动物的 DNA，但动物克隆是一种不修改动物 DNA 的辅助繁殖方式。相反，它有助于保存牲畜或濒危物种的宝贵遗传特征。

用的转基因动物或克隆动物，转基因动物仅允许用于实验研究。

2.1.3 出口

西班牙没有进行转基因动物、克隆动物及其产品的商业化生产，因此，据目前所知这些类别没有出口。

表 1　转基因动物限制性研究统计

年份	啮齿动物*	斑马鱼	苍蝇	猪	其他动物**
1998				×	
1999	×				
2000	×				
2001	×				
2002	×				
2003	×				
2004	×				
2005	×				
2006	×				
2007	×				
2008	×			×	
2009	×				
2010	×				
2011	×	×			
2012	×	×			
2013	×				
2014	×	×		×	
2015	×			×	
2016	×			×	
2017	×	×	×		×
2018	×	×		×	
2019	×		×		
2020	×			×	
2021	×	×	×		

数据来源：FAS Madrid based on MAPA。

注：* 大鼠，小鼠和仓鼠 ** 转基因兔、绵阳、山羊。

2.1.4 进口

西班牙进口转基因动物仅用于研究目的。转基因动物的进口须符合海关当局相关的通知要求和规定。由于进口相关文件对于胚胎或精液是否来自克隆动物并没有明确规定，因此，西班牙是有可能进口了克隆动物的精液和胚胎用于畜牧业生产中的。

西班牙的牛精液进口总量曾长期处于下降趋势，自 2017 年开始复苏（图 13）。美国是西班牙仅次于其他欧盟成员国的第二大牛精液供应国。2016—2020 年，在进口数量上，美国平均市场份额占 27%以上，占进口市场价值近 52%。2020 年，西班牙从美国进口的牛遗传物质达 460 万美元。

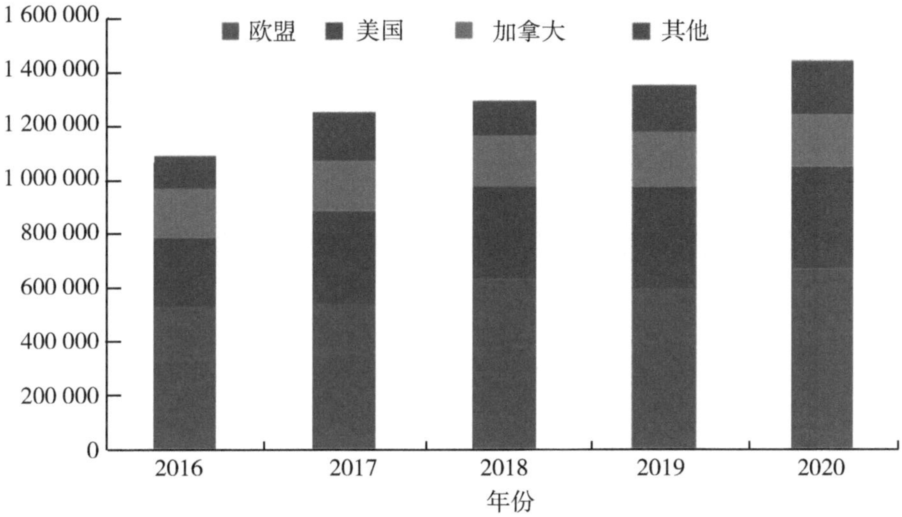

图 13 西班牙的牛精液进口总量

注：数据海关编码为 051110，来源于贸易数据监测公司。

2.1.5 贸易壁垒

转基因或克隆动物在西班牙的贸易壁垒与欧盟相同。有关欧洲管理体系框架的更多信息，请参阅欧盟农业生物技术年度最新发布消息（https：//gain. fas. usda. gov/#/）。

2.2 政策

2.2.1 监管框架

转基因动物和转基因作物归由同一部门管理，其限制性使用、环境释放统一由相关管理规定进行规范（同第一章 1. 2. 1 部分：监管框架）。此外，西班牙皇家法令第 53/2013 号针对动物研究颁布了具体规定。关于克隆，由农业、渔业、食品部（MAPA）和消费部两个部级部门具体进行管理。

2.2.1.1 农业、渔业、食品部（MAPA）

在MAPA，由不同部门负责跟进有关克隆的决策过程。家畜资源分局负责协调克隆工作，并从技术角度将克隆作为一种育种技术。动物健康分局负责监测动物福利问题。此外，如果要实施贸易限制，卫生协议和边境管制分局还负责执行工作。

2.2.1.2 消费部

AESAN是消费部下属的一个独立机构，由消费者代表组成，负责权衡食品风险相关问题，监管克隆动物源食品的市场投放情况。

西班牙国内适用于转基因植物的相关法规也同样适用于转基因动物。西班牙没有针对转基因动物或克隆动物专门立法。

2.2.2 审批

在西班牙，转基因动物不允许用于饲料和食品生产。克隆动物源性食品属于新食品法规的范畴，在上市前须经批准。目前尚没有克隆源性食品相关的申请或审批。

2.2.3 新兴生物技术

西班牙目前没有对新兴生物技术在动物上的应用进行立法监管，遵从欧盟的立法。

2.2.4 标识和可追溯性

西班牙遵循欧盟相关法规实施转基因标识和追溯。有关这方面更多信息，请参阅欧盟农业生物技术年度报告。

2.2.5 知识产权（IPR）

西班牙遵循欧盟的立法规定。有关这方面更多信息，请参阅欧盟农业生物技术年度报告。

2.2.6 国际条约/论坛

西班牙对国际条约和论坛参与度与欧盟保持同步。作为欧盟成员国，西班牙是食品法典和世界动物卫生组织（OIE）的成员。有关这方面更多信息，请参阅欧盟农业生物技术年度报告。

2.2.7 相关问题

无。

2.3 市场营销

2.3.1 公众/私人意见

西班牙是一个畜牧业部门发达的国家，在农业和畜牧业生产领域使用新技术方面十分务实。与其他国家一样，尽管有技术专家对技术把关，并倡导以科学为基础的方法，但在决策过程中，公众舆论压力仍然起着很重要的作用。专家们一致认为克隆不会成为食品安全的问题，然而公众对于动物福利和伦理道德方面仍然存在担忧。

截至目前，因为克隆的成本高昂，西班牙的牲畜饲养者对克隆技术的兴趣有限。此外，虽然牲畜育种者认为克隆技术对于保存优良生产特性是有益的，但从生物多样性的角度来说该技术又有不好的一面。

西班牙 FECYT 针对科学技术的公众认知每两年开展一次社会调查。2016 年的调查得出的结论是，31.3%的受访者认为对克隆的担忧超过了该技术的效益。同比 2014 年 42.6%的比例有所下降。值得注意的是，在 2018 年发布的调查报告中，已剔除了公众对克隆技术看法的调查项目。

2.3.2 市场接受度/研究

克隆或转基因动物并没有引发大众的广泛性争议，人们通常会利用动物进行医学研究，寻求疾病治疗方案或拯救濒危物种。在 2008 年欧盟民意调查报告中曾提及欧盟各国乃至整个欧洲大众对于动物克隆的看法和态度。

关于克隆技术在西班牙的市场推广或接受程度的国别研究并不多。不过，《保护生物学杂志》最近发表了一篇关于利用克隆技术保护濒危物种的文章《比利牛斯野山羊：反对克隆比利牛斯野山羊的论据》。

第3章　微生物生物技术

3.1　生产和贸易

3.1.1　商业化生产

在西班牙，微生物主要用于面包、啤酒、乳制品、葡萄酒等食品生产过程。基因工程扩大了微生物在食品和饲料中的应用范围，用以生产添加剂、益生菌、食品安全物质检测工具、生物制品、生物过程及其他用于饲料、兽药和生物燃料生产的技术。

西班牙生物工业协会（ASEBIO）一直维持着一个产品开发博客，该博客由其生物技术农业食品机构人员开设。根据生物工业组织统计信息，大多数研究活动集中于兽医产品。而微生物生物技术集中研究的第二大类别包括成分、添加剂、益生菌和生物制品，以及生物工艺。根据 ASEBIO 2020 年度报告（https：//www. asebio. com/sites/default/files/2020-06/Informe%20AseBio%202020. pdf），食品生物技术公司数量占西班牙生物技术公司总数的 38%，是仅次于人类健康生物技术公司的第二大群体。后者占西班牙生物技术公司的 47%。在生物技术食品企业中，85%的企业将生物技术用作生产工具。

3.1.2　出口

目前尚无微生物生物技术产品出口的官方统计数据。西班牙出口的酒精饮料、乳制品及加工品可能含有微生物生物技术生产的食品成分。

3.1.3　进口

目前尚无微生物生物技术产品进口的官方统计数据。西班牙进口的酒精饮料、乳制品和加工产品可能含有微生物生物技术衍生的食品成分。

3.1.4　贸易壁垒

在西班牙，针对转基因微生物及含有其衍生成分的食品的贸易壁垒与欧盟保持一致。有关欧洲框架的更多信息，请参阅最新欧盟农业生物技术年度报告。

3.2 政策

3.2.1 法规框架

欧盟针对转基因微生物有意释放和限制性使用分别进行了立法。

欧盟法令 Directive 2009/41/EC 对限制使用进行了相关规定①。为了符合限制性使用的条件，须保证最终产品中不含有转基因微生物及其衍生有机体，以及用于改变有机体基因的重组 DNA（rDNA）。

如果不满足限制性使用的标准，则该产品将按欧盟法令 2001/18/EC15 关于故意释放到环境的范畴执行相关规定②。

以上相关法令被西班牙第 9/2003 号法律和第 178/2004 号皇家法令（西班牙语）（经第 452/2019 号皇家法令修订）转换为西班牙国家法规。

实际上，西班牙食品企业愿意使用微生物生物技术获得配料，其最终产品中不含有转基因的微生物，而不是最终产品中含有转基因微生物或重组 DNA 成分，以避开严苛的监管框架体系和转基因标识要求。

西班牙第 9/2003 号法律文件规定了在西班牙微生物生物技术决策过程中发挥重要作用的两个主管部门及其职责。它们是国家生物安全委员会（CNB）和转基因生物部际委员会（CIOMG）。在这种双层管理体系下，CNB 进行风险评估，CIOMG 根据 CNB 的评估结果决定国家的立场。有关这些机构职能的更多信息，请参阅第一章植物生物技术 1.2.1 监管框架。

3.2.2 审批情况

在西班牙，限制使用是允许的，但须事先登记、公示和审批（参西班牙第 9/2003 号法律文件）。

3.2.3 标识和可追溯性

在限制使用的条件下，最终食品中不含有转基因微生物及其衍生有机体，因此只适用普通食品标识规则。有关欧盟法律框架和西班牙食品标签的具体要求的更多信息，请参阅最新发布的欧盟 FAIRS 报告和西班牙 FAIRS 国家报告。

---

① 这个法令将“封闭使用”定义为“任何对微生物进行基因改造的活动，或者在转基因微生物的培养、存储、运输、销毁或其他处理方式进行过程中，须采取有效控制措施来限制其与外界接触，为人类及其环境提供一个高水平的安全性。”

② 如果属于故意释放的范畴，转基因微生物还必须遵守欧盟法规（EC）1829/2003 关于转基因食品和饲料市场准入要求和授权程序，以及法规（EC）No 1830/2003 关于转基因生物的标识和追溯以及由转基因生物生产的食品和饲料产品的追溯的相关规定。

3.2.4 监测和检测

与植物生物技术的情况一样，消费部下属的西班牙食品安全和营养局（AESAN）对食品产业链进行协调监管。而各自治区则自主在整个食品和饲料产业链上建立了监测和抽样计划。详情参见第一章：植物生物技术章节中 1.2.1 监测体系的内容。

3.2.5 附加监管要求

西班牙关于食品添加剂、调味剂和加工助剂方面的监管参照欧盟相关法规执行和实施。有关欧盟法律框架体系和西班牙具体监管要求的信息可参阅最新发布的欧盟 FAIRS 报告和西班牙 FAIRS 国家报告。

3.2.6 知识产权（IPR）

生物技术研发部门可以选择通过欧洲专利局或专利合作条约在国际范围内保护其创新技术，也可通过西班牙专利和品牌局在国家级层面保护其创新。西班牙专利和品牌局（西班牙语）隶属于工业、贸易和旅游部的一个公立机构，主要负责各种产权的注册和授予，包括品牌和商业名称（或独特标志）、发明、和产品工业设计等。

3.2.7 相关问题

无。

3.3 市场营销

3.3.1 公众/私人意见

在西班牙，采用微生物生物技术生产食品原料并没有引发大众的广泛争议。

3.3.2 市场接受度/研究

在西班牙，公众对于源自微生物生物技术的食品成分相关信息知之甚少。

俄罗斯农业生物技术年报

USDA美国农业部
对外农业服务局GAIN全球农业信息网
规定报告：按规定-公开发表
日期：2021年4月23日
报告编号：RS2020-0069
报告名称：农业生物技术年报
国家：俄罗斯
报告类别：生物技术及其他新生产技术
批准人：Stanley Phillips

报告要点

2020年3月27日，俄罗斯农业部长签署了第160号命令——“关于批准对用于生产动物饲料和饲料添加剂的转基因/改造生物的生物安全性进行评估（研究）的方法指南。”该指南于2020年4月26日生效，并建立了饲料用转基因（GE）转化体的注册流程，使这些饲料在注册后可以进口。现有的食品用转基因产品注册机制仍然有效。根据2016年7月3日第358-FZ号联邦法律，俄罗斯继续禁止在俄罗斯联邦种植和繁殖转基因动物和植物。

[内容提要]

俄罗斯法律禁止种植转基因作物，进口转基因商品、食品和饲料须遵守俄罗斯联邦的要求，即食品、饲料和商品中的转基因产品线必须在俄罗斯注册。食品和饲料的注册程序是分开的，由两个不同的俄罗斯联邦实体管理。禁止转基因作物种植和转基因作物饲料使用登记的监督工作一直由联邦兽医和植物检疫监督局（VPSS）负责。第358-FZ号联邦法律（FL）所作的修改停止了转基因作物种植登记机制的发展。

联邦消费者权益保护和人类福利监督局（Rospotrebnadzor）制定了食品转基因生物注册指南。目前，俄罗斯和欧亚经济联盟（EAEU）登记了12个玉米品系、8个大豆品系、1个水稻品系、1个甜菜品系和2个马铃薯品系，该经济联盟由东欧和西亚及中亚国家组成，前身为关税同盟（CU）。

2020年3月27日，俄罗斯农业部（MOA）发布了经修订的方法指南（MG），以评估可存活的和不可存活的转基因生物以及用于生产动物饲料和添加剂的动植物源转基因生物的生物安全性。修订后的指南于2020年4月26日生效。

在2020年4月20日至2021年1月1日期间，取消了对未经当前国家注册的转基因大豆和豆粕的进口禁令。2020年10月，农业部颁布了立法，将这些产品的禁令延长至2022年1月1日。

虽然第358-FZ号联邦法律禁止在俄罗斯繁殖转基因动物，但没有关于俄罗斯转基因动物和克隆领域研究的信息。微生物生物技术研究同样在进行，并且微生物的相关法规细化和微生物贸易已到位。然而，开放源码中没有关于这些主题的信息。[注：所有俄罗斯立法和监管文件使用术语“GMO”（转基因生物）或“GMM”（转基因微生物），而不是转基因（GE）生物/微生物。因此，在本报告中提及这些文件中的语言时，我们将使用“GMO”或“GMM”。]

第1章　植物生物技术

1.1　生产和贸易

1.1.1　产品开发

没有关于俄罗斯转基因作物开发的公开信息。2016 年禁止种植转基因作物之前，俄罗斯科学家对转基因作物进行了一些实验室研究，但该研究尚未进入田间试验阶段。虽然田间试验在技术上不受禁止，但它们需要获得农业部品种测试委员会的特别许可和跨机构 GMO 委员会的批准，而这通常不会获得批准。

1.1.2　商业化生产

俄罗斯不种植任何转基因作物。俄罗斯联邦禁止在俄罗斯联邦境内种植转基因植物或繁殖转基因动物（更多信息，请参阅 1. 2“政策”部分，1. 2. 1 法规框架部分）。

1.1.3　出口

俄罗斯的常规大豆产量一直在稳步增长，在 2019/2020 销售年度（MY）①，创纪录地收获了 436 万吨。扩大远东和南部部分地区的大豆面积被认为是未来增加大豆出口的基础。然而，预计 2020/2021 年大豆产量将收缩至 430 万吨，部分原因是种植面积减少。尽管如此，2020 年大豆出口量增长了 34%。这是由于中国（814 761吨）、白俄罗斯（224 922吨）和土耳其（106 365吨）的巨大需求。

由压碎的进口大豆制成的豆粕，然后再出口，可能包含转基因品系。相比之下，俄罗斯大豆是作为非转基因大豆销售的，但缺乏相关证明。由于俄罗斯没有认证非转基因玉米和大豆生产的批准方法或实验室，生产商和出口商无法将其作物注册为非转基因作物，出口商也不会为非转基因作物支付溢价。

2020 年前 8 个月，俄罗斯出口了约 290 万吨玉米，而 2019 年同期约为 180 万吨（表 1）。

表 1　俄罗斯玉米、大豆和豆粕出口②　　单位：吨

作物	2015 年	2016 年	2017 年	2018 年	2019 年	2019 年 1—8 月	2020 年 1—8 月
玉米（HS1005）	3 699 473	5 334 018	5 193 642	4 792 481	3 113 849	1 827 566	2 880 887

① 俄罗斯大豆的销售年份（MY）为 9 月至 10 月。

② 2019 年 6 月 24 日，普京总统签署了第 293 号法令，将俄罗斯禁止从包括美国在内的对俄罗斯实施经济制裁的国家进口农产品的禁令延长至 2020 年年底。

（续表）

作物	2015 年	2016 年	2017 年	2018 年	2019 年	2019 年 1—8 月	2020 年 1—8 月
黄豆（HS1201）	383 517	422 492	519 601	959 899	895 248	478 289	887 723
豆粕（HS2304）	458 247	450 814	300 486	412 848	432 422	248 980	370 693
1 000 美元							
玉米（HS1005）	601 076	861 798	845 554	854 548	616 675	515 087	393 016
黄豆（HS1201）	119 673	133 156	168 523	290 419	278 193	150 059	304 341
豆粕（HS2304）	226 321	201 713	142 158	206 398	194 503	114 768	159 756

资料来源：俄罗斯联邦海关总署。

1.1.4 进口

俄罗斯不允许进口转基因种植种子。进口用于加工食品和饲料的转基因品系的注册变得越来越困难。部分原因是监管审查力度加大。由于没有关于生物安全或转基因饲料、饲料添加剂和兽药注册的最终监管文件，事实上暂停了对含有转基因生物或转基因生物衍生产品的饲料和饲料添加剂的新注册。形势的持续不确定性将继续对这些产品的贸易产生严重影响，尤其是大宗作物，如大豆、玉米和其他可能是转基因作物的作物，以及由转基因成分制成的加工产品。

俄罗斯联邦允许进口转基因作物和含有转基因成分的加工产品（表 2），前提是这些作物/产品已在俄罗斯进行食品和/或饲料使用检测和注册，并且“不可行”（参见本报告 B 部分中的批准段落）。俄罗斯海关数据并未将转基因产品与非转基因产品区分开来。然而，大多数进口到俄罗斯的玉米和大豆，以及进口玉米和大豆生产的产品，可能含有不超过俄罗斯和欧盟转基因产品存在要求的转基因作物和转基因成分［更多信息，请参见 1. 2“政策”部分，1. 2. 1 法规框架部分和 1. 2. 9 低水平混杂（LLP）策略］。

2019 年 6 月 24 日，普京总统签署第 293 号法令，将俄罗斯禁止从对俄罗斯实施经济制裁的国家（包括美国）进口农产品的禁令延长至 2020 年年底。俄罗斯联邦于 2019 年 6 月 25 日发布第 806 号法令，执行总统法令，但不改变涵盖国家或产品的清单。大豆、豆粕和玉米不在禁用产品名单上。有关当前禁用产品列表和其他详细信息，请参阅 2019 年 7 月 1 日发布的 GIAN 报告——*RS1907 Russia Extended Food Import Ban Through the End of* 2020。

虽然玉米、大豆或其产品的进口不受此禁令的限制，但自 2016 年 2 月 15 日起，俄罗斯根据对这些进口作物中受管制杂质的报告结果，暂时禁止从美国进口玉米（HS 1005）、种植甜玉米种子（HS0712901100）和大豆（HS 1201）。2016 年秋季，大豆进口几乎停止（更多信息，请参见 1. 2“政策”部分，1. 2. 3 复合性状转化体或叠加性状转化体批准的审批情况）。

表 2　俄罗斯可能含有转基因成分产品的进口　　单位：吨

作物	2015 年	2016 年	2017 年	2018 年	2019 年	2019 年 1—8 月	2020 年 1—8 月
玉米（1005）	43 844	41 124	52 640	44 182	33 162	27 520	45 135
-来自美国	3 435	370	0	0	0	0	0
玉米饼和玉米粉（1103 13）	232	82	139	226	308	462	131
-来自美国	0	0	0	0	0	0	0
玉米淀粉（1108 12）	13 253	14 258	11 375	4 548	3 956	2 713	2 431
-来自美国	0	1	0	1	1	0	1
大豆（1201）	2 179 998	2 283 314	2 236 745	2 240 089	2 028 519	1 392 903	1 411 132
-来自美国	526 171	216 018	0	0	0	0	0
大豆粉（1208 10）	277	194	140	224	345	252	210
-来自美国	2	0	0	0	0	0	0
豆粕（2304）	532 684	229 139	70 147	178 155	221 158	139 738	206 315
-来自美国	7 898	2 833	0	0	0	0	0
大豆分离物（来自 3504）							
总组 3504	46 245	43 485	42 199	41 785	43 045	27 947	24 956
-来自美国	120	126	168	136	70	46	47
1 000 美元							
玉米（1005）	146 812	141 308	186 285	158 231	108 203	93 765	111 648
-来自美国	3 202	343	0	0	0	0	0
玉米饼和玉米粉（1103 13）	188	64	109	156	435	266	101
-来自美国	0	18	0	0	0	0	0
玉米淀粉（1108 12）	7 242	6 629	6 543	4 679	5 574	3 946	3 688
-来自美国	4	6	5	11	4	1	4
大豆（1201）	941 890	977 489	966 059	992 624	791 863	543 362	551 934
-来自美国	219 849	81 541	0	0	0	0	0

（续表）

作物	2015 年	2016 年	2017 年	2018 年	2019 年	2019 年 1—8 月	2020 年 1—8 月
大豆粉（1208 10）	252	164	119	207	299	222	181
-来自美国	2	0	0	0	0	0	0
豆粕（2304）	257 610	97 666	32 766	88 288	97 273	63 001	92 559
-来自美国	4 418	1 030	0	0	0	0	0
大豆分离物（来自 3504）							
总组 3504	128 136	103 990	113 068	108 315	108 830	67 734	71 552
来自美国	676	764	1 124	910	690	453	408

资料来源：俄罗斯联邦海关总署。

1.1.5 粮食援助

俄罗斯向叙利亚等一些国家提供粮食、面粉、植物油以及粮食和油籽产品的实物粮食援助。据推测，由于俄罗斯不种植转基因作物，因此其粮食援助不包含任何转基因产品。俄罗斯不是粮食援助的接受国。

1.1.6 贸易壁垒

俄罗斯禁止种植转基因作物，这阻碍了美国大豆、油菜籽、甜菜和玉米等作物种子的出口。俄罗斯对这些作物的高效、抗旱品种和杂交种的需求非常高，但没有对这些种子开放市场。

1.2 政策

1.2.1 法规框架

在俄罗斯，由于不存在批准转基因作物种植的立法机制，以前存在着对转基因作物种植的实际禁令。2013 年年底，俄罗斯联邦通过了第 839 号决议，题为“关于拟释放到环境中的转基因生物以及使用此类生物或含有此类生物的产品的国家注册”。

随后，该决议的实施被推迟到 2017 年 7 月 1 日，但于 2016 年 7 月 3 日提前实施，通过了 FL 第 358-FZ 号法令，该法令禁止在俄罗斯联邦境内种植转基因植物和繁殖转基因动物。2017 年 6 月 29 日，第 770 号政府决议修订了俄罗斯转基因生物及其衍生或含有此类生物的产品注册规则框架，使第 839 号决议符合 2016 年 7 月 3 日第 358-FZ 号联邦法律。有关更多信息，请参阅以下报告。

– RS1743*Russian Federation 770 Amends Rules for Registration of GE Organisms*，日期为

2017 年 7 月 13 日。

- RS1634*Russia Bans Cultivation and Breeding of GE Crops and Animals*，日期为 2016 年 7 月 12 日。

- RS1833*Russian Federation Agricultural Biotechnology Annual 2018*，日期为 2018 年 12 月 4 日。

Rospotrebnadzor 于 2017 年 7 月 1 日前制定了用于食品转基因生物注册的监管文件，该机制已经到位并正在运行。总体而言，自邮报上次报告以来，转基因食品的注册程序没有改变，一旦获得批准，注册期限将不受限制（相比之下，饲料使用的注册期限为五年）。EAEU 批准的监管文件优先于为国家级食品转基因生物注册发布的监管文件。

与转基因食品注册监管文件不同，截至 2017 年 7 月 1 日，农业部和 VPSS 尚未制定饲料、饲料添加剂和兽药转基因生物注册监管文件。此外，EAEU 没有任何涉及转基因生物饲料使用注册的监管文件。因此，2017 年 7 月 1 日之后提交的任何饲料使用转基因品系注册申请，由于缺乏注册方法指南均被 VPSS 拒绝。因此，共有 13 个玉米和大豆生产线的饲料注册过期，从而阻碍了这些产品的进口。其中包括抗草甘膦大豆、Bt 大豆和 LL 大豆。

1.2.1.1 转基因饲料成分注册新方法指南获得批准

2020 年 3 月 27 日，俄罗斯农业部长德米特里 · 帕特鲁舍夫（Dmitry Patrushev）签署了第 160 号命令，“关于批准用于动物饲料和饲料添加剂生产的转基因/改性生物体生物安全性评估（研究）的方法学指南”（指南）。该指南于 2020 年 4 月 26 日生效，并制定了新的程序来评估植物和动物源性转基因生物的生物安全性。它还规定了仅在国家认证体系中获得认证的实验室进行生物安全评估的要求。

指南的最终版本与之前的草案版本（日期为 2019 年 10 月）在几个方面有所不同。例如，最终版本不要求提供草案版本中要求的关于转基因生物无活力的信息、关于转基因生物无活力的具体研究或关于植物或动物来源的转基因产品活力的研究。这些变化不仅简化了转基因加工产品和食品的进口流程，还简化了转基因大豆和玉米的进口流程。

然而，该指南不包括允许注册复合性状的规定。因此，VPSS 打算对复合性状进行全面的研究，这意味着申请人有义务重复对复合性状中包含的每个单一性状进行的所有研究。

该指南也没有提供经认可进行此类研究的实验室名单。似乎只有一个研究所被授权开展这项研究——联邦国家预算机构，称为“俄罗斯国家动物饲料和药物标准化质量中心”（VGNKI），是 VPSS 的子公司。营养研究所（ION）为俄罗斯联邦卫生部（MOH）开展了关于转基因食品的研究。目前尚不清楚 VGNKI 或 VPSS 是否会接受已经存在的 ION 结果。

行业代表对指南中与毒理学研究和生殖毒性研究相关的部分表示关切。最终指南规定，如果发现任何负面影响，应继续对转基因生物的 F_2 代和 F_3 代进行研究，而之前的草案（日期为 2019 年 10 月）规定，研究应持续到第三代（F_2）。

（要阅读第 160 号法令的全文，请参阅 2020 年 4 月 30 日的 FASMoscow 的 GAIN 报告，网址为 *RS2020－0024 Russia Approves Methodological Guidance for Registration of GE Feeds*）。

1.2.1.2 暂时解除对转基因大豆和大豆进口的禁令

2020 年 4 月 16 日，俄罗斯联邦签署了第 520 号法令，“根据《拟释放到环境中的转基因生物（GMO）国家注册规则》规定，无须进行国家注册的产品和转基因生物，以及使用此类生物获得或含有此类生物的产品，包括俄罗斯联邦政府于 2013 年 9 月 23 日 N839 批准的进口到俄罗斯联邦境内的特定产品。”该法令规定，在 2020 年 4 月 20 日至 2021 年 1 月 1 日期间，允许进口某些转基因大豆和饲料豆粕，无须国家登记。第 520 号法令仅适用于在俄罗斯注册已过期的转基因大豆和转基因豆粕。装运时必须附上 VPS 的专家证明或注册证书，该证书是在相关产品之前注册时授予的。

第 520 号法令在市场参与者中提出了几个问题，即根据该议定书，哪些大豆和豆粕产品可能有资格进口。这是因为转基因生物和含有转基因生物或使用转基因生物生产的产品都必须在俄罗斯注册。农业部进一步阐明，在 2017 年 7 月 1 日之前，含有转基因生物的食品的国家注册遵循 2002 年 1 月 18 日发布的第 26 号法令“关于转基因生物生产的食品的国家注册”中规定的规则。农业部的信函确认，根据第 26 号法令，所有含有转基因生物的产品或通过转基因生物生产的产品，以及用于畜牧业的产品，均允许进口到俄罗斯联邦。这是因为 VPSS 根据第 26 号法令确认饲料产品是安全的。

然后，根据 2017 年 7 月 1 日生效的第 839 号法令规定，含有转基因生物的饲料产品（在本案中为大豆或豆粕）须进行国家注册。一旦（a）用于制造产品或（b）包含在产品中的转基因生物被注册，就会出现这种情况。因此，根据第 520 号法令，只有 2017 年 7 月 1 日之前注册的产品才有资格进口。对于该行业而言，这意味着只有在 2017 年之前注册了转基因大豆和豆粕产品的供应商，现在才能将这些产品进口到俄罗斯。前提是供应商从 2017 年之前颁发的注册证书中指定的同一公司和/或粮仓购买其产品，并且这些产品不含其他未在俄罗斯注册的转基因生物体。欲了解更多信息，请参阅 Post 的报告 RS2020-0022：俄罗斯暂时取消了转基因大豆和豆粕注册的要求和 RS2020-0027：根据第 520 号法令向俄罗斯进口转基因大豆和豆粕的附加条件。

2020 年 10 月，农业部提出立法，将暂停进口转基因大豆和豆粕的禁令从 2021 年 1 月 1 日延长至 2022 年 1 月 1 日。该部解释说，这项举措是避免国内市场高蛋白饲料的潜在短缺的必要措施，这可能导致饲料和饲料添加剂以及整个畜牧业产品的价格上涨。

延长禁令暂停的第 520 号法令的修订草案（俄文版）可在此网址查阅：https：//regulation. gov. ru/projects/List/AdvancedSearch # search =% D0% B3% D0% B5% D0% BD%D0%BD%D0%BE&npa=109524。

1.2.1.3 责任政府部门

以下政府部门和机构负责转基因植物的监管（食品、饲料、种子和环境安全问题）。

（1）联邦消费者权利保护和人类福利监督服务局（Rospotrebnadzor）

（网址：https：//rospotrebnadzor. ru/documents/details. php？ELEMENT_ID=7871）联邦消费者权利保护和人类福利监督服务局具有以下功能：①对新的转基因食品生产线和

含有转基因生物的新食品进行国家注册，包括首次进口到俄罗斯的产品；②根据俄罗斯和欧盟立法调查和控制转基因食品的营业额；③制定有关转基因食品的立法；④监测转基因作物和产品对人类和环境的影响。

（2）俄罗斯联邦农业部（MOA）

（网址：http：//www. mcx. ru/）与俄罗斯联邦经济发展部和科学与高等教育部共同参与农业生物技术政策的制定。其功能包括：①在农业中使用转基因作物和生物体的总体政策制定。根据当前修订的 2013 年 9 月第 839 号政府决议（除其他外，符合 2016 年 7 月 3 日第 358-FZ 号联邦法律，该法律禁止在俄罗斯联邦境内种植和繁殖转基因动植物）；②农业生产和农产品使用的兽医和植物检疫条件的总体法律法规，包括旨在减轻转基因作物和生物体对农业动植物、环境、农业原料产品和加工食品的任何负面影响的法律法规。

（3）联邦兽医和植物检疫监督局（VPSS）

隶属于农业部（网址：http：//www. fsvps. ru/）。VPSS 具有以下功能：①对饲料使用的新转基因品类和含有转基因生物的新饲料进行国家注册，包括首次进口到俄罗斯的转基因生物；②为转基因饲料颁发注册证书；③调查从转基因作物中提取的饲料和饲料添加剂在生产和周转的各个阶段的安全性；④根据 2013 年 9 月第 839 号政府决议（与 MOA 一起），VPSS 目前正在制定转基因作物（包括种植）和转基因动物的使用和监测条例；⑤与联邦消费者权利保护和人类福利监督服务局一起监测转基因作物、动物和产品对人类和环境的影响。

根据政府第 839 号决议，VPSS 和联邦消费者权利保护和人类福利监督服务局需要将国家注册信息转发至卫生部维护的综合登记册。

综合登记册由卫生部按照俄罗斯联邦信息、信息技术和信息保护立法的要求以电子形式保存。登记机关根据卫生部与大众传播部、科学和高等教育部、农业部和联邦消费者权利保护和人类福利监督服务局共同制定的命令，将相关信息录入综合登记册。综合登记册包括改良生物体登记册和产品登记册。综合登记册中的信息对个人和法人公开，并发布在卫生部的官方网站上。

（4）俄罗斯联邦工业和贸易部

（网址：http：//www. fsvps. ru/）参与制定国家标准和技术法规（TRs），其中规定了受管制物品的生物安全要求。该部参与了 EAEU（以前称为关税同盟）中 TRs 的开发。

（5）俄罗斯联邦经济发展部

（网址：https：//www. economy. gov. ru/）自 2012 年以来一直在监测《到 2020 年俄罗斯联邦生物技术发展综合方案》的实施情况。（有关该项目的更多信息，请参阅 2012 年 6 月 8 日 FASMoscow 的 GAIN 报告 RS1239《2020 年俄罗斯生物技术发展项目》。

（6）俄罗斯科学院（RAN）

（网址：https：//www. ras. ru/）2013 年 9 月 27 日，俄罗斯总统签署了《关于俄罗斯科学院、国家科学院重组和一些法律法案修正案的联邦法律》（第 253-FZ 号联邦法律），立即生效。该法律设想，以前独立的俄罗斯科学院、俄罗斯医学科学院和俄罗斯农业科学院将并入俄罗斯科学院。这些学院将在 2016 年底前联合起来。新学院的主要职能是协调基础科学、研究以及与科学相关的项目和专门知识，包括农业生物技术领域。迄今为止，还没有关于 RAN 在农业生物技术领域制定计划和项目的统一战略的信息。

农业生物技术领域的应用研究仍由研究机构进行，这些机构隶属于 3 个以前独立的研究院。2013—2018 年，这些研究所隶属于联邦科学组织机构（FANO），该机构是在上述 2013 年重组后成立的。然而，FANO 于 2018 年 5 月解体，当时教育和科学部被分为 13 个部门：科学和高等教育部和教育部（负责高中和除高等教育外的其他类型的教育），FANO 的负责人被任命为科学和高等教育部部长。

（7）科学和高等教育部

（网址：https：//www. minobrnauki. gov. ru/）负责资助原属于 3 个重组科学院的研究机构的研究，包括在任何重组之前在农业生物技术领域进行研究的以下机构：农业生物技术研究所，兽医和饲料质量和标准化中心、营养研究所、生物工程中心。有关重组前这些机构职能的更多信息，请参阅 2015 年 7 月 10 日的 FASMoscow 的 GAIN 报告 RS1545 俄罗斯联邦农业生物技术年度 2015。

（8）欧亚经济联盟（EAEU）

（网址：http：//www. eaeunion. org/）联合哈萨克斯坦、俄罗斯、白俄罗斯、亚美尼亚和吉尔吉斯斯坦。EAEU 为所有成员国制定并采用共同的海关和技术法规。自 2012 年 1 月 1 日前关税同盟内建立统一的经济空间以来，目前的欧盟经济区、在欧盟经济区内流通的生物技术食品和生物技术食品配料的使用证书和许可证均有效。

1.2.1.4 立法和法规

目前，农业生物技术政策受欧盟决定（简称 CU/EAEU 的“技术法规”）、俄罗斯联邦法律、政府决议和俄罗斯各部、机构和服务部门负责人的命令的监管①。

（1）欧亚经济联盟（EAEU）的规定

自 2010 年 7 月以来，EAEU 通过了一些影响农业和食品生物技术的技术法规。这些技术法规于 2013 年 7 月 1 日生效，所有法规都要求在标签上标记“转基因生物”，将在食品加工过程中使用“转基因”或使用“转基因”生物生产的情况告知消费者，即使市场上的食品中不存在“转基因”成分的 DNA 或蛋白质。

①对于涵盖食品安全和标签问题并于 2013 年 7 月 1 日生效的 CU 技术法规的非官方翻译：-RS1036 2010 年 7 月自定义联盟更新，2010 年 7 月 26 日发布；-RS1233 海关联盟食品安全技术法规②；-RS1250 海关联盟粮食安全技术法规；-RSAT1211 海关联盟食品标签技术法规；-RS1326 海关联盟油脂产品技术法规；-RS1334 海关联盟果汁技术法

---

① 食品的“转基因”注册符合 EAEU 法规，该法规优先于国家层面批准的任何法规，例如第 839 号政府决议。然而，饲料的“转基因”注册是根据第 839 号政府决议实施的。

EAEU 的技术法规对 EAEU 的所有成员都是强制性的。2017 年 12 月 29 日，2017 俄罗斯联邦农业生物技术年度报告 RS1760 中提供了 EAEU 技术法规的摘要。

② 在全球农业信息网系统中未找到报告日期。

规；-RS1340 海关联盟专业食品技术法规；-RS1338 海关联盟食品添加剂技术法规。

②自 2014 年 5 月 1 日起生效的技术法规：-RS1382 牛奶和乳制品关税同盟技术法规，2018 年 11 月 18 日发布；-RS1384 海关联盟关于肉类的技术法规①。

③2017 年 9 月 1 日起生效的技术法规：-RS1734 鱼类和鱼类产品安全技术法规，2017 年 6 月 6 日发布。

④自 2019 年 1 月 1 日起生效的技术法规：-RS1752 EAEU 包装水技术法规，2019 年 2 月 13 日发布。

（2）俄罗斯联邦法律

①2016 年 7 月 3 日第 358-FZ 号联邦法律（http：//pravo. gov. ru/proxy/ips/？docbody=&nd=102404554&intelsearch=358-%F4%E7+3+%E8%FE%EB%FF+2016）“关于修改俄罗斯联邦某些立法法案，以改进遗传工程活动领域的国家法规。”FL 第 358-FZ 号禁止种植转基因作物，将之前由于缺乏监管框架（见之前的生物技术年鉴）而导致的事实上的禁令正式化为具体的法律禁令。FL 第 358-FZ 号修订了 1996 年 7 月 5 日第 86-FZ 号联邦法律、1997 年 12 月 17 日第 149-FZ 号联邦法律、俄罗斯联邦行政犯罪法和 2002 年 1 月 10 日第 7-FZ 号联邦法律。（有关 FL 第 358-FZ 号的更多信息，请参阅 2016 年 7 月 12 日的 FAS Moscow GAIN 报告 RS1634）。俄罗斯禁止转基因动植物的种植和繁殖，这些修正案明确禁止在俄罗斯联邦境内种植转基因植物和繁殖转基因动物，但科学专业知识或研究所需的植物和动物的种植和繁殖除外。对违规官员的处罚将从 10 000 卢布到 50 000 卢布（从 157 美元到 783 美元）。对司法人员违规行为的处罚将从 100 000 卢布到 500 000 卢布（从 1 567 美元到 7 833 美元）。第 358-FZ 号联邦法律自 2017 年 7 月 1 日起全面生效。该法对科学专业知识或研究所需的动植物的培育和繁殖作出了例外规定。在监测“转基因”或源自/或含有“转基因生物”的产品对人类和环境的影响的基础上，政府有权禁止向俄罗斯进口用于环境释放的“转基因生物”和（或）源自或含有此类生物的产品。

②1996 年 7 月 5 日第 86-FZ 号联邦法律（http：//pravo. gov. ru/proxy/ips/？docbody=&nd=102042295&intelsearch=86-%F4%E7+5+%E8%FE%ED%FF+1996）。“关于基因工程活动领域的国家法规”，于 2000 年和 2010 年进行了修订。这是俄罗斯关于基因工程的基本联邦法律，但该法律没有提供实施工具。该联邦法律有几项修正案，包括 2016 年 7 月 3 日 FL 第 358-FZ 号所作的最后一项修正案，该修正案强调了州对转基因生物释放到环境中的控制作用，州监测此类释放对环境的影响以及对人类健康的影响。修正案增加了国家对转基因生物和产品（包括进口商品）的控制和监测以及注册的责任。

修正案拓宽了“基因工程领域的安全控制”的含义，并强调，根据监测转基因生物和产品对环境和人类健康影响的结果；执行权力的授权机构可以禁止将转基因生物和/或转基因生物衍生产品进口到俄罗斯。

③1999 年 3 月 30 日第 52-FZ 号联邦法律（http：//pravo. gov. ru/proxy/ips/？doc-

---

① 在全球农业信息网系统中未找到报告日期。

body = &nd = 102058898&intelsearch = 52 -% F4% E7 + 30 +% EC% E0% F0% F2% E0 + 1999）“关于人口健康的卫生流行病学”（经修订）。

④2000 年 1 月 2 日第 29-FZ 号联邦法律（http：//pravo. gov. ru/proxy/ips/？docbody = &nd = 102063865&intelsearch =% CE +% EA% E0% F7% E5% F1% F2% E2% E5 +% E8+%E1%E5%E7%EE%EF%E0%F1%ED%EE%F1%F2%E8+%EF%E8%F9%E5%E2%FB%F5+%EF%F0%EE%E4%F3%EA%F2%EE%E2）“关于 2001—2008 年修订的食品质量和安全”（经修订）。

⑤1992 年 2 月 7 日第 2300-1 号联邦法律（http：//pravo. gov. ru/proxy/ips/？docbody = &nd = 102014512&intelsearch = 2300-1+1992）“关于保护消费者权利”（经修订）。2007 年 10 月 25 日的修正案将生物技术材料制成的食品配料的强制性标签设定为 0. 9%。在这项修正案之前，微量的生物技术食品配料需要贴标签。

⑥2002 年 1 月 10 日第 7-FZ 号联邦法律（http：//pravo. gov. ru/proxy/ips/？docbody = &nd = 102074303&intelsearch = %CE%E1+%EE%F5%F0%E0%ED%E5+%EE%EA%F0%F3%E6%E0%FE%F9%E5%E9+%F1%F0%E5%E4%FB）“关于环境保护”（经修订）。2016 年 7 月 FL 第 358-FZ 号修订，在第 50. 1 条中增加了以下内容：“禁止种植或繁殖基因已通过基因工程方法修改的植物和动物，以及含有由于自然（自发）原因而无法引入的基因工程材料的植物和动物过程，但在专家审查和研究活动过程中种植和繁殖此类植物和动物除外。”

⑦1997 年 12 月 17 日第 149-FZ 号联邦法律（http：//pravo. gov. ru/proxy/ips/？docbody = &nd = 102050543&intelsearch = 149+%F4%E7+1997）“种子工业”（经修订）。特别地，2016 年 7 月 3 日 FL 第 358-FZ 号修订了法律，禁止向俄罗斯进口转基因种子，除为研究活动播种（种植）此类种子外：“禁止向俄罗斯联邦领土进口或用于播种（种植）通过基因工程方法改变遗传的植物种子，以及含有天然（自发）不能引入的转基因材料的植物种子过程，但在专家检查和研究活动过程中播种（种植）此类种子除外。”

⑧2001 年 12 月 30 日第 195-FZ 号《俄罗斯联邦行政违规法》（http：//base. garant. ru/77682335/ - in Russian）。特别地，FL 第 358-FZ 号修订了《守则》，增加了第 6. 3. 1 条：“违反俄罗斯联邦在基因工程活动领域的立法，”具体如下：“违反俄罗斯联邦在基因工程活动领域的立法，包括使用转基因生物和/或使用此类生物衍生的产品或含有此类生物的产品，在上述立法要求国家注册的情况下，或在国家注册证书已过期，或者如果转基因生物的使用不符合其注册目的，或者如果未遵守规定的转基因生物，则不符合特殊使用条件，例如在制造特定类型的产品时，将对官员处以 1 万~5 万卢布的罚款；对法人处以 10 万~50 万卢布的罚款。”之前对《行政违规行为准则》的修订（FL 521-FZ 法规，2014 年 12 月 31 日制定）规定了对违反对转基因生物衍生食品（在俄罗斯文件中称为“GMO”）或含有此类生物的食品标签强制性要求的罚款。个人企业家的罚款（在俄罗斯）为 2 万~5 万卢布（313~783 美元），法人实体的罚款为 10 万~30 万卢布（1 567~4 700 美元）。该法律还规定联邦消费者权利保护和人类福利监督服务局有权起草此类案件中的行政违规协议，并将这些案件提交法院审议。

（3）俄罗斯政府的决议

①2012 年 8 月 28 日俄罗斯联邦政府第 866 号决议。“关于授权对货物进行国家注册的联邦执行机构，并废除俄罗斯联邦政府关于某些类型产品的国家注册问题的某些法案”（http：//pravo. gov. ru/proxy/ips/? docbody = &prevDoc = 102068906&backlink = 1&&nd=102158957）。该决议授权联邦消费者权利保护和人类福利监督服务局根据 CU/EAEU 立法对转基因食品进行国家注册，并撤销了俄罗斯联邦政府 2000 年 12 月 21 日第 988 号决议，该决议此前对该问题进行了监管。

②俄罗斯政府 2012 年 7 月 14 日第 717 号决议（http：//pravo. gov. ru/proxy/ips/?docbody=&nd=102158516&intelsearch=717+2012）。“关于 2013-2020 年农业发展和农业及食品市场监管的国家计划”（经修订）。该计划概述了农业科学的主要发展方向，包括生物技术，尽管农业生物技术不是优先事项。

③俄罗斯政府 2013 年 9 月 23 日第 839 号决议（http：//pravo. gov. ru/proxy/ips/?docbody=&nd=102167879&intelsearch=839+2013）。“关于拟释放到环境中的转基因生物以及使用此类生物或含有此类生物的产品的国家注册”（经修订）。该决议批准了转基因生物的注册规则，并命令各部委和联邦机构更新或制定开始注册的程序，该程序在 2013 年 9 月 25 日发布的 GAIN 报告 RS1366 政府关于环境释放转基因生物的注册的决议在第 839 号决议中报告。

④俄罗斯政府 2014 年 6 月 16 日第 548 号决议（http：//pravo. gov. ru/proxy/ips/?docbody=&nd=102353535&intelsearch=548+2014）。“关于 2013 年 9 月 23 日第 839 号决议修正案”，将第 839 号决议的执行从 2014 年 7 月 1 日推迟至 2017 年 7 月 1 日。参见 2014 年 6 月 27 日发布的 GAIN 报告 RS1442 GMO 转基因种植注册推迟。

⑤俄罗斯政府 2017 年 6 月 29 日第 770 号决议（http：//pravo. gov. ru/proxy/ips/?docbody=&prevDoc=102167879&backlink=1&&nd=102436971）。“关于修订俄罗斯联邦政府 2013 年 9 月 23 日第 839 号决议”，修订了俄罗斯转基因生物及其衍生或含有此类生物的产品的注册规则框架。该决议符合 2016 年 7 月 3 日第 358-FZ 号联邦法律，该法律禁止在俄罗斯联邦境内种植和繁殖转基因动植物。有关更多详细信息，请参阅 2017 年 7 月 13 日的 FAS GAIN 报告俄罗斯联邦第 770 号决议修订了转基因生物注册规则。

⑥俄罗斯政府 2018 年 1 月 29 日第 81 号决议（http：//pravo. gov. ru/proxy/ips/?docbody=&prevDoc=102167879&backlink=1&&nd=102458636）。“关于修改俄罗斯联邦政府 2013 年 9 月 23 日第 839 号决议”，2017 年 7 月 1 日（第 839 号决议生效日期）之前推出的饲料和食品的“原有的”注册，例如豆粕（即非技术所有者在俄罗斯注册，例如 MON87701），特别是，如果产品的注册在 2017 年 7 月 1 日之前启动，则不需要对产品中使用的每种转基因生物体进行事先注册，前提是转基因转化体（品系）的注册过程也在该日期之前启动，包括分子遗传检测、医疗和生物评估、卫生和流行病学评估以及生物安全测试。因此，复合性状 MON87701×MON89788 符合导入条件。

⑦第二项相关决议是，“关于 2013 年 9 月 23 日俄罗斯联邦第 839 号决议的修正案”，本质上是第 839 号决议（国家注册规则 RS1366 关于转基因生物环境释放注册的政府决议）的附录。根据该规定，孟山都能够注册大豆品系 MON89788 和 87701

以及大豆品系 40-3-2，其中两个用于复合性状豆粕品系 MON87701×MON89788 的饲料用途。大豆品系 MON89799 的注册将于 2020 年 10 月到期。大豆品系 87701 和大豆品系 40-3-2 的注册于 2018 年年初到期。VPSS 注册的转基因豆粕证书有效期至 2023 年 2 月 12 日。

⑧2018 年 2 月，俄罗斯联邦批准了两份与生物技术饲料注册相关的官方文件。第一个标题是，“关于暂停《旨在释放到环境中的转基因生物国家注册规则》的若干规定，以及使用此类生物衍生的产品或含有此类生物的产品，包括上述装运（进口）的产品进入俄罗斯联邦领土；以及批准来自转基因生物或含有此类生物的饲料的国家注册规则。”

（4）政府机构的规范性法案

①俄罗斯联邦首席卫生医生的决议（2000 年 11 月 8 日第 14 号），“关于转基因食品卫生流行病学鉴定程序”。

②关于转基因食品、生物体和微生物测试、鉴定和分析规范和方法的方法学指令、食品国家标准。这些方法和标准可由不同的组织制定，但通常由俄罗斯联邦工业和贸易部的联邦技术法规和计量机构批准。

③2017 年 7 月 26 日 MOA 第 366 号命令，批准关于用于生产饲料和动物饲料添加剂的转基因生物国家注册的 VPSS 法规；用于生产兽医用药物的转基因生物，以及使用转基因生物或含有此类生物的动物的饲料和饲料添加剂。可以在此处查看俄文文档（http：//www. garant. ru/products/ipo/prime/doc/71651236/）。

④农业部的命令草案批准了评估饲料和饲料添加剂生产用转基因生物体生物安全性的方法指南（http：//regulation. gov. ru/projects#npa = 81934），该方法指南将建立转基因饲料注册机制。

1.2.1.5 食品和饲料使用的转基因作物/品系注册

（1）食品使用登记（程序）

联邦消费者权利保护和人类福利监督服务局为俄罗斯和欧洲农业和农业联盟登记了食品使用的生物技术作物和配料。EAEU 的决定优先于俄罗斯联邦关于转基因作物/品系食品用途登记的规定。食品用途的注册是根据 2010 年 7 月 26 日第 299 号 EAEU 决定实施的，而饲料用途的注册必须符合第 839 号政府决议。联邦消费者权利保护和人类福利监督服务局制定了符合第 839 号政府决议要求的方法指南。这些指南以俄语发布在联邦消费者权利保护和人类福利监督服务局网站上。

食品注册流程与 2011 年至 2014 年的年度生物技术收益报告（*RS15545Russian Federation Agricultural Biotechnology Annual 2015*，2015 年 7 月 10 日发布）中所述相同。过程如下。①申请人向联邦消费者权利保护和人类福利监督服务局提交申请和档案；②联邦消费者权利保护和人类福利监督服务局向联邦营养、生物技术和食品安全研究中心或前联邦国家预算企业“营养科学研究所”下达安全评估研究，该研究可能与生物技术和微生物学领域的其他俄罗斯科学研究所和实验室进行协调；③申请人与本中心签订食品安全评估协议；④根据该研究所的评估，联邦消费者权利保护和人类福利监督服务局签发注册证书，并对产品进行注册。联邦消费者权利保护和人类福利监督服务局根据

EAEU 决定的规定，无限期批准食品使用注册。有关食品用生物技术作物和配料的注册信息应提交至卫生部维护的综合登记册（https：//www. rosminzdrav. ru/ministry/61/23/stranitsa-967/svodnyy-gosudarstvennyy-reestr-genno-inzhenerno-modifitsirovannyh-organizmov-gmo-a-takzhe-produktsii-poluchennoy-s-primeneniem-takih-organizmov-ili-soderzhaschey-takie-organizmy-vklyuchaya-ukazannuyu-produktsiyu-vvozimuyu-na-territoriyu-rossiyskoy-federatsii）。

进行安全评估所需的实验室测试大约需要 12 个月，另外还需要两到 3 个月的时间来组织和准备新的转基因作物的文件。注册食品和配料需要的时间更少。然而，只有当生物技术产品包含已注册的生物技术转化体时，才允许注册。自 2006 年以来，联邦消费者权利保护和人类福利监督服务局对粮食作物进行了无限期的登记。联邦消费者权利保护和人类福利监督服务局的网站上提供了有关转基因作物注册用于食品或含有注册生物技术成分的信息（http：//fp. crc. ru/gosregfr/）。注册产品清单包含所有新食品，不仅包括生物技术产品或含有生物技术成分的产品。有几百种不同的产品和名称。要查找特定作物的许可食品，请搜索作物名称和“转基因”字样。

（2）饲料使用登记

自 2016 年 7 月 FL 第 358-FZ 号通过以来，由于缺乏尚未最终确定的转基因饲料注册监管机制，饲料使用注册已被有效暂停。

7 月 26 日，俄罗斯农业部第 366 号命令确认了 VPSS 在饲料注册中的责任，2017 年（https：//www. garant. ru/products/ipo/prime/doc/71651236/）“关于批准联邦兽医和植物检疫局的行政法规，以提供用于生产动物饲料和饲料添加剂的转基因生物的州注册服务；用于生产兽医用药物的转基因生物，以及从转基因生物获得或含有此类生物的动物饲料和饲料添加剂。”

第 366 号命令规定，登记期为 1 年至 10 年。该条例涵盖了“用于饲养动物的植物、动物和微生物产品及其成分，并且含有对动物健康无害的可消化营养素。”该命令不允许在一个名称下注册多种类型的转基因饲料，或在一个名称或多个不同名称下多次注册同一转基因饲料。

申请人必须提交以下文件：①转基因饲料的国家注册申请；②转基因饲料的来源信息、使用转基因饲料的潜在危险评估（与初始基本饲料相比）、申请人关于降低风险的建议、转基因饲料的预期使用信息以及该饲料在国外的注册和使用信息；③用于生产转基因饲料的植物改良品种的种植技术信息、转基因饲料生产技术数据、转基因饲料使用说明草案；④如果用于饲料的改良植物品种是可行的，并且用于生物量或饲料生长，则必须附上俄罗斯国家评选成果登记册的证书。VPSS 下属的俄罗斯联邦兽药和饲料质量和标准化中心（VGNKI）有权对转基因作物/品系的饲料使用注册进行安全评估和研究。

所有文件应为俄文，或具有经认证的俄文译本。文件副本须经公证人认证。VPSS 将根据转基因饲料安全（非安全）专家委员会的结论，对转基因饲料的注册作出决定。含有“转基因生物”的饲料注册程序和必要文件见 VPSS 网站（俄文）。此处提供了已注册转基因饲料的列表（俄文）。

植物源性饲料进口不再需要兽医证书，但仍需要一封说明该饲料不含生物技术的信函。如果饲料中每个未注册生物技术品系的存在不超过 0.5%，并且如果饲料中每个注册生物技术品系的存在不超过 0.9%，则可以将饲料归类为无生物技术饲料。在这种情况下，“注册”是指在俄罗斯注册的产品，“未注册”是指未在俄罗斯注册的产品。饲料成分中存在的基因改变是单独计算的，而不是全面的。例如，如果饲料中的两个注册成分各含有 0.6%的基因改变，则饲料被视为非生物技术饲料，尽管总和为 1.2%。不需要在出口前将饲料标识为“非转基因”。由生产商/出口商宣布饲料为“非转基因”，但无论如何，VPSS 会检查产品是否含有转基因成分。

如果饲料含有转基因成分，且未被宣布为不含生物技术成分，则装运必须包括一份证书副本，表明饲料中的生物技术成分已在 VPSS 注册。进口产品还必须有植物检疫证书，尽管这一要求与生物技术无关。饲料中的任何生物技术成分必须适当注册。每个未注册生物技术品系的存在不得超过 0.5%。EAEU 关于饲料的技术法规尚未通过，但该草案对未注册的生物技术品系规定的上限 0.5%与现行俄罗斯法规相同。然而，通过的《粮食安全技术条例》规定，如果每种未注册生物技术品系的存在不超过 0.9%，则饲料（粮食/油籽）被视为“非转基因”。《粮食安全技术条例》自 2013 年 7 月 1 日起施行。

（3）生物技术转化体注册费（所有费用在 RUB 中设定）

联邦消费者权利保护和人类福利监督服务局对所有检查和相关服务的收费，包括了注册食品用生物技术转化体所需的综合研究花费。根据检查和研究的范围，加上清关和其他费用，注册费用有所不同，但新转化体无限制批准的平均费用约为 630 万卢布（约 99 000 美元）。从 2006 年开始，可以选择无限期注册。包含先前注册的生物技术转化体的食品注册费为 2 万卢布（313 美元）。

对于饲料使用的生物技术转化体，VPSS 通常仅在批准食品使用后才登记转化体。平均而言，过去的检查费用和饲料使用的五年转化体登记费用为 450 万卢布（约 70 500 美元）。每五年重新登记一次转化体的费用为 380 万卢布（约 59 500 美元）。费用将根据新的方法指南进行更新。进口含有注册生物技术成分的配方饲料的公司也需要将该饲料注册为转基因饲料。该注册授予导入该提要的公司，VPSS 要求包含已注册转基因转化体的每个提要也必须注册。

1.2.1.6 俄罗斯当局最近与转基因作物有关的活动

各部委和机构，包括科学和教育部下属的机构，卫生部、联邦消费者权利保护和人类福利监督服务局和 VPSS 参与制定监管机制，以便对转基因植物、产品和成分进行登记和监测。考虑政府第 839 号决议及其修正案所宣布的俄罗斯转基因政策的新方法，虽然联邦消费者权利保护和人类福利监督服务局已经制定了转基因植物和食品产品注册和监测的监管机制，但农业部尚未在当前的饲料注册框架内最终确定其监管机制。

1.2.2 审批情况

邮政部门利用从愿意分享其注册信息的邮政联系人处获得的数据，更新了以下关于注册和批准的信息（表 3）。

表 3　俄罗斯 1999—2019 年批准和注册的生物技术作物（截至 2020 年 9 月）①

序号	作物/品系/转化体/特征	申请人	注册年份和期限	
			食用②	饲用
1	Bt 玉米 MON 810，抗欧洲玉米螟	Legacy Monsanto	2000—2003 年 2003—2008 年 2009 年 3 月至无限期	2003 年至 2008 年 9 月 2008 年 8 月至 2013 年 8 月 2013 年至 2018 年 9 月
2	抗草甘膦®玉米 NK 603	Legacy Monsanto	2002—2007 年 2008 年 2 月至无限期	2003 年至 2008 年 9 月 2008 年 8 月至 2013 年 8 月 2013 年至 2018 年 9 月
3	Bt 玉米 MON 863，抗玉米根虫（*Diabrotica* spp.）	Legacy Monsanto	2003—2008 年 2008 年 8 月至无限期	2003—2013 年注册
4*	玉米 Bt 11，耐磷酸葡萄糖和抗玉米螟	Syngenta	2003 年至 2008 年 9 月 2008 年至无限期	2006 年 12 月至 2011 年 2011 年 12 月至 2016 年 2017 年 1 月至 2022 年 1 月
5*	LL 玉米 T25，耐磷酸葡萄糖	Legacy Bayer Crop Sciences 自 2020 年 8 月起注册转移至 BASF	2001—2006 年 2007 年 2 月至无限期	2006 年 12 月至 2011 年 12 月 2011 年 12 月至 2016 年 12 月 2017 年 3 月 10 日至 2022 年 3 月 10 日
6	耐草甘膦的 Roundup Ready® 玉米 GA 21*	Syngenta	2007 年至无限期	2007 年 11 月至 2012 年 11 月 2012 年 11 月至 2017 年 11 月
7	玉米 MIR 604，抗玉米根虫（*Diabrotica* spp.）	Syngenta	2007 年 7 月至无限期	2008 年 5 月至 2013 年 5 月 2013 年 5 月至 2018 年 5 月
8*	玉米 3272，在乙醇生产过程中用 α-淀粉酶分解淀粉	Syngenta	2010 年 4 月至无限期	2010 年 10 月至 2015 年 10 月 2016 年 3 月至 2021 年 3 月

① 标有星号（*）的当前已注册。

② 食品注册在“白俄罗斯共和国、哈萨克斯坦共和国和俄罗斯联邦海关联盟”有效。

（续表）

序号	作物/品系/转化体/特征	申请人	注册年份和期限	
			食用	饲用
9	玉米 MON 88017（CCR），耐草甘膦，抗玉米根虫（*Diabrotica* spp.）	Legacy Monsanto	2007 年 5 月至无限期	2008 年 9 月至 2013 年 8 月 2013 年 9 月至 2018 年 9 月
10	玉米 MON 89034，抗鳞翅目害虫	Legacy Monsanto	2014 年 12 月至无限期	2013 年 3 月至 2018 年 3 月
11*	玉米 MIR162，抗宽鳞翅目	Syngenta	2011 年 4 月至无限期	2012 年 3 月至 2017 年 3 月 2017 年 1 月至 2022 年 1 月
12	玉米 5307，抗玉米根虫（*Diabrotica* II，鞘翅目）	Syngenta	2014 年 4 月至无限期	2014 年 4 月至 2019 年 4 月
13	抗草甘膦®大豆 40-3-2	Legacy Monsanto	1999—2002 年 2002—2007 年 2007 年 12 月至无限期	2003—2008 年 2008 年 5 月至 2013 年 5 月 2013 年 5 月至 2018 年 5 月
14	Bt 大豆，MON 87701，抗鳞翅目害虫	Legacy Monsanto	2013 年 5 月至无限期	2013 年 7 月至 2018 年 7 月
15*	大豆 MON 89788（RRS2Y），耐草甘膦+增产	Legacy Monsanto	2010 年 1 月至无限期	2010 年 5 月至 2015 年 5 月 2015 年 10 月至 2020 年 10 月
16	Liberty Link®大豆 A2704-12，耐磷酸葡萄糖	Legacy Bayer 作物科学 自 2020 年 8 月起注册转移至 BASF	2002—2007 年 2008 年 2 月至无限期	2007 年 11 月至 2012 年 11 月 2012 年 11 月至 2017 年 11 月
17	Liberty Link®大豆 A5547-127，耐磷酸葡萄糖铵	Legacy Bayer 作物科学 自 2020 年 8 月起注册转移至 BASF	2002—2007 年 2008 年 2 月至无限期	2007 年 11 月至 2012 年 11 月 2012 年 11 月至 2017 年 11 月
18*	大豆 FG72，耐异噁唑醇和草甘膦	Legacy Bayer 自 2020 年 8 月起注册转移至 BASF	2015 年 12 月至无限期	2014 年 4 月至 2020 年 4 月
19	大豆 BPS-CV-127-9，咪唑啉酮	BASF	2012 年 12 月至无限期	2012 年 9 月至 2017 年 9 月

（续表）

序号	作物/品系/转化体/特征	申请人	注册年份和期限	
			食用	饲用
20	大豆 SYHT0H2，herbiside HPPD* + 草甘膦酸盐	Syngenta（Syngenta/Bayer 创始人）	2018 年 1 月至无限期	2013 年 4 月至 2019 年 4 月
21	水稻 LL62，耐磷酸葡萄糖铵	Legacy Bayer 作物科学	2003—2008 年 2009 年 1 月至无限期	X
22	抗草甘膦® 甜菜 H7-1	Legacy Monsanto/KWS	2006 年 5 月至无限期	X
23	Bt 马铃薯 “Elizaveta”**，抗科罗拉多马铃薯甲虫	俄罗斯 “生物工程” 中心	2005 年 12 月至无限期**	X
24	Bt 马铃薯 “Lugovskoy”**，抗科罗拉多马铃薯甲虫	俄罗斯 “生物工程” 中心	2006 年 7 月至无限期**	X
25	大豆 MON 87708（麦草畏）	AO Bayer	2019 年 7 月至无限期	未提交
26	玉米 MZHGOJG，耐草甘膦和草甘膦铵	Syngenta	2018 年 3 月至无限期	未提交
27	玉米 MZIR098，耐二噁英和草铵膦	Syngenta	正在审查中；已于 2015 年提交	未提交
28	玉米 1507，耐某些鳞翅目害虫和草铵膦	Pioneer Hi-Bred International & Dow AgroSciences	2018 年 3 月至无限期	未提交
29	玉米 DAS 40278-9，耐除草剂 2,4 D	Dow AgroSciences	2019 年 3 月至无限期	未提交
30	大豆 MON 87701× MON 87708（Intacta），耐草甘膦和鳞翅目害虫	AO Bayer	暂停提交	未提交

注：* HPPD 是抑制羟基苯基丙酮酸双加氧酶的除草剂；** Bt 马铃薯 “Elizaveta” 和 “Lugovskoy” 仅在俄罗斯注册用于食品，因为这两个马铃薯品种未在 EAEU 注册。

食品和饲料的注册程序是分开的，由两个不同的政府实体管理。关于食品用转基因产品，联邦消费者权利保护和人类福利监督服务局制定了食品用转基因生物（单体和复合性状）注册指南。总的来说，转基因食品的注册程序没有改变，一旦获得批准，注册将被赋予无限期。目前，12 个玉米品系、8 个大豆品系、1 个水稻品系、1 个甜菜品系和 2 个马铃薯品系已在俄罗斯和欧洲农业和农业联盟登记用于食品用途。

由 Rosselkhoznadzor 处理的饲料使用登记只批准了 5 年，只有两个大豆品系和 4 个玉米品系的登记期仍然有效。其余 13 个玉米和大豆品种的注册于 2017 年开始到期，并根据每个转化体的到期日期继续。尽管努力重新注册这些产品线，但在转基因饲料注册的监管机制获得批准之前，注册续期流程和时间表仍不确定。

1.2.3 复合性状转化体或叠加性状转化体的批准

自 2017 年 7 月 1 日起实施的第 839 号政府决议修订版未提及复合性状转化体登记的规则或程序。迄今为止，联邦消费者权利保护和人类福利监督服务局已就复合性状的注册（食品）制定了一些建议，这些建议类似于欧盟通过的规则。然而，这些建议尚未被 VPSS 采纳。自 2016 年以来，VPSS 加强了对进口大豆生产的饲料的全面检测，并定期开始发现未在俄罗斯登记的复合性状的痕迹。这种情况导致事实上暂停向俄罗斯进口大豆和豆粕，因为进口商无法合理保证进口产品不会含有未登记转化体。拟议的方法指南不包括登记"复合性状"的程序，因此在实践中，每个单一性状都需要注册，复合性状本身也需要注册以供饲料使用。

值得注意的是，俄罗斯进口商 Sodrugestvo 收到了用于食品用途的复合性状的批准注册，理论上允许进口复合性状大豆（获得批准的转化体），但仅用于食品。目前，只有 Sodrugestvo 获准进口以下转基因大豆：①转基因大豆，品系 MON87701 ×MON89788，抗鳞翅目害虫，抗草甘膦；2016 年，Sodruzhestvo 向联邦消费者权利保护和人类福利监督服务局注册了该复合性状品系，用于食品使用，并于 2018 年 2 月向 VPSS 注册了该复合性状品系，用于饲料使用。由于 Monsanto 早些时候已经登记了单独的生产线，因此可以进行复合性状生产线的登记。在转基因大豆注册后，该产品线的豆粕注册获得批准；②转基因大豆品系 40-3-2，抗草甘膦。

目前，用于饲料的转基因作物/品系的方法指南草案没有提及复合性状品系登记机制。目前，尚不清楚复合性状品系注册机制是什么样子，何时可以获得批准。

1.2.4 田间试验

由于禁止种植，俄罗斯研究人员没有对转基因作物进行大规模田间试验，尽管 FL 358-FZ 号没有禁止进口转基因作物种子进行实验室试验和实验。

1.2.5 新技术

《华盛顿邮报》没有关于创新植物生物技术开发的信息。根据现有信息，俄罗斯在生物技术方面的研究仅限于植物保护、生长促进剂和微生物肥料等生物手段。

1.2.6 共存

不适用，因为没有种植转基因作物的机制和立法。

1.2.7 标识

关于食品中是否存在转基因成分的标签和消费者信息受欧盟食品安全和标签技术法规的监管。这些法规要求，在任何 EAEU 成员国，如果转基因品系的存在超过 0.9%，则产品必须贴上标签。根据 2014 年 12 月对《俄罗斯行政违规行为准则》的修订（见本报告联邦法律部分)，对转基因食品标签违规行为的处罚力度加大。在俄罗斯，个人企业家违反该标签要求的惩戒费用为20 000~50 000卢布（157~783美元)，法人实体的惩戒费用为100 000~300 000卢布（1 567~7 833美元)。EAEU饲料技术法规尚未通过。在俄罗斯销售的饲料不需要贴标签。然而，如果存在的注册品系超过0.9%，而存在的非注册品系超过0.5%，则需要注册用于饲料的转基因品系。

1.2.7.1 食品标签

根据2013年7月1日生效的EAEU技术法规，所有向EAEU成员国/在EAEU成员国进口、生产或贸易食品的组织，如果每次生物技术转化体含量不超过0.9%，必须告知消费者食品中存在生物技术成分。EAEU《食品安全和食品标签技术法规》附件中也规定了应用于测试食品中生物技术存在的方法，这些方法与俄罗斯联邦消费者权利保护和人类福利监督服务局在EAEU《食品标签和食品安全技术法规》生效之前在俄罗斯使用的方法相同。

对于进口到俄罗斯的食品，联邦消费者权利保护和人类福利监督服务局有权进行样本测试，以检测是否存在生物技术成分。为了核实生物技术自由声明，生产商或出口商可以在独立实验室进行自己的测试，但这些测试的结果不被联邦消费者权利保护和人类福利监督服务局接受。这些出口前测试对生产商和出口商来说是自愿的。如果生产商/出口商声称其产品未经基因改造，联邦消费者权利保护和人类福利监督服务局仍有权检查这些产品。此外，如果产品中存在的基因改变超过0.9%，则可能会向该公司提出欺诈索赔。通常，联邦消费者权利保护和人类福利监督服务局特别关注含有大豆或玉米成分的产品。有关EAEU食品标签要求的更多信息，请参阅前文《欧亚经济联盟决定》一节。

2017年，EAEU修订了CU“关于食品标签”的技术法规（CU TR022/2011)，适用于使用“转基因生物”获得的产品。该修正案规定，对于这些产品，在形式和尺寸上类似于统一标志的“GMO”字样应标记在EAEU成员国市场上流通的产品的统一标志旁边。EAEU为该修正案规定了18个月的过渡期，允许在此过渡期内的公司按照EAEU TR“食品标签”的先前要求生产和放行产品，同时允许在其保质期内销售此类产品。过渡期将于2020年年中结束。

1.2.7.2 饲料标签

装运文件中提供了有关饲料成分的信息，包括是否存在生物技术成分，但到目前为止，俄罗斯尚未要求消费者包装的饲料上贴上表明存在“转基因生物”标签。EAEU饲料技术法规仍在讨论中，尚未通过。EAEU的《粮食安全技术法规》要求在粮食和油籽及其产品的装运单据中提供“转基因”信息。欲了解更多信息，请参阅前文《欧亚经济联盟的决定》一节。

1.2.8 监测和检测

在俄罗斯联邦消费者权利保护和人类福利监督服务局监测/检测转基因食品，VPSS监测/检测谷物、动物食用油籽、饲料添加剂和配料（有关更多信息，请参阅前文B部分监管框架中负责政府部门的章节，了解不同部门和机构的作用)。农业部授权其下属的国家选择成果检测和保护委员会（Gossortcommission，俄文）对提交俄罗斯联邦注册的种子种植中是否存在转基因结构进行检测。行业分析人士报告说，委员会本身没有任何此类检测的设备，检测将由经过重组的前农业生物技术研究所进行（见前文负责政府部门的部分）。因此，这项转基因种子检测要求可能会阻碍俄罗斯新品种种子的注册过程，这一过程至少需要两年的时间。俄罗斯没有批准非转基因玉米和大豆生产认证的方法和实验室。

1.2.9 低水平混杂（LLP）策略

根据俄罗斯和欧盟立法，如果转基因含量不超过俄罗斯和欧盟立法确定的水平，则进口食品被视为非转基因产品：不超过食品或配料中注册或非注册转基因品系的0.9%，饲料或饲料配料中不超过0.9%的已注册转基因品系，不超过0.5%的未注册转基因品系。然而，2016年，俄罗斯饲料监督机构对饲料中存在未注册品系以及缺乏注册品系信息的关注有所增加。在一些情况下，饲料中转基因成分的监管机构VPSS因发现未注册的转基因成分而暂停进口饲料或饲料添加剂。然而，这些门槛水平并不意味着俄罗斯已经采取或遵循任何协调的LLP政策。（有关更多信息，请参阅本报告中有关CU/EAEU技术法规的部分。）俄罗斯科学家参加了关于LLP政策的国际研讨会，但俄罗斯尚未正式加入LLP国际倡议。

1.2.10 附加监管要求

不适用。

1.2.11 知识产权（IPR）

不适用，因为没有关于俄罗斯农民田地中存在转基因作物的官方信息。然而，如果在俄罗斯农田中发现转基因作物的非法存在，这可能会成为一个严重的问题。

1.2.12 《卡塔赫纳生物安全议定书》的批准

俄罗斯科学家理解在国际一级监测生物技术的必要性，包括《卡塔赫纳生物安全议定书》设想的彻底措施。然而，俄罗斯尚未批准该议定书，也不是该议定书的缔约国。2015年1月，俄罗斯卫生部建议联邦法律草案加入《卡塔赫纳生物安全议定书》[①]。

草案设想联邦法律将于2017年7月1日生效，但未获批准。这一日期与俄罗斯联邦第839号决议（关于建立转基因作物种植机制）规定的发展登记机制的截止日期相同。然而，2016年7月3日FL第358-FZ号禁止在俄罗斯种植转基因作物，并迫使生物技术科学界重新考虑生物技术领域的诸多监管文件草案。

---

① https://www.fedlab.ru/minzdrav/proekt-federalnogo-zakona-o-vnesenii-izmeneniya-v-chast-vtoruyu-nalogovogo-kodeksa-rossiyskoy-federa/（在俄罗斯）。

1.2.13 国际条约/论坛

俄罗斯参加了亚太经合组织农业生物技术高级别政策对话、食品法典委员会会议和《国际植物保护公约》会议。2012 年 9 月，俄罗斯参加了在巴西罗萨里奥举行的全球 LLP 倡议，2013 年参加了一些 LLP 活动。莫斯科金融服务局不知道俄罗斯联邦在这些论坛上对生物技术相关问题的立场。

1.2.14 相关问题

无。

1.3 市场营销

1.3.1 公众/私人意见

除了少数有兴趣增加俄罗斯粮食和油籽产量的精英农民组织和工会外，没有任何积极的专业（农业生物技术）组织。一般来说，饲料贸易没有反映出任何强烈的赞成或反对生物技术的偏见。此外，最近还没有任何重大的公众或政府活动游说反对使用转基因作物。

消费者对转基因技术缺乏认识和理解，仍然会影响玉米和大豆及其产品的进口，尤其是大豆和大豆产品。一般来说，公众舆论反映了对植物生物技术的消极态度。然而，这种负面观点很少反映在俄罗斯民众的购买优先事项中，这些优先事项是基于产品价格的。此外，当前的经济环境增加了消费者对廉价产品的需求，这意味着消费者不一定愿意为非转基因产品支付额外费用。此外，用于饲料的转基因商品则不需要考虑最终用途消费者这方面的需求。

在过去 5 年中，俄罗斯政府一直在积极推动生产有机或“环境清洁”农业产品的想法，向俄罗斯公众宣传国内生产比一些进口产品更清洁的想法。然而，有机产业的发展并没有任何监管框架。2018 年 8 月 3 日，普京总统签署了 FL No. 280-FZ《关于有机产品和俄罗斯联邦某些立法法案的修正案》（法律）。该法律对有机产品的制造、储存、运输、标签和营销进行了规定，自 2020 年 1 月 1 日起施行。据国家有机联盟称，目前有 4 个认证机构被列入认证人员登记册，并获得有机产品认证：有机专家有限公司有机认证、Roskachestvo 和沃罗涅日地区的 Rosselkhozcentr 分支机构。

1.3.2 市场接受度/研究

《华盛顿邮报》未掌握最近有任何市场接受研究。俄罗斯记者经常报道消费者对转基因产品的担忧。

最近，记者们一直在尝试对转基因产品采取更平衡的做法，并向观众揭示产品的优缺点。例如，2016 年 7 月 5 日的电子文章“对健康或地球未来的威胁”（请参见：ht-tps：//www. wonderzine. com/wonderzine/health/wellness/219403-gmo），描述了转基因植物给农业带来的好处，并解释了“不含转基因”标签并不意味着该产品对人类消费是安全的。

值得注意的是，标签要求提高了含有转基因成分食品的价格。检查产品是否含有生物技术成分的价格很高，因为经批准的测试方法很昂贵。虽然奶制品、鸡蛋和禽类产品上可以看到非转基因标签，但在俄罗斯很少发现“转基因”标签。2012 年，莫斯科市政府停止要求使用非转基因标签，莫斯科的许多食品加工商停止了这些特殊测试，以确定是否存在转基因成分。然而，一些产品仍然带有“不含转基因”的特殊标签。这是一个自愿的促销标签，因为俄罗斯没有“有机”食品的标准。一些食品加工商仍然倾向于购买非转基因产品，尤其是大豆和大豆制品。然而，价格是目前食品加工商和消费者最关心的问题。

第2章　动物生物技术

2.1　生产和贸易

2.1.1　产品研发

在俄罗斯科学院院士 Lev Ernst 教授（2012 年 4 月去世）和俄罗斯农业科学院的指导下，对转基因动物进行了研究。他的研究重点是克隆和基因改造动物对传染病的免疫反应。然而，他去世后，没有关于继续这项研究的信息。

据报道，自 2002 年以来，俄罗斯一直参与与白俄罗斯的双边合作项目——饲养转基因山羊。这是开发利用乳铁蛋白抗生素特性的药物的一个步骤，乳铁蛋白是一种在母乳中发现的蛋白质，可以通过对山羊的基因改造添加到羊奶中。俄罗斯方面，俄罗斯科学院基因生物学研究所负责该联合项目，该项目由俄罗斯联邦和白俄罗斯（联邦国）分别于 2003—2006 年和 2009—2013 年通过“BelRosTransgen”和“BelRosTransgen-2”项目资助。2007 年年末，在白俄罗斯的一个生物技术农场出生了两头 DNA 中含有人类乳铁蛋白基因的公山羊。到 2010 年年初，转基因山羊生产的羊奶中的乳铁蛋白含量与母乳中的乳铁蛋白含量相同，甚至更高。2013 年，在联邦政府停止资助后，俄罗斯的一家私营公司由最初参与双边项目的同一研究团队进一步研究和开发乳铁蛋白产品。在白俄罗斯，政府资助了进一步的研究和开发。自 2016 年年末以来，位于 Minsk 的白俄罗斯国家科学院微生物研究所一直在运行一个从转基因山羊生产的羊奶中制备人类乳铁蛋白的实验设施。最近，新闻报道表明，俄罗斯和白俄罗斯目前正在开发“BelRosTransgen-3”计划的概念，目标是销售基于转基因山羊乳铁蛋白的产品。

鉴于俄罗斯禁止生产转基因植物的公共政策，短期内不太可能进一步研发俄罗斯转基因动物。

2.1.2　商业化生产

增加牛产量是俄罗斯联邦的优先事项之一。俄罗斯联邦支持向牲畜生产者提供低利率贷款，包括进口纯种繁殖动物、精液和胚胎的贷款。该支持不包括对转基因动物或克隆的任何研究。

2.1.3　出口

俄罗斯不出口任何转基因动物或克隆家畜。

2.1.4 进口

没有关于转基因动物或克隆家畜进口的任何官方限制信息。关于此类产品的任何进口，即使是用于研究，也没有已知的任何限制政策。

2.1.5 贸易壁垒

无。

2.2 政策

2.2.1 监管框架

俄罗斯生物2020计划，俄罗斯生物技术发展路线图仍然有效。虽然农业生物技术不是BIO 2020计划的优先事项，但它被定义为生物技术的一部分，处理理论、方法和实现其在动植物生产方面的成就的问题。此外，在2013—2020年俄罗斯农业发展国家计划中，动物和饲料生产中生物技术的发展设想开发用于提高饲料质量的生物添加剂氨基酸、饲料蛋白质、酵素和维生素益生菌。然而，国家计划没有提及转基因动物或克隆。由于转基因植物的许多规定也涉及动物，请参阅本报告第1章植物生物技术部分。

2.2.2 批准

无。

2.2.3 新型生物技术

无。

2.2.4 标识和可追溯性

不适用。

2.2.5 知识产权（IPR）

不适用。

2.2.6 国际条约/论坛

不适用。

2.2.7 相关问题

不适用。

2.3 市场营销

2.3.1 公共/私人意见

不适用。

2.3.2 市场接受度/研究

不适用。

第3章　微生物生物技术

3.1　生产和贸易

俄罗斯联邦生物技术的现状可以从两个方面来描述：第一，与世界上在这一领域处于领先地位的国家的生物技术生产相比，产量不足；第二，消费者对生物技术产品的需求不断增加。这导致对重要生物技术产品（即药物和饲料添加剂）的高度进口依赖，这也是基于俄罗斯人民的共同信念，即国外生产的生物技术产品（药物等）的质量高于国内生产的产品。

自2014年以来，俄罗斯政府在俄罗斯经济和生物技术部门的所有部门推行全面的进口替代政策。微生物生物技术也不例外。

开源信息是FAS Moscow唯一可用的信息类型，它不包含微生物生产和交易的信息，但俄罗斯的微生物注册号为30029050000。然而，众所周知，可以从开发和使用这些产品的机构订购和购买微生物和/或其他微生物。根据2019—2027年《联邦遗传技术发展科学技术计划》的规定，“Kurchatov Institute是俄罗斯遗传技术发展的主要机构”（俄文文本在http：//government. ru/docs/36457/。虽然利用基因工程生产用于食品和饲料产品的微生物是全世界的普遍做法，但不知道俄罗斯开发的微生物是否来自基因工程。

一是商业生产无可用信息。

二是出口方面，2007年8月20日的第1083号总统令最初列出了一份受出口管制的微生物清单，随后于2017年11月14日颁布的第544号总统令对该生物清单进行了修订。清单内容相当广泛，包括对人类、动物、植物具有致病性的微生物（毒素、病毒、菌株等）、转基因微生物和遗传元素，以及与上述微生物进行各种接触所需的技术和设备。第1083号总统令可在以下网址找到俄文版本：http：//docs. cntd. ru/document/902057171（俄文）；第544号总统令可在以下网址获得俄文版本：http：//docs. cntd. ru/document/555631862。出口管制由俄罗斯联邦海关总署和隶属于俄罗斯联邦国防部的联邦技术和出口管制局负责。从俄罗斯联邦出口微生物不征收出口税。

三是进口方面，对于用于生产食品配料的微生物生物技术产品的进口，既没有官方统计数据，也没有估计数据。然而，俄罗斯进口的酒精饮料、乳制品和加工产品中可能含有微生物生物技术衍生的食品配料。向俄罗斯联邦进口微生物的进口税为5%。关于俄罗斯联邦进口的微生物数量的信息没有公开来源。

四是贸易壁垒方面，出口管制是一个复杂的程序，必须对所有两用物品，即军用和民用物品进行管制。第1083号令规定的微生物（http：//docs. cntd. ru/document/902057171-俄文）和第544号令（http：//docs. cntd. ru/document/555631862-俄文）指两用物品。

为了出口非两用产品，联邦技术和出口管制局必须提供官方声明，表明该产品不涉及两用物品。

3.2 政策

3.2.1 监管框架

生物技术以及IT技术和纳米技术被视为创新领域内发展的关键部分之一，而俄罗斯在全球生物技术市场上的份额与其他国家（美国、欧洲、加拿大）相比微不足道。2012年4月24日，俄罗斯联邦批准了“2020年前俄罗斯联邦生物技术发展综合计划”（该计划）（俄文文本见http：//government.ru/news/13153/）。该计划的战略目标是在生物技术领域取得领导地位，包括生物医学、农业生物技术、工业生物技术和生物能源。

该计划旨在将生物技术产品的消费量增加8.3倍，将生物技术生产率提高33倍，将生物技术产品的进口减少50%，并将俄罗斯生产的生物技术产品的出口增加25倍。该计划的主要目标是实现生物技术的生产水平到2020年占GDP的1%，到2030年占GDP的3%。

该计划包括两个阶段：第一阶段（2011—2015年），发展生物技术的内需和出口；第二阶段（2016—2020年），通过生物技术在各个工业部门的广泛应用，形成技术基础现代化的条件。

2019年4月22日，俄罗斯政府前主席德米特里·梅德韦杰夫（Dmitry Medvedev）签署了第479号法令，“关于批准2019—2027年期间遗传技术发展的联邦科学技术计划”（俄文文本可用http：//government.ru/docs/36457/）。该法令任命科学和高等教育部为该项目的协调员，国家研究中心“Kurchatov Institute”负责该计划的实施。这两个机构都负责报告该计划的实施情况。该计划的其他参与机构包括：公共卫生部、农业部、工业和贸易部、联邦消费者权利保护和人类福利监督服务局、俄罗斯联邦自然资源部环境监察局、俄罗斯科学院、莫斯科国立大学和圣彼得堡州立大学。该计划指出，俄罗斯在全球遗传技术中所占份额非常小且不发达，并且缺乏合格的人才。因此，该计划预计将创造开发基因技术、人力资本投资、减少对外国基因和生物基础以及软件和设备的依赖所需的条件。它还打算在俄罗斯经济部门开发基因技术，包括生物医学、农业、生物安全和工业微生物学。该计划还设定了一个目标，即创造不少于25种病毒株和/或微生物联合体，用于生产氨基酸、酵素和维生素，用于工业和农业经济部门。在短期内（2022—2024年），还要做好以下工作：一是建立一个国家工业微生物中心；二是开发重要微生物（棒状杆菌、杆菌、蘑菇）的基因编辑系统；三是创造生产至关重要氨基酸的菌株；四是开发微生物联合体净化残余水的技术；五是开发食品工业（发酵剂、氨基酸、维生素、饲料添加剂）所需的菌株和微生物联合体。

第479号法令要求该计划的协调员（即科学和高等教育部）负责建立和维护一个

信息分析系统，用于科学和技术支持研究的运行监测和状况评估。这是在基因技术领域，包括基因编辑技术，以及不受控制地传播和使用这些技术的风险。协调员还负责为俄罗斯联邦总统编写一份年度报告草稿，内容涉及该计划的实施进展和调整建议。国家研究中心“Kurchatov Institute”负责监测该计划的实施情况，并评估国家对包括基因编辑技术在内的遗传技术领域研究的科学和技术支持。因此，该计划旨在使俄罗斯自给自足，独立于外国基因技术的进口，这可能会影响美国基因产品和技术的出口。值得一提的是，益生菌的整体生产受关税同盟 CU TR 022/2011“食品生产及其标签”的技术法规的监管。2018 年更新的 TR 022/2011 文本可在以下网址找到：http：//docs. cntd. ru/document/902320347（俄文）。

3.2.2 批准

2017 年 2 月，莫斯科国立大学微生物实验室报告了一种新的乳酸菌乳酸乳球菌 ssp 菌株的创建，可生产具有益生菌作用的生物防腐剂。

Kurchatov Institute 国家生物资源中心 GosNIIGenetika 列出了以下最常要求的微生物：http：//vkpm. genetika. ru/katalog mikroorganizmov/chasto Zaprashivameye Shtamy/（俄文）。

3.2.3 标签和可追溯性

俄罗斯生产的益生菌的效率必须由生产商指定，并且必须符合以下文件：海关联盟卫生和流行病学监督（控制）货物的统一卫生和流行病学要求。（俄文文本可在此处获得：http：//www. eurasiancommission. org/ru/act/texnreg/depsanmer/sanmeri/Pages/P2_299. aspx），以及海关联盟 2011 年第 022 号《食品标签技术法规》（第 http：//docs. cntd. ru/document/902320347-俄文）。这是根据食品的显著特征（功能性效果）信息，必须由在食品标签中表明该声明的人提供的证据以及国家 GOST R 55577-13“功能性食品：关于显著特征和有效性的信息”进行确认（俄文版本见：https：//pdf. standartgost. ru/catalog/Data2/1/4293774/4293774177. pdf）。

3.2.4 监测和测试

没有关于进出口监测和测试的信息可供发布。

3.2.5 附加监管要求

没有关于其他监管要求的信息。

3.2.6 知识产权（IPR）

俄罗斯联邦政府是负责监督与微生物及其出口相关的各类外国经济活动的国家机构。

3.2.7 相关问题

不适用。

3.3 市场营销

3.3.1 公众/私人意见

对生物技术产品（与药品有关）的总体公众意见是基于这样一种信念，即来自外国的生物技术和相关产品的质量优于国内生产的产品。

3.3.2 市场接受度/研究

2020 年 5 月 25 日，发表在俄罗斯著名报纸《Kommersant》上的文章《生物极光的拍摄》评论（https：//www. kommersant. ru/doc/4356505）回顾了麦肯锡全球研究所（MGI）进行的研究。根据研究，2020 年冬春季的冠状病毒大流行恰逢经济、科学和未来社会结构的“生物革命”的实际开始。《生物革命》是 MGI 于 2020 年 5 月发布的关于将生物研究、技术和创新融入经济和社会过程的报告。预期的“生物革命”的主要原因包括作为研究基础的部分生物技术的成熟；生物信息化进展；信息技术的协同作用；纳米、生物技术和材料科学；以及一些社会趋势。MGI 还注意到成本的显著降低和基因组研究的超快速进展。

MGI 目前确定了生物技术开发的 4 个“领域”：生物分子、生物系统（主要是医疗保健）、生物机器接口和生物计算（在信息技术中使用细胞和细胞组件）。该报告侧重于生物技术应用的 4 个领域：医疗保健和相关领域；农业和水产养殖；消费品和服务；材料、化学和能源。它们都有一套基本技术（在接近趋势加速开始的阶段）、短期、中期和长期前景。健康和食品这两个领域预计将实现更快的增长，这主要是由双分子研究领域的科学和技术进步推动的，在较小程度上是由生物—机器接口推动的。

MGI 预计生物技术适应最快的领域并非医疗保健行业，而是消费市场。分析人士的评估表明，社会更可能高估“生物革命”的速度，并低估其接近程度。例如，在能源和材料领域，只有到 2030 年才能对发展前景进行充满信心的评估。总的来说，正如 MGI 所指出的，“生物革命”的可见应用范围是 20 年，而更遥远的后果可能会影响诸如教育等意想不到的领域。

日本农业生物技术年报

USDA 美国农业部
对外农业服务局GAIN全球农业信息网
规定报告：按规定-公开发表
日期：2021年10月19日
报告编号：JA2021-0140
报告名称：农业生物技术年报
国家：日本
报告类别：生物技术及其他新生产技术
编写人：Suguru Sato
批准人：Zeke Spears

报告要点

本报告介绍了日本农业生物技术消费、监管、公众认知、研究、开发、生产和使用的最新情况。日本采用基于科学的原则来评估批准转基因产品的进口和生产。日本是生物技术作物的主要进口国和消费国，但其国内产量极其有限。日本监管机构已经建立了基因组编辑食品和农产品的处理程序。日本公司开发的两种基因编辑产品已经完成了必要的咨询和公告流程，在豁免转基因产品的食品安全审查的情况下，获批在国内市场生产和销售。

［内容提要］

日本是世界上人均进口现代生物技术食品和饲料最多的国家之一。美国是向日本出口转基因产品（谷物和油料作物）最多的国家，其他主要供应国包括加拿大、巴西和阿根廷。2020 年，日本进口了 1 590 万吨玉米、330 万吨大豆和 220 万吨油菜籽，这些产品主要是转基因产品。日本还进口了价值数十亿美元的加工食品，这些食品包括转基因来源的油、糖、酵母、酶和添加剂。尽管进口转基因产品得到了监管部门的批准，但日本没有批准生产转基因饲料或食品。截至 2021 年 9 月，日本已有 194 个产品获得了环境安全许可，其中包括 145 个国内种植许可。

日本政府（GOJ）转基因作物的审批对美国农业及全球粮食生产销售具有重要意义。转基因产品对日本的出口未获批准可能会导致严重的贸易中断。日本政府的转基因监管法规是基于科学和透明原则的，新转化体通常会在预期的时间内得到审查和批准，大多数会在符合行业预期的时间内发布。截至 2021 年 9 月，监管机构已批准 326 个产品用于食用。日本完善了产品审批程序，对转常见基因的产品比较熟悉，从而提高了审查效率。日本是世界上人均进口转基因作物最多的国家之一，日本转基因监管体系在生物技术长期趋势和风险管理方面的持续改进将使所有相关方受益。由于新冠疫情限制了面对面的交流，日本政府的监管机构为避免监管审查过程的延迟，在线上举行了转基因产品安全审查会议。

2020 年，日本监管机构完成了基因组编辑食品和农产品的评价指南及产品标识政策制定。农林水产省（Ministry of Agriculture，Forestry，and Fisheries，MAFF）是监管动物饲料和生物多样性操作程序的主管部门，厚生劳动省（Ministry of Health，Labor and Welfare，MHLW）监管食品加工生产商。在 2020 年日本财政年度（JFY）期间，MAFF 和 MHLW 对基因组编辑杂交后代进行了审批，并调整了审批程序。2021 年 12 月，MHLW 在已完成（非转基因）基因组编辑产品自愿通报程序的产品清单中加入了首例产品，即营养强化番茄。日本已经成立了多个私营部门来生产和销售基因组编辑产品。日本政府通过政府拨款、公共研究机构和大学支持食品和农业应用方面的基因编辑产品研究。

第 1 章　植物生物技术

1.1　生产和贸易

1.1.1　产品开发

在日本，政府研究机构和大学的公共部门开展大多数农业研究和开发（R&D），其进展通常比美国慢。日本的农业生产者不愿意种植转基因品种，转基因食品有强制性的标识要求，公众对转基因作物和转基因产品的看法喜忧参半。如果没有转基因产品的商业化需求信号，产品开发商就没有驱动力推动转基因产品的商业化。

日本政府的国家科技创新项目"跨部门战略创新促进计划（SIP）"支持了基因组编辑技术的研究。日本政府资助的项目包括营养强化番茄、减少毒素的马铃薯、用于水产养殖的攻击性较弱的鲭鱼和高产水稻。产品研发商利用日本政府资助的研究项目以及私营部门的投资，已经建立公司并致力于基因组编辑产品的研发和销售。2018 年成立的 Sanatech Seed 公司于 2020 年 12 月完成了日本政府要求的对营养强化番茄的自愿通报和咨询程序，是日本首例基因组编辑食用农产品。美国农业部动植物卫生检验局（APHIS）已经确定该番茄产品不受 7CFR 第 340 部分的监管。关于 SIP 的更多信息，请参见 JA6050。

1.1.2　商业化生产

日本目前没有转基因食品商业化生产。唯一的商业化应用转基因产品是三得利公司（Suntory）开发的转基因玫瑰，其产量尚未公布。三得利公司还开发推广了一种在哥伦比亚栽培的蓝色转基因康乃馨。

2020 年 12 月，Sanatech Seed 公司完成了番茄基因编辑营养强化的自愿咨询和通报程序，开始在日本销售基因编辑营养强化番茄幼苗。9 月，Sanatech Seed 开始在线上销售基因编辑营养强化番茄（https://www.asahi.com/articles/ASP9H5H23P9HULBJ00D.html，日文网站）。

1.1.3　出口

日本没有转基因农产品出口。2020 年，日本出口了 87 亿美元（1 美元=110 日元）的食品和农产品，包括加工产品（34 亿美元）。出口的加工产品可能含有转基因成分（MAFF 主页 https://www.maff.go.jp/j/press/shokusan/service/210205.html，日文）。

1.1.4 进口

1.1.4.1 谷物和油料作物

日本几乎 100%的玉米和 96%的油料作物都是进口的，其中大部分为转基因玉米和转基因油菜籽。2020 年，日本进口了 1 580 万吨玉米，其中 1/3 左右用于食用。据 FAS/东京估计，日本进口的食用玉米近 2/3 可能是杂合玉米或转基因玉米，但尚未有官方统计数据。有关谷物和油料作物进口的更多信息，请参见 JA2021－0035 和 JA2021-0043。

1.1.4.2 新鲜农产品

在美国夏威夷种植的转基因彩虹番木瓜，是美国唯一出口到日本的新鲜农产品（JA1048）。

1.1.5 粮食援助

2019 年财年，日本提供了约 3 700 万美元的粮食援助，包括水稻和小麦 68 万吨。详情请参阅日本外务省网站（https：//www.mofa.go.jp/mofaj/gaiko/oda/shiryo/hakusyo.html，日文）。

1.1.6 贸易壁垒

日本仍然是全球转基因产品的人均最大进口国之一，没有明显的贸易壁垒。

1.2 政策

1.2.1 法规框架

在日本，转基因植物产品的商业化需要根据产品的特性和用途获得食用、饲用和/或环境的批准。MHLW、MAFF、环境省（Ministry of Environment，MOE）和文部科学省（Ministry of Education，Culture，Sports，Science and Technology，MEXT）4 个部门共同参与法规框架的制定。这些部门还参与环境保护和监管实验室研究。食品安全委员会（Food Safety Commission，FSC）是内阁办公室下辖的独立风险评估机构，协助 MHLW 开展食用安全风险评估以及饲用安全风险评估（就人类消费转基因饲料饲喂的畜产品而言）（表 1）。

表 1 转基因产品安全评审部门的职责

批准类型	审查部门	决策部门	法律依据	评审要点
食用安全	转基因食品专家委员会	内阁办公室	食品安全基本法	1. 受体生物、基因及载体的安全性 2. 新产生蛋白的安全性，尤其是其致敏性 3. 非预期效应 4. 食品主要营养成分显著改变的可能性

续表

批准类型	审查部门	决策部门	法律依据	评审要点
饲用安全	农业材料理事会	农林水产省	饲料安全和质量提高法（饲料安全法）	1. 与传统作物相比，在饲用方面的任何显著差异 2. 产生毒性物质的可能性（特别是关于该转化体与动物代谢系统之间的相互作用）
对生物多样性影响	生物多样性影响评价组	农林水产省的环境部	生物多样性保护法（转基因生物的使用法规）	1. 竞争优势 2. 产生毒性物质的可能性 3. 异花授粉

注：MHLW 和 MEXT 不参与风险评估，它们是负责申报的风险管理机构和/或联系点。

风险评估和安全性评估由咨询委员会和科学专家小组进行，主要由研究人员、学者和公共研究机构的代表组成。这些专家小组的决定由咨询委员会进行审查，咨询委员会的成员包括来自相关利益方（包括消费者团体和行业）的技术专家和意见代表。咨询委员会向责任部门报告其调查结果和建议，各部门部长最终批准。

用于食用的转基因植物必须获得 MHLW 部长的食用安全批准。根据日本《食品卫生法》（http：//www. japaneselawtranslation. go. jp/law/detail_main？ id = 12&vm = 2&re），一旦收到申请人的审查请求，MHLW 部长会要求 FSC 进行食品安全审查。FSC 中有一个“转基因食品专家委员会”，由来自大学和公共研究机构的科学家组成，负责进行科学审查。完成后，FSC 将其结果提交给 MHLW 部长，由其正式宣布完成审批。转基因食品的风险评估结果将会在 FSC 的网站上以英文发表（http：//www. fsc. go. jp/english/evaluationreports/newfoods_gm_e1. html）。FSC 规定从收到申报材料到批准的标准处理时间为 12 个月。

根据《饲料安全法》，转基因产品用于饲用必须获得 MAFF 部长的批准。根据申请者的请求，MAFF 要求重组 DNA 生物专家小组［隶属于 MAFF 的农业材料委员会（AMC）］审查用于饲用的转基因作物。专家小组评估家畜饲料的安全性，然后由 AMC 对其评估进行审查。MAFF 部长还要求 FSC 的转基因食品专家委员会审查食用饲喂转基因作物的牲畜对人类健康的影响。根据 AMC 和 FSC 的审查，MAFF 部长批准转基因产品的饲用安全性。

日本于 2003 年加入《卡塔赫纳生物安全议定书》。2004 年，日本通过了《通过改性活生物体使用条例保护和可持续利用生物多样性法》，也被称为《卡塔赫纳法》，来具体实施议定书。根据这项法律，MEXT 要求在实验室和温室进行早期农业生物技术研究之前需获得部长级的批准。MAFF 和 MOE 要求联合批准温室或实验室使用转基因植物作为其生物多样性评估的一部分。

MAFF 要求研发商在日本进行隔离的田间试验，以收集必要的科学数据。研发商需获得 MAFF 和 MOE 部长的许可来进行田间试验以评估转化体的环境风险。MAFF 和 MOE 联合专家小组进行环境安全评估。MAFF 将从收到申报材料到批准的标准处理时间设置为 6 个月（更多信息请参见 http：//www. maff. go. jp/j/syouan/nouan/carta/c_ about/attach/pdf/reg_2-27. pdf，日语）。

然而，当申请人修改申报材料、从 MAFF 收到问题以及准备答复时，标准处理时间将停止计时。此外，事先咨询、限定的田间试验和行政审批是一个漫长的过程。值得一提的是，按照惯例，监管者首先批准食用，然后是饲用，随后是环境。因此，食用和/或饲用审批的延迟会导致环境审批的延迟。完成审批所需的时间很大程度上取决于对产品和性状的熟悉程度。如果产品的特征是熟悉的，批准通常在正式受理食用、饲用和环境释放申报材料的 18 个月内完成。

最后，与食用安全无关的转基因产品标准或法规，如转基因标识和知识产权处理协议，由消费者事务部（CAA）的食品标识处负责。CAA 于 2019 年 3 月完成了转基因标识法规的修订（见 JA2019-0174）。

CAA 负责保护和加强消费者权益。MHLW 负责风险管理程序，如建立食品中转基因产品的检测方法。任何日本政府部门都不收取审查费。转基因产品审批流程示意见图 1。

1.2.2 审批情况

截至 2021 年 9 月，日本已批准超过 326 个用于食用、190 个用于饲用、194 个用于环境的转基因产品，其中 145 个用于环境释放。批准食用的转基因产品不包括 35 个复合性状产品，这些复合性状产品不须再经过监管审查程序。

1.2.3 复合性状转化体或叠加性状转化体的批准

日本要求对复合性状转化体进行单独的环境审查。尽管如此，如果利用已获批准的单一转化体杂交不影响宿主的代谢途径，则 MHLW 豁免该转基因产品的审查。FSC 同意豁免使用单一转化体、修改代谢途径的复合性状产品的审查（http：//www. fsc. go. jp/senmon/idensi/index. data/ gm_taisha_kaihen_kakeawase. pdf，日语链接）。截至 2021 年 7 月，累计有 35 个复合性状转化体（5 个大豆，13 个玉米①，5 个油菜和 12 个棉花）豁免审查（https：//www. mhlw. go. jp/content/11130500/000513500. pdf，日语链接）。有关已批准的复合性状转化体的详细信息，请参见本报告最后的参考网址章节中的链接。更多关于之前处理复合性状批准改进的详细信息，请参见 JA7138。

1.2.4 田间试验

通常，MAFF 要求通过国内田间试验来审查对生物多样性的影响没有改变。然而，2014 年 12 月，MAFF 对于具足够熟悉的常见性状（如耐除草剂或抗虫）的作物，如在日本没有野生亲缘关系（比如玉米），免于强制田间试验。2019 年 3 月，MAFF 依据熟悉原则将棉花列为免于国内田间试验产品清单中，有关这一变化的更多信息，请参阅 MAFF 的网站（http：//www. maff. go. jp/j/syouan/nouan/carta/tetuduki/plant _ proced. html #2，日语）。有关现场试验的更多信息，请参阅 JA6050。

① 由于申请人撤回了通知书，数量比去年有所减少。

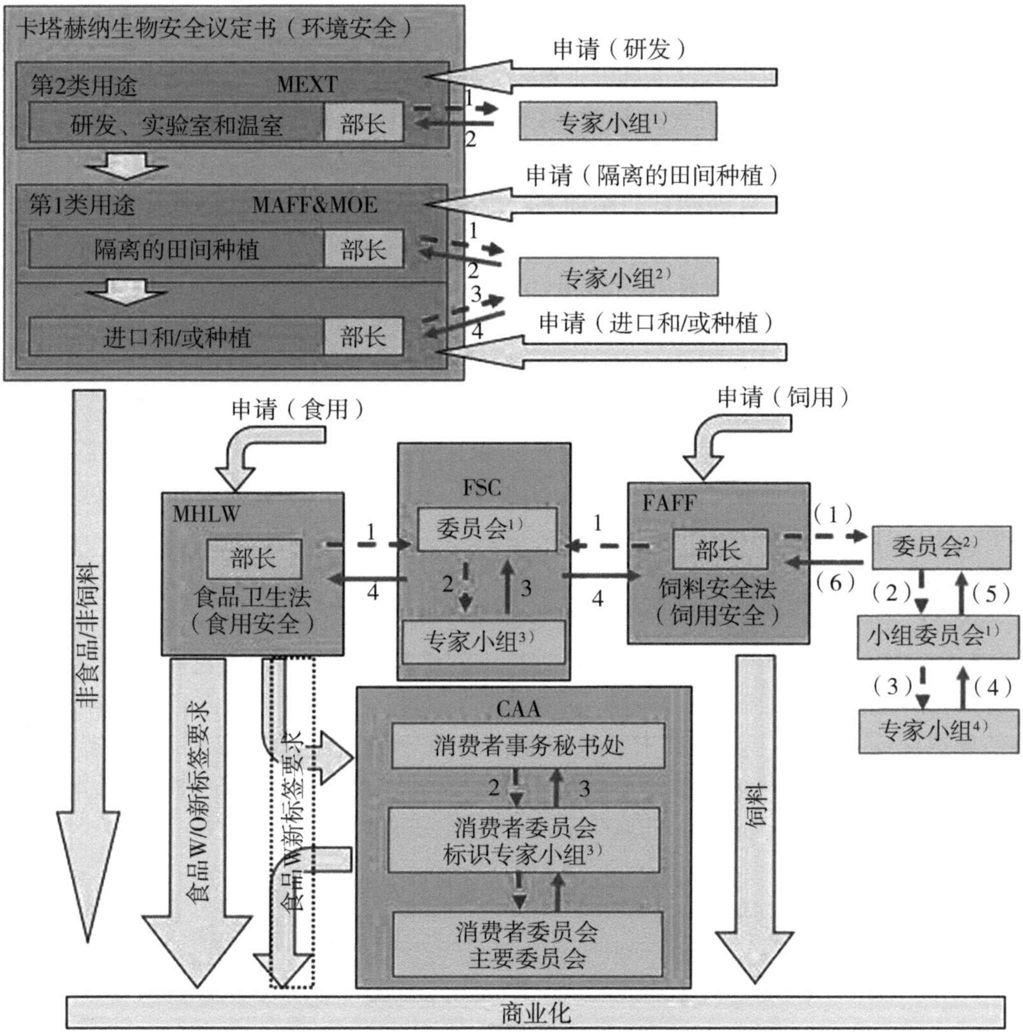

图 1　转基因产品的审批流程

注：第 1 类用途：在没有控制措施的设施、设备或建筑物外使用改性活生物体（改性活生物体，因此不限于植物）；第 2 类用途：在封闭环境内使用改性活生物体（因此不限于植物）；专家小组[1)]：重组 DNA 技术专家小组，生物伦理和生物安全委员会，科学技术委员会，MEXT；专家小组[2)]：由 MAFF/MOE 部长挑选在对生物多样性不利影响方面拥有专业知识和研究经验的专家；专家小组[3)]：转基因食品专家委员会，FSC；专家小组[4)]：重组 DNA 生物专家小组，农业材料委员会，MAFF；委员会[1)]：食品安全委员会；委员会[2)]：农业材料理事会饲料委员会，MAFF；小组委员会[1)]：安全小组委员会，饲料委员会，农业材料委员会，MAFF；虚线箭头：请求评审或风险评估；实线箭头：建议或风险评估结果；带框箭头：含公众评论期；箭头旁边的数字表示请求/建议在各部委中的顺序。

1.2.5 新型生物技术

日本政府对基因组编辑食品和农产品有 3 个特殊的管理流程，涵盖食用、饲用和生物多样性安全。MHLW 负责食品和食品添加剂的流程管理，而 MAFF 负责饲料和饲料添加剂以及其管辖产品的生物多样性安全。有关日本基因组编辑管理程序的更多信息，请参见 JA2021-0106。食品和食品添加剂，以及从基因组编辑杂交后代衍生的饲料和饲料添加剂产品的研发商，不再需要向相关管理机构提交上市前咨询和通告。MHLW 和 MAFF 分别于 2020 年 12 月（JA2020-0214）和 2021 年 4 月（JA2021-007）修订了程序。关于日本基因组编辑管理程序的详细步骤，请参见 JA2019-0219。

CAA 认定，不含外源 DNA 的经过基因组编辑的食品不受食品标识标准的约束。然而，CAA 的指南建议食品制造商自愿为基因组编辑的食品贴上标签。同样，食品制造商也可以公开他们的产品并非来自基因组编辑成分，但 CAA 明确指出，制造商应该能够在整个供应链中验证其产品的成分的真实性。有关 CAA 标识指南的更多信息，请参见 JA2019-0174。

1.2.6 共存

MAFF 2004 年发布的指南要求，在进行田间试验之前，必须通过网页和与当地居民的会议公开试验的详细信息。MAFF 还要求建立缓冲区，以防止周围环境中相关植物物种的异花授粉（表 2）。这些要求以及限制性的地方法规、公众反对，使得转基因作物与传统作物在日本的种植困难。更多细节，请参阅 MAFF 提供的转基因作物栽培指南（www. naro. affrc. go. jp/archive/nias/gmo/indicator20080731. pdf，日文）。

表 2 大田转基因作物所需的缓冲区

田间试验植物的名称	最小的隔离距离
水稻	30 米
大豆	10 米
玉米（只适用于食用和饲用安全审查）	600 米或 300 米（有防风林）
油菜籽（只适用于获得食用和饲用安全审查）	600 米或 400 米（如果进行田间试验的油菜籽与种植的非重组油菜籽花期相遇，用 1.5 米宽的田间试验植物来捕获花粉和传粉昆虫）

目前有 15 个地方政府对种植用于研究和/或商业目的的转基因产品有作出规定，这给有意种植经批准的转基因产品的农民造成了行政障碍。许多地方法规都是 2004—2009 年制定的，然而，自那以后，这些规定几乎没有更新或外界施压促使其改变。一些地方政府，例如日本今治市认为含有转基因成分的食品不应该用于当地学校的午餐项目（https：//www. city. imabari. ehime. jp/reikishu//reiki_honbun/ r059RG00000848. html，日语）。地方法规的详细信息请参见 JA2019-0219。

1.2.7 标识

目前，在日本，食品标签上可能有3种转基因声明：转基因（GE）、非分离（没有身份保持）和非转基因。转基因和非分离产品的标识是强制性的。如果产品的身份认定为转基因，则必须标注为GE。对于一些已经批准了转基因品种的产品（如谷物、油料作物），如果在生产、处理和运输过程中没有进行身份保持，那么这些产品必须被标识为“非分离”（不管该产品中转基因或非转基因成分的占比）。非转基因标识是自愿的。对于那些通过身份保持系统进行处理的商品，要与转基因和非分离产品隔离开，并且其中的转基因成分不超过5%，可以标识为“非转基因”。如果转基因成分超过5%，则必须标识为“非分离”。

2019年3月，CAA完成了转基因食品的标签法规修订。CAA保留了现行的身份保持制度体系，但使用新的表述来标识身份保持产品，代替之前的“非转基因”标签。CAA还修订了“非转基因”一词的定义，即不能检测到任何转基因成分，建立了对转基因成分的零容忍政策。新的转基因标签法规将于2023年4月1日生效。有关更多信息，请参阅CAA官方网站（https：//www. caa. go. jp/policies/policies/policy/food _ labeling/other/ review_meeting_010/，日语）。FAS/东京已提交了多份关于审查过程的报告（例如JA7067、JA7093、JA7121、JA8014和JA9055）。

1.2.8 监测和检测

日本政府监测植物自生苗，以评估转基因作物环境释放对生物多样性的影响。MAFF最新的环境释放报告包括对从港口附近运载船上卸下油菜籽和大豆的调查（http：//www. maff. go. jp/j/syouan/nouan/carta/torikumi/index. html#2，日语），发现对生物多样性没有显著影响。MAFF寻找影响生物多样性的转基因作物，例如通过多个世代影响存活率，或转基因大豆与野生大豆杂交，野生大豆是日本国内的野生植物，是大豆的近缘物种。为了检测食品中的转基因物质，日本政府采用qPCR检测。但是，这种方法可能不是最准确的，因为在单一转化体中会使用多个启动子检测并定量转基因特异性区域（例如35S启动子，NOS终止子）。在玉米生产中复合性状的应用对抗虫治理越来越重要。MHLW于2009年实施了一种新的检测方法，以避免在“5%规则”中出现错误检测。详细信息见JA6050。

MAFF发挥着国有贸易企业的作用，对来自包括美国在内的一些出口市场的转基因小麦和水稻进行测试。完成这些测试是为了确保符合MHLW的低水平混杂政策。MAFF每年在其网站上公布测试结果（https：//www. maff. go. jp/j/seisan/boeki/beibaku _ anzen/bunsekikekka. html）。

1.2.9 低水平混杂（LLP）策略

日本的LLP政策（JA6050）没有变化。截至2021年3月，MHLW对以下项目进行了监测。

①PRSV-YK、PRSV-SC和PRSV-HN（木瓜及其加工产品，如果产品中木瓜成分

可以提取分析的话。监测 299 例/年）；

②63Bt、NNBt 和 CpTI（大米及其加工产品，以大米为主要原料，如米粉、米线等，当产品未加热或轻度加热时。监测 299 例/年）；

③RT73 油菜（油菜及其加工产品。监测 29 例/年）；

④MON71100/MON71300、MON71700 和 MON71800（美国小麦。监测 59 例/年。此外，监管机构、MHLW 和/或港口官员可能要求对特定货物进行检查）；

⑤MON71200（加拿大小麦。监测 59 例/年。此外，监管机构、MHLW 和/或港口官员可能要求对特定货物进行检查）；

⑥F10 和 J3（马铃薯及其加工制品，以马铃薯为主要原料，如炸薯条、薯片等。监测 59 例/年）；

⑦水产品（三文鱼及其加工产品，如三文鱼薄片，来自加拿大、巴拿马和美国，59 例/年）。

2008 年 7 月，食品法典委员会（Codex）通过了转基因食品中 LLP 的食品安全评估国际准则，作为食品中低水平混杂重组 DNA 植物材料情况下的食品安全评估的附件。然而，日本并没有将这一国际公认的准则完全应用于其自身 LLP 政策。这在 MHLW 关于食品的政策中很明显，因为法典附件允许超过“零”容忍。

1.2.10 附加监管要求

尽管转基因产品获得了商业化种植的监管批准，但具有除草剂耐受性的转基因产品可能需要在日本进行相关的化学注册。

1.2.11 知识产权（IPR）

日本拥有提供强有力的知识产权保护并严格执法。日本的知识产权涉及农作物的基因工程，包括但不限于基因、种子和品种名称。日本专利局负责知识产权。

1.2.12 《卡塔赫纳生物安全议定书》的批准

日本于 2003 年 11 月加入了《卡塔赫纳生物安全议定书》，并实施了《通过改性活生物体使用条例保护和可持续利用生物多样性法》。2017 年 12 月，日本批准了《关于卡塔赫纳生物多样性议定书责任和赔偿的名古屋-吉隆坡补充议定书》。执行议定书的这项法律和其他法律可在日本生物安全信息交换所（J-BCH）网站上查到（http://www.biodic.go.jp/bch/english/e_index.html）。

1.2.13 国际条约/论坛

日本还积极参与获取和惠益分享（ABS）领域。日本生物工业协会组织了多领域的研讨会，并编制了关于 ABS 的指南（http://www.mabs.jp/eng/index.html）。然而，他们的目标更多的是针对制药和医疗行业，而不是农业。

在经济合作与发展组织（OECD），日本也积极参与生物技术监管监督的协调工作。

1.2.14 相关问题

无。

1.3 市场营销

1.3.1 公众/私人意见

日本法规对于具有生产技术的美国农民可能是个阻碍。而且，向日本和其他主要市场出口未经批准的转基因作物需进行花费较高的出口检测，导致贸易中断。2007 年，一个由主要生物技术研发商组成的生物技术创新组织（BIO），发布了一份关于产品上市安全监管的声明来应对这个问题（https：//www. bio. org/articles/product-launch-stewardship-food-and-agriculture-section）。

1.3.2 市场接受度/研究

虽然仍有消费者团体强烈反对生物技术产品，公众认为这些产品的风险在日益降低，这可能由于媒体的负面报道减少，同时对于进口转基因谷物和油料的需求有了更好的理解。

最近的调查结果显示，人们对转基因食品的担忧已经减少。在 2006 年日本财政年度（JFY），FSC 开展的调查中发现，75%的参与者“高度关注”或“关注”转基因食品。然而，在 JFY2020 民意调查中，只有 15%的受访者表示“高度关注”，28%的受访者表示“关注”，这标志着公众对转基因产品的接受度发生了重大变化（http：//www. fsc. go. jp/monitor/monitor_report. html，日语）。

第2章　动物生物技术

2.1　生产和贸易

2.1.1　产品开发

在日本，大多数分子生物学的研究都集中在人类医疗和制药领域。与植物一样，由大学和政府/公共研究机构开展食品和农业生物技术研究，私营部门参与较少。然而，随着基因组编辑技术的出现，日本私营部门似乎对这一技术产生了更大的兴趣。日本媒体定期报道正在进行的基因组编辑研究，比如，增加海鲷的骨骼肌，加快河豚的生长速度，以及降低金枪鱼的攻击性研究。

2019年，在私营企业的资金支持下，海鲷研究团队成立了一家名为“区域鱼（Regional Fish）”的初创公司，旨在通过基因组编辑水产产品的商业化，重振日本水产养殖业，并解决蛋白质来源短缺的问题。有关新的基因组编辑产品的更多信息，请参阅他们发表的文章（https：//link. springer. com/article/10. 1007/s12562-018-1277-3）。

日本国家农业生物科学研究所（NIAS）继续研发用于高附加值蚕丝生产的转基因蚕品种，但其商业应用前景有限。截至2021年8月，日本已经批准了10个转基因蚕的应用（https：//www. maff. go. jp/j/syouan/nouan/carta/torikumi/attach/pdf/index-222. pdf，日语）。

目前，日本对动物克隆的兴趣已经减弱，自20世纪90年代末以来，相关工作在逐步减少，近年来更是可以忽略不计（http：//www. affrc. maff. go. jp/docs/clone/kenkyu/clone_20190331. html，日语）。

2.1.2　商业化生产

目前，除可以生产高附加值蚕丝和蛋白的转基因蚕外，还没有用于农业生产的转基因动物或克隆动物的商业化生产。

2.1.3　出口

无。

2.1.4　进口

无。

2.1.5 贸易壁垒

无。

2.2 政策

2.2.1 监管框架

对转基因植物的规定同样也适用于转基因家畜、动物和昆虫的商业化。由于日本2003年加入了《卡塔赫纳生物安全议定书》，转基因动物的生产或环境释放也要按照MAFF发布的《通过改性活生物体使用条例保护和可持续利用生物多样性法》进行监管。食品卫生法也涵盖转基因动物的食品安全方面，由MHLW进行监管。

2.2.2 新型生物技术

在第一章中解释的由MHLW制定的食品和环境安全监管政策和指南适用于基因组编辑动物，但也有少数例外。

MHLW规定，由于水产养殖鱼类和牲畜、农作物不同，比如育种史较短，在某些物种中存在较大遗传变异，CRISPR/Cas9技术会有基因嵌合现象等，因此，需要改变基因组编辑产品咨询和通知的过程。为了研究这些问题，MHLW于6月25日就可能发生的改变开展了一系列专家讨论。最终，MHLW完成了一份题为《基因组编辑鱼管理说明》的报告。具体请参见JA2021-0132。

2.2.3 标识和可追溯性

转基因动物和植物的标识要求是一样的。对于克隆动物产品，日本有一个特定的标识要求，即必须贴上克隆产品的标签。FAS/东京目前未发现带有“克隆”标签的商业化产品信息。

2.2.4 知识产权（IPR）

与植物相同。

2.2.5 国际条约/论坛

日本2003年加入了《卡塔赫纳生物安全议定书》，转基因动物必须按照该规定管理。

2.2.6 相关问题

2017年9月，日本政府实施了对转基因三文鱼和三文鱼加工品如三文鱼刺身的监测。更多信息请参见JA7112。

2.3 市场营销

2.3.1 公众/私人意见

目前，除了用于生产医疗诊断试剂蛋白质的蚕等一些产品，转基因动物在日本还没有商业化销售。目前，还不清楚公众对食用来自转基因或克隆动物产品肉类有多大兴趣。然而，一些研究已经得到了公众的关注和私人对未来潜在市场的投资。

2.3.2 市场接受度/研究

没有专门针对畜牧和水产养殖生物技术的营销活动。

第3章　微生物生物技术

3.1　生产和贸易

3.1.1　商业化生产

日本有几种利用发酵技术生产的传统食品，包括酱油、纳豆（发酵的大豆）、味噌（豆瓣酱）和清酒（米酒）。利用发酵技术生产的非传统食品在日本饮食中也很常见，包括酸奶、奶酪和面包。尽管在传统和非传统食品中广泛应用，但关于微生物生物技术产品的公开信息很少。日本的食品行业对于消费者看待生物技术的态度的敏感度很高，CAA 的标识规则豁免了这类产品的转基因标识，因此很难判断一种产品是否使用了微生物生物技术。

2020 年，日本的酵素和酵母市场规模约为 480 亿日元（4. 36 亿美元）。

微生物生物技术产品（如基因工程酶）的制造商既有国外公司也有国内公司。获得许可的公司主要包括国外的诺维信（Novozyme）、丹尼斯克美国公司（Danisco U. S.）、Ezaki Gulico 和国内的其他几家公司，这些公司获得了微生物生物技术产品的批准。获批准的产品及申请人名单可在 MHLW 网站（www. mhlw. go. jp/stf/seisakunitsuite/bunya/kenkou_iryou/shokuhin/idenshi/index_00002. html，日语）查阅。

自克隆产品（如蛋白酶）、天然存在产品（如磷脂酶 A2）和高纯度产品（如 L-谷氨酰胺）大多数由日本公司递交申请。MHLW 网站（www. mhlw. go. jp/content/11130500/000748069. pdf，日语）上可以查询批准产品和申请人清单。

产品研发商已经在日本市场推出了少量替代肉制品。目前日本市场上的替代肉制品主要以大豆为原料。截至目前，日本还没有由细菌或单细胞蛋白制成的肉类类似产品的商业化销售。2020 年 10 月 2 日，MAFF 召开了第一届食品技术公私合作委员会（https：//foodtech-lab. jp/public_private_council/，日语），以促进跨部门合作，但会议不向公众开放。

3.1.2　出口

2020 年，日本出口了 4 582 吨酶（HS 编码：3507），价值 2. 57 亿美元（表 3），其中可能包括微生物生物技术产品。

表 3　日本酶的出口（HS3507，CY2020）

国家	容量（吨）	货值（百万美元）
美国	857	76
丹麦	637	13
中国	491	35
荷兰	394	6
法国	361	15
其他	1 816	123
总计	4 556	268

资料来源：贸易数据监测公司（https：//www. tdmlogin. com/tdm/index. html）

3.1.3　进口

2020 年，日本进口了 5 208 吨酶（HS 编码：3507），价值 9 500 万美元（表 4），其中可能包括微生物生物技术产品。

表 4　日本酶的进口（HS3507，CY2020）

国家	容量（吨）	货值（百万美元）
中国	1 568	12
丹麦	1 321	27
芬兰	824	6
美国	332	11
德国	155	14
其他	361	22
总计	4 561	92

资料来源：贸易数据监测公司（https：//www. tdmlogin. com/tdm/index. html）

3.1.4　贸易壁垒

无。

3.2　政策

3.2.1　法规框架

在日本，大部分微生物生物技术产品都属于食品添加剂范畴。日本《食品卫生法》规定，食品添加剂的定义是在食品生产过程中用于食品或在食品上使用的物质，或用于加工或保存食品的物质。有关详情请参阅 MHLW 网站（https：//www. mhlw. go. jp/

stf/seisakunitsuite/bunya/kenkou_iryou/shokuhin/syokuten/index_00012. html，日语）。

转基因微生物及其产品在封闭的食品生产环境中使用，该产品必须获得食品安全批准。批准程序与转基因动植物产品安全审批程序相同。初步审查后 MHLW 受理申报书，然后将其交给 FSC 进行安全风险评估。更多信息详见 FSC 官方网站（https：//www. fsc. go. jp/english/evaluationreports/newfoods_gm_e1. html，日语）。

日本有一个单独的审批系统，审查被定义为添加剂且不含外源转基因成分的产品。此外，如果生产食品和食品添加剂的微生物被视为自克隆或天然存在的，则免于安全审查。FSC 公布了微生物、食品添加剂、高纯度终产品的安全评价标准。

3.2.2 审批情况

截至 2021 年 8 月，日本已经批准了 58 个生物技术食品添加剂。经批准的产品可在 MHLW 网站上找到，产品名如下：α 淀粉酶 11 个产品；凝乳酵素 4 个产品；支链淀粉酶 4 个产品；脂肪酶 3 个产品；核黄素 2 个产品；葡糖淀粉酶 4 个产品；α 葡糖基转移酶 3 个产品；环糊精葡萄糖转移酶 1 个产品；天冬酰胺酶 1 个产品；磷脂酶 6 个产品；β 淀粉酶 1 个产品；Exomalt 四水解酶 2 个产品；酸性磷酸酶 1 个产品；葡萄糖氧化酶 2 个产品；蛋白酶 2 个产品；半纤维素 2 个产品；木聚糖酶 5 个产品；苷 1 个产品；阿洛酮糖差向异构酶 1 个产品；萜类碳氢化合物 1 个产品；β-葡萄糖苷酶 1 个产品。

截至 2021 年 8 月，有 86 个产品被批准为高纯度或天然物质。MHLW 网站（https：//www. mhlw. go. jp/content/11130500/000748069. pdf，日语）上可以找到批准的产品。

3.2.3 标识和可追溯性

作为食品配料，当转基因产品和/或配料在产品成分中处于前三名，且占原材料重量比在 5%以上时，必须标注转基因。

日本对食品添加剂的使用有标识要求，详情见 JA2019-0216。没有针对转基因添加剂的标识或可追溯性的要求。

3.2.4 监测和检测

无专门针对微生物生物技术产品的检测。

3.2.5 附加监管要求

无。

3.2.6 知识产权（IPR）

与植物和动物相同。

3.2.7 相关问题

无。

3.3 市场营销

3.3.1 公众/私人意见

公众对食品行业使用微生物生物技术的认识有限。

3.3.2 市场接受度/研究

目前还没有专门的市场接受度或相关研究数据。

参考网址

转基因食品风险评估标准
食品安全委员会
（http：//www. fsc. go. jp/english/standardsforriskassessment/gm_kijun_english. pdf）
有关转基因食品法规的信息
厚生劳动省
https：//www. mhlw. go. jp/english/topics/foodsafety/dna/index. html
有关转基因食品标识
消费者事务机构（负责标识法规的机构，包括转基因）
http：//www. caa. go. jp/en/（英文）
食品标识法、政府条例、部长条例及通告（只有日文版）
http：//www. caa. go. jp/foods/index18. html
有关食品标识法的资料仍没有英文版本。有关法律的更多细节，请参阅 JA7078。
农业生物技术的有用资源，由日本生物安全信息交换所提供
http：//www. biodic. go. jp/bch/english/e_index. html
批准的商业化使用的转化体
批准食用的转化体（英文）
https：//www. mhlw. go. jp/english/topics/food/pdf/sec01-2. pdf
批准的食用的复合性状转化体（豁免审查，日文）
https：//www. mhlw. go. jp/file/06 - Seisakujouhou - 11130500 - Shokuhinanzenbu/0000210015. pdf
已批准的饲用的转化体（英文）
http：//www. famic. go. jp/ffis/feed/r_safety/r_feeds_safety33. html
日本生物安全信息交换所——根据《卡塔赫纳生物安全议定书》国内法批准的改

性活生物体名单（英文）

http：//www. biodic. go. jp/bch/english/e_index. html

基因组编辑技术

MHLW -源自基因编辑技术的食品（日文）

https：//www.mhlw. go. jp/stf/seisakunitsuite/bunya/kenkou_iryou/shokuhin/bio/genomed/index_00012. html

根据《卡塔赫纳生物安全议定书》采用新育种技术处理活生物体（日文）

http：//www. maff. go. jp/j/syouan/nouan/carta/tetuduki/nbt. html

CAA ——基因编辑食品的标签信息（日文）

https：//www. caa. go. jp/policies/policy/food_labeling/quality/genome/

韩国农业生物技术年报

USDA 美国农业部
对外农业服务局GAIN全球农业信息网
规定报告：按规定-公开发表
日期：2021年10月25日
报告编号：KS2021-0025
报告名称：农业生物技术年报
国家：韩国
报告类别：生物技术及其他新生产技术
编写人：Seungah Chung
批准人：Neil Mikulski

报告要点

目前，韩国正在修改现有的《改性活生物体（LMO）法案》，使其适用于包括基因组编辑产品在内的新型生物技术产品。2021年5月公布的修订草案中包括预审程序，可以决定某些新型生物技术产品是否需要进行全面的风险评估或可豁免评估。尽管有当地非政府组织（NGO）提出反对，但韩国计划2021年年底之前完成LMO法案的修订工作。2021年4月，韩国选定10家企业旨在推进绿色生物融合，并投入了28亿韩元予以支持。这些公司开发的项目包括利用基因组编辑技术开发农作物品种。

[内容提要]

韩国食用和饲用谷物严重依赖进口。由于消费者的负面情绪，仅有少数韩国食品是生物技术产品，而大部分转基因玉米和大豆都用于生产饲料。美国是韩国最大的转基因（GE）谷物和油料作物出口国，其次是阿根廷。2021 年 1—8 月，美国向韩国出口的转基因谷物和油料作物总量达到 350 万吨，相当于韩国在 8 个月期间进口转基因谷物和油料作物总额的 50%。

2021 年 5 月 26 日，韩国公布了《改性活生物体（LMO）法案》修订草案。该草案包括对新型生物技术产品（如基因组编辑）的监管政策。在该草案中，韩国将新型生物技术产品归类为 LMOs。然而，该草案包含了预审程序，负责决策某些基因组编辑产品的风险评估是否能够予以豁免。可依据以下条件予以豁免：①无外源 DNA 引入；②最终产品中无外源 DNA 存在；③最终产品可以通过常规育种技术或自然突变开发。一旦法案修订完成，将通过实施细则提供关于预审数据要求的细节。贸易工业与能源部（MOTIE）目前正在对利益相关方的意见进行评估，计划在 2021 年年底前完成修订工作。

作为 2020 年 9 月公布的“推进绿色生物融合新兴产业计划”的后续工作，2021 年 4 月，农业、食品和农村事务部（MAFRA）选定 10 家绿色生物企业，大力推动环境友好型生物技术产业。MAFRA 表示，其中一些公司将致力于利用基因组编辑技术开发农作物品种，例如从昆虫中提取蛋白质作为动物饲料，以及用生物打印替代肉类。MAFRA 宣布将向选定企业提供 28 亿韩元（约 230 万美元）的支持。

韩国要求对任何含有可检测到的转基因成分的食品进行强制性转基因标识，烹调油、糖浆和加工助剂等除外。2021 年 1 月，食品和药品安全部（MFDS）提出了转基因标识要求的修订草案。该提案允许 0.9%的转基因无意混杂的产品标识为“非转基因”或“无转基因”，而目前的标识要求是对转基因成分零容忍。该草案目前尚未最终敲定。

2020 年，韩国一项关于基因组编辑的消费者调查显示，38%的受访者表示知晓这项新技术。虽然知晓基因组编辑的受访者中的大多数人支持该技术应用于医疗和工业，但只有大约 50%的受访者支持将其用于食品和农业。

第1章 植物生物技术

1.1 生产和贸易

1.1.1 产品开发

在韩国，各政府机构、高等院校和私营机构都可以利用转基因技术开发现代生物技术产品。目前研究重点主要是第二代和第三代性状，例如抗旱、抗病、营养强化和基因表达改变等。2021年1至8月，农村发展管理局（RDA）批准的、由RDA指定的评价机构和私营机构进行的田间试验研究项目总计达到105个。

韩国有多个产品正在开发中。这些产品包括但不限于：含有新物质和功能性成分的水稻、抗虫水稻、耐环境胁迫的水稻、抗病辣椒、具有功能性状的菜豆（维生素E）、抗虫菜豆、耐除草剂剪股颖、生产抗原蛋白的韩国白菜、耐除草剂油菜、钙强化苹果。

目前正在生成剪股颖的安全评价数据。在RDA“新一代绿色生物21号项目”的支持下，济州国立大学开发了耐除草剂剪股颖，并于2014年12月提交给RDA进行环境风险评价（ERA），目前仍在进行中。由于反生物技术的NGO和当地农民的持续反对，耐除草剂剪股颖的商业化预计会推迟。

2016年，富含白藜芦醇的水稻获得卫生福利部（MHW）的批准用于医疗保健。已知白藜芦醇是一种抗氧化的多酚类化合物。该产品最初是为了食用而开发，因为反生物技术的NGO和当地稻农的抵制，RDA没有批准这一预期用途。

如果得不到本国农民和消费者的有力支持和拥护，韩国转基因作物很难实现商业化。例如，2017年9月，RDA默许了当地NGO提出的停止转基因产品在韩国商业化的要求，RDA还缩减了国家转基因作物中心（更名为“农业生物技术研究中心”）主要转基因产品开发团队的规模。

RDA转基因产品开发工作推进的同时也面临着一些消费者群体不断加强的监督和反对。除了自行开展研究，RDA还通过“新一代绿色生物21号项目”为转基因研究团队提供资助，RDA于2020年资助3 000亿韩元（约2.6亿美元）用于项目开发。

2019年4月，RDA宣布新成立新育种技术商业化中心。该中心致力于进一步提高韩国在育种领域的竞争力，而育种领域被韩国视为重要的发展引擎。该中心引领新型生物技术产品的研发和商业化，7年总投资达到760亿韩元（约6 300万美元）。

2017年，韩国公布第三次“LMO安全管理计划”，该计划旨在：建立应急响应小组以应对转基因转化体的无意释放事件；进一步完善建立高效的生物技术管理体系；制定新型生物技术的安全管理计划；修订《改性活生物体法》；完成其他相关任务。

该计划于2018年生效，韩国计划在5年内投资820亿韩元（约7 500万美元）来实施“LMO安全管理计划”。

2020年9月，由农业、食品和农村事务部（MAFRA）牵头，10个部委共同出台了“推进绿色生物融合新兴产业计划”，以解决农业、环境和健康问题，创造更多就业机会。该计划的目标是：到2030年，将韩国5个绿色生物产业的规模翻倍，包括：①微生物组；②代餐/医疗食品；③种子；④兽药；⑤其他生物材料（昆虫、海洋和林业）。在种子生产方面，基因剪刀（基因组编辑）和数字化育种被选为投资和开发的核心技术。在兽药方面，政府将支持利用蛋白质重组技术和干细胞研究研发动物疫苗。后续，MAFRA于2021年4月选定了10家企业，并将向选定的企业提供28亿韩元（约230万美元）的支持。

1.1.2 商业化生产

虽然韩国在生物技术研究方面投资巨大，但是韩国尚未实现任何生物技术产品的商业化。2017年，领先的政府研究机构RDA宣布禁止生物技术作物在本国的商业化，这也是对国内反生物技术组织NGO的回应。

1.1.3 出口

韩国未出口任何生物技术作物。

1.1.4 进口

韩国进口生物技术产品用于食用、饲用和加工，但不能种植。美国和阿根廷是韩国市场两个最大的生物技术产品供应国，主要包括谷物和油料作物（表1）。

2020年，韩国进口了1 170万吨玉米，其中950万吨用于饲用，210万吨用于加工。从美国进口的玉米达到300万吨，占总量的26%，且几乎所有从美国进口的玉米都为转基因玉米。

进口的加工用转基因玉米一般用于生产高果糖玉米糖浆或玉米油，由于最终产品中不存在可检测的转基因蛋白，因此这两种用途可豁免转基因标识管理。虽然反生物技术机构NGO不断施压，部分加工企业仍继续使用易获取且经济实惠的转基因玉米。

2020年，韩国进口了133万吨大豆，主要用于榨油。美国是韩国最大的大豆供应国，韩国进口的几乎所有大豆都来自美国。

大豆油含有的转基因蛋白低于检出限，因此也豁免转基因标识管理。用于食用加工的大豆，包括用于制作豆腐、豆瓣酱和豆芽，主要来自常规大豆品种。

表1 转基因大豆和玉米的进口统计数据 单位：$\times10^3$ 吨/年

作物种类	类别		2017年	2018年	2019年	2020年	2021年1—8月
大豆	食用（榨油）	美国	397	576	885	374	263
		美国以外	646	473	118	612	540
		总计	1 043	1 049	1 003	986	803

（续表）

作物种类	类别		2017 年	2018 年	2019 年	2020 年	2021 年 1—8 月
玉米	食用	美国	703	989	553	354	344
		美国以外	536	169	599	644	113
		总计	1 239	1 158	1 152	998	457
	饲用	美国	3 558	6 137	2 046	2 603	2 821
		美国以外	3 610	1 714	7 284	7 184	2 804
		总计	7 168	7 851	9 330	9 787	5 625
油料作物	饲用	美国	119	131	112	181	72
		美国以外	32	21	46	20	34
		总计	151	152	158	201	106

资料来源：韩国生物安全信息交换所。

注：表 1 含转基因谷物和油料作物的进口统计数据。由于它是基于韩国报告的进口批准数量，而不是海关数据，因此该数据与前面段落中显示的数据略有不同。有关韩国饲用谷物和油料作物生产、供应和需求的更多信息，请参阅 GAIN 系统中的最新报告。

1.1.5 粮食援助

韩国不是粮食受援国。韩国根据政治局势断断续续地向朝鲜提供粮食援助，也基于人道主义向一些其他国家提供粮食援助。韩国参加了“东南亚国家联盟（东盟）+3 紧急大米储备库（APTERR）”，该储备库组建于 2013 年，目的是在发生自然灾害时向成员国提供大米援助。韩国承诺提供 15 万吨大米，迄今已提供 9 万吨。2018 年 1 月，韩国加入了《粮食援助公约》，该公约允许韩国动用目前储备的大米库存。

2019 年、2020 年和 2021 年，韩国每年通过世界粮食计划署（WFP）援助的本国大米均达到 5 万吨，2021 年，韩国援助也门 1. 8 万吨、埃塞俄比亚 1. 368 万吨、肯尼亚 9 500吨、乌干达 4 500吨、叙利亚 3 000万吨以及老挝 1 320万吨。2019 年，韩国通过 APTERR 向缅甸和老挝各援助 500 吨本国大米。2020 年，韩国通过 APTERR 向菲律宾援助 950 吨本国大米。

1.1.6 贸易壁垒

随着对韩国进口用作食用、饲用和加工（FFP）的生物技术产品的风险评价和审批流程的关注不断提高，业界认为韩国五家审批机构中有些是多余的。如前所述，韩国国内不种植转基因作物，但有些审批机构对进口用于 FFP 的产品提出与种植有关的风险评价要求和问题，引起了国际上的质疑，认为有些数据要求缺乏科学依据，或与产品的预期用途不相关。审批流程可能比较缓慢，导致美国农民对于出口韩国的产品迟迟无法使用生物技术工具。关于这个问题的详细信息，请参阅“政策/审批情况”一节。

此外，根据 MFDS 对食品标识的要求，韩国对加工的有机产品中意外混杂转基因成分保持零容忍的政策。任何有机产品只要转基因成分检测结果呈阳性，无论含量多少，其供应商都必须从产品标签上去掉有机标识。对于违规者，韩国国家农产品品质管理院（NAQS）也可对事件展开调查，以确定是否为故意违规。

产品中含有常规大豆、玉米、油菜、棉花、甜菜和苜蓿的美国加工食品出口商，必须递交额外的文件以获得强制性生物技术标识豁免。关于韩国标识要求的详细信息，请参阅“标识和可追溯性”一节。

1.2 政策

1.2.1 法规框架

韩国于2007年10月2日加入了《卡塔赫纳生物安全议定书》（CPB），并在之后不久颁布了《改性活生物体法》，以之作为管理CPB缔约方生物技术相关规章和条例的首要法规（表2）。

《改性活生物体法》于2008年开始实施，2013年修订。自《改性活生物体法》实施以来，美国一直对韩国未能解决的监管审查冗余问题以及无法区分用于FFP和用于种植的产品问题表示担忧。

表2 政府部门的工作职责

部门	工作职责
贸易、工业和能源部（MOTIE）	CPB事务的国家主管部门，负责执行《改性活生物体法》，并管理与商业化使用生物技术产品的开发、生产、进口、出口、销售、运输和储存有关的问题
外交部（MOFA）	CPB事务的国家联络点
农业、食品和农村事务部（MAFRA）	负责与农业、林业或畜牧业生物技术产品的进出口有关的事务
RDA（由MAFRA监督）	进行生物技术产品的环境风险评价和咨询，韩国生物技术产品的领先研发机构
动植物检疫局（APQA）（由MAFRA监督）	在入境口岸对进口农业用生物技术产品进行检验
国立农产品品质管理院NAQS（由MAFRA监督）	进行饲用生物技术产品的进口审批
海洋水产部（MOF）	负责与海洋生物技术产品贸易有关的事务，包括风险评价
卫生和福利部（MHW）	负责与医药保健用途的生物技术产品进出口有关的事务，包括人类风险评估
韩国疾病与预防控制中心（由MHW监督）	监督生物技术产品的人类风险评估

（续表）

部门	工作职责
MFDS（隶属于总理办公室）	负责与食用、药用和医疗器械用生物技术产品的进出口有关的事务，生物技术产品的食用安全审批，以及含有生物技术成分的未加工和加工食品的标识要求的执行
环境部（MOE）	负责解决用于环境修复或释放到自然环境中的生物技术产品的贸易相关问题，包括风险评估，不包括用于种植的生物技术产品
国家生态研究所（NIE）（由 MOE 监督）	进行 MOE 管辖范围内的生物技术产品的进口审批及环境风险咨询
科学、信息传播技术和未来规划部	有权处理用于试验和研究的生物技术产品贸易相关问题，包括风险评估

1.2.1.1 生物安全委员会的职责和成员

依照《改性活生物体法》第 31 条，成立生物安全委员会，负责审查与生物技术产品进出口相关事宜：与《卡塔赫纳生物安全议定书》执行相关的事宜；制定和实施生物技术产品的安全管理计划；按照第 18 条和第 22 条的规定重新审理未能获得进口批准的申请人的申诉；与生物技术产品的安全管理和进出口等相关的法规和通知；与预防生物技术产品造成的损害（如有）相关的事宜，以及采取措施减轻由生物技术产品造成的损害（如有）；提交生物安全委员会主席或国家主管部门的负责人审查的事宜。

生物安全委员会由 15~20 名委员组成，其中包括上述 7 个相关部门及计划财政部的副部长。非政府机构的专家，如韩国高校的教授，也可成为生物安全委员会的委员。

该机构负责协调相关部门之间的不同意见。各相关部门在其职权范围内行使权力和承担责任，担任主席的 MOTIE 部长则负责解决无法达成共识的问题。该机构仅在 2018 年 4 月进行过首次会晤，但可通过文件流转召开会议。

在该委员会中，由相关部门的专家组成的技术小组，会召集在一起讨论具体问题，例如，讨论检测到未经批准的转基因油菜后的补救措施。该技术委员会每年召开六次会议，并跟踪风险评估和咨询审查的情况。受新冠疫情影响，该技术委员会召开线上会议。

1.2.1.2 政治和社会影响

监管决策往往受到政治压力的影响，主要来自反对生物技术的 NGO，且有些 NGO 还被指定为政府食品安全与生物技术风险评审委员会。这些组织利用其地位促使政府对生物技术的使用采取严格的监管政策，例如《食品卫生法》修订草案要求所有产品均应进行转基因标识，并要求对 LMO 法案进行修订。

1.2.2 审批情况

无论是国内种植还是进口，生物技术产品都必须进行食用安全评价和环境风险评价。食用安全评价由 MFDS 协同 RDA、NIE 和 NFRDI 进行。虽然 ERA 也被称为饲用审批，但它主要评估环境影响，而并非对动物健康的影响。ERA 由 RDA 会同 NIE、

NFRDI 及韩国疾病预防与控制中心进行。

机构之间的职能重合和烦冗的数据要求，给韩国的生物技术产品审批流程造成了不必要的延误。2015 年，为了响应一直以来的简化流程的请求，韩国推出一个名为“联合咨询评估委员会”的试点项目，将 NFRDI 和 NIE 委员会合并到一起。该委员会 2016 年只评估了一个产品。

该试点项目收效甚微。但在 2017 年，韩国又提出一个名为“额外数据要求委员会”的试点项目，以期通过让五家审查机构每月召开一次会议来减少额外的信息要求。与前一个试点项目一样，本次试点仍未取得明显的改进，因为每家机构仍继续提出额外的信息要求。

截至 2021 年 10 月，MFDS 总共向 213 个转化体授予了食用安全批准，其中包括 179 个植物产品，27 个食品添加剂和 7 个微生物。RDA 总共向 173 个产品授予了饲用批准。请参阅附录，查看完整的转化体批准清单。

1.2.3 复合性状转化体或叠加性状转化体的审批情况

满足下列标准的复合性状转化体，MFDF 不要求对其进行全面的安全评价：被组合性状的单一转化体都已通过批准，在特定性状、摄食量、可食用部位和加工方式等方面，复合性状转化体相比常规的非生物技术品种没有差异，和/或亚种之间没有杂交。

与此类似，只有当亲本插入的核苷酸存在性状间互作，或者发现其他差异时，RDA 才要求复合性状转化体进行 ERA。然而，MFDS 和 RDA 对复合性状转化体的审批延迟和额外的信息要求仍然是个问题。

1.2.4 田间试验

2021 年 1—8 月，共有 105 个田间试验获得批准；2020 年，RDA 总计向 148 个产品授予了进行封闭田间试验的许可。RDA 每年更新一次田间试验许可。按照《联合通知》的规定，进口用作种用的生物技术产品必须进行田间试验，而对于用作 FFP 的生物技术产品，RDA 将审查其在出口国进行田间试验的数据，RDA 也可能要求用作 FFP 的生物技术产品进行田间试验。进行田间试验的产品必须遵守 RDA 的“用于农业研究的重组生物研究和处理指南”，并应遵守 MHW 颁布的自愿性指导准则“重组生物研究指南”。

1.2.5 新型生物技术

2021 年 5 月，环境部（MOTIE）提出修订《改性活生物体（LMO）法案》，以将新型生物技术（如基因组编辑）产品的监管政策囊括进去。在该提案中，MOTIE 将通过基因组编辑技术开发的产品归类为 LMO。但是，环境部提议，对通过基因组编辑技术开发的某些产品，可以通过预审程序考虑豁免风险评估。在修订案完成后，将在实施条例中确定预审的具体要求，如需要的资料等。该提案还需要国会的最终批准。韩国的目标是在 2021 年年底之前完成修订工作。

1.2.6 共存

韩国由于尚未种植任何转基因作物，目前还没有共存政策。然而，一些报道称在韩国饲料加工厂附近发现转基因自生苗后，韩国农民已要求政府加强对本国转基因作物进口和转移的监管，以防转基因作物在国内生产时发生无意释放。

1.2.7 标识和可追溯性

2017 年，MFDS 按照《食品卫生法》修订案实施了新的强制性转基因标识要求，要求所有可检测的产品都必须进行转基因标识。MFDS 负责执行转基因标识指南以保障消费者的知情权。含有转基因成分的未加工产品及食用加工产品，必须贴有“转基因”食品标签。目前市场上带“转基因”标签的产品很少。

豁免标识的产品包括烹调油、糖（葡萄糖、果糖、太妃糖、糖浆等）、酱油、变性淀粉和酒精饮料（啤酒、威士忌、白兰地、利口酒、蒸馏酒等）。这些产品豁免转基因标识，且无须提供补充文件。修订后的规则也豁免了生物技术衍生加工助剂的转基因标识，如酶、载体、稀释剂和稳定剂，但要求制造商提供文件。

对于含有或可能含有可检测到转基因成分的产品，标签示例如表 3 所示。有关更多信息，请参阅 2017 年 GAIN 报告《生物技术标识要求更新》。

表 3　转基因标识的案例和示例

案例	示例	
转基因作物或油料作物	“转基因玉米”或“转基因大豆”	
含有转基因谷物或油料作物的产品	“含有转基因玉米”或“含有转基因大豆”	
转基因作物的营养生长部分	“转基因大豆长出的豆芽”	
含转基因作物营养生长部分的产品	“含转基因大豆长出的豆芽”	
可能含有转基因谷物或油料作物	“可能含有转基因玉米”或“可能含有转基因大豆”	
可能含转基因作物的营养生长部分	“可能含有转基因大豆长出的豆芽”	
含有可检测的转基因成分的食品（标注在主标签上或配料表中）	主标签	“转基因食品”“转基因食品添加剂”“转基因保健功能食品”“含有转基因大豆的食品”“含有转基因玉米的食品添加剂”或“含有转基因玉米的保健功能食品”
	配料表	在配料表中的配料名称旁边添加括号，并在括号中显示“转基因”“转基因大豆”或“转基因玉米”字样
含有多种来源转基因成分的食品	主标签	“可能含有转基因玉米和大豆”

（续表）

案例		示例
含有不确定的可检测转基因成分的食品	主标签	“可能含有转基因大豆”或“可能含有转基因玉米”
	配料表	在配料表中的配料名称旁边添加括号，并在括号中显示“可能含有转基因大豆”或“可能含有转基因玉米”字样

在韩国，未经加工的传统产品中，只要有身份保持或政府批准证书，就允许最多3%已批准的转基因成分的无意混杂。对于获得转基因标识豁免的检测证书，只有MFDS认证的实验室出具的阴性检测结果才有效力。如果有意混杂转基因成分，即使转基因成分最终存在的比例在3%阈值以内，也需要使用转基因标识（表4）。

表4　转基因无意混杂和转基因标识

分类	阈值（%）	标签
无意混杂转基因成分的常规散装谷物		
有IP认证或政府的证书	3	豁免“转基因”标签
无IP认证或政府的证书	0	应贴“转基因”标签
无意混杂转基因成分的加工产品		
有IP认证或政府的证书	3	豁免“转基因”标签
无IP认证或政府的证书	0	应贴“转基因”标签

注：有意混杂转基因成分的散装谷物和加工产品，应贴“转基因”标签；不含外源DNA的加工产品（如糖浆、油、酒精）和加工助剂，豁免强制性的“转基因”标签，且无须任何进一步的证明材料。

MFDS正在对转基因马铃薯产品进行安全评估，该评估自2016年以来一直在进行。一旦MFDS批准转基因马铃薯，马铃薯和任何含有马铃薯衍生成分的产品将被强制标识转基因。此外，销售传统马铃薯和含有传统马铃薯衍生成分加工产品的公司将被要求提交文件，以获得强制性转基因标识的豁免权。

反生物技术的NGO继续向MFDS施压，要求将转基因标识扩大到任何由转基因成分制成的产品。此前，MFDS试图扩大转基因标识范围，但依据当地行业的反馈意见，该政策没有实施。2018年，韩国政府建议成立由NGO和食品行业代表组成的咨询机构，专门探讨转基因标识问题。该机构共召开了九次会议，但各方仍各执己见。2020年1月，MFDS成立了一个新的咨询机构，由消费者群体、NGO和行业代表组成，以期能就扩展转基因标识的适用范围取得一致意见。然而，受新冠疫情影响，该机构开会次数很少，也未取得实质进展。

2020年9月，一名执政党议员提交了一份议案，要求将转基因标识的适用范围扩大至涵盖任何由转基因成分制成的产品。关于该议案的进展，尚无进一步的报道。2021

年10月，执政党的另一名议员主张，应该把转基因标识扩大到所有转基因成分制成的产品，但是应最大限度地减少行业负担。韩国可能会从如烹调油的大量消费品开始，采取“逐个产品”的方法。

2021年1月，MFDS对转基因标识要求提出了修订草案。该提案允许在非转基因和无转基因产品中有0.9%的无意转基因成分混杂。在目前的转基因标识制度要求下，对此类产品的要求是零容忍。该提案截至2021年10月尚未最终确定。

2007年4月，MIFAFF（MAFRA的前身）修订了《饲料手册》，要求零售包装的动物饲料在含有转基因成分时必须带有“转基因”标签。这一标识要求已实施十余年，其间，业界严格遵守规定，几乎未报告任何问题。

2017年修订的《食品卫生法》禁止对没有转基因对照物的产品进行“非转基因”或“无转基因”标识。但是，如果产品不含任何痕量的转基因成分（外源DNA或蛋白），或含有至少50%的天然原料或受转基因标识规则约束的最大成分（按数量），则被允许自愿进行“非转基因”或“无转基因”标识。进口商必须保留相关材料以证明自愿标识，它们可以是由MFDS认证的实验室出具的检测报告。如需了解更多信息，请参阅GAIN报告KS1716、KS1004和KS1046。

1.2.8 监测和检测

韩国对进口和本土产品都积极进行转基因性状检测。MFDS和动植物检验检疫局（APQA）在入境口岸对进口的农产品进行转基因性状检测。MFDS和NAQS还对市场上的食品和饲料谷物进行转基因性状检测。一旦发现未经批准的性状，产品将被退回或销毁。

2009年，隶属于MOE的NIE（前国家环境研究院，NIER）开始监测进口转基因油菜、玉米、棉花和大豆在国内的种植情况。作为指定的ERA机构，NIE在全国范围内收集并检测样品，得出的结论是：用作FFP的进口转基因产品在韩国的运输途中被意外释放。

2013年，MAFRA下属的国家种子管理局（NSMA）负责对韩国进口商品和国产商品中未经批准的转基因产品进行监测。NSMA负责批准和监管国产和进口种子。2017年，NSMA在进口商品中检测出第一个未经批准的转基因产品（油菜），并在韩国的56个地方发现了未经批准的转基因油菜。

2017年，负责监测转基因产品意外环境释放的机构NIE，检测到国内种植的未经批准的转基因棉花①。此后，NIE继续每年对转基因产品的意外环境释放进行监测。

2018年，通过增加样本量和对播种前的油菜和棉花种子进行取样检测，NSMA加强了对进口作物种子的检验。

NSMA计划到2022年对大豆、玉米、小麦和亚麻籽也进行播种前检测。过去，MFDS和APQA曾在进口玉米、木瓜、水稻和小麦中检测到未经批准的转基因转化体。有些是随机检测到的（Liberty Link水稻）；还有些是强制性检测检出的（小麦和木

① 棉花常作为观赏性植物出现在韩国的一些花园中，而不是作为经济作物进行种植。

瓜）。

1.2.9 低水平混杂（LLP）策略

韩国没有针对未经批准的生物技术产品的 LLP 政策。但韩国有“意外混杂”政策，其允许常规饲料产品中最多含有 0.5%的未经批准的生物技术产品。

1.2.10 附加监管要求

用于 FFP 的转基因产品无须进行除批准以外的额外登记。用于繁种的转基因产品，必须通过提交当地田间试验数据来完成种子批准和转基因种植批准。迄今在韩国尚无任何转基因产品获得种植批准。

1.2.11 知识产权（IPR）

虽然韩国未允许在国内种植转基因产品，但知识产权受现行国内法规的保护。

1.2.12 加入《卡塔赫纳生物安全议定书》

韩国 2007 年加入 CPB，2008 年颁布实施 CPB 执行法规《改性活生物体法》。《改性活生物体法》在 2012 年首次进行修订，修订案于 2013 年开始实施。为了与 2013 修订的《改性活生物体法》和 2014 年的《联合通知》保持一致，MOTIE 对其实施条例进行了修订。MOTIE 希望通过修订来改进审查流程，但冗余审查的问题并未得到充分解决。针对本国业界及国外贸易伙伴对用于执行 CPB 的语言提出的质疑，美国与韩国进行了长期的沟通，使得韩国在 2013 年开始允许出口商在商业发票上提供所有批准在韩国使用的生物技术产品清单。进口商可在进口申请表中使用同样的清单，从而减少贸易中断。

1.2.13 国际条约和论坛

韩国积极参加《食品法典委员会》《国际植物保护公约》、亚太经济合作组织、世贸组织、经济合作与发展组织及其他与转基因植物有关的会议。韩国向 WTO 通报拟进行的变更，并收集贸易伙伴的意见。韩国在其安全评估程序中采用《食品法典委员会》的实质等同性原则。

1.2.14 相关问题

无。

1.3 市场营销

1.3.1 公众/私人的意见

根据当地调查结果显示（图 1），韩国消费者对农业生物技术普遍比较了解并持消极态度。他们愿意支付更高价钱购买非转基因食品。2013 年美国在俄勒冈州检测到转基因小麦震惊了韩国消费者，他们认为这是美国对转基因生产的管理不到位。这次事件给名为“公民经济正义联盟”的民间组织带来了动力，该组织要求在韩国扩大转基因标识的适用范围。该组织与国会和 MFDS 积极合作。考虑到这些敏感性问题，许多国内食品生产商在一定程度上不愿意使用转基因成分，也不愿意给食品加上转基因标签。2016 年和 2019 年在美国华盛顿再次检测到转基因小麦，人们更加认为美国对转基因生产的管理不到位，未来可能酿成事故。

韩国民众中也有支持生物技术的。研究机构开发新的转基因产品，韩国大量进口转基因成分用于加工成可豁免转基因标识的产品。公众似乎并不知晓或关心这一事实。

1.3.2 市场接受度/研究

韩国对待生物技术的态度是两极化的。公众对生物技术用于动物或医疗领域持积极

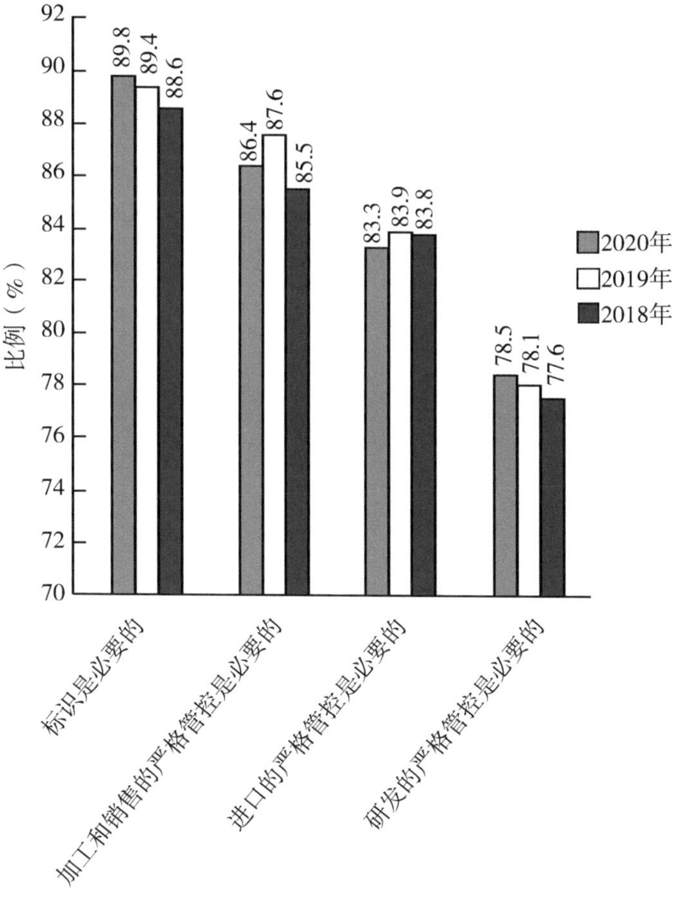

图 1 韩国对生物技术法规的看法

资料来源：韩国生物安全信息交换所。

态度，但对其用于农业领域持消极态度。这一点在 KBCH 2020 年对 800 名韩国消费者进行的年度生物技术看法调查中得到了印证。

调查结果显示，消费者的认知水平很高，而且较前一年有了大幅提高。76%的受访者认为生物技术对人类有益，高于 2019 年的 72%；只有 5%的人给出了相反的答案。在认为生物技术有益的受访者中，近一半的人认为它有助于治疗癌症等疾病，27%的人认为它可帮助生产出更多粮食，从而能解决粮食短缺问题。在认为生物技术没有益处的受访者中，有 28%质疑生物技术对人体的安全性，低于 2019 年的 47%，还有 28%认为生物技术非天然。36%的受访者认为生物技术会对自然生态环境造成有害影响。

有 38%的受访者知道包括基因剪刀在内的新型生物技术。分别有 76%和 67%的受访者支持在医学、制药和生物产业领域使用这些技术。分别有 50%和 44%的受访者支持在粮食、农业和畜牧业中使用这些技术。虽然有许多受访者支持使用，但 86%的受访者认为新型生物技术因为存在安全风险和非预期效应，应受到监管，该比例较 2019 年的 84%略有上升。

约 77%的受访者认为有必要进行研发，57%的受访者认为韩国有必要种植生物技术作物。39%的受访者表示韩国有必要在国内养殖生物技术动物。超过 86%的受访者支持在生物能源和制药行业使用转基因技术，而只有 50%的人表示支持在食品、农业和畜牧业使用转基因技术。约 22%的受访者表示韩国有必要进口生物技术产品。分别有超过 89%和 86%的受访者支持对生物技术产品进行标识和实施严格的进口管控。

约 25%的受访者对生物技术产品感兴趣，其中有 40%的受访者是出于安全考虑而感兴趣。受访者获取生物技术产品信息的主要渠道是网络，其次是电视。

第2章　动物生物技术

2.1　生产和贸易

2.1.1　产品开发

韩国正在积极利用基因工程开发能够生产新的生物医学器官的动物。韩国还在使用克隆技术来扩大动物数量，以高效生产生物医学产品。这项研究正由包括学术界在内的各种公共和私营企业推进。

2020年1月，RDA报告称，他们研发了能生产微型抗体蛋白的副干酪乳杆菌菌株。对感染病毒的鸡饲喂微型抗体蛋白后，在鸡体内检测到了病毒水平降低。该研究证实了这种经改造的副干酪乳杆菌能够向鸡传递一种微型抗体。2019年1月，RDA宣布了其年度工作计划，其中包括将农业技术用于医疗以创造未来发展引擎，如将猪角膜移植到猴子的研究。2019年6月，RDA获得了一项美国专利，生产转基因猪作为阿尔茨海默病模型，以帮助识别阿尔茨海默病的诱因和药物筛选。RDA已经将他们的技术转让给一家专门生产干细胞/细胞治疗产品的公司。

2018年1月，RDA宣布与美国国家猪资源和研究中心开展为期3年的合作项目，将引入一套控制病原体的管理系统、一项培训计划和转基因动物研究技术。RDA认为，该项目将有助于转基因动物管理体系的标准化，并通过转基因动物生产生物药物材料。

自2010年以来，RDA国家动物科学研究所（NIAS）一直致力于生物器官、动物遗传资源多样性、牲畜增值产品、利用牲畜资源的可再生能源等新型生物医学材料的开发，目标是成为“世界七国集团（G7）畜牧技术国家”。NIAS目前正在研究开发猪的6种不同性状。这些性状被设计用来生产高价值的蛋白质和抗病毒材料，以及可以治疗贫血、血友病和血栓的材料。NIAS也在利用基因组编辑技术进行研究，以预防某些疾病，但尚未公布细节。

2021年9月，RDA宣布，他们利用CRISPR/Cas9技术开发出了一项蚕的精准育种技术。该技术使RDA缩短了蚕的繁殖时间，提高了蚕抗菌物质的产量，并改变了蚕的颜色。RDA计划将该技术应用于工业昆虫，以开发具有抗菌肽的免疫增强产品或抗病毒（抗病）产品。RDA还在研究利用蚕开发两种不同的性状。正在开发的性状将使生产各种天然颜色的丝绸和治疗猪的疾病成为可能。2018年，RDA宣布他们使用一种转基因家蚕开发了“荧光丝”。RDA计划继续进行更多研究，以在生物传感器、功能性织物和半导体材料中使用荧光丝。NIAS还向韩国的其他机构提供了48只克隆的特殊用途狗，如侦查或嗅探犬。目前，RDA 还没有任何开发食用转基因动物或克隆动物的计划。

2018 年，MAFRA 公布了关于如何实施第二次农业、林业和食品科学技术提升计划的细节。2018 年，MAFRA 投资了 910 亿韩元（约 9 000万美元）用于农业生物资源，包括用于生产生物器官的猪、大规模生产生物能源和高价值的医药材料等。MAFRA 和 RDA 将继续利用动物生物技术开发新型生物材料。

私营企业也在开发生产高价值蛋白质药物的转基因动物，例如在乳汁中表达人类生长激素基因的猪。还有正在开发可以生产乳铁蛋白和胰岛素的转基因牛，用于人类疾病研究的荧光狗，据称可以生产治疗白血病物质的鸡，以及用于生产生物器官的小型猪。2015 年，中韩两国大学的教授宣布，他们使用基因编辑技术培育出了肌肉含量更高的猪。该团队从体细胞中敲除一个名为 *MSTN* 的基因，该基因可以抑制肌肉生长，并使用经过编辑的基因通过核移植来克隆猪。

2.1.2 商业化生产

与转基因植物一样，韩国没有商业化生产任何转基因动物，也不确定未来是否会在国内生产。由于消费者接受度的不确定性，韩国的研究人员不愿意从事与商业化食品生产相关的转基因动物研究。

2.1.3 出口

韩国未出口任何转基因动物。

2.1.4 进口

韩国进口转基因小鼠用作研究。

2.1.5 贸易壁垒

2017 年，由于有报道称巴拿马养殖的转基因鲑鱼在加拿大销售，MFDS 启动了对进口鲑鱼的强制检测。主要检测来自美国、加拿大和巴拿马的新鲜和冷冻鲑鱼。自 2017 年 10 月 10 日至 12 月 31 日，所有厂商进口的鲑鱼都未检测出阳性。2018 年以后，MFDS 对来自美国、加拿大和巴拿马的新鲜和冷冻鲑鱼随机抽检 5%。

2.2 政策

2.2.1 法规框架

LMO 法及其实施条例也适用于转基因动物，但没有针对转基因动物管理的具体规定。用转基因动物生产的药品受《药品事务法》的管理。

2.2.2 审批情况

MAFRA 负责转基因动物的审批，但迄今尚未批准任何转基因动物。MFDS 负责根据安全评价指南对供人类消费的转基因动物和水产品进行安全性评价。

2.2.3 新兴生物技术

2021 年 5 月，环境部提出《LMO 法》修订案，包括利用新兴生物技术（如基因组编辑）开发的产品的监管政策。在该提案中，MOTIE 将通过基因组编辑技术开发的产品归类为 LMO。然而，他们提出了一种预审程序，以豁免通过基因组编辑技术开发的某些产品的全面风险评估。有关资料要求等事前审查制度的具体内容，将在修订案完成后在实施条例中明确。

2.2.4 标识和可追溯性

MAFRA 负责转基因动物的标识，但尚未建立任何法规。MFDS 负责根据对转基因食品的标识要求，对含有转基因动物成分的食品进行标识。

2.2.5 知识产权

尽管韩国没有进口或国内生产转基因动物，但在现有的国内法规下进行知识产权保护。

2.2.6 国际条约和论坛

韩国积极参与食品法典委员会、世界动物卫生组织（OIE）、亚太经合组织（APEC）和其他会议，但没有与转基因动物或渔业产品特别相关的会议。韩国在其安全评价过程中采用了食品法典委员会的实质等同性原则。

2.2.7 相关问题

未发现相关问题。

2.3 市场营销

2.3.1 公众/私人的意见

许多韩国人认为，生物技术是韩国经济发展的重要产业。支持者用在经济、发展、公共卫生和环境方面取得的一些成功来支持生物技术。韩国继续扩大在生物材料、生物医学、生物器官、基因治疗等方面的研发投入。然而，消费者对生物技术用于生产动物或水产品作为食品持消极态度。

2.3.2 市场接受度/研究

公众对将生物技术用于动物或医学目的持积极态度，但对其在食品中的使用持消极态度。这在 2020 年韩国生物安全信息所（KBCH）第 12 次年度调查 800 名韩国消费者对生物技术的看法的结果中得到了证实。在 2020 年的 KBCH 消费者调查中，有 39%的受访者认为韩国需要国内转基因动物的生产，略高于 2019 年调查结果，当时有 37%的受访者持支持态度。

在同一项调查中，约有 44%的受访者支持在畜牧业中应用基因编辑技术，有 17%的受访者持否定态度。

第3章　微生物生物技术

3.1　生产和贸易

3.1.1　商业化生产

韩国通过商业化生产转基因微生物来生产甜味剂，这种来源于转基因微生物的甜味剂可以在国内市场上出售。

3.1.2　出口

韩国还没有出口转基因微生物或利用生物技术生产的食品添加剂。然而，一些韩国甜味剂公司正准备向国外市场出口来源于转基因微生物的甜味剂。韩国出口酒精饮料、乳制品和加工产品，其中可能含有转基因微生物产生的乳制品和食品添加剂。

3.1.3　进口

韩国未进口任何转基因微生物。但是，韩国进口来源于转基因微生物的食品添加剂，如凝乳酶。来源于转基因微生物的食品添加剂可能存在于韩国进口的酒精饮料、乳制品和加工产品中，这些产品在全球生产中普遍使用来源于转基因微生物的添加剂。

3.1.4　贸易壁垒

没有明确的贸易壁垒。

3.2　政策

3.2.1　法规框架

《食品卫生法》适用于需要进行安全评价的转基因微生物及来源于转基因微生物的食品添加剂。LMO 法也适用于转基因微生物，需要进行环境咨询，因为转基因微生物被认为是一种改性活生物体。

3.2.2　审批情况

国内研发或进口的转基因微生物必须进行食用安全评价和环境风险评估。MFDS 根据 LMO 法，与 RDA、NIE 和 NFRDI 就环境方面进行评估。对于来源于转基因微生物的食品添加剂，MFDS 进行食用安全评价，不需要环境风险评估。截至 2021 年 10

月，MFDS 已经授予 7 个转基因微生物的食用安全批准。已批准的微生物和食品添加剂的完整清单请见附录。

3.2.3 标识和可追溯性

韩国不要求对加工助剂进行转基因标识。来源于转基因微生物的食品添加剂不需要进行转基因标识。因此，来源于转基因微生物的甜味剂没有转基因标识。同样的规则也适用于含有来源于转基因微生物的食品添加剂（例如：用转基因微生物生产的凝乳酶制成的奶酪）。用转基因食品添加剂制成的食品不需要进行转基因标识。

3.2.4 监测和检测

目前尚无具体信息。

3.2.5 附加监管要求

韩国要求对转基因微生物生产的食品添加剂进行安全评价，即使这些微生物已完成了转基因安全评价。2020 年 7 月，韩国的监管机构尝试精简冗余的安全评价要求，但因 NGO 的担忧以失败告终。

3.2.6 知识产权

知识产权受国内现行知识产权法规的保护。

3.2.7 相关问题

未发现相关问题。

3.3 市场营销

3.3.1 公众/私人意见

一般来说，韩国人对技术创新及其在日常生活中的应用持积极态度。然而，这一观点并没有延续到人类消费食品的技术进步上。由于转基因微生物及来源于转基因微生物的食品添加剂并不认为是直接消费的独立产品，因此很少有公众意识到该技术可被广泛应用于食品生产。因此，围绕这些话题很少有公众或私人的意见出现。

3.3.2 市场接受度/研究

甜味剂公司宣传来源于转基因微生物的甜味剂是一种健康的低热量糖替代品。由于产品上没有转基因标识，消费者通常不知道它们是由转基因微生物制成的。在韩国市场上有为存在健康问题的个人提供的各种膳食替代品和特殊食品。

在韩国，没有开展市场接受度研究。

附录　转化体批准清单

附表 1　截至 2021 年 10 月转基因作物产品批准清单

作物	转化体	申请人	性状	批准用途	批准时间（年份）
大豆	GTS40-3-2	孟山都	耐除草剂	食用、饲用	2020*、2004
大豆	MON89788	孟山都	耐除草剂	食用、饲用	2019*、2009
大豆	A2704-12	拜耳	耐除草剂	食用、饲用	2019*、2009
大豆	DP-356043-5	杜邦	耐除草剂	食用、饲用	2010、2009
大豆	DP-305423-1	杜邦	高油酸	食用、饲用	2010
大豆	A5547-127	拜耳	耐除草剂	食用、饲用	2011
大豆	CV127	巴斯夫	耐除草剂	饲用、食用	2011、2013
大豆	MON87701	孟山都	抗虫	食用、饲用	2011
大豆	MON87769	孟山都	亚麻油酸	饲用、食用	2012、2013
大豆	MON87705	孟山都	高油酸	饲用、食用	2012、2013
大豆	MON87708	孟山都	耐除草剂	饲用、食用	2012、2013
大豆	DP-305423-1×GTS40-3-2	杜邦	高油酸、耐除草剂	食用、饲用	2011
大豆	MON87701×MON89788	孟山都	耐除草剂、抗虫	饲用、食用	2012
大豆	MON87705×MON89788	孟山都	高油酸、耐除草剂	食用、饲用	2013、2014
大豆	MON87769×MON89788	孟山都	耐除草剂	食用、饲用	2013、2015
大豆	FG72	拜耳	耐除草剂	饲用、食用	2013、2014
大豆	MON87708×MON89788	孟山都	耐除草剂	食用、饲用	2013、2014
大豆	SYHT0H2	先正达	耐除草剂	食用、饲用	2014
大豆	DAS-68416-4	陶氏	耐除草剂	食用、饲用	2014
大豆	DAS44406-6	陶氏	耐除草剂	食用、饲用	2014
大豆	DAS81419-2	陶氏	抗虫、耐除草剂	食用、饲用	2016

（续表）

作物	转化体	申请人	性状	批准用途	批准时间（年份）
大豆	DAS-68416-4×MON89788	陶氏	耐除草剂	食用、饲用	2015、2016
大豆	MON87751	孟山都	抗虫	食用、饲用	2016
大豆	FG72×A5547-127	拜耳	耐除草剂	食用、饲用	2016
大豆	MON87705×MON87708×MON89788	孟山都	高油酸、耐除草剂	食用、饲用	2016、2017
大豆	MON87751×MON87701×MON87708×MON89788	孟山都	抗虫、耐除草剂	食用、饲用	2017
大豆	DAS-81419-2×DAS44406-6	陶氏	抗虫、耐除草剂	食用、饲用	2017、2018
大豆	MON87708×MON89788×A5547-127	孟山都	耐除草剂	食用、饲用	2017、2018
大豆	DP-305423-1×MON87708×MON89788	杜邦	耐除草剂、高油酸	食用、饲用	2018
玉米	MON810	孟山都	抗虫	食用、饲用	2012＊、2004
玉米	TC1507	杜邦	耐除草剂、抗虫	食用、饲用	2012＊、2004
玉米	GA21	孟山都	耐除草剂	食用、饲用	2020＊、2007
玉米	NK603	孟山都	耐除草剂	食用、饲用	2012＊、2004
玉米	Bt11	先正达	耐除草剂、抗虫	食用、饲用	2013＊、2006
玉米	T25	安万特/拜耳	耐除草剂	食用、饲用	2003、2004
玉米	MON863	孟山都	抗虫	食用、饲用	2003、2004
玉米	Bt176	先正达	耐除草剂、抗虫	食用、饲用	2003、2006
玉米1)	DLL25	孟山都	耐除草剂	食用	2004
玉米1)	DBT418	孟山都	耐除草剂、抗虫	食用	2004
玉米	MON863×NK603	孟山都	耐除草剂、抗虫	食用、饲用	2004、2008
玉米	MON863×MON810	孟山都	抗虫	食用、饲用	2004、2008
玉米	MON810×GA21	孟山都	耐除草剂、抗虫	食用	2004
玉米	MON810×NK603	孟山都	耐除草剂、抗虫	食用、饲用	2004、2008

（续表）

作物	转化体	申请人	性状	批准用途	批准时间（年份）
玉米	MON810×MON863×NK603	孟山都	耐除草剂、抗虫	食用、饲用	2004、2008
玉米	TC1507×NK603	杜邦	耐除草剂、抗虫	食用、饲用	2004、2008
玉米	DAS-59122-7	杜邦	耐除草剂、抗虫	食用、饲用	2005
玉米	MON88017	孟山都	耐除草剂、抗虫	食用、饲用	2006、2016
玉米	DAS-59122-7×TC1507×NK603	杜邦	耐除草剂、抗虫	食用、饲用	2006、2008
玉米	TC1507×DAS-59122-7	杜邦	耐除草剂、抗虫	食用、饲用	2006、2008
玉米	DAS-59122-7×NK603	杜邦	耐除草剂、抗虫	食用、饲用	2006、2008
玉米	Bt11×GA21	先正达	耐除草剂、抗虫	食用、饲用	2006、2008
玉米	MON88017×MON810	孟山都	耐除草剂、抗虫	食用、饲用	2006、2008
玉米[2)]	Bt10	先正达	耐除草剂、抗虫	食用	2007
玉米	MIR604	先正达	抗虫	食用、饲用	2017＊、2008
玉米	MIR604×GA21	先正达	耐除草剂、抗虫	食用、饲用	2008
玉米	Bt11×MIR604	先正达	耐除草剂、抗虫	食用、饲用	2007、2008
玉米	Bt11×MIR604×GA21	先正达	耐除草剂、抗虫	食用、饲用	2008
玉米	MON89034	孟山都	抗虫	食用、饲用	2019＊、2009
玉米	MON89034×MON88017	孟山都	耐除草剂、抗虫	食用、饲用	2009
玉米	Smart stack	孟山都/陶氏	耐除草剂、抗虫	食用、饲用	2009
玉米	MON89034×NK603	孟山都	耐除草剂、抗虫	食用、饲用	2010、2009
玉米	NK603×T25	孟山都	耐除草剂	食用、饲用	2010、2011
玉米	MON89034×TC1507×NK603	孟山都/陶氏	耐除草剂、抗虫	食用、饲用	2010、2011
玉米	MIR162	先正达	抗虫	食用、饲用	2010、2008
玉米	DP-098141-6	杜邦	耐除草剂	食用、饲用	2010
玉米	TC1507×MON810×NK603	杜邦	耐除草剂、抗虫	食用、饲用	2010

（续表）

作物	转化体	申请人	性状	批准用途	批准时间（年份）
玉米	TC1507×DAS-59122-7×MON810×NK603	杜邦	耐除草剂、抗虫	食用、饲用	2010
玉米	Bt11×MIR162×MIR604×GA21	先正达	耐除草剂、抗虫	食用、饲用	2010、2011
玉米	Event3272	先正达	功能性状	食用、饲用	2011、2021
玉米	Bt11×MIR162×GA21	先正达	耐除草剂、抗虫	饲用、食用	2011、2012
玉米	TC1507×MIR604×NK603	杜邦	耐除草剂、抗虫	食用、饲用	2011
玉米	MON87460	孟山都	抗旱	饲用、食用	2011、2012
玉米	Bt11×DAS-59122-7×MIR604×TC1507×GA21	先正达	耐除草剂、抗虫	饲用、食用	2011、2013
玉米	TC1507×DAS-59122-7×MON810×MIR604×MK603	杜邦	耐除草剂、抗虫	食用、饲用	2012
玉米	Bt11×MIR162×TC1507×GA21	先正达	耐除草剂、抗虫	饲用、食用	2012
玉米	3272×Bt11×MIR604×GA21	先正达	耐除草剂、抗虫	饲用、食用	2012、2013
玉米	MON87460×MON89034×NK603	孟山都	抗旱、耐除草剂、抗虫	饲用、食用	2012、2013
玉米	MON87460×MON89034×MON88017	孟山都	抗旱、耐除草剂、抗虫	饲用、食用	2012、2013
玉米	MON87460×NK603	孟山都	抗旱、耐除草剂	饲用、食用	2012、2013
玉米	TC1507×MON810×MIR162×NK603	杜邦	耐除草剂、抗虫	饲用、食用	2013
玉米	5307	先正达	抗虫	食用、饲用	2013
玉米	Bt11×MIR604×TC1507×5307×GA21	先正达	抗虫	食用、饲用	2013、2014
玉米	Bt11×MIR162×MIR604×TC1507×5307×GA21	先正达	抗虫	食用、饲用	2013、2014
玉米	MON87427	孟山都	耐除草剂	饲用、食用	2013、2014
玉米	MON87427×MON89034×NK603	孟山都	耐除草剂、抗虫	食用、饲用	2014

（续表）

作物	转化体	申请人	性状	批准用途	批准时间（年份）
玉米	MON87427×MON89034×MON88017	孟山都	耐除草剂、抗虫	食用、饲用	2014
玉米	TC1507×MON810×MIR604×NK603	杜邦	耐除草剂、抗虫	食用、饲用	2014
玉米	DAS-40278-9	陶氏	耐除草剂	食用、饲用	2014
玉米	GA21×T25	先正达	耐除草剂	食用、饲用	2014
玉米	TC1507×MON810	杜邦	耐除草剂、抗虫	食用、饲用	2014
玉米	DP-004114-3	杜邦	耐除草剂、抗虫	食用、饲用	2014
玉米	3272×Bt11×MIR604×TC1507×5307×GA21	先正达	耐除草剂、抗虫、α-淀粉酶	食用、饲用	2014、2015
玉米	MON89034×TC1507×MON88017×DAS-59122-7×DAS-40278-9	陶氏	抗虫、耐除草剂	食用、饲用	2014、2015
玉米	TC1507×MON810×MIR162	杜邦	耐除草剂、抗虫	食用、饲用	2015
玉米	NK603×DAS-40278-9	陶氏	耐除草剂	食用、饲用	2015
玉米	MON87427×MON89034×TC1507×MON88017×DAS-59122-7	孟山都	抗虫、耐除草剂	食用、饲用	2015
玉米	DP-00411453×MON810×MIR604×NK603	杜邦	抗虫、耐除草剂	食用、饲用	2015
玉米	MON89034×TC1507×NK603×DAS-40278-9	陶氏	抗虫、耐除草剂	食用、饲用	2015
玉米	Bt11×MIR162	先正达	抗虫、耐除草剂	食用、饲用	2016、2015
玉米	MON87427×MON89034×MIR162×NK603	孟山都	抗虫、耐除草剂	食用、饲用	2016
玉米	MON87411	孟山都	抗虫、耐除草剂	食用、饲用	2016
玉米	Bt11×TC1507×GA21	先正达	抗虫、耐除草剂	食用、饲用	2016

（续表）

作物	转化体	申请人	性状	批准用途	批准时间（年份）
玉米	Bt11×MIR162×MON89034×GA21	先正达	抗虫、耐除草剂	食用、饲用	2016、2017
玉米	MON87403	孟山都	增加玉米穗	食用、饲用	2017、2016
玉米	MON87419	孟山都		食用、饲用	2017
玉米	MON87427×MON89034×TC1507×MON87411×DAS-59122-7	孟山都	抗虫、耐除草剂	食用、饲用	2017
玉米	MON87427×MON89034×MIR162×MON87411	孟山都	抗虫、耐除草剂	食用、饲用	2017
玉米	VCO-01981-5	杰纳克	耐除草剂	食用、饲用	2018、2017
玉米	MZHGOJG	先正达	耐除草剂	食用、饲用	2017
玉米	MON89034×TC1507×MIR162×NK603	陶氏	耐除草剂、抗虫	食用、饲用	2017、2018
玉米	MON89034×MIR162	孟山都	抗虫	食用、饲用	2017
玉米	Bt11×MIR162×MON89034	先正达	耐除草剂、抗虫	食用、饲用	2017、2018
玉米	Bt11×MIR162×MIR604×MON89034×5307×GA21	先正达	耐除草剂、抗虫	食用、饲用	2017、2018
玉米	MON87427×MON87460×MON89034×TC1507×MON87411×DAS-59122-7	孟山都	耐除草剂、抗虫	食用、饲用	2018、2017
玉米	MON89034×TC1507×MIR162×NK603×DAS-40278-9	陶氏	耐除草剂、抗虫	食用、饲用	2018
玉米	MON87427×MON89034×MIR162×MON87419×NK603	孟山都	耐除草剂、抗虫	食用、饲用	2018

（续表）

作物	转化体	申请人	性状	批准用途	批准时间（年份）
玉米	MON87427×MON89034×MON810×MIR162×MON87411×MON87419	孟山都	耐除草剂、抗虫	食用、饲用	2019
玉米	MZIR098	先正达	耐除草剂、抗虫	食用、饲用	2019
玉米	MON87427×MON89034×MON87419×NK603	孟山都	耐除草剂、抗虫	食用、饲用	2020
玉米	NK603×T25×DAS-40278-9	陶氏	耐除草剂	食用、饲用	2020
玉米	MON87427×MON87419×NK603	孟山都	耐除草剂	食用、饲用	2020
玉米	DP-004114-3×MON89034×MON87411×DAS-40278-9	科迪华	耐除草剂、抗虫	食用、饲用	2021
棉花	Mon531	孟山都	抗虫	食用、饲用	2013＊、2004
棉花	757	孟山都	抗虫	食用、饲用	2003、2004
棉花	Mon1445	孟山都	耐除草剂	食用、饲用	2013＊、2004
棉花	15985	孟山都	抗虫	食用、饲用	2013＊、2004
棉花	15985×1445	孟山都	耐除草剂、抗虫	食用、饲用	2004、2008
棉花	531×1445	孟山都	耐除草剂、抗虫	食用、饲用	2004、2008
棉花	281/3006	陶氏益农	耐除草剂、抗虫	食用、饲用	2014＊、2008
棉花	Mon88913	孟山都	耐除草剂	食用、饲用	2006、2016
棉花	LLCotton25	拜耳	耐除草剂	食用、饲用	2005
棉花	Mon88913×Mon15985	孟山都	耐除草剂、抗虫	食用、饲用	2006、2008
棉花	Mon15985×LLCotton25	拜耳	耐除草剂、抗虫	食用、饲用	2006、2008
棉花	281/3006×Mon88913	陶氏益农	耐除草剂、抗虫	食用、饲用	2006、2008
棉花	281/3006×Mon1445	陶氏益农	耐除草剂、抗虫	食用	2006
棉花	GHB614	拜耳	耐除草剂	食用、饲用	2010
棉花	GHB614×LLCotton25	拜耳	耐除草剂	食用、饲用	2012、2011

（续表）

作物	转化体	申请人	性状	批准用途	批准时间（年份）
棉花	GHB614×LLCotton25×15985	拜耳	耐除草剂、抗虫	饲用、食用	2011、2013
棉花	T304-40×GHB119	拜耳	耐除草剂、抗虫	饲用、食用	2012、2013
棉花	GHB119	拜耳	耐除草剂	饲用、食用	2012、2013
棉花	COT67B	先正达	抗虫	饲用	2013
棉花	GHB614×T304-40×GHB119	拜耳	耐除草剂、抗虫	食用、饲用	2013
棉花	COT102	先正达	抗虫	食用、饲用	2014
棉花	281/3006×COT102×MON88913	陶氏	抗虫、耐除草剂	食用、饲用	2014、2015
棉花	MON88701	孟山都	耐除草剂	食用、饲用	2015
棉花	GHB614×T304-40×GHB119×COT102	拜耳	抗虫、耐除草剂	食用、饲用	2015
棉花	MON88701×MON88913×MON15985	孟山都	抗虫、耐除草剂	食用、饲用	2015、2016
棉花	DAS-81910-7	陶氏	耐除草剂	食用、饲用	2016
棉花	COT102×MON15985×MON88913×MON88701	孟山都	抗虫、耐除草剂	食用、饲用	2016
棉花	MON88701×MON88913	孟山都	抗虫、耐除草剂	食用、饲用	2016、2017
棉花	281/3006×COT102×MON88913×DAS-81910-7	陶氏	抗虫、耐除草剂	食用、饲用	2017、2016
棉花	T304-40×GHB119×COT102	巴斯夫	抗虫、耐除草剂	饲用	2018
棉花	GHB811	巴斯夫	耐除草剂	食用、饲用	2019
棉花	MON88702	孟山都	抗虫	饲用	2021
油菜	RT73（GT73）	孟山都	耐除草剂	食用、饲用	2013＊、2005
油菜	MS8/RF3	拜耳	耐除草剂	食用、饲用	2005、2014
油菜	T45	拜耳	耐除草剂	食用、饲用	2005
油菜[1)]	MS1/RF1	拜耳	耐除草剂	食用、饲用	2005、2008
油菜[1)]	MS1/RF2	拜耳	耐除草剂	食用、饲用	2005、2008

（续表）

作物	转化体	申请人	性状	批准用途	批准时间（年份）
油菜[1)]	Topas19/2	拜耳	耐除草剂	食用、饲用	2005、2008
油菜	MS8	拜耳	耐除草剂、雄性不育	饲用、食用	2012、2013
油菜	RF3	拜耳	耐除草剂	饲用、食用	2012、2013
油菜	MON88302	孟山都	耐除草剂	饲用、食用	2014
油菜	MON88302×RF3	孟山都	耐除草剂、育性恢复	食用、饲用	2014、2015
油菜	MON88301×MS8×RF3	孟山都	耐除草剂、育性恢复	食用、饲用	2014、2015
油菜	MS8×RF3×RT73	拜耳	耐除草剂、育性恢复	食用、饲用	2015
油菜	DP-073496-4	杜邦	耐除草剂	食用、饲用	2015
油菜	DP-073496-4×RF3	杜邦	耐除草剂、育性恢复	食用、饲用	2017
油菜	MS11	巴斯夫	耐除草剂、雄性不育	食用、饲用	2019
油菜	MS11×RF3×MON88302	巴斯夫	耐除草剂、雄性不育、育性恢复	食用、饲用	2020
油菜	MS11×RF3	巴斯夫	耐除草剂、雄性不育、育性恢复	食用、饲用	2020
马铃薯[1)]	SPBT02-05	孟山都	抗虫	食用	2004
马铃薯[1)]	RBBT06	孟山都	抗虫	食用	2004
马铃薯[1)]	Newleaf Y（RBMT15-101、SEMT15-02、SEMT15-15）	孟山都	抗虫、抗病毒	食用	2004
马铃薯[1)]	Newleaf Plus（RBMT21-129、RBMT21-350、RBMT22-82）	孟山都	抗虫、抗病毒	食用	2004
甜菜	H7-1	孟山都	耐除草剂	食用	2006、2016
苜蓿	J101	孟山都	耐除草剂	食用、饲用	2017、2008
苜蓿	J163	孟山都	耐除草剂	食用、饲用	2017、2008

（续表）

作物	转化体	申请人	性状	批准用途	批准时间（年份）
苜蓿	J101、J163（J101×J163）[3)]	孟山都	耐除草剂	食用、饲用	2007、2008
苜蓿	KK179	孟山都	低木质素	食用、饲用	2015
苜蓿	KK179×J101	孟山都	低木质素、耐除草剂	食用、饲用	2018、2016

注：转基因产品必须经过食用安全评价和环境风险评估；食用批准总数 179；饲用批准总数 173；＊表示在首次批准之后，食用批准必须每 10 年续申请一次；[1)] 表示 MFDS 有条件批准的退市产品；[2)] 表示 MFDS 有条件批准不用于商业化的产品；[3)] 表示 MFDS 有条件批准作为其他类别和可接受的意外混杂。

附表 2　截至 2021 年 10 月转基因微生物批准清单

编号	名称	研发商	特征（微生物）	批准日期
1	FIS001	希杰	产生 L-阿拉伯糖异构酶 宿主：谷氨酸棒杆菌 供体：新阿波罗栖热袍菌和大肠杆菌	2011 年 6 月
2	FIS00	希杰	产生 D-cycos-3-异构酶 宿主：谷氨酸棒杆菌 供体：根癌农杆菌和大肠杆菌	2015 年 2 月
3	DS00001	大象	产生 D-cycos-3-异构酶 宿主：谷氨酸棒杆菌 供体：*F. plautii*（肠道细菌）和大肠杆菌	2016 年 11 月
4	SYG321-C	三养	产生 D-cycos-3-异构酶 宿主：谷氨酸棒杆菌 供体：梭状芽孢杆菌和大肠杆菌	2017 年 1 月
5	DS00001-1	大象	产生 D-cycos-3-异构酶 宿主：谷氨酸棒杆菌 供体：*F. plautii*（肠道细菌）和大肠杆菌	2018 年 3 月
6	FIS003	希杰	产生 D-果糖-4-异构酶 宿主：谷氨酸棒杆菌	2018 年 8 月
7	APC199	AP Technology	产生 2'-岩藻糖 宿主：谷氨酸棒杆菌 供体：大肠杆菌 K12	2020 年 8 月

注：转基因微生物必须经过食用安全评价和环境风险评估，转基因微生物批准总数 7。

附表 3　截至 2021 年 10 月已批准的来源于转基因微生物的食品添加剂清单

编号	名称	申请人	特征（微生物）	批准日期
1	麦芽糖淀粉酶（Novamyl 1500MG、Novamyl 10000BG、Maltogenase 4000L）	诺维信	活化的麦芽糖淀粉酶	2000/2010/2020
2	α－淀粉酶（Termamyl SC）	诺维信	活化的 α-淀粉酶	2001/2011
3	普鲁兰酶（Promozyme）	诺维信	活化的直链淀粉酶	2002/2012
4	脂肪酶（Lipozyme RM IM）	诺维信	活化的脂肪酶	2002/2012
5	核黄素	帝斯曼营养	维生素 B_2	2003/2013 2016 退市
6	果胶酶（Novoshape）	诺维信	活化的果胶酯酶	2003/2013
7	普鲁兰酶（Optimax L-1000）	丹尼斯克	活化的普鲁兰酶	2004/2014
8	Maturex L	诺维信	活化的 α-乙酰乳酸二羧酸酶	2004/2014
9	脂肪酶（Lipopan H BG/Lecitase Ultra）	诺维信	活化的脂肪酶	2004/2014
10	脂肪酶（Lipopan F BG/Lecitase Novo）	诺维信	活化的脂肪酶	2004/2014
11	脂肪酶（Lipopan 50BG/Lipozyme TL IM）	诺维信	活化的脂肪酶	2004/2014
12	木聚糖酶（Pentopan Mono BG）	诺维信	活化的木聚糖酶	2008/2018
13	木聚糖酶（Shearzyme 2X/500L）	诺维信	活化的木聚糖酶	2008/2018
14	葡糖淀粉酶（Saczyme go 2X）	诺维信	活化的葡糖淀粉酶	2010/2020
15	脂肪酶（Lipozyme 435、Lipozyme CALBL）	诺维信	活化的脂肪酶	2012
16	反式葡糖苷酶	丹尼斯克	活化的反式葡糖苷酶	2013
17	普鲁兰酶（Novozym26062）	诺维信	活化的普鲁兰酶	2015
18	支化糖基转移酶（Branchzyme）	诺维信	活化的支化糖基转移酶	2015
19	凝乳酶（ChyMax）	Christian Jansen	活化的凝乳酶	2016
20	乳糖酶（Saphera 2600L）	诺维信	活化的乳糖酶	2018
21	β-淀粉酶（Secura）	诺维信	活化的 β-淀粉酶	2018
22	α-淀粉酶（Extenda Go 2 Extra）	诺维信	活化的 α-淀粉酶	2018
23	普鲁兰酶（Extenda Go 2 Extra）	诺维信	活化的灌浆酶	2018
24	凝乳酶（ChyMax M1000）	Christian Jansen	活化的乳糜素	2018
25	葡糖淀粉酶（Extenda Go 2 Extra）	诺维信	活化的葡糖淀粉酶	2019

（续表）

编号	名称	申请人	特征（微生物）	批准日期
26	1，4-α-糖基转移酶（CCD）	大象	活化的糖基转移酶	2020
27	普鲁兰酶（Optimax L-2500）	Ojeon Biotech	水解淀粉的 α-1，6 糖苷键	2021

注：来源于转基因微生物的食品添加剂必须经过食用安全评价，来源于转基因微生物的食品添加剂批准总数 27。

菲律宾农业生物技术年报

USDA 美国农业部
对外农业服务局GAIN全球农业信息网
规定报告：按规定–公开发表
日期：2021年10月29日
报告编号：RP2021–0063
报告名称：农业生物技术年报
国家：菲律宾
报告类别：生物技术及其他新生产技术
编写人：Florence Mojica–Sevilla
批准人：Ryan Bedford

报告要点

菲律宾是区域生物技术的领先者，其在2021年通过了黄金水稻的商业繁殖和Bt茄子的直接使用，2021年，菲律宾农业部还为位于新埃西贾（Nueva Ecija）的穆尼奥斯科学城的菲律宾水稻研究所的作物生物技术中心举行了落成典礼。该现代化设施得到了美国《1954年农产品贸易发展与援助法》（简称《480号公法》）项目540万美元的资助，有望成为该国创新植物研究的中心。菲律宾国家生物安全委员会通过了2020年系列第1号决议后，植物工业部即将完成对基因编辑植物和植物产品的管理实施规则。此外，菲律宾还可能在2022年年初完成对2016年联合部门通告中所载现行生物技术法规的修订。

［内容提要］

菲律宾是区域生物技术的领导者，2003 年成为第一个允许种植转基因（Genetically engineered，GE）作物（Bt 玉米）的亚洲国家，并正在推进转基因动物和新兴生物技术产品的监管框架的成形。生物技术被用作提高作物产量和性能、缩短作物品种开发、提高牲畜产量以及利用农业废物生产生物肥料和生物燃料的工具。

2021 年 7 月 21 日，菲律宾政府在经过多部门综合审查后，批准了黄金大米的商业繁殖许可，认定黄金大米和传统大米一样安全。政府当天还批准了 Bt 茄子可以直接用于食品、饲料或加工的许可。菲律宾是第一个批准黄金水稻繁殖的国家，也是继孟加拉国之后第二个批准直接使用 Bt 茄子的国家。目前，只有转基因玉米在菲律宾进行商业繁殖。自引进以来，转基因玉米种植面积已从 2003 年的 10 769公顷增加到 2020 年的 677 544公顷。在政府可以分发种子和农民开始种植之前，黄金水稻需要进行品种登记。

目前还没有出现涉及转基因作物的重大贸易中断，但生物技术活动的批准和更新需要一个漫长的、多机构参与的过程。认识到需要改进，政府已基本完成 2016 年系列联合部门通告第 1 号（JDC 1）中规定的法规修订。JDC 1 提供了转基因植物和转基因产品的进口、处理和使用、跨州移动、环境释放以及管理的监管政策。参与第 1 届联合贸易委员会的机构正在审查如何使管理框架现代化和精简，并确保遵守《营商便利法》。修订后的 JDC 可能在 2022 年初最终确定。与此同时，正在建立一个覆盖转基因动物的监管框架，以及管理植物育种创新（如基因编辑）的政策。尽管这两个项目都因 COVID-19 而面临拖延，但在菲律宾国家生物安全委员会通过了 2020 年第 1 号决议后，后者正在取得进展。随着植物工业局起草实施条例，该政策预计将在 2021 年年底前最终确定。

2021 年 9 月 30 日，菲律宾农业部（DA）为位于新埃西贾穆尼奥斯科学城的菲律宾水稻研究所（PhilRice）的作物生物技术中心揭幕。该中心得到了美国《480 号公法》项目 540 万美元的资助，有望成为该国多种农作物创新研究的中心。

菲律宾是美国农产品和相关产品的第十大市场，2020 年出口额达到 32 亿美元，比 2019 年增长了 7%。该国仍然是美国最大的豆粕市场，2020 年销售额为 9 亿美元。截至 2021 年 8 月，美国出口同比增长 16%，2021 年有望创下历史新高。

第1章 植物生物技术

生物技术是菲律宾用来实现其粮食安全目标和粮食系统现代化的工具之一，从而实现联合国2030年完成零饥饿的可持续发展第二项目标。农业生物技术被定义为一系列工具，包括改变生物体或生物体部分以生产或改造产品的传统育种技术；改良植物或动物；或者开发用于特定农业用途的微生物。如今的现代生物技术包括转基因手段（美国农业部农业生物技术词汇，n. d.）

1.1 生产和贸易

1.1.1 产品开发

2021年7月21日，菲律宾批准黄金大米进行商业繁殖（图1）。这种富含β-胡萝卜素的大米由菲律宾水稻研究所（Philippine Rice Research Institute，PhilRice）牵头，与国际水稻研究所合作，旨在减少维生素A缺乏症。人体能够将β-胡萝卜素转化为维生素A，这对于那些以大米为主食的贫困人口来说尤为重要。虽然β-胡萝卜素天然存在于水果、蔬菜和全谷物中，但它并不存在于精米中。该项目得到了比尔和梅林达·盖茨基金会、洛克菲勒基金会、美国国际开发署和菲律宾农业部生物技术项目办公室（DA-BPO）的支持。现在，PhilRice正在为所需的品种登记做准备，首先向最需要解决维生素A缺乏症的地区提供黄金大米。

菲律宾已经在研究和审批几种转基因作物：

首先，位于洛斯巴尼奥斯的菲律宾大学植物育种研究所（IPB-UPLB）负责开发抗果芽螟虫茄子（Bt茄子）。植物工业局（The Bureau of Plant Industry，BPI）于2021年7月21日签发了一份生物安全许可证，可将Bt茄子直接用于食品、饲料或加工，确定其消费是安全的。早期关于Bt茄子成本和效益的研究指出，种植Bt茄子的潜在每公顷平均净效益比班诗兰（Pangasinan）省的传统品种高272 000菲律宾比索（6 243美元），比南甘马磷（Camarines Sur）省的传统品种高120 000菲律宾比索（2 753美元）。这种利润增长是由于市场产量较高和农药使用的减少。UPLC的研究人员预计，每公顷农药用量将减少48%，这意味着与传统茄子相比，环境足迹将减少19.5%。

菲律宾纤维产业发展局（The Philippine Fiber Industry Development Authority，PhilFIDA）正在推广Bt棉作为棉铃虫问题的解决方案，尽管即将开展商业繁殖的应用，在Bt棉的发展配合下进行推广和有机棉生产技术传播，以振兴菲律宾棉花产业。相关更多细节，请参阅GAIN农业生物技术2020年年度报告。

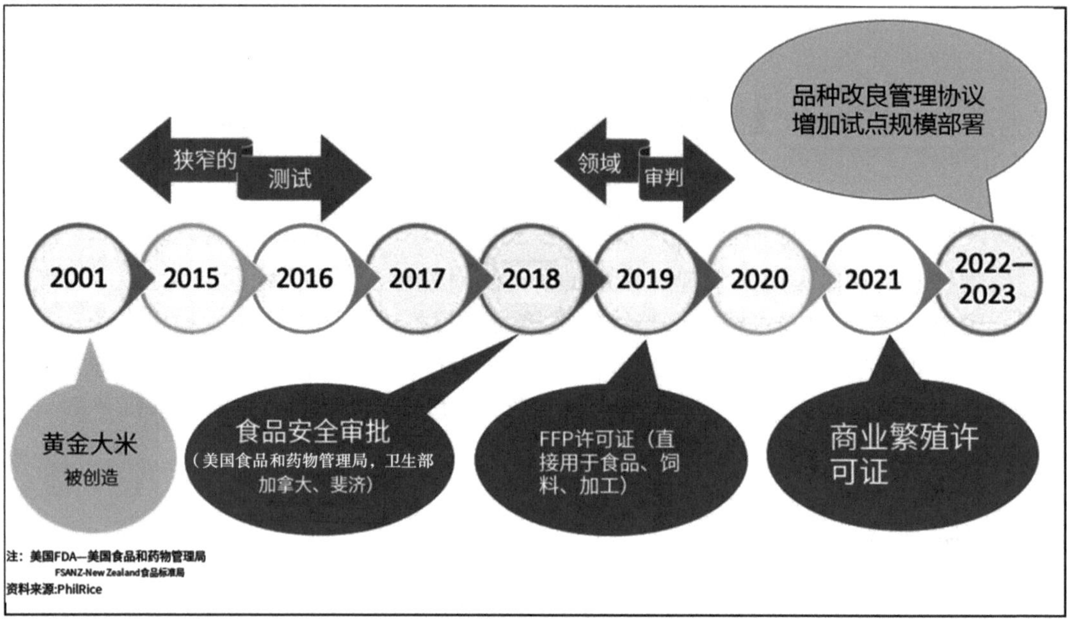

图 1　黄金大米里程碑

其他正在开发的产品包括抗环斑病毒（PRSV-R）木瓜和抗多重病毒（MVR）番茄。PRSV-R 木瓜由 UBB-IPB 开发，得到了菲律宾农业、水产和自然资源研究与发展委员会科学技术部（DOST-PCAARRD）的资助和美国国际开发署的支持。它在 2014 年完成了第一次田间试验，在 2017 年完成了第二次田间试验。进一步试验的准备工作正在进行中。同时，MVR 番茄仍在研究中。

1.1.2　商业化生产

玉米目前是菲律宾唯一商业化繁殖的转基因作物，黄金水稻即将成为第二种。1996 年，UBB-IPB 和先锋海外公司合作，开展了转基因玉米的研发。第一个转基因玉米在 2002 年被批准用于商业化。从那以后，不同的公司完成了更多的玉米转化体，并获得了生物安全许可。

黄粒玉米通常有两个性状：①抗虫性（Bt），可以保护玉米免受害虫，特别是亚洲玉米螟的侵害；②耐除草剂，允许使用单一（而不是多个）广谱除草剂。自 2002 年 Bt 玉米和抗草甘膦（RR）或耐除草剂（HT）玉米获批以来，公司还开发了具有复合性状的转基因玉米（Bt + HT），转基因玉米的种植面积迅速增长。根据 BPI 的数据，转基因玉米种植面积从 2003 年的 10 769公顷增加到 2021 年的 677 644公顷。该增长表明，农民对转基因玉米的安全性和益处的接受度和意识有所提高。该情况可能是新冠疫情造成的物流困难所致。目前，几乎所有种植的转基因玉米都是复合性状的。当前已批准的可用于种植的转基因玉米转化体可以在 BPI 找到。

根据 BPI 的数据，转基因玉米种植面积已从 2003 年的 10 769公顷增加到 2019—2020 年（2019 年 3 月至翌年 2 月）的 83 万多公顷。过去 20 年来，玉米种植面积的增长如图 2 和表 1（基于 BPI 的数据）所示，显示了转基因玉米自引进以来的增长趋势，包括 2019—2020 年较上年水平增长 26.7%。根据 BPI 的数据，目前种植的所有转基因作物中，98%是复合性状品种。

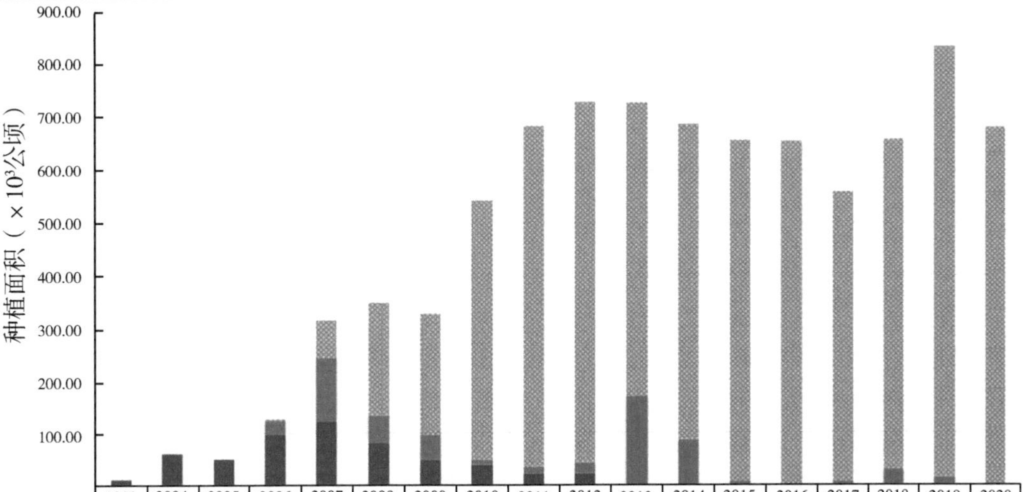

	2003	2004	2005	2006	2007	2008	2009	2010	2011	2012	2013	2014	2015	2016	2017	2018	2019	2020
Bt/Ht	—	—	—	4.58	71.28	214.50	232.16	493.60	649.13	686.81	559.63	602.03	649.04	652.61	551.55	627.50	819.30	677.64
Ht	—	—	—	26.49	120.02	51.49	46.81	8.69	15.04	20.95	168.45	86.19	7.05	2.66	7.07	30.77	15.32	2.72
Bt	10.77	59.76	50.01	96.80	122.61	81.75	48.04	40.24	21.21	21.69	—	—	—	—	—	—	—	—

资料来源：DA-BPO

图 2　菲律宾转基因玉米种植面积

表 1　菲律宾转基因玉米种植面积　　单位：公顷

年份	总数
2003	10 769
2004	59 756
2005	50 009
2006	127 873
2007	313 915
2008	347 740
2009	327 003
2010	542 524
2011	685 373
2012	729 450
2013	728 078

（续表）

年份	总数
2014	688 218
2015	656 090
2016	655 269
2017	558 620
2018	658 267
2019	834 617
2020	680 360

注：资料来源于植物工业局。

如果包括使用假冒的转基因种子，转基因玉米的种植面积会更大。被作为传统种子出售的假冒转基因种子具有 Bt 和抗草甘膦（RR）特性。这种种子虽然便宜，但质量低劣，销售时没有适当的管理措施。据同一消息来源估计，假冒转基因种子约占全部 Bt 玉米种子的 10%，假冒种子可能容易受到病虫害的影响，从而影响农民的收入。

例如两年前在卡加延河谷地区发现的秋季黏虫或秋季夜蛾（斜纹夜蛾）目前已蔓延至全国各地。随着该害虫扩散到稻田，农林部调集水稻研究开发（R&D）人员对可能的虫害侵袭进行了预防。PhilRice 委托国际农业和生物科学中心（CABI）对该国的技术人员进行密集培训，为可能发生的秋季夜蛾暴发做好准备。PhilRice 与 CABI 害虫专家合作，正在制定策略，为水稻技术人员和推广人员研发虫害管理方法并进行宣传。

2021 年 3 月 31 日，地方检察官发布了第 26 号备忘录，设立了秋黏虫管理项目。它包括在玉米产区进行虫害监测，并对黏虫虫害发生进行干预。直接干预措施包括散发性诱剂、杀虫剂、动力喷雾器、信息通信技术设备和害虫防治材料。

JDC1 号通告对 FFP 和商业繁殖的生物安全许可证的有效期有时间限制，为 5 年，并需要不断续展。根据修订后的 JDC，其中一项建议是，只要没有新信息阻止其继续获得批准，生物安全许可将不再过期。

1.1.3 出口

菲律宾不出口转基因作物。尽管当地行业协会已要求政府在当地玉米价格下跌时取消限制，但目前禁止出口玉米。

1.1.4 进口

菲律宾进口多种转基因作物，经批准可直接使用，包括大豆、玉米、棉花、油菜籽、马铃薯、水稻、茄子和苜蓿。

表 2 是 2018—2020 年美国向菲律宾出口转基因作物和副产品的明细。豆粕占出口的大部分，其次是饲料和草料以及以玉米为原料的乙醇。2020 年，菲律宾从美国进口的转基因作物和副产品比前一年增长 6%，超过 12 亿美元。

表 2　美国向菲律宾出口总额　　单位：$\times 10^3$ 万美元

商品	2018 年	2019 年	2020 年
豆粕	883 779	787 800	899 997
饲料	140 449	142 811	147 004
乙醇（非饮料）	125 258	94 038	64 314
大豆	65 903	51 766	54 291
粗粮	56 680	42 765	43 557
谷物饲料	33 721	37 366	32 282
甜味剂	18 681	14 278	11 235
棉花	23 224	12 271	3 593
合计	1 347 695	1 183 024	1 256 273

注：资料来源于美国人口普查局贸易数据。

该表不包括美国面向消费者的产品的出口，其中不少产品含有转基因成分。2020 年，美国面向消费者的产品对菲律宾的销售额达到 11 亿美元，与 2019 年持平。

菲律宾法规要求进口大宗商品的装运必须附有由下列人员之一签署的“GMO 含量声明”：原产国负责官员、经认可的实验室、托运人或进口商。2021 年 8 月，BPI 发布了一份备忘录，更新了需要转基因申报的商品名单，将产品范围扩大到大宗商品以外的更多产品，进口商仍然有权限签署转基因内容声明。图 3 是 GMO 含量声明的样本。

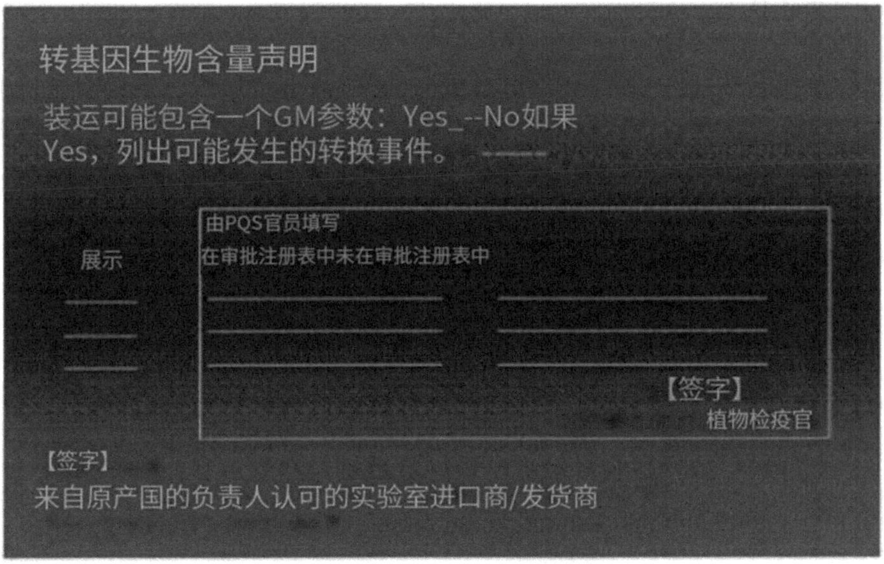

转基因生物含量声明

装运可能包含一个GM参数：Yes_--No如果

Yes，列出可能发生的转换事件。 ------

展示

由PQS官员填写

在审批注册表中未在审批注册表中

【签字】

植物检疫官

【签字】

来自原产国的负责人认可的实验室进口商/发货商

图 3　菲律宾“GMO 含量声明”

资料来源：菲律宾农业部。

1.1.5 粮食援助

菲律宾是一贯的粮食援助受援国（即通过粮食促进计划获得转基因豆粕），粮食援助商品的进口不受转基因问题的阻碍。菲律宾不提供粮食援助。

1.1.6 贸易壁垒

尽管到目前为止还没有任何贸易中断的报告，但是生物安全许可证处理过程中的延误最有可能扰乱美国转基因产品的出口。

1.2 政策

1.2.1 法规框架

菲律宾一直是东南亚生物技术的领导者。它是该地区第一个对转基因作物有监管框架的国家，是亚洲第一个批准食用和饲用转基因作物种植的国家，也是世界上第一个批准种植“黄金水稻”的国家。黄金水稻和 Bt 玉米是目前允许在菲律宾进行商业化生产的两种作物。

1990 年，根据行政命令（EO 430）成立了菲律宾国家生物安全委员会（NCBP），成为决策机构，到 EO 514 发布时得到进一步加强，由 DOST 秘书担任主席。它在 2009 年演变为第 8 号行政命令（DA Administrative Order No. 8，DA-AO 8），并在 2015 年最高法院裁定 AO 8 无效后，于 2016 年被联合部门第 1 号通告（JDC 1）取代。详情请参阅《2020 年生物技术报告》。

JDC 1 提供了转基因植物和转基因产品的进口、处理和使用、跨省移动、环境释放以及管理的监管政策。参与第一届联合贸易委员会的机构正在审查如何使管理框架现代化和精简，并确保遵守《营商便利法》。修订后的 JDC 可能在 2022 年初最终确定。与此同时，正在建立一个覆盖转基因动物的监管框架，以及管理植物育种创新（如基因编辑）的政策。尽管这两个项目都因新冠疫情而面临拖延，但在菲律宾国家生物安全委员会通过了 2020 年第 1 号决议后，后者正在取得进展。随着植物工业局起草实施条例，该政策预计将在 2021 年年底前最终确定。目前在 JDC 1 框架下参与管理生物技术作物的机构如表 3 所示。

表 3 作物生物技术监管机构职能

法律法规	风险评估及登记
NCBP：负责制定、审查和修订生物安全指南	DENR：对生物技术作物对环境的影响进行风险评估
生物安全委员会：处理封闭使用和限制性试验的申请，并颁发完成证书	卫生部：对生物技术作物作为食品对人类健康的影响进行风险评估

（续表）

法律法规	风险评估及登记
DA-BPI 和 DA-BC：合并和评估风险评估报告。 BPI：为申请（多地点）现场测试、商业繁殖和直接用于食品、饲料或加工签发生物安全许可证	DA-BAI：对生物技术作物作为动物饲料的影响进行风险评估 FDA：植物源保护剂（PIP）的注册

资料来源：JDC 1。

注：NCBP 为菲律宾国家生物安全委员会；DOST 为国家科学技术办公室；DA-BPI 为植物工业部；DA-BC 为生物安全委员会；DA-BAI 为动物工业局；DA-FPA 为肥料及除害剂管理局；DENR 为环境和自然资源部；DOH 为卫生部。

菲律宾政府于 2017 年成立了 BPI 生物技术核心团队（BPI-bct），以协助生物技术活动的实施。2021 年 6 月实施了新组成的 BPI-BCT（图 4）。

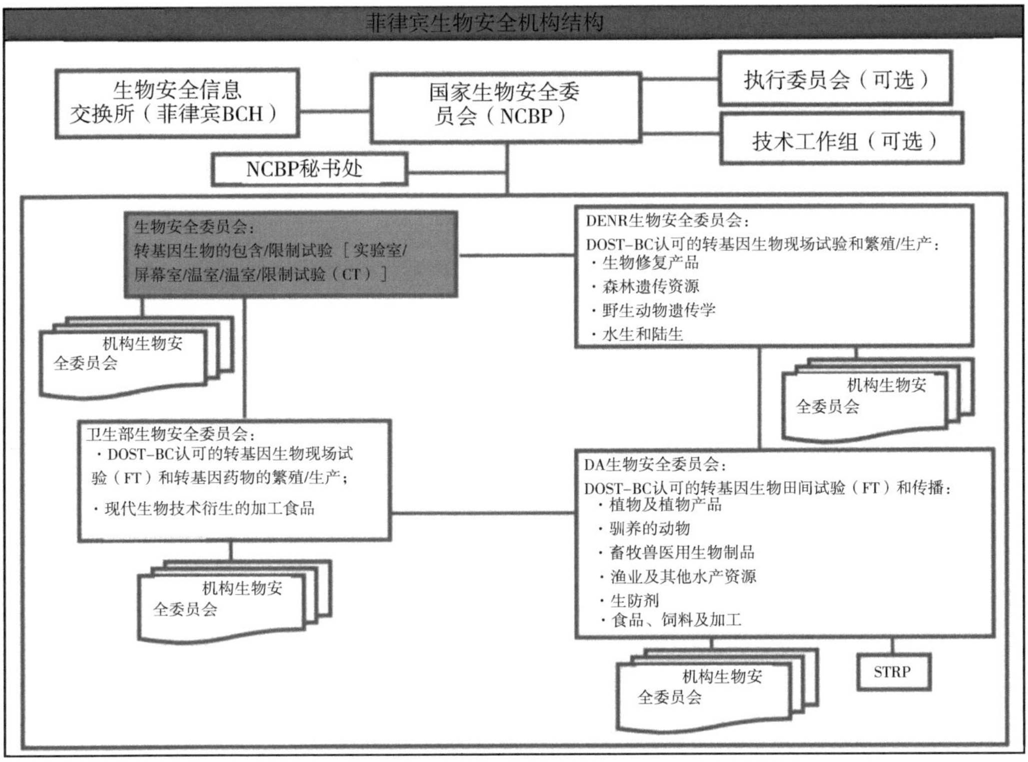

图 4　菲律宾生物安全机构结构

资料来源：《菲律宾转基因生物封闭使用生物安全指南》（2014 年修订版）。

在 JDC 1 指导下，国家科学技术办公室和 DA 领导实施生物安全指南。其他涉及的机构包括卫生部、环境和自然资源部和内政和地方政府（Interior and Local Government，DILG）。转基因作物研发的每一个阶段都受到监管，直到达到商业化阶段。

为了便于遵守，国家科学技术办公室发布了生物安全指南。

当地开发并打算在菲律宾进行商业种植的转基因作物必须按照 JDC 1 规定的指导方针经过 4 个监管程序。这里给出了操作流程（图 5）。每一个过程估计需要 85 天才能完成，但业内人士指出，可能需要更长的时间。只有在生物安全许可证颁发后，商业繁殖申请符合完成标准并得到批准，转基因作物才能在国家种子产业委员会注册。根据《植物品种保护法》（PVPA）的规定，转基因品种的开发商有权与种子公司签订独家合同，将种子繁殖和分销权给零售商，并最终销售给农民。

1.2.2　审批情况

申请直接使用、田间试验、传播所需提交的材料列表可以在 DA-BPO 网站查看。

1.2.3　复合性状转化体或叠加性状转化体的批准

对于菲律宾的转基因玉米，最近的品种通常具有复合性状，即 Bt（抗虫）和 HT（抗除草剂）的组合。由已批准的单个转化体组合得到的复合性状作物必须在当前的 JDC 1 下重新应用，但这可能会在拟议的修订 JDC 1 下得到简化（图 5）。

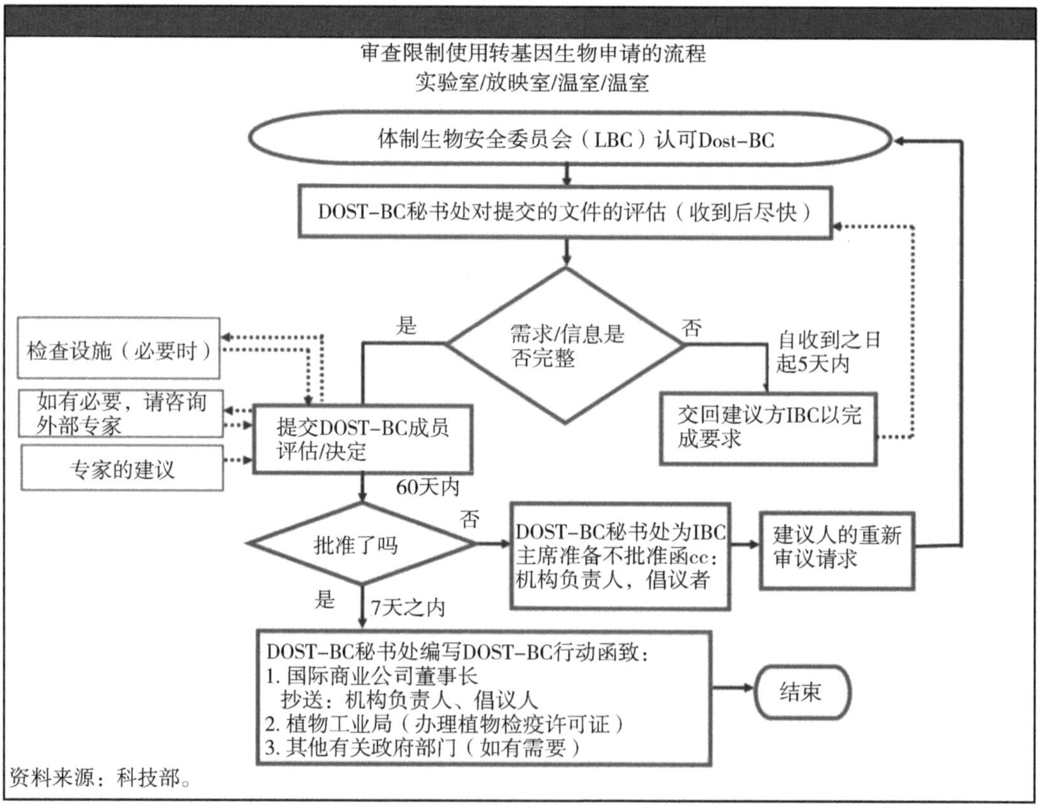

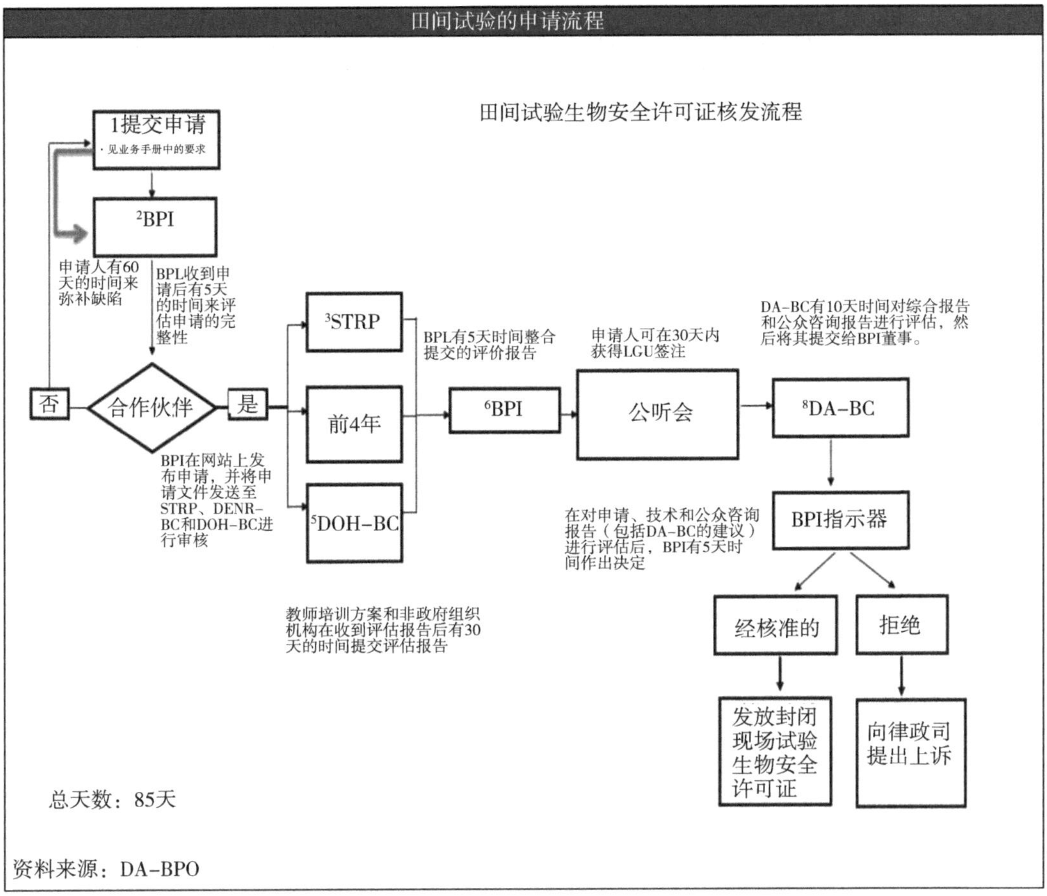

图 5　生物技术作物田间试验许可证的审批流程

1.2.4　田间试验

田间试验申请（获得批准）前，需与有关地方政府部门商议举行公开听证会。这些申请被提交给 BPI 进行审查。2019 年 5 月 20 日，为黄金水稻环境生物安全风险评估生成数据的田间试验获得批准，这是迄今为止 JDC 1 下唯一的田间试验申请。具体流程见附录 1 和附录 2。

1.2.5　新兴生物技术

菲律宾正在逐步建立一个管理植物和植物产品基因编辑的监管框架。正如 NCBP 2020 年第 1 号决议所述，NCPB 发现植物育种创新（PBI）是一类新的分子，基因组学和细胞工具，能够以比传统植物育种技术更快、更精确的方式，有针对性地、高效地开发具有所需性状的作物新品种。该决议宣布，如果农业部植物工业局的产品包含通过使用现代生物技术获得的新型遗传物质组合，则可以被归类为转基因产品，而传统育种不可能做到这一点；若它们不包含新的遗传物质组合，该产品将被归类为非转基因产品或传统产品。

菲律宾国家生物安全委员会决议通过后，农业部植物工业局正在起草实施条例，一旦最终确定，将制定使用 PBI 的植物和植物产品的规则和程序。预计该政策将于 2021 年年底完成。

菲律宾基因组中心于 2011 年在菲律宾大学系统下成立。PGC 参与了多种基因组学研究，农业项目包括椰子、虾、咖啡、麻椒、香蕉（saba）、甘蔗、菌毛和奶牛。其他重点领域是开发诊断包，以查明牲畜、作物、林木、鱼类和食物的疾病和遗传多样性。UPLB 的研究也支持对这些作物的研究。

1.2.6 共存

菲律宾没有转基因作物与常规作物（包括有机农业）共生的种植政策，也没有关于共生的规定或提议。

1.2.7 标识和可追溯性

目前，对转基因食品没有标签要求。关于转基因标识的最近法案是菲律宾第 18 届国会最新提交的“菲律宾转基因标识和监管法案”，即众议院第 6411 号法案。“知情权法”，要求对含有转基因成分或转基因衍生物质进行强制性标识和监管。自 2020 年报告以来，尚无任何进展。该委员会目前隶属于众议院贸易和工业委员会。

1.2.8 监测和检测

农业部植物工业局审批后监测小组负责对转基因作物种植进行监测。转基因作物繁殖许可证有一项规定，要求技术开发人员采取抗虫性管理措施（如果批准的转化体是 Bt）和/或杂草抗性干预措施（如果涉及的转化体是草甘膦耐受性）。监测和检测过程遵循上述田间试验的过程，并遵循下面的应用审查过程。关于检测、监测和报告要求的细节包括在生物安全指南中。

1.2.9 低水平混杂（LLP）策略

2009 年年初，DA 批准了第 1 号行政命令（DA-AO 第 1 号），采纳了食品法典委员会植物指南的附录 3 的内容，即“食品中重组 DNA 植物成分低水平混杂的食品安全评估”，用于在食品和饲料中重组 DNA 植物成分低水平混杂的食品安全评估。DA-AO 第 1 号规定 DA 政策和法规办公室负责澄清问题并制定实施 LLP 政策的指导方针。迄今为止，菲律宾尚未颁布任何实施准则。

1.2.10 附加监管要求

2020 年 10 月，所有提交转基因申请的技术开发商都被要求提交两项研究，以加快生物安全审批流程和产品变更信息。在申请被批准后，仍然需要向 BPI 下属国家种子产业委员会进行种子注册。

1.2.11 知识产权（Intellectual property Right，IPR）

菲律宾没有植物专利。2007年6月，该国通过了第9168号共和国法，即2002年《植物品种保护法》（Plant Variety Protection Act，PVPA），从而履行了世界贸易组织与贸易有关的知识产权协定所规定的义务。

根据《植物品种保护法》，植物品种保护证书持有人有权授权其所开发的品种的生产、繁殖、出口和进口。这些权利同样适用于未经授权使用其受保护品种的产物（小农户使用除外）、衍生品种（或主要衍生自受保护的最初品种的品种）。为了为育种者提供临时保护，育种者从申请公布到授予PVP证书这段时间可以获得一定的报酬。在侵权案件中，PVP证书持有人可向地方审判法院申请救济。与其他知识产权法一样，地方法院负责执行。

根据PVPA，农民具有保存、使用、交换、分享或出售其受保护品种的农产品的传统权利（基于商业营销协议进行推广销售除外）。允许农民之间交换和出售自己土地上生产的种子，也可将这些种子在自己的土地上再种植。

1.2.12 《卡塔赫纳生物安全议定书》的批准

菲律宾参议院于2006年8月14日通过了参议院第92号决议，即批准《联合国生物多样性公约（CBD）和《卡塔赫纳生物安全议定书》（CPB）时达成的决议。批准的CPB沿袭了2006年3月发布的第514号行政命令中关于采用NBF（CPB暂行机制）的决定。

NCBP发布了关于风险评估、环境影响、社会经济、道德和文化评估的指南。NCBP负责监督NBF的实施，协调各相关机构和部门的工作和活动。它为其他部门的指导制定科学标准，充当生物安全信息交换所，并协调执行作为缔约方会议的缔约方大会（Conference of Parties serving as Meeting of Parties，COP-MOP）作出的决定，以履行该国作为《卡塔赫纳生物安全议定书》缔约方的国际义务。

1.2.13 国际条约/论坛

菲律宾积极参加国际生物技术活动，包括食品法典和国际植物保护公约会议，以及亚太经济合作组织（Asia Pacific Economic Cooperation，APEC）的相关活动。

1.2.14 相关问题

DA的生物技术网页提供了更多的转基因和相关问题信息：http：//biotech.da.gov.ph/；有关经批准的转基因实验的信息，请访问：http：//dost-bc.dost.gov.ph/approvedexperiments。

2021年9月30日，菲律宾农业部为位于新埃西贾穆尼奥斯科学城的菲律宾水稻研究所（PhilRice）的作物生物技术中心举行落成典礼。该中心得到了美国《480号公法》项目540万美元的资助，有望成为该国多种农作物创新研究的中心。

《名古雅—吉隆坡责任与赔偿补充议定书》（The Nagoya-Kuala Lumpur Supplementary

Protocol on Liability and Redress，NKLSP）于2010年定稿，并于2018年生效，但菲律宾没有批准该议定书，尽管它是谈判代表之一。2016年，NCBP技术工作组（TWG）评估了该国在实施NKLSP方面的准备情况，并采取了应对损害的现有法律和政策。主要发现表明，对生物多样性的损害缺乏一个统一的专业定义。此外，NKLSP的行政性质将需要一个授权执行的机构。

北方邦法律中心开展了一个项目，内容是制定一个框架，以便在该国决定加入《卡塔赫纳生物安全议定书》时实施《国家安全法》。还为该项目设立了一个TWG，由不同主管机构的代表组成。由于NKLSP负有保护和可持续利用生物多样性的责任，工作组确定了DENR来实施NKLSP。

1.3 市场营销

1.3.1 公众/私人意见

当地玉米种植者、猪和家禽饲养者、饲料加工者、食品加工商、学术界和其他终端用户对转基因产品持支持态度。国内使用转基因产品的大型食品和农业企业在这个问题上保持沉默。而非政府组织，包括环境组织、有机农业倡导者和其他民间社会团体，都强烈反对农业生物技术。绝大多数菲律宾人持中立态度。

2015年12月备受关注的最高法院裁决，以及随后在2016年举行的JDC公开磋商，让转基因成为辩论的焦点并引起了公众的好奇和兴趣。许多决策者，包括菲律宾立法者和司法机构成员，也对转基因作物和产品的最新信息越来越感兴趣。

对转基因玉米的开发者来说，一个普遍存在的问题是假冒转基因玉米种子的普遍存在。这些公司认为，农民购买假冒的转基因种子不仅对他们的生意不利，而且对玉米种植户的收入、玉米供应和虫害防治也不利。

1.3.2 市场接受度/研究

尽管转基因产品是安全的，但反转基因人士宣传的错误的转基因信息阻碍了市场接受度的提高。然而，其中一个方面可以看出市场接受度，即转基因玉米种植面积从2003年的10.7公顷增长至2020年的近70万公顷。

2021年，新加坡亚洲食品信息中心进行了最近一次菲律宾转基因消费者调查。调查显示，许多菲律宾消费者不知道市场上有哪些转基因产品，也不确定他们是否在消费这些产品。该研究指出多数消费者（33%）不确定他们是否会在未来考虑转基因食品，相比之下，21%的菲律宾消费者对生物技术持积极看法，41%的菲律宾消费者表示非常不可能。

2009年，亚洲管理学院的学生对黄金大米进行了市场调查，以确定人们对饮食和营养的态度和看法。他们的最终报告和介绍发现，总体而言，尽管颜色不同，而且是转基因作物，结果显示黄金大米的可接受性很高，但指出受访者对几个关键因素知之甚少，如转基因作物、维生素A缺乏症和适当的营养。

第 2 章　动物生物技术

2.1　生产和贸易

2.1.1　产品开发

据家畜生物技术中心（LBC）称，人工授精（AI）是应用最广泛的动物生物技术，特别是与低温保存结合使用时，可以通过监测生殖激素、发情同步等其他技术对生产率进行显著的遗传改进，以及精液的性别区分来提高人工授精的效率。目前没有正在研发或预计在未来 5 年内上市的菲律宾转基因或基因编辑或克隆动物。

除人工授精外，上述技术均处于研究阶段，尚未达到商业化水平。目前还没有正在开发的转基因或基因编辑动物或克隆动物。LBC 指出，菲律宾的动物生物技术正在开发动物疾病快速检测包、生殖生物技术和产品开发。

菲律宾仍处于牲畜和家禽 DNA 条形码的阶段。UPLB 农业与食品科学学院曾做过一项奶牛基因分型的研究，但在第一阶段就停止了。

2.1.2　商业化生产

不适用。

2.1.3　出口

不适用。

2.1.4　进口

不适用。

2.1.5　贸易壁垒

没有与生物技术有关的贸易壁垒对美国动物生物技术出口产生负面影响。

2.2　政策

2.2.1　监管框架

目前，菲律宾没有任何涵盖家畜克隆、转基因动物或源自这些动物或其后代的产品的开发、使用、进口或处置的立法或法规。DA 正在为转基因动物制定监管框架，包括蚕等昆虫。家畜生物技术中心的官员指出，重要的是要为转基因动物制定生物安全措施，以安全、科学的方式为未来可能的生产和进口做好准备。转基因动物政策预计将在修订后的 JDC 和植物育种创新补充法规出台后最终确定。

2.2.2 审批情况

不适用

2.2.3 新兴生物技术

正在制定的关于植物基因编辑产品的法规（即 NCBP 第 1 号决议，2020 系列）不包括动物产品，由新兴生物技术获得的动物可能需要单独立法。

2.2.4 标识和可追溯性

不适用。

2.2.5 附加监管要求

不适用。

2.2.6 知识产权（IPR）

菲律宾目前没有关于动物生物技术知识产权的法律。

2.2.7 国际条约/论坛

菲律宾是食品法典委员会和世界动物卫生组织的成员，并参与农业生物技术的讨论。

2.2.8 相关问题

2014 年 8 月，位于菲律宾新埃西哈省穆尼奥斯市的农业部牲畜生物技术中心成立，负责协调和监督菲律宾的牲畜生物技术研发。

2.3 市场营销

2.3.1 公众/私人意见

公众对转基因动物的认知度较低。一份农业部签约的研究小组的报告显示，与转基因动物相关的监管问题包括食品安全、环境安全、伦理问题（如动物福利、产品功效、有效性和社会经济效益）。

2.3.2 市场接受度/研究

不适用。

第 3 章　微生物生物技术

3.1　生产和贸易

3.1.1　商业化生产

没有关于菲律宾是否利用微生物生物技术生产食品原料的信息。

3.1.2　出口

不适用。

3.1.3　进口

不适用。

3.1.4　贸易壁垒

不适用。

3.2　政策

3.2.1　监管框架

菲律宾目前没有适用于生物技术衍生的微生物或微生物生物技术衍生食品的商业生产、使用和贸易的监管程序。未见任何关于起草微生物生物技术法规或贸易政策的讨论。

2006 年第 514 号行政命令（Executive Order No. 514，S. 2006）建立了国家生物安全框架。该行政命令没有提及转基因微生物以及如何对其进行监管，但明确规定，无论生命形式或预期用途如何，所有研究和开发应用，均应由科学和技术生物安全部管理委员会进行监管。这里记录了曾经使用转基因微生物进行的实验。例如，罗哈斯控股有限公司（Roxas Holding，Inc.）正在对转基因酵母进行初步的综合利用/实验室研究，以提高菲律宾纤维素乙醇（即甘蔗中的甘蔗渣）的产量。

《菲律宾转基因生物（GMO）限制性使用生物安全指南》（2014 年 9 月修订版）（以下简称《生物安全指南》）规定，该指南将适用于“封闭使用（如实验室、荫棚、玻璃暖房、大棚）和限制性试验”下的所有生物技术应用。指南涵盖植物/作物、药用植物、动物、林木和微生物。《生物安全指南》第 56 页列出了申请生物技术微生物封闭使用实验的政策和程序。

3.2.2 审批情况

不适用

3.2.3 标识和可追溯性

不适用。

3.2.4 监测和检测

不适用。

3.2.5 附加监管要求

不适用。

3.2.6 知识产权（IPR）

不适用。

3.2.7 相关问题

不适用。

3.3 市场营销

3.3.1 公众/私人意见

公众对微生物生物技术的认识度很低。

3.3.2 市场接受度/研究

不适用。

附录

附录 1　田间试验申请

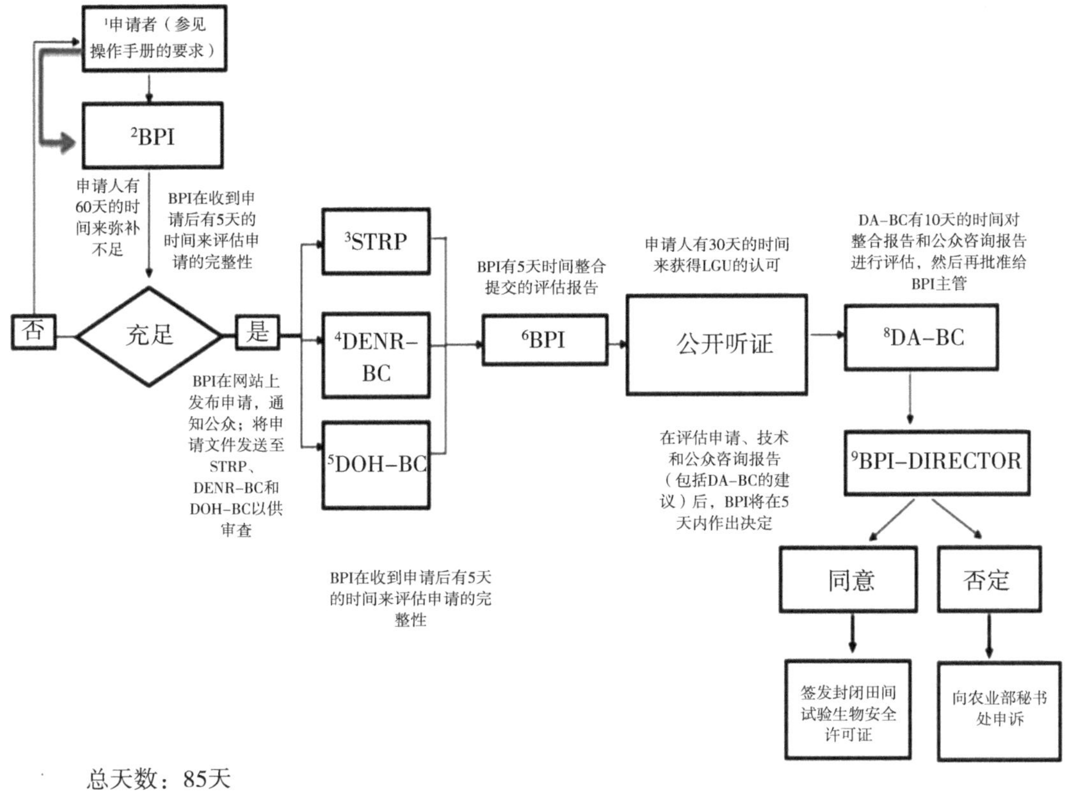

附图 1　田间试验生物安全许可证发放流程

资料来源：菲律宾农业部。

附录 2　商业推广的申请

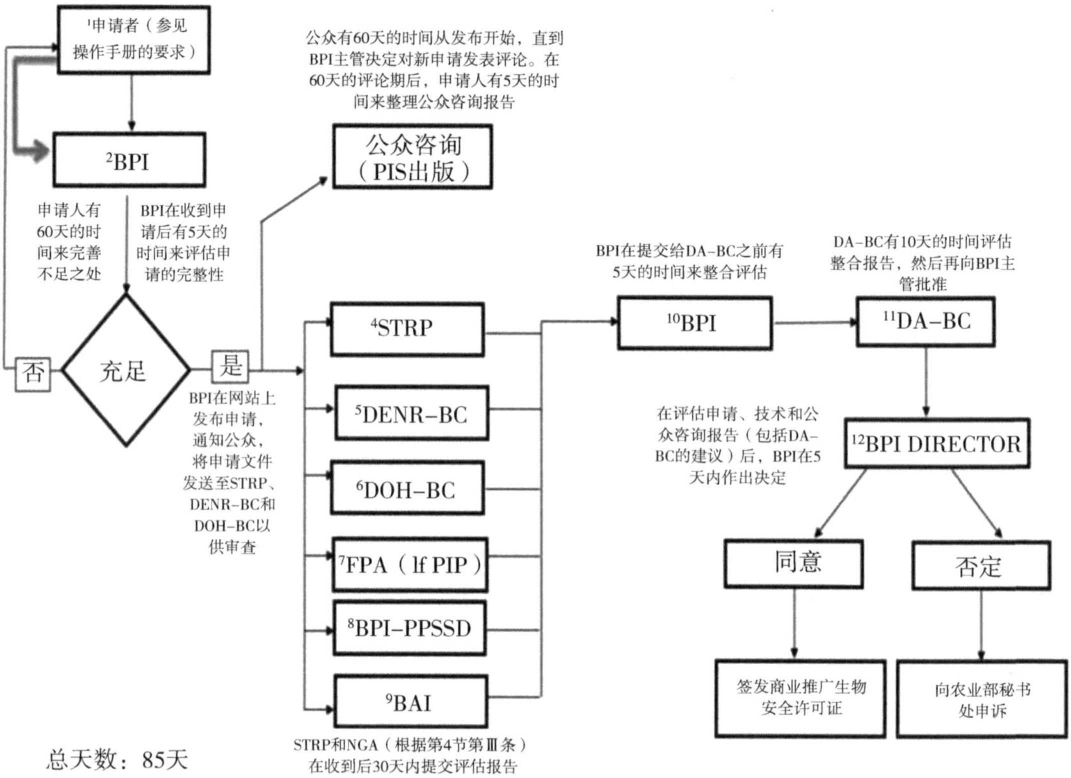

附图 2　商业推广生物安全许可证签发流程

资料来源：菲律宾农业部。

附录3　直接使用的申请

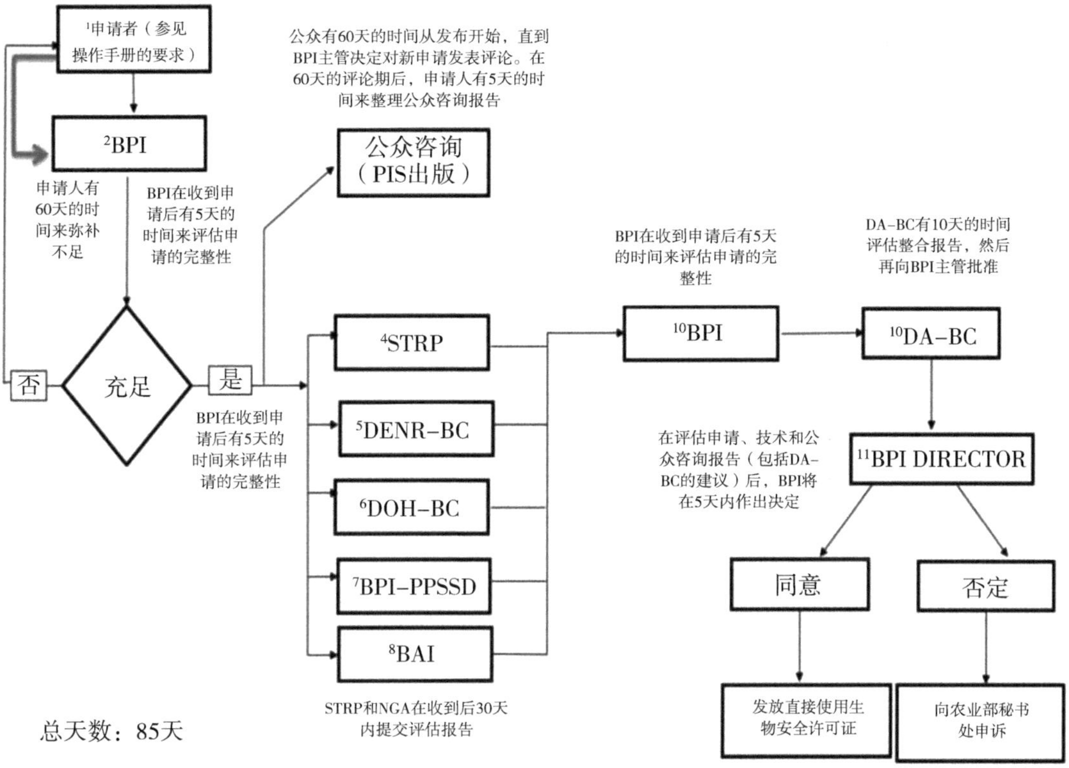

附图3　直接使用生物安全许可证发放流程

资料来源：菲律宾农业部。

印度农业生物技术年报

USDA 美国农业部
对外农业服务局GAIN全球农业信息网
规定报告：按规定–公开发表
日期：2021年11月1日
报告编号：IN2021–0121
报告名称：农业生物技术年报
国家：印度
报告类别：生物技术及其他新生产技术
编写人：Dr. Santosh K. Singh and Mariano J. Beillard, Senior Regional Agricultural Attaché
批准人：Mariano Beillard,Senior Regional Agricultural Attaché

报告要点

尽管印度监管当局对转基因茄子和芥菜进行了商业化环境释放，但仍然对转基因作物是否入市犹豫不决。转（苏云菌芽孢杆菌）基因棉花是唯一被批准商业种植的转基因作物。印度批准了从选定的转基因大豆和菜籽中提取的大豆油和菜籽油以及微生物技术生产的一些食品的进口。2021年8月24日，印度商工部开创先例地批准进口120万吨转基因大豆压榨脱油豆饼（即豆粕），有效期至2021年10月31日（第20/2015–2020号通知）。印度迟迟不肯澄清这一点，压榨脱油豆饼是一个较古老的行业术语，等同于豆粕。这一发展为非转基因进口建立了一些先例，为同样来自转基因作物（即玉米）的蒸馏酒糟（DDGS）打开了市场准入的可能性。

[内容提要]

1986 年的《环境保护法》(EPA) 为印度转基因动植物及其产品和副产物的生物技术监理框架 (见附录 1) 提供了基础。2006 年的《食品安全和标准法案》(FSSA) 包括具体对转基因食品 (含加工食品) 的规定。印度食品安全和标准局 (FSSAI) 此前在缺乏法规和运营基础设施的情况下，将转基因食品的批准推到转基因审批委员会 (GEAC)。2017 年 8 月，印度最高法院发布指令，要求印度食品安全和标准局规范转基因食品的批准。尽管法院作出了裁决，印度食品安全和标准局仍在制定有关批准转基因食品的法规和指导方针。

2021 年 3 月 1 日，印度食品安全和标准局实施了一项规定，规定来自 24 种精选粮食作物中运送的食品需要附带由出口国主管当局颁发的“非转基因 (转基因) 来源和无转基因”证书。这项规定没有科学依据，其繁琐的认证要求阻碍了贸易 (影响到非转基因美国原产农产品，包括红美味苹果和精选豆类)。

2021 年 8 月 24 日，印度商工部开创先例地批准进口 120 万吨基因工程大豆压榨脱油豆饼 (即豆粕)，有效期至 2021 年 10 月 31 日 (第 20/2015-2020 号通知)。印度迟迟不肯澄清，压榨脱油豆饼是一个较古老的行业术语，等同于豆粕。然而，这为同样来自转基因作物 (即玉米) 的蒸馏酒糟 (DDGS) 提供了进入市场的可能性①。

在印度，转 (苏云金芽孢杆菌) 基因棉花仍然是唯一被批准用于商业种植的转基因作物。从转基因大豆和油菜籽中提取的植物油，以及豆粕 (在有限的时间内)，是唯一被批准进口的产品。在印度最高法院 2017 年 8 月的裁决之前，GEAC 进口 DDGS、豆粕 (源自转基因大豆) 以及含转基因的加工食品。自从法院作出裁决以来，GEAC 已经遵守规定，将所有转基因食品和食品成分的申请转交给印度食品安全和标准局。然而，对转基因的审批却一直处于停滞状态。

2019 年，美国和印度在食品、农产品和相关产品方面的双边贸易总额为 73 亿美元，其中贸易平衡以 3∶1 的比例向印度倾斜。美国出口的转基因作物产品主要是棉花 (1.47 亿美元)、豆油 (3 400万美元)。转基因棉花占印度棉花产量的 95%，在 2020/2021 销售年度 (8 月至翌年 7 月) 估计为 2 800万包 (480 磅/包)，其中 600 万包用于出口。印度没有商业化生产动物或来自农业生物技术的动物产品，包括克隆动物。印度的食品加工商使用来自从微生物生物技术中提取的食品成分，主要是加工助剂 (如酶、食品添加剂/维生素补充剂)。

---

① 该通知引用了环境、森林和气候变化部 (MOEFCC) “不反对”渔业、乳品业和畜牧业部 (MOFDAH) 的提议，即从环境角度来看，允许在 2021 年 10 月 31 日之前进口 120 万吨转基因豆粕，因为其不含任何“改性活生物体” (“LMO”)。

第1章 植物生物技术

1.1 生产和贸易

1.1.1 产品开发

转基因作物：印度的一些种子公司和公共部门的研究机构正在开发转基因作物（超过85个植物品种），用于抗虫害、耐除草剂、耐非生物胁迫性、营养强化以及营养、药用或代谢表型。公共部门机构正在开发的作物包括香蕉、卷心菜、木薯、花椰菜、鹰嘴豆、棉花、茄子、油菜籽/芥菜、木瓜、花生、木豆、马铃薯、水稻、高粱、甘蔗、番茄、西瓜和小麦。私营种子公司主要专注于卷心菜、花椰菜、鹰嘴豆、玉米、棉花、芥菜/油菜籽、秋葵、木豆、水稻和番茄等作物。政策的不确定性和监管审批制度的不完整，严重制约了私营和公共部门对转基因作物的研究向产品开发阶段的推进。有消息指出参与开发转基因作物的公司正在暂停研究和开发工作，或在其他国家探索商业化（如孟加拉国和菲律宾的Bt茄子）。

2009年10月14日，转基因审批委员会（GEAC）建议批准由当地一家种子公司开发的转基因茄子转化体（孟山都转化体）的商业化种植。该建议已被提交给印度环境和森林部门（MOEFCC）作最后决定。（注意，GEAC在2010年更名为转基因评价委员会）。2010年2月9日，印度环境和森林部（在前联合进步联盟政府的领导下）宣布暂停批准，直到监管系统能够通过长期研究确保人类和环境安全。自那时起，GEAC还没有启动转基因茄子的批准程序。尽管有这样的延迟，GEAC已经授权对当地公共部门研究机构开发的一个单独的转基因茄子进行封闭式田间试验。

利用德里大学（公共部门实体）开发的barnase、barstar和bar基因开发的国产转基因芥菜品种（含有bn 3.6和modbs 2.99转化体），在印度的监管审批系统中艰难地取得了进展。2017年5月11日，GEAC向MOEFCC建议批准允许在环境中释放转基因芥菜。各种反生物技术的利益相关者，包括右翼反生物技术团体，对该决定提出疑问。面对根深蒂固的反对意见，卫生部发布了一份通知，暂停转基因芥菜的环境释放，等待进一步审查。它将该提案退回给GEAC进行重新审议。在2018年3月，GEAC重申，在批准环境发布活动时，已经充分解决了利益相关者的担忧。然而，GEAC确实在7月建议开发商就转基因芥菜对蜜蜂和其他授粉者的影响进行更多的现场示范研究；这些研究已经得出结论。但迄今为止，在审批方面没有取得任何新的进展。

执政的全国民主联盟（NDA）政府在转基因产品的审批上仍然举棋不定。现有的政策造成了很大的不确定性，阻碍了印度农业生物技术研究与开发（R&D）的投资。

如果印度政府在短期内通过基于科学的监管评估来批准转基因作物，那么除了转基因茄子和转基因芥菜，还有3个作物项目已经准备就绪；包括一个耐除草剂转基因棉花，耐除草剂的转基因玉米和另一个转基因茄子转化体。有消息称，由于政策上的僵局，大多数开发商已经撤回或暂缓了批准申请。

将重点转向新兴生物技术的使用上：由于政治上的反对和印度生物技术监管审批系统的缓慢，生物技术项目公共部门的研究人员正转向基因组学和标记辅助育种。各组织也在开始初步研究新的生物技术的应用，如基因组编辑在农业中的应用。为了激励创新和促进全基因组分析和工程技术的发展，科技部（MOST）的生物技术司（DBT）已经支持了各种计划和倡议。印度农业研究委员会及其附属机构、州立农业大学（SAUs）和其他公共部门的机构正在研究基因编辑和其他工具在农业中的应用。

生物技术在其他部门的应用：人类和动物使用的生物制药以及转基因微生物和衍生产品广泛地利用了生物技术①。这些制造商大多数属于生物仿制药范畴，包括诸如胰岛素、乙肝疫苗、人类生长激素和单克隆抗体，以及食品工业中使用的酶和添加剂等产品。细菌、酵母和细胞系作为宿主系统，用于生产上述物质。转基因植物不作为生物制药生产中的宿主系统。

生物制药，包括生物仿制药，属于以下监管范围：①印度药品监督管理总局规定的药品和化妆品法；②基因操作评审委员会（RCGM）和GEAC根据1986年《环境（保护）法》通知的“1989年有害微生物/基因工程生物或细胞的制造、使用/进口/出口和储存规则”，通常称为“1989年规则”。

基因操作评审委员会评估临床前研究阶段的申请，GEAC则从环境角度审查申请。印度药品监管总局（DCGI）负责监管临床试验、最终注册的实施，以及上市后的监督和监测工作。

1.1.2 商业化生产

2002年，印度批准了转基因棉花的商业种植，它仍是唯一被批准用于生产的转基因作物。在过去的18年里，转基因棉花的面积已经占到了印度棉花总面积的95%，使印度成为世界上最大的生产国和主要出口国。2013/2014年度（8月至翌年7月）的棉花产量达到创纪录的3 100万包（480磅/包），种植面积为1 190万公顷，而2002/2003年度的产量为1 060万包，种植面积700万公顷。2020/2021年的棉花产量估计为2 830万包，种植面积为1 300万公顷。

迄今为止，印度政府已经批准了5个棉花项目和1 400多个杂交种在不同的农业气候区种植。大多数被批准的转基因棉花杂交品种来自孟山都（现在的拜耳）的两个项目（Mon 531和Mon 15985）。印度合资公司，MaHyCo孟山都生物技术（印度）私人有限公司（MMBL）拥有在印度的两个孟山都项目的许可权。MMBL已将这两个项目分许可给超过45家印度种子公司，允许他们通过许可协议在其棉花杂交种中使用这些项目。

---

① 环境、森林和气候变化部（MOEFCC）/遗传工程评审委员会，http：//geacindia. gov. in/approved products. aspx.

转基因棉花的商业种植用途被批准用作纤维（服装）、食品（供人食用的油）和饲料（供动物食用）。

非法种植未经批准的转基因转化体有增无减：2017 年，在接到有关未经批准的转基因棉花、大豆和茄子种植事件的报告后，生物技术部（DBT）成立了实地检查和科学评估委员会（FISEC），以确认未经批准的转基因作物转化体的扩散情况。业内人士透露，近年来耐除草剂的转基因棉籽可能占到棉花总种植面积的 15%~20%，主要种植在古吉拉特邦、马哈拉施特拉邦、泰伦加纳邦、安得拉邦、奥迪沙、卡纳塔克和中央邦。有报道还称，古吉拉特邦和中央邦正在种植耐除草剂转基因大豆。还有消息表明，来自孟加拉国的转基因茄子种子已经进入西孟加拉邦和奥里萨邦的田地，并正在缓慢扩散到其他州。

2019 年，马哈拉施特拉邦的一个农民团体发起了“转基因 Satyagraha”运动，在媒体面前公开种植未经批准的耐除草剂转基因棉籽。这个农民组织继续煽动，抗议政府在是否批准农民需要的一种有益的新技术上犹豫不决。虽然印度政府和几个邦政府已经开始采取措施阻止非法转基因种子的销售，但消息人士证实，这种销售和使用仍有增无减。未获批准的转基因种子的种植反映了农民对政府的转基因审批程序的不满，突出了对该技术的现成需求。

1.1.3 出口

印度是世界上第三大棉花出口国，仅次于美国和巴西。它还出口少量的棉籽和从转基因棉花中提取的棉籽粕。2011/2012 年度（2011 年 8 月至 2012 年 7 月），印度出口了创纪录的 1 110万包（480 磅/包），2019/2020 年度下降到 320 万包，但在 2020/2021 年度部分恢复到 610 万包。有资料指出，印度棉花作为纤维产品（即纤维素）的出口文件，不需要向任何目的地申报转基因。印度不向美国出口大量的棉花、棉籽或棉籽粕。

1.1.4 进口

截至 2021 年 8 月 24 日，唯一获准进口到印度的食品是来自转基因大豆的大豆油（耐草甘膦和其他 5 个项目）和来自转基因菜籽的菜籽油（一个选择性耐除草剂项目）。印度进口大量的豆油。2020 年的进口量估计为 320 万吨，主要来自阿根廷（260 万吨）和巴西（36 万吨）。此外，印度还进口了大量的棉花，包括转基因棉花，以提高当地纺织业对棉花质量的要求，预计在 2020/2021 年度达到 100 万包。棉花作为一种不含蛋白质的纤维产品，不需要转基因申请。

2021 年 8 月 24 日，工商部（MOCI）/外贸总局（DGFT）发布通知，批准进口 120 万吨的压榨脱油豆饼，通常被称为来自转基因大豆的豆粕，当然，这种豆粕不含“改性活生物体”（“LMO”）。该市场开放的有效期至 2021 年 10 月 31 日，适用于印度五个港口（见 GAIN-INDIA-IN2021-0102-印度官方允许有限的豆粕进口）。

外贸总局通知引用了关于渔业、乳业和畜牧业部（MOFDAH）提出的建议，即允许在 2021 年 10 月 31 日之前进口 120 万吨的转基因豆粕。该通知引用了 MOEFCC 的说法，并表示“由于大豆压榨脱油饼不含改性活生物体，该部从环境角度对进口大豆饼不担忧也不反对"①。DGFT 允许根据协调关税体系（HS）代码 2304. 0020 和 2304. 0030 进口转基因豆粕，为首次进口转基因豆粕铺平了道路。② 农业和农民福利部一直不愿澄清，压榨脱油豆饼，(一个较老的行业术语)，相当于豆粕。

不允许进口用于种子、人类食品和动物饲料的其他转基因作物以及由转基因作物衍生的加工产品。

1.1.5 粮食援助

印度并不是一个主要的粮食援助国，只是在发生自然灾害时偶尔向邻国运送粮食援助，主要是小麦和大米。印度不是美国的粮食援助接受国，也不会很快成为一个受援国。

1.1.6 贸易壁垒

印度的贸易政策实际上禁止进口所有转基因产品，但从转基因大豆和油菜中提取的大豆和菜籽油（特定转化体）以及最近批准的转基因大豆的豆粕除外。2006 年 4 月，工商部发布通知，规定 GEAC 必须批准所有含有转基因产品的进口。这一指令要求进口商在进口时提交转基因声明。

2017 年 8 月，印度最高法院表示 FSSAI 发布了关于批准转基因食品和产品的指南和法规。尽管 GEAC 向 FSSAI 移交了转基因食品和产品的批准申请，但后者尚未制定转基因作物和动物衍生的食品和加工食品的准则。目前只有转基因大豆和菜籽油允许进口，此前它们已经得到了 GEAC 的批准。随着 MOEFCC 对进口转基因豆粕无异议，在 2021 年 10 月 31 日提单签发截止日期后，政府将如何对待转基因豆粕将是一个令人关注的问题。

自 2021 年 3 月 1 日起，FSSAI 发布了一项命令，规定来自 24 种食品作物清单的每批食品都需要附带由出口国主管当局签发的"非转基因来源和无转基因"证书。FSSAI 的这一命令提出了一个额外的认证要求，影响了一些原产于美国的农产品（如苹果和精选豆类）和印度其他贸易伙伴的贸易。这项措施没有食品或生物安全的依据。美国

---

① 印度生物技术监管机构转基因评价委员会。

② 2021 年 9 月 3 日，外贸总局发布了第 23/2015-2020 号通知，内容涉及"将进口港纳入第 20/2015-20 号通知（2021 年 8 月 24 日）"。该通知授权在现有的两个港口 Nhava Sheva（印度最大的集装箱港口）和 LCS Petrapole（印度和孟加拉国边境的陆路港口）之外，增加三个能够接收散装豆粕货物的海港。这 3 个额外的海港包括：孟买海港（INBOM1）、杜蒂戈林海港（INTUT1）和维沙卡帕特南海港（INVTZ1）。该措施旨在促进进口高达 120 万吨的豆粕，用于印度的畜牧业生产（见 GAIN-INDIA-IN2021-0106-印度批准增加大宗豆粕进口的港口）。随后，DGFT 于 2021 年 9 月 13 日发布第 25/2015-2020 号通知，澄清其授权进口由转基因大豆衍生的豆粕和豆饼的托运货物，并在 2021 年 10 月 31 日或之前签发的提货单或货车（卡车）收货日期。除了提单的要求外，所有转基因豆粕货物必须在 2022 年 1 月 31 日之前到达印度。目前的通知是继之前的 2021 年 8 月 24 日的 DGFT 第 20/2015-20 号通知（见 GAIN-INDIA-IN2021-0110-印度澄清并延长了转基因大豆衍生的豆粕和豆饼的进口日期）。

和其他志同道合的贸易伙伴继续对印度食品安全局的非科学认证要求表示集体反对，因为该要求给出口国造成了不必要的负担。

自 2015 年以来，GEAC 已经收到了几份申请，要求批准进口来自转基因玉米中的蒸馏酒糟（DDGS）、来自转基因大豆的豆粕和转基因大豆（用于动物饲料）。2018 年 7 月，GEAC 成立了一个小组委员会，以建立一个程序处理进口动物饲料的申请，包括 DDGS 和豆粕。在 2019 年 11 月，该小组委员会向 GEAC 提交了其建议草案，以征求意见和批准，迄今为止尚未采取进一步行动。

2003 年的《印度进口植物检疫令（PQO）条例》规定了用于研究目的转基因种子和种植材料的进口。有消息称，根据《植物检疫令》，获得生物工程生物体和转基因植物材料的进口批准过程十分繁琐。

1.2　政策

1.2.1　法规框架

印度对转基因作物、动物和产品的法规框架在 1986 年的《环境保护法》和 1989 年《有害微生物/转基因生物或细胞的制造、使用/进口/出口和储存规则》中阐明，被称为“1989 年规则”。这些规则管理着转基因生物和产品的研究、开发、使用和进口。该规则明确了六个主管部门（表 1）。

表 1　印度：各部门/各邦政府的作用

主管部门	角色和责任
环境、森林和气候变化部（MOEFCC）	设有 GEAC，是负责根据 EPA 法案实施 1989 年生物技术规则的机构
生物技术部（DBT）	为遗传工程评审委员会提供指导和技术支持，评估和批准国内转基因产品的研发
农业和农民福利部（MAFW）	在进行田间试验评估农艺性状后，批准转基因品种的商业发布，同时负责审批后的监管
印度食品安全与标准局（FSSAI）	评估和批准供人类消费转基因作物和产品。它还尚未制定法规，也未启动相关程序，GEAC 继续监督这一职责
印度各邦政府	监测生物技术研究机构的安全措施，并评估转基因产品的发布而造成的潜在危害（如有）。批准在各自邦内对 GEAC 批准的转基因作物进行田间试验和商业种植
DBT、MAFW 和印度各邦政府	通过研究机构和州立农业大学支持农业生物技术的研究和发展

资料来源：FAS 新德里办事处研究。

2006 年 8 月 24 日，印度政府颁布了一项综合食品法，即 2006 年《食品安全和标准法》（FSSA），其中有专门条款对包括加工食品在内的转基因食品进行监管。根据该法，FSSAI 是负责监管食品（包括转基因食品）的机构。然而，FSSAI 尚未建立起履行这一职能的机构能力和监管框架。

转基因评价委员会负责从生物安全方面审批用于研究、开发和种植的转基因作物和产品（“LMOs”，包括种子），以及非食品加工产品。印度食品安全和标准局负责从食品安全方面审批转基因食品，包括加工食品。

GEAC 和 FSSAI 当局以及其他相关部门（如渔业、乳品业和畜牧业部和农业和农民福利部）之间对批准转基因作物和动物的动物饲料的责任模糊不清。印度目前的监管审批系统缺乏一个明确的监管审批阶段的清单。

转基因评价委员会的网站提供了 1986 年的 EPA 法案和 1989 年的规则以及所有的指导方针和协议（包括重组 DNA 指南、生物技术植物研究指南、用于研究的转基因植物的进口和运输指南、转基因植物的环境风险评估指南）。

环境、森林和气候变化部发布了“转基因植物和种植材料进出口程序”，为贸易商和研究人员提供帮助。2004 年 1 月生效的 2003 年《印度进口植物检疫令（PQO）条例》，对进口转基因种子和种植材料进行了规定。《植物检疫令》规定了用于研究目的的种质、生物工程生物体和转基因植物材料的进口。国家植物遗传资源局（NBPGR）负责签发转基因种子和植物材料的进口许可证。

1989 年的规则没有对产品最终形式中含有 DNA 的转基因植物产品和不含 DNA 的植物产品进行任何监管区分。也没有对含有“LMOs”和不含“LMOs”的产品进行区分。没有规定对食品、饲料、纤维、加工和环境释放进行审批。在一次性批准从特定转基因大豆和菜籽转化体中提取的植物油的同时，GEAC 规定，必须在精炼后批准食用，以确保油中没有转基因修饰的蛋白质，也不存在 DNA。最近，MOEFCC 对进口转基因豆粕没有提出异议，前提是该产品不含改性活生物体。

1989 年的规则还规定，批准是有期限的，一开始不超过四年，但每次可延长两年。2009 年，GEAC 在进行几年监测后，批准了 5 个转基因棉花。GEAC 已经一次性批准了各种转基因大豆油和油菜籽油的进口。

转基因评价委员会放慢了步伐：2014 年国家民主联盟（NDA）上台后，GEAC 领导下的印度生物技术监管体系发展滞后，在 2017 年因各种反生物技术利益集团的政治压力而决定推迟对转基因芥菜的监管后，监管速度明显放缓。

在监管转基因食品的问题上一直犹豫不决，继 2006 年《食品安全和标准法》颁布后，MOEFCC 于 2007 年 8 月 23 日发布了一项通知。该通知指出，由转基因产品（该产品不是改性活生物体）衍生出的加工食品在印度的生产、销售、进口和使用不需要获得 GEAC 的批准。由于当时 FSSAI 缺乏批准转基因食品的技术能力和法规，卫生和家庭福利部（MHFW）临时指定 GEAC 根据 1989 年的规则，对源自转基因的加工食品进行监管。

1.2.2 审批情况

印度批准了 5 个转基因棉花项目的种植，转基因评价委员会已经批准了 6 个转基因大豆和一个转基因油菜籽油的进口许可。

2007 年 6 月 22 日，GEAC 永久批准了精炼后的转基因大豆油的销售。2014 年 7 月 17 日，GEAC 批准了其他四个转基因大豆油的进口。2015 年 9 月 3 日，GEAC 允许了另一个耐草甘膦的转基因大豆油（拜耳生物科学有限公司的 FG72 项目）和耐草甘膦油菜籽油的进口（拜耳生物科学有限公司的 Ms8xRF3 项目）。

表 2　印度：转基因棉花项目获批情况

基因/转化体	开发商	使用方法
Cry1Ac（Mon 531）①	孟山都生物技术有限公司（MaHyCo）	纤维/种子/饲料
Cry1Ac & Cry2Ab（Mon 15985）②	孟山都生物技术有限公司（MaHyCo）	纤维/种子/饲料
Cry1Ac（Event 1）③	JK AGRIGENETICS 公司	纤维/种子/饲料
Cry1Ab and Cry1Ac（GFM Event）④	NATH 种子公司	纤维/种子/饲料
Cry1C（Event MLS 9124）	梅塔赫利克斯生命科学有限公司	纤维/种子/饲料

资料来源：GEAC，MOEFCC，印度政府，FAS 新德里办事处研究。

注：①基因来源于孟山都公司；②叠加基因转化体来源于孟山都公司。③基因来自印度理工学院，Kharagpur。④基因来自中国，具有融合基因的特点。

1.2.3　复合性状转化体或叠加性状转化体的批准

复合性状转化体的批准，即使是由已经批准的单一转化体组成，本质上也被视为一个新转化体，需要获得环境释放批准。

1.2.4　田间试验

转基因评价委员会负责根据基因操作评审委员会（RCGM）的建议，批准所有田间试验。在获得商业用途批准之前，要在印度农业研究委员会（ICAR）或一所州立农业大学监督下，至少进行两个作物季节田间试验进行广泛的农艺评估。产品开发商可以在进行生物安全试验的同时进行农艺试验。

2009 年 4 月，GEAC 对 Bt 棉花采取了“基于转化体”的审批制度。2017 年 4 月，GEAC 授权 ICAR 全面负责对 Bt 棉花杂交种的评估、批准、管理和监测。未来，ICAR 将负责确认是否存在已批准的基因/转化体以及蛋白质的表达水平，并对新的 Bt 棉花杂交种进行农艺试验。

2011 年 7 月 6 日，GEAC 修改了田间试验授权的程序；要求申请人（即技术开发商）从州政府获得无异议证书或 NOC（一种许可证）。有消息称，只有少数邦（旁遮普邦、哈里亚纳邦、德里邦、拉贾斯坦邦、古吉拉特邦、马哈拉施特拉邦、卡纳塔克邦和安得拉邦）已经为特定项目的转基因田间试验颁发了 NOCs。尽管 GEAC 已经批准了一些作物的田间试验，但从邦政府获得许可（NOCs 的形式）的问题限制了田间试验。

2017 年 7 月 7 日，GEAC 发布通知，要求各邦政府在提交申请之日起 90 天内宣布批准或拒绝田间试验的有效性的决定。90 天后，那些没有被拒绝的申请被认为是被批准的。转基因评价委员会可以对小规模的、机构限制的转化体免除 NOC 的要求。

1.2.5 新兴生物技术

印度还未确定新兴生物技术的监管，如植物和其他生物的基因组编辑，这个问题仍在讨论之中。1989 年的规则规定了所有转基因生物。这些规则对基因技术和基因工程定义如下。

①“基因技术 ”是指被称为基因工程的基因技术的应用，包括自我克隆和缺失以及细胞杂交；

②“基因工程 ”是指在生物体或细胞外产生的，通常不存在或不会在有关生物体或细胞中自然产生的可遗传物质插入所述细胞或生物体中的技术。它也应指通过将细胞纳入宿主细胞而形成的新的遗传物质组合，在宿主细胞中它们自然发生（自我克隆），以及通过删除和去除部分遗传物质对生物体或细胞进行的改造；

在过去的几年里，各种科学组织和科技部生物技术司一直在组织关于新基因技术监管的讨论。2020 年 2 月，DBT 公布了关于“基因组编辑生物体”的文件草案：2019 年监管框架和风险评估指南，征求公众意见①。

2020 年 3 月 12 日，DBT 组织了一次利益相关者咨询会，并成立了一个委员会，根据从 90 个人/组织收到的意见，审查指南草案。在 2020 年 7 月 28 日，DBT 委员会向 GEAC 提交了“基因组编辑植物的安全评估指南草案”，表明 SDN1 和 SDN2 类基因组编辑技术不涉及或携带外源 DNA，是具有可比性的自然发生的变异。根据 1989 年规则第 20 条的规定，这些基因组编辑技术应受 1986 年 EPA 的豁免。转基因评价委员会将进一步审议该指南草案；其他因素可能会影响最终指南和批准的时间表。

1.2.6 共存

印度政府没有关于转基因和非转基因作物共存的具体规定。2007 年 1 月 10 日，GEAC 决定不允许在巴斯马蒂水稻种植区进行多地点的转基因水稻田间试验，特别是在地理标志的旁遮普邦、哈里亚纳邦和北阿坎德邦。

1.2.7 标识

2012 年 6 月 5 日，消费者事务部、食品和公共分销部消费者事务司（DCA）发布了 G. S. R. 427（E）号通知，修订了 2011 年《法定计量（包装商品）规则》，自 2013 年 1 月 1 日起生效，其中规定，每个含有转基因食品的包装应在其主要展示板的顶部标明“转基因”一词。消费者事务部表示，“转基因”标识要求是为了保障消费者的知情权，但有消息称，该部门没有强制执行标识要求。由于 FSSAI 仍在制定转基因食品的标签法规，DCA 的转基因标识法规的未来地位仍不确定（见，GAIN-INDIA（IN2078）-6/14/2012-2012 年对法定计量规则的首次修订）。

2018 年 4 月 13 日，FSSAI 公布了标识和展示条例草案，其中规定了含有转基因成

① 见，印度政府，科学技术部-生物技术部，http：//dbtindia. gov. in/latestannouncement/dbt-invites-comments-%E2%80%9Cdraft-document-ge nome-edited-organisms-regulatory.

分的食品的强制性标识规定（见 GAIN-INDIA（IN8043）-4/17/2018 - 标识和展示条例草案征求 WTO 成员意见）。该条例草案规定，所有食品中的转基因成分总量达到或超过 5%时，需要在标签上标注“含有转基因生物/转基因成分”。随后，在 2019 年 6 月 27 日，FSSAI 公布了修订后的标识和展示草案条例，其中他们删除了标识规定（见 GAIN-INDIA（IN9060）-7/3/2019-印度政府公布了新的标识和展示条例草案）。业内人士报告说 FSSAI 正在制定一套单独的法规草案，其中将包括转基因食品和/或来自转基因产品的食品进行标识的规定。

新德里公司不知晓任何关于转基因植物和植物产品的可追溯性的规定，包括由转基因产品衍生的加工产品。

1.2.8 监管和检测

FSSAI 和各邦政府的食品安全主管部门有权在生产、进口、销售和使用的任何阶段抽取样品，在政府和私营食品实验室进行检测。由于出入境口岸缺乏检测设施，印度在进口和出口时没有积极检测转基因性状。有消息称，自 2019 年以来，FSSAI 官员一直在选定的入境口岸收集食品的样本，主要是用于消费的谷物，并在特定的实验室进行检测。据 FAS 新德里分局所知，没有任何关于截获含有未经批准的转基因转化体的进口货物的报告。如果进口产品中含有未经批准的转基因转化体，进口商将受到法律的制裁。

除报告种植未经批准的转基因转化体外，没有对大田作物进行定期监测，以发现未经批准的转基因转化体。然而，农业和农民福利部对已批准的转基因作物项目（棉花）进行了为期三年的监测，以确定其农艺性能和环境影响。自 2017/2018 年度报告种植非法种植转基因作物转化体以来，印度各邦政府一直在检测和销毁非法转基因作物，随后对负有责任的种子公司和个人采取法律行动。

1.2.9 低水平混杂（LLP）策略

印度对进口货物中未经批准的转基因食品和作物转化体采取了零容忍政策。该政策规定，如果一批进口货物在进口时含有任何程度的未经批准的转基因转化体，进口商将受到法律的制裁。

1.2.10 附加监管要求

当项目被批准用于商业用途后，申请人可以根据 2002 年国家种子政策的规定和各邦的其他相关种子法规在各邦注册和销售种子。在一种新的转基因作物商业化发布后，MAFW 与各邦的农业部门一起对田间表现进行 3~5 年的监测。

1.2.11 知识产权（IPR）

印度是世界贸易组织（WTO）《与贸易有关的知识产权协议》（TRIPS）的签署国，并于 2005 年修改了专利立法，从工艺专利制度转向产品专利制度。2001 年，印度颁布了《植物品种和农民权利保护法》，以保护植物新品种，包括转基因植物。2005 年成立的植物品种和农民权利保护局迄今已通知 161 种作物品种进行注册，其中包括转基因棉花杂交种。

1.2.12 《卡塔赫纳生物安全议定书》的批准

2003 年 1 月 17 日，印度批准了《卡塔赫纳生物安全议定书》，并制定了执行该条款规定的规则（见附录 3）。在 MOEFCC 内部成立了一个生物安全信息交流中心（BCH），以促进有关改性活生物体（LMOs）的科学、技术、环境和法律信息的交流。转基因评价委员会负责批准除食品以外的转基因产品的贸易，而食品则属于印度食品安全和标准局的管辖范围。2014 年 10 月，印度成为第 28 个批准《关于卡塔赫纳生物多样性议定书责任和赔偿的名古屋-吉隆坡补充议定书》的国家。

1.2.13 国际条约/论坛

在食品法典的讨论中，印度支持对转基因食品进行强制标识，要求在食品和食品成分中含有转基因的情况下进行强制声明。

1.2.14 相关问题

农业和农民福利部对棉花性状许可费进行规范：2015 年 12 月 7 日，MAFW 通过了棉籽价格控制令（CSPCO）-2015，规范了棉籽的最高销售价格，包括使用费/性状价值。2016 年 3 月 8 日，MAFW 发布通知，对 2016/2017 作物年度（7 月至翌年 6 月）的 Bollgard Ⅰ棉籽价格进行封顶。价格定为每包 635 印度卢比（9.43 美元）（450 克转基因种子加 120 克非转基因种子），性状价值为零；Bollgard Ⅱ棉籽价格为每包 800 印度卢比（11.88 美元），性状价值为每包 49 印度卢比（0.73 美元）（外汇 67.33 印度卢比兑换 1.00 美元）。2018 年 3 月 12 日，MAFW 将 Bollgard Ⅱ棉籽价格降至每包 740 印度卢比（11.39 美元），性状价值为每包 39 印度卢比（0.60 美元）（外汇 64.99 印度卢比至 1.00 美元）。报告显示，在 2021/2022 印度作物年度，Bollgard Ⅱ的性状费已经被取消。

业内人士指出，生物技术监管审批制度的滞后以及《中国生物技术产品认证管理条例—2015》是农业生物技术领域的商业活动的重大障碍，阻碍了创新、研发和投资。CSPCO-2015 的规定损害了现有的技术提供商。这些规定还严重阻碍了潜在的新创新者向印度农民引进新技术，而这些技术对于改善印度农民的生计和提高他们的全球竞争力至关重要。

1.3 市场营销

1.3.1 公共/私人的意见

虽然公众对生物技术和转基因作物的看法普遍是矛盾的，但政治压力仍然阻碍着监管的发展。在印度，一些反生物技术的环境、农民和消费者团体，通常得到绿色和平组织和其他国际组织的支持，在印度开展了积极的、持续的反对转基因作物和产品的运动。

除了棉花种植者和少数种植非法转基因作物的农民外，大多数印度农民都缺乏对该技术的认识，原因是缺乏其他转基因大田作物（有些还处于监管阶段）。主要行业协会普遍支持农业生物技术和转基因作物。印度种子产业联合会（FSII）由领先的种子技术开发商（包括本地公司和跨国公司）组成，与其他支持生物技术的组织、生物技术监管机构、科学界、农民团体和公众合作，强调农业生物技术的益处。

在印度经营的主要种子和农业技术公司（主要是跨国公司）组成了农业创新联盟（AAI），为印度农民推广新的和新兴的农业技术，包括农业生物技术和其他植物育种创新。由于监管审批和CSPCO-2015法规方面持续的政策不确定性，许多农业生物技术公司，包括本地的和跨国的，都在缩减其生物技术作物开发计划。有消息称，公共部门的研究机构正在从转基因作物研究转向基因组学及其在已识别性状的标记辅助作物育种计划中的应用。研究人员正在探索基因组编辑工具的使用，但仍对遵循与转基因转化体类似的监管路径表示担忧。

大多数农业科研人员和印度科学家认为，生物技术是解决印度未来粮食安全、可持续性和气候变化问题的重要工具。科学技术部/生物技术部、MAFW的印度农业研究委员会以及国家农业科学研究院（NAAS）等机构都支持向公众宣传生物技术和转基因作物的好处，但成效有限。

印度监管机构和政策制定者对转基因作物和产品的生物安全性采取预防性方法。由于媒体的负面宣传，一些邦政府采取了限制性政策（禁止转基因作物田间试验），阻碍了生物技术的研究和开发。农业、林业和水利部和社会变革管理计划一般都支持农业生物技术和转基因 作物的研究与开发。

行业消息来源称，FSSAI受托负责制定批准基因改造食品和食品的法规。然而，该局需要各利益相关方提供大量的能力建设援助，才能对加工食品实施以科学为基础的高效监管制度，而且可能需要几年的时间才能有效实施。在此之前，食品加工业在批准食用和使用基因改造食品和食品产品方面存在严重的政策真空。

1.3.2 市场接受度/研究

对国内生产的转基因棉花（纤维用途）、棉籽油（食品）、棉籽粕（动物饲料），或进口大豆和菜籽油（食品）没有市场限制。

除了800万受益于转基因棉花的农民之外，大多数印度农民基本上不知道转基因作物的好处。关于非法种植未经批准的转基因作物的报告清楚地表明，农民愿意种植在印度监管审批系统中停滞的转基因品种。

这些产品的制造商、加工商、进口商、进口商、零售商和消费者几乎不担心由转基因棉、棉籽/大豆/菜籽油和棉籽粕衍生出的食品和服装产品。最近，当地的动物饲料制造商表示有兴趣采购来自转基因玉米的DDGS和来自转基因大豆的豆粕。

超过10家饲料生产商已经向GEAC申请允许进口DDGS；少数进口商已经申请进口转基因豆粕。面对高昂的豆粕价格，当地家禽和动物饲料行业联合起来，推动政府允许进口转基因豆粕以增加他们的供应。预计未来几年饲料原料供应持续紧张，可能会推动该行业为寻求转基因豆粕和其他饲料原料（如 DDGS）的持续的市场准入。

目前已经有多项关于转基因 Bt 棉花对印度经济的益处的研究。媒体中的反生物技术团体，由于缺乏自己的有效研究，对这些结果提出疑问。FAS 新德里分部不知名的组织开展了研究，重点关注不批准其他转基因作物和产品给农民、消费者和印度经济带来的机会成本。

第2章　动物生物技术

2.1　生产和贸易

2.1.1　产品开发

除了在动物克隆方面取得了一些成果，印度的动物生物技术研究和开发还处于起步阶段。2009年2月6日，印度国家乳品研究所（NDRI）的科学家通过先进的“手引导克隆技术”，成功分娩了第一头克隆水牛（小母牛），但这头小牛在出生后不久就死了。该研究所现在已经生产了几头克隆小母牛和公牛犊，包括从克隆水牛小母牛产下的克隆小牛。2015年12月，NDRI的一位科学家声称已经成功地生产了一个濒临灭绝的恰蒂斯加尔邦野生水牛的雌性克隆体。2012年3月9日，来自斯利那加的克什米尔农业科学与技术大学的科学家声称通过同样的克隆技术克隆了一只帕什米纳山羊。

NDRI的科学家们报告说，正在进行的水牛克隆研究仍处于实验阶段，因为他们面临着出生率低和新生牛犊过早死亡的严重限制。有消息称，雄心勃勃的印度政府责成NDRI实施一项克隆计划，繁衍传统品种的水牛和高价值公牛，以扩大国家育种计划。专家报告说，可能还需要10年的时间，克隆技术才能用于商业用途。

印度的动物生物技术研究侧重于重要家畜、家禽和海洋物种的基因组学。牛基因组学计划的重点是表征和鉴定耐热性和耐寒性、抗病性和经济因素（如产犊间隔时间、哺乳时间和产奶量）的基因。正在进行的研究集中在传统的印度牛和水牛品种上，这些品种将用于未来的育种计划，以纳入目标基因。诸如ICAR机构、科学与工业研究理事会（CSIR）机构、州立农业大学和由生物技术部支持的研究组织等公共部门研究组织进行了大多数动物生物技术研究。

其他动物：有消息还称，当地一家研究机构已经成功地对转基因家蚕进行了抗Bm-NPV（家蚕核型多角体病毒）的实验室试验。值得注意的是：当地一家公司已经从一家英国公司获得了有关蚊子传播疾病的研究许可。该研究已经成功地生产出了基因工程雄性蚊子，它含有一种能使自己的后代死亡的基因。这种技术可以帮助控制受登革热、寨卡病毒和基孔肯雅病毒等蚊子传播的疾病影响地区的蚊子数量。在成功地进行了实验室和封闭设施试验之后，消息人士报告说，由于目前存在的政策不确定性，该公司目前已经暂停了这项研究。

2.1.2　商业化生产

印度不生产用于商业化生产的转基因动物或由转基因动物或克隆动物衍生的产品。

2.1.3 出口

印度不出口任何转基因动物、动物克隆体或这些动物的产品。

2.1.4 进口

印度不允许进口转基因动物、家畜克隆体或克隆体的后代或此类动物衍生产品，但来自转基因动物的用于制药的产品除外。

2.1.5 贸易壁垒

对转基因植物和产品的贸易壁垒也适用于转基因动物和产品。

2.2 政策

2.2.1 监管框架

1986 年的《环境保护法》对转基因动物和非食用动物产品的研究、开发、商业使用和进口进行了规定，而 2006 年的《食品安全和卫生法》将对来自转基因动物的食品和配料进行规定。目前，大多数动物生物技术研究还处于初步阶段，除基因改造蚊子外，还没有转基因动物可用于研究。克隆研究和动物基因组研究不属于 1986 年《环境保护法》的管辖范围。由于克隆动物仍处于研究阶段，目前还没有关于克隆动物商业生产或销售的法规。

2.2.2 审批

无。

2.2.3 新兴生物技术

对于动物基因组编辑等创新技术没有明确的监管地位，DBT 也没有起草指导方针，因为在基因编辑的动物中没有正在进行的动物生物技术研究。

2.2.4 标识和可追溯性

印度没有任何关于转基因动物和产品或克隆动物的标识或可追溯性的规定，也没有关于这一问题的任何重要政策讨论。

2.2.5 知识产权（IPR）

印度是世界贸易组织（WTO）与贸易有关的知识产权协议（TRIPS）的签署国，并在 2005 年修改了其专利立法，从工艺专利制度改为产品专利制度。目前还没有专门的关于动物生物技术或转基因动物知识产权的具体规定。

2.2.6 国际条约/论坛

虽然印度积极参加了世界动物卫生组织（OIE）的讨论，但 FAS 新德里不知道印度在国际论坛上对动物生物技术采取何种立场，包括转基因动物、基因组编辑和克隆。

2.2.7 相关问题

无。

2.3 市场营销

2.3.1 公共/私人的意见

普通民众基本上不了解转基因动物和产品，也不了解正在进行的动物克隆项目。一些反生物技术活动人士已经开始将转基因动物纳入他们的抗议活动中，但由于各种原因将克隆动物排除在外。

2.3.2 市场接受度/研究

市场接受度在印度不是一个问题，因为市场上没有转基因动物或产品，也没有关于转基因动物/产品的市场研究。动物克隆计划仍处于实验阶段，可能还需要 7~10 年才能进行商业生产。

第3章 微生物生物技术

3.1 生产和贸易

3.1.1 商业化生产

市场资料显示，当地食品行业在乳制品和烘焙业中使用源自微生物技术的成分作为加工助剂（主要是酶）和一些添加剂（营养素）。目前还没有关于印度食品加工行业使用微生物生物技术生产的食品配料的可靠信息。

3.1.2 出口

对于微生物产品的出口，既没有官方统计，也没有可靠的估计。然而，印度出口酒精饮料、乳制品和食品原料，如生物技术酶，其中一些可能来自微生物生物技术。

3.1.3 进口

目前既没有官方的统计数据，也没有关于微生物生物技术产品进口的可靠估计。然而，印度进口酒精饮料、乳制品和酶等食品成分，其中一些可能来自微生物生物技术。

3.1.4 贸易壁垒

进口用于制造微生物生物技术食品成分的审批过程是一个漫长而繁琐的过程。印度食品安全与标准局仍在起草关于进口和使用来自微生物生物技术的食品成分的指导方针。

3.2 政策

3.2.1 法规框架

1986年《环境保护法》和1989年《规则》以及2006年《食品安全法》为研究、开发、商业使用和进口转基因微生物和微生物生物技术食品配料提供了监管框架。在2017年之前，GEAC负责监管转基因微生物和微生物生物技术食品配料的审批。目前，GEAC负责审批用于研究、开发、使用和进口用于生产微生物生物技术食品配料的转基因微生物。而食品安全局则负责监管转基因衍生食品，包括微生物生物技术食品配料。（详见1.2“政策”部分，1.2.1法规框架部分）。

印度食品安全与标准局仍在制定与转基因加工食品有关的法规和准则，包括来自微生物生物技术的食品成分，并为这些主题设立了科学小组。这些小组参与制定准则和审查申请，并将处理与源自微生物生物技术的食品成分有关的法规和批准：一是转基因生物和食品小组；二是食品添加剂、调味剂、加工助剂和与食品接触的材料小组；三是转基因生物和食品小组。

3.2.2 审批情况

遗传工程评审委员会批准的大多数转基因微生物和来自微生物生物技术的食品成分都已用于乳制品和烘焙行业（表3）。

表3 印度：转基因评价委员会批准的转基因微生物公司，以及来自微生物生物技术的食品成分

序号	产品	审批状态
1	Maxiren 的进口（来自转基因生物体的 Kluyvercomyces lactis 的转基因凝乳酶）	1991 年 9 月 24 日，GEAC 批准了进口 Maxiren 100 千克，为期一年。在后续的 GEAC 会议上没有进一步的更新
2	重组凝乳酶的生产与商业化	2008 年 10 月 8 日，GEAC 拒绝批准 r-糜菌酶的生产和商业化
3	重组 Chy-Max（糜蛋白 B）的进口	2008 年 10 月 8 日，GEAC 对进口 r-Chy-Max 没有提出异议
4	利用转基因酵母 I 类酵母（酿酒酵母）扩大酵母生物转化过程的非商业试验	2014 年 8 月 28 日，GEAC 批准了开展非商业性试验的请求试验，以扩大使用体积高达 4 000L的转基因酵母 I 类酵母（酿酒酵母）的酵母生物转化过程
5	用重组毕赤酵母生产木聚糖酶	2019 年 11 月 11 日，GEAC 批准了许可，但每六个月向环境、森林和气候变化部区域办公室提交关于环境风险管理和安全计划的合规报告，并获得其他法定许可

资料来源：转基因评价委员会，www. geacindia. gov. in。

市场消息来源称，一些来自微生物生物技术的食品成分，主要是加工辅助剂（酶），以及 2017 年之前国内工业使用的新型食品成分，已获得印度食品安全与标准局临时批准进口和使用。然而，随着新规则和指导方针的最终确定，其他机构正在等待批准。

3.2.3 标识和可追溯性

对于来自微生物生物技术的食品成分的标签或可追溯性，目前并没有具体的规定（关于食品成分的一般规定，请参见 1. 2“政策”部分，1. 2. 7 标识）。

3.2.4 监管和检测

印度并没有积极测试基因工程微生物或来自食品工业中使用的微生物技术的食品成分的证据（关于食品成分的一般规定，见 1. 2“政策”部分，1. 2. 8 监管和检测部分）。

3.2.5 附加监管要求

无。

3.2.6 知识产权（IPR）

印度是WTO的TRIPS协议的签署国，并在2005年改变了其专利立法，从工艺专利制度改为产品专利制度。目前还没有专门的关于转基因微生物或来自微生物技术的食品成分的知识产权的具体规定。

3.2.7 相关问题

无。

3.3 市场营销

3.3.1 公众/私人意见

FAS新德里不知道有哪些研究表明公众或私人对使用微生物生物技术成分的食品的看法。

3.3.2 市场接受度/研究

FAS新德里不知道有哪些营销研究评估了食品加工者或公众对使用微生物生物技术食品成分的态度。

附录

附录1 现有生物技术监管机构-功能/组成

委员会	成员	职能
转基因评价委员会（GEAC）；环境、森林和气候变化部（MOEFCC）的职能	主席-附加秘书，MOEF 联合主席-DBT 提名人成员：有关机构和部门的代表，即工业发展部、DBT 和原子能部 专家成员：总干事-ICAR，总干事-ICMR；总干事-CSIR；卫生局局长；植物保护顾问；植物保护局；检疫和储存；中央污染控制委员会主席；以及一些以个人身份的外部专家。成员秘书：一名来 MOEFCC 的官员	回顾和推荐使用生物工程产品进行商业应用。从环境安全的角度批准在生物工程生物和重组体中大规模使用研究和工业生产的活动。就清除生物工程作物/产品的技术事宜咨询 RCGM。批准进口生物工程食品/饲料或其衍生的加工产品。对违反 1986 年转基因规定的人采取惩罚措施
基因操作审查委员会（RCGM）；DBT，科技部（MOST）的职能	代表来自：DBT、印度医学研究理事会（ICMR）、印度农业研究理事会（ICAR）、科学和工业研究理事会（CSIR） 以个人身份担任的其他专家	从生物安全的角度，制定生物工程产品的研究和使用的监管程序指南。监测和审查所有正在进行的转基因研究项目，直到多地点限制的现场试验阶段。负责访问试验地点，以确保采取适当的安全措施。转基因研究项目所需原材料进口放行。仔细研究 GEAC 对进口生物工程产品的应用。召集生物技术作物研究项目的监测和评估委员会。在委员会感兴趣的主题有需要时，指定子小组
重组 DNA 咨询委员会（RDAC）；DBT 的职能	DBT 和其他公共部门研究机构的科学家	注意到国家和国际一级生物技术的发展。为生物技术的研究和应用制定适当的安全指南。准备 GEAC 可能要求的其他指南
监测和评估委员会（MEC）	来自 ICAR 研究所、国立农业大学（SAUs）和其他农业/作物研究机构的专家以及来自生物技术部的代表	监测和评估试验地点，分析数据，检查设施，并向基因处理评审委员会/遗传工程评审委员会推荐安全和农业上可行的转基因作物/植物以供批准
机构生物安全委员会（IBC）；在研究机构层面的职能	该研究所的负责人、从事生物技术工作的科学家、医学专家和 DBT 的提名人	为生物工程生物在研究、使用和应用中的监管过程制定指导方针手册，以确保环境安全。授权和监测受控的所有正在进行的生物技术项目。授权进口用于研究目的的生物工程生物/转基因生物。与地区和州一级的生物技术委员会进行协调

（续表）

委员会	成员	职能
国家生物技术协调委员会（SBCC）；在进行生物技术研究的州政府下的职能	州政府首席秘书；环境、卫生、农业、商业、森林、公共工程、公共卫生部门的部长；国家污染控制委员会主席；国家微生物学家和病理学家；其他专家	定期审查处理生物工程产品的机构的安全和控制措施。如果有违规行为，请通过国家污染控制委员会或卫生部进行检查并采取惩罚性行动。在国家一级的节点机构，以评估由于生物工程生物体的释放而造成的损害，并采取现场控制措施
区级委员会（DLC）；在进行生物技术研究的地区行政部门下的职能	地区收藏家；工厂检查员；污染控制委员会代表；首席医疗官；地区农业官员、公共卫生部门代表；地区微生物学家/病理学家；市政公司专员；其他专家	监督研究和生产设施中的安全法规。调查是否符合 rDNA 指南，并向 SBCC 或 GEAC 报告违规情况。在地区一级的节点机构，以评估因生物工程生物体的释放而造成的损害，并采取现场控制措施
印度食品安全与标准局	目前仍在起草规章制度和指导方针的过程中	FSSAI 被授权监管转基因食品和产品的审批

资料来源：DBT，MOEFCC，FSSAI，印度政府资料来源和 FAS 新德里办公室研究。

附录 2 生物技术产品进口程序及应用格式

项目	根据机构批准	管理规则	表单排序	链接
“转基因生物”/研发组织	IBSC/RCGM/NBPGR	1989 年的规则；1990 年和 1998 年的生物安全指南；植物检疫（印度进口条例）-2004 年由 NBPGR 发布的命令；以及种质资源进口指南，2004 年由 NBPGR 发布	Ⅰ	GEAC 表单Ⅰ
有意释放的转基因生物/非转基因生物（包括现场试验）	IBSC/RCGM/GEAC/ICAR	规则 1989；1990 年和 1998 年的生物安全准则	Ⅱ B	GEAC 表ⅡB
食品/饲料/加工	GEAC 和 FSSAI	提供生物安全和食品安全研究，遵守 1989 年的规则、1990 年和 1998 年的生物安全指南。FSSAI 正在研究在 GEAC 在生物安全方面获得批准后的转基因食品的批准规则	Ⅲ	GEAC 表Ⅲ

（续表）

项目	根据机构批准	管理规则	表单排序	链接
来自 MOs/I 的转基因加工食品	FSSAI（以前的 GEAC）	FSSAI 正在制定规则。以前的 GEAC 规则：一次性的“基于转化体”的批准，依据是进口商提供以下信息： i. 作物品种中被批准的基因/转化体清单 在出口国/原产国用于商业生产的基因/转化体清单 ii. 批准该产品在生产国以外的国家消费 iii. 在原产国进行的食品安全研究 iv. 来自出口/原产国的分析/构成报告 v. 进口后设想的进一步加工的细节 vi. 在出口国/原产国的商业生产、销售和饲料/食品用途的详情 vii. 关于批准该产品所来自的基因/转化体的详情	Ⅳ	GEAC 表Ⅳ
含有 GMo/Ⅰ成分的加工食品	FSSAI（以前的 GEAC）	FSSAI 在制定规则。以前的 GEAC 规则：如果加工食品含有来自上述第 2 类和第 3 类的任何成分，如果其 LMO/产品是 GEAC 的，除了在入境口岸申报外，无须进一步批准。如果没有 GEAC 的批准，则需要完成上述第 3 类的程序	Ⅳ 如有需要	GEAC 表Ⅳ

资料来源：MOEF/GEAC http：//www. geacindia. gov. in/applications. aspx，FAS 新德里办事处研究。

注：［1］自 2017 年 8 月 11 日印度最高法院指令以来，这些产品的法规在 FSSAI 的管辖范围内，它仍在制定指导方针和法规。

附录 3　印度遵守《卡塔赫纳生物安全议定书》的各种条款

条数	规定	当前状态
第 7 条	在打算直接用于食品或饲料或加工的 LMOs 的第一次跨界移动之前，应用先进的知情协议程序	已通知主管机构（GEAC）。通过 NBPGR 进行的边界控制仅供控制使用。为加强 DBT 和 MOEF 识别 LMOs 的能力而启动的项目
第 8 条	通知-出口方应确保在第 7 条范围内的 LMOs 有意跨界移动之前，以书面形式通知进口方的主管当局	1989 年规则和主管当局已到位
第 9 条	确认收到通知-进口方应以书面形式向通知单位确认收到的通知	联络点通知监管机构（GEAC）
第 10 条	决定程序-进口方作出的决定应符合第十五条的规定	监管机构（GEAC）已到位
第 11 条	直接用于食品或饲料或加工的 LMOs 的程序	规则 1989[1] The DGFT 通知 No. 2（RE-2006）/2004-2009[2]
第 13 条	简化程序，确保 LMOs 安全有意跨界移动	1989 年规则
第 14 条	双边、区域和多边协定和安排	—
第 15 条	风险评估	DBT 植物研究生物安全指南，来自转基因植物的食品安全评估的密闭现场试验指南
第 16 条	风险管理	DBT 研究指南
第 17 条	无意的跨界移动和应急措施	1989 年规则
第 18 条	搬运、运输、包装和标识	1989 年规则，拟制定的准则
第 19 条	国家主管当局和国家协调中心	环境和森林部被指定为主管当局和国家协调中心
第 20 条	信息共享和生物安全信息交换所	生物安全信息交换所 http：//geacindia. gov. in/india-bch. aspx）
第 21 条	保密情报，机密消息	—
第 22 条	能力建设	DBT 和 MOEF 正在进行的能力建设活动；在联合国环境规划署（GEF）通过联合国环境规划署（GEF）的支持下（自 2012 年以来）
第 23 条	公众的意识和参与	MOEF、DBT 和 ICAR 目前都有关于生物技术开发和监管系统的特定网站，包括 GEAC[3]、DBT 生物安全[4]、ICAR 生物安全[5]等网站

（续表）

条数	规定	当前状态
第 24 条	非缔约方（缔约方与非缔约方之间的跨界移动）	1989 年所有进出口的规则
第 25 条	非法的跨界运动	—
第 26 条	社会经济考虑	社会经济分析是决策的一个组成部分
第 27 条	责任和赔偿	2014 年 12 月批准了《名古屋吉隆坡责任和赔偿议定书》

资料来源：环境、森林和气候变化部，印度工业来源，FAS 新德里办事处研究。

注：[1] 见附录 2；[2] http：//dgftcom. nic. in/exim/2000/not/not06/not0206. htm；[3] http：//geacindia. gov. in/index. aspx \ ；[4] http：//dbtindia. gov. in/regulations - guidelines/regulations/biosafety - programme；[5] https：//biosafety. icar. gov. in/。

巴基斯坦农业生物技术年报

USDA 美国农业部
对外农业服务局GAIN全球农业信息网
规定报告：按规定–公开发表
日期：2021年10月24日
报告编号：PK2021–0011
报告名称：农业生物技术年报
国家：巴基斯坦
报告类别：生物技术和其他新生产技术
编写人：Christopher Rittgers
批准人：Christopher Rittgers

报告要点

棉花仍然是唯一一种被批准种植和使用的转基因（GE）作物。监管上的不确定性使生命科学公司无法获得任何其他转基因作物的批准，而国家生物安全委员会仍在制定有关用于食品、饲料和加工的转基因商品进口的法规。到2020年，巴基斯坦进口了约220万吨大豆，其中美国的市场份额接近50%。

[内容提要]

巴基斯坦的农业生物技术监管框架包括四项关键法律：2005年的巴基斯坦生物安全规则（PBR）；2012年巴基斯坦知识产权组织法案；2015年种子修正案；以及2016年的《植物育种者权利法案》（PBRA）。然而，许多相应的执行条例尚未制定，而一线部门缺乏足够的技术人员来执行现有的条例。第一代转基因（GE）棉花自2010年开始被批准种植和应用，种植面积占巴基斯坦200万公顷棉花中的95%。知识产权实施不力阻碍了转基因棉花种子在现有第一代性状之外的发展。与此同时，由于缺乏明确的监管规定，生命科学公司无法申请转基因的研究和所有其他大田作物的田间试验许可。

2005年的PBR要求用于食品、饲料和加工（FFP）的转基因衍生产品必须得到国家生物安全委员会（NBC）的批准。然而，截至目前，NBC还没有建立任何规则或行政协议，使公司能够合法注册和进口用于FFP目的转基因产品。尽管如此，到2020年，巴基斯坦进口了约220万吨大豆用于进一步加工，几乎所有这些进口的大豆都含有转基因成分。PBR向国家生物安全委员会（NBC）申请对转基因粮食作物进行实验室和现场试验的要求尚不明确。2018年，国家食品安全与研究部（MNFSR）最终确定了PBRA的实施规则和植物登记指南，但对转基因粮食作物种子的登记程序仍被搁置。由于缺乏一个全面运作的农业生物技术框架，为用于FFP的转基因衍生产品进口商创造了一个不确定的贸易环境，并阻碍了技术提供商对巴基斯坦棉花和粮食作物种子部门的投资。

第1章 植物生物技术

1.1 生产和贸易

1.1.1 产品开发

2019年3月，国家食品安全与研究部（MNFSR）与国家生物安全委员会（NBC）暂停了转基因杂交玉米的研究和商业化，因为他们评估当地通过使用非转基因种子的玉米生产足以满足国内需求。

根据这一决定，除棉花外，所有作物的转基因试验也被暂停。从那以后，NBC就没有批准任何由公共研究机构或私人公司提交的玉米和其他粮食作物的实验室、温室或田间试验申请。2010年批准的转基因棉花种植和商业化的监管批准未受影响，每年有几个转基因棉花种子品种获得批准。棉花是巴基斯坦最重要的经济作物，棉花产品的出口占该国所有外汇收入的60%。棉花是纺织业的原材料，纺织业拥有17%的劳动力，赚取了宝贵的外汇，占国内生产总值的8.5%。

国家食品安全与研究部和气候变化部（MOCC）是参与转基因产品审批和监管的两个主要部门。MNFSR批准转基因种子种植，并签发转基因产品进口许可证。气候变化部下属的国家生物安全委员会负责审查和批准实验室程序，监督现场试验，并监管转基因产品贸易和商业化。除棉花外，转基因作物的研发申请一直被搁置，等待监管要求的明确。

来自公共和私营企业以及研发组织的机构生物安全委员会（IBC）正在与巴基斯坦监管机构就批准状况进行持续对话。然而，2019年3月暂停进一步批准除棉花以外的所有作物，这减缓了正在进行的研究和开发活动，NBC倾向于技术提供商在该国进行所有基础和初级研究，即使之前已经在另一个国家进行过，这是导致跨国种子公司不愿投资于转基因种子开发的另一个因素。

各转基因性状的审批状态如表1所示。

表1 巴基斯坦生物技术作物的发展

作物	特征	审批阶段	申请人	状态
棉花	小菜蛾抗 *Bt* 基因	田间试验	CEMB	正在进行中

注：* 2019年3月，除棉花外的所有作物的转基因试验都被暂停。

（续表）

作物	特征	审批阶段	申请人	状态
棉花	具有 *TrAC* 基因抗病毒（*CLCV*）	田间试验/准备发布	CEMB	正在进行中
	具有干扰 RNA（*RNAi*）抗病毒（*CLCV*）	田间试验	CEMB 和 NIBGE	正在进行中
	AVP1-H^{+}的耐盐性和耐旱性	田间试验	NIBGE	正在进行中
	Cry1Ac 和 *Cry2Ab*	田间试验	CEMB/NIBGE+4 家国内种子公司	正在进行中
	Cry1Ac+Cry2Ab 和草甘膦	田间试验	CEMB/NIBGE+4 家国内种子公司	正在进行中
	纤维改进	实验性	CEMB	正在进行中
小麦	抗锈、抗旱和抗盐性	实验/田间试验	NIBGE	待定
	生物强化小麦提高铁、锌生物利用率	田间试验	FCCU/AARI	待定
	提高磷的利用效率	田间试验	FCCU+1 国内种子公司	待定
	防锈标记	实验性	AARI	待定
水稻	*Xa21* 基因抗细菌性枯病（通过分子辅助育种）	实验性	NIBGE	待定
	具有 *Cry1Ac* 和 *Cry2A* 基因的昆虫抗性	实验性	CEMB IIUI IBGE，IIUI， 白沙瓦	待定
玉米	抗虫性（*Cry1Ac+Cry2A*）	田间试验	CEMB/ NIGAB	待定
	CEMB-GT 基因	田间试验	CEMB/ NIGAB	待定
	CEMB-AFP	田间试验	CEMB	待定
	cry2Ab2 & *cry1A. 105* 和 *cp4epsps*	田间试验	Pioneer	待定
	cry1F，*cry1Ab and cp4epsps*	田间试验	Pioneer	待定
	cry1Ab x mESPSPS	田间试验	Syngenta	待定
	mESPSPS	田间试验	Syngenta	待定

（续表）

作物	特征	审批阶段	申请人	状态
甘蔗	用 *Cry* 基因抵抗昆虫	实验性	NIBGE	待定
	叶绿体转化	实验性	CEMB	待定
	耐旱性	实验性	AARI	待定
	sig1+sig2+sig3	实验性	CEMB	待定
	CHiA+CHiB+CHiC	实验性	CEMB	待定
	用 *VIP3+ASAL* 抗虫	实验性	CEMB	待定
	耐受除草剂的甘蔗	实验性	CABB	待定
	利用 *SUGARWIN 2* 基因的生物耐压甘蔗	实验性	CABB	待定
	利用 *scdr1* 基因的耐非生物胁迫甘蔗	实验性	CABB	待定
	抗真菌甘蔗病毒抗性	实验性	CEMB，IBGE	待定
鹰嘴豆	昆虫抗性（*Bt* 基因）	实验性	CEMB/NIGAB	待定
烟草	用一种新型合成蜘蛛毒液的基因抗昆虫（螺旋虫）	实验性	NIBGE	待定
	酵母耐盐性，拟南芥 Na^+/H^+ 逆向转运基因	实验性	NIBGE	待定
	用 *ArDH* 叶绿体转化耐盐性（生物安全 *GM*）	实验性	CABB	待定
	针对家禽疫和新城疫的非食用疫苗的研制	实验性	CABB	待定
马铃薯	病毒（*PLRV*，*PLXV*，*PVY*）抗性，抗真菌的甲壳素酶基因	实验性	NIBGE	待定
	抗虫转基因马铃薯叶绿体转化	实验性	CABB	待定
	使用葡聚糖酶基因抗真菌	实验性	CABB	待定
花生	抗除草剂，抗 Tikk 疾病	实验性	NIBGE	待定
大豆类	草甘膦抗性，用于芥酸还原的 *FAEI* 基因、使植物分支最大化增强产量的 *MAX1* 基因	实验性	AARI IBGE	待定

注：CEMB 为分子生物学卓越中心，旁遮普大学，拉合尔—尼伯奇；NIBGE 为国家生物技术和基因工程研究所，费萨拉巴德；FCCU 为福尔曼基督教学院大学，拉合尔；AARI 为 Ayub 农业研究所，费萨拉巴德；NARC 为国家农业研究中心，伊斯兰堡；CABB 为农业生物化学和生物技术中心，农业大学，费萨拉巴德·尼加布；NIGAB 为国家基因组学和先进生物技术研究所，NARC，伊斯兰堡；IBGE 为生物技术和基因工程研究所，Ag. 白沙瓦大学；IIUI 为伊斯兰堡国际伊斯兰大学。

1.1.2 商业化生产

转基因棉花是目前巴基斯坦唯一获准种植的作物。2021 年，农民在 200 万公顷土地上种植了约 25 个棉花种子品种，转基因棉花占巴基斯坦棉花种植面积的 95%。大多数已获批准的转基因棉花种子品种包含两个第一代转基因其中之一：*MON531*（*Cry1Ac* 基因）或（*Cry1Ab* 基因）。具有这些转基因的品种保护棉花免受鳞翅目昆虫幼虫（即蝴蝶、蛾）的侵害。CEMB 开发了 5 种双基因转基因棉花品种，目前正在商业化销售。监管的不确定性阻碍了申请人对除棉花外的任何其他作物进行转基因试验的申请。

1.1.3 出口

巴基斯坦出口少量的转基因棉花。在 2020/2021 销售年度（8 月至翌年 7 月），巴基斯坦出口了 25 000包（375 磅/包）原棉。巴基斯坦还出口棉纱、棉织物和其他来自国内和进口转基因棉的产品。纺织业在巴基斯坦经济中占主要份额，巴基斯坦出口总额的 60%左右依赖于纺织业。

1.1.4 进口

2020 年，巴基斯坦进口了 100 多万吨的棉花，其中大部分来自美国和巴西。巴基斯坦还从美国、巴西、加拿大和阿根廷进口转基因大豆、豆粕、豆油、菜籽油和蒸馏干谷物。2020 年，巴基斯坦进口了约 220 万吨大豆，其中约 43%来自美国，其余来自巴西。

1.1.5 粮食援助

没有影响转基因作物生产的粮食援助进口的已知问题或限制。

1.1.6 贸易壁垒

巴基斯坦当局目前正在制定措施以规范转基因贸易，特别是用于 FFP 的产品的进口。尽管《巴基斯坦生物安全规则》（PBR）规定，用于 FFP 的转基因衍生产品需要进口批准，但《国家生物安全指南》（NBG）缺乏关于如何获得转基因产品进口许可证或获得进口转基因产品法律认可过程的具体细节。为了解决这一问题，NBC 正在制定政策和程序建议，以规范在巴基斯坦使用 FFP 的转基因产品的进口。2020 年 10 月，NBC 成立了一个小组委员会，以最终敲定 FFP 的进口法规。

虽然制定这些措施并将其纳入国家生物安全指南应提供一定程度的贸易确定性，但正在制定的措施的确切性质尚不清楚。目前，巴基斯坦每年从美国和其他国家进口约 400 万吨转基因产品（例如大豆、油菜、葵花籽和 DDGs）。由于 NBG 中缺乏明确的程序和要求，这些进口产品没有得到 PBR 所要求的任何监管许可或批准。在此期间，缺乏明确的指导和可能采取更严格的措施威胁着转基因产品的贸易，并给这些产品的进出口商带来越来越大的不确定性。

1.2 政策

1.2.1 监管框架

2005年，巴基斯坦根据1997年《环境保护法》的规定建立了其联邦生物技术监管结构，以批准新技术。根据该法案，巴基斯坦于2005年4月制定了PBR。PBR是该国农业生物技术框架的四项基本法律中的第一项，适用于以下方面：涉及“转基因生物”及其产品的使用和应用的开发机构和/或私人公司，制造、进口和储存微生物和基因技术产品用于教学和研究；所有涉及转基因操作的植物、动物（包括家禽和海洋生物）、微生物和细胞现场试验的工作；出于商业目的进口、出口、销售和购买“改性活生物体”、物质、细胞以及其产品。PBR应符合巴基斯坦在2009年批准的《卡塔赫纳生物安全议定书》（CPB）。PBR还设立了以下3个实体。国家生物安全委员会（NBC）：负责审查和批准实验室程序，监测田间试验，监管转基因作物和产品的贸易和商业化。国家生物安全委员会（NBC）位于巴基斯坦环境保护局（EPA）内，隶属于商业部（MOCC）。国家生物伦理委员会有15名成员，包括来自国家粮食安全和研究部（1）、卫生部（2）、教育部（3）、科技部（4）、商业和纺织部（5）、规划和发展部（6）、巴基斯坦农业研究委员会（7）的代表；巴基斯坦原子能委员会（8）；以及来自巴基斯坦4个省（9~12）和3个地区（13~15）的代表。

技术咨询委员会（TAC）：负责审查新的转基因作物和生物体的申请，并就与实验室和现场活动有关的技术问题以及将转基因作物和生物体投放市场的问题向NBC提出建议。环保局局长主持技术咨询委员会的工作，委员会成员包括来自巴基斯坦各省和地区的代表。

机构生物安全委员会（IBC）：负责进行风险评估，实施保障措施，并监督和检查所有经NBC授权的受管制的研究和产品开发。IBC的研究结果将转交给TAC进行审查，并向NBC提出建议。迄今为止，环保局已经通知了44个IBC，其中包括16个来自跨国公司和巴基斯坦私营部门的国际商业委员会，其余的来自巴基斯坦的公立大学和研究组织。

相关法律法规介绍如下：

2012年颁布的《巴基斯坦知识产权组织法案》（IPOP）是该国农业生物技术框架的四项基本法律中的第二项。巴基斯坦的知识产权法包括版权法、专利法和商标法。这一法律领域保护个人和企业的专有作品，以免第三方未经授权擅自使用或利用。通过利用知识产权法，种子开发商可以充分保护并从他们的转基因产品中收回他们的投资。作为世界贸易组织（WTO）的签署国，巴基斯坦有义务在更高层次的保护下相互承认知识产权。巴基斯坦的知识产权法也考虑到了世贸组织的规定。

2015年颁布的《种子修正案法案》是该国农业生物技术框架的四项基本法律中的第三部，这项修正后的法案允许私营部门进口新的种子技术。它的规定还有助于组合种子产业，并为所有相关方提供了扩大新技术知识和资源的机会。

2016 年颁布的《植物育种者权利法案》（PBRA）是该国农业生物技术框架的四项基本法律中的第四项。PBRA 于 2016 年通过，MNSFR 于 2018 年 5 月最终确定了实施规则，并于 2018 年 10 月建立了种子登记册。该法案的最终全面实施将建立巴基斯坦首次对种子和植物品种的知识产权保护，并将吸引对种子开发和营销的投资。PBRA 将为登记种子的公司提供 20~25 年的法律保护，赋予他们进行种子生产和商业化的各个方面的专有权利。巴基斯坦的公共部门研究机构将能够向农业公司出售知识产权（IPR），为他们的研发筹集资金。此外，公共研究设施中的植物育种者将有更大的动力来开发创新的种子技术。因此，在全面实施后，该法案将加速巴基斯坦农业生物技术的发展，并鼓励公共和私营部门的种子研究和开发。

1.2.2 审批情况

TAC 和 NBC 不定期会面。在过去的两年里，根据 TAC 的建议，NBC 批准了几项转基因申请，主要涉及棉花转化体。委员会目前正在审查许多棉花品种试验的结果，其中包括一些具有 3 个和 2 个复合性状的试验（表 2）。

表 2　NBC 批准的商业化活动详细信息

商业化审批				
排序	机构	作物	特征	状态
1	CEMBNIBGENARC	棉花	40 多例 Bt 棉获得批准	商业化的
2	费萨拉巴德 棉花研究所（CRI）	棉花	Bt 棉花品种 FH-Lalazar， MNH-988，BH-184	商业化的
3	奥里加，拉合尔	棉花	Bt 棉花品种 Sayban-202	商业化的
4	巴基斯坦拜耳公司	玉米	Roundup Ready corn® （NK603Genuity VT Double Pro （MON89034XNK603）	待定
5	巴基斯坦科尔特瓦公司	玉米	玉米 1507 NK603；MON810 NK603	待定

注：2019 年 3 月，暂停除棉花外的所有转基因作物的批准。

PBR 规定了每个转化体的批准流程（即实验室工作、现场试验或商业化）的时间表。一旦监管官员收到任何转化体的申请，应在以下时间内将最终决定告知申请人：对于实验室工作、温室和现场测试风险较低或相当大的工作，60 天；实验释放 90 天；或商业化 120 天。

1.2.3 复合转化体的批准

PBR 声明单个或多个基因转化将按单独分开的转化体处理。在审批过程中，具有多个转基因的种子将被视为单个转化体。随着 2012 年 IPOP 法案和 2016 年 PBRA 法案的通过，巴基斯坦的监管官员已经证实，每一个新的基因性状都将分别受到保护。复合转化体的商业化批准和田间试验详情如表 3 所示。

表 3　复合基因的批准

基因	作物	审批阶段	公司	状态
cp4epsps	玉米	商业的	拜耳	待定
cry2Ab2 & *cry1A. 105* 和 *cp4epsps*	玉米	商业的	拜耳	待定
cry1F，*cry1Ab* 和 *cp4epsps*	玉米	商业的	科尔特瓦	待定
Cry1 抗体+*Cry2* 抗体+草甘膦	棉花	商业的	CEMB	正在使用中
抗虫性	玉米	田间试验	CEMB，NIGAB	待定
cry1F，*cry1Ab* 和 *cp4epsps*	玉米	田间试验	科尔特瓦	待定
cry1Ab×mESPSPS	玉米	田间试验	先正达	待定
mESPSPS	玉米	田间试验	先正达	待定

注：2019 年 3 月，暂停除棉花外的所有转基因作物的批准。

1.2.4　田间试验

目前，研究机构只进行棉花田间试验。有 50 多个公共部门的研究机构在进行农业生物技术方面的试验。其中，有 28 家已在国家生物委员会注册了机构生物安全委员会（表 4）。

表 4　田间试验的批准

排序	机构	作物	试验	状态
1	NIBGE	小麦	增加了耐盐碱和耐热性	待定
2	NIBGE	棉花	非生物胁迫耐受性、抗虫性（IR-NIBGE+8）	正在进行中
3	NIBGE	棉花	NIAB Bt1 +NIAB Bt2	正在进行中
4	CEMB	棉花	CEMB Klean Cotton	正在进行中
5	CEMB	棉花	CEMB-77，CEMB-88	正在进行中
6	CEMB	马铃薯	通过多种基因的传递	待定
7	AARI	棉花	Bt 棉品种 181	正在进行中
8	AARI	棉花	合成 Bt 基因 Cry1Ac&Cry2Ab	正在进行中
9	FCCU	小麦	生物强化小麦为提高铁和锌的生物利用度	待定
10	FCCU	小麦	提高了磷的利用率和使用效率	待定
11	CRI Faisalabad	棉花	Bt 棉 CIM600&616；周期 177	正在进行中
12	CCRI Faisalabad	棉花	Bt 棉花品种 Eagle1-6	正在进行中
13	CABB，UAF	小麦	耐盐碱和耐旱性	待定

（续表）

排序	机构	作物	试验	状态
14	CABB，UAF	甘蔗	耐除草性和抗虫性	待定

注：2019 年 3 月，暂停除棉花外的所有转基因作物的批准。

1.2.5 新兴生物技术

一些巴基斯坦的学术和研究机构一直在研究基因编辑技术，如 CRISPR-Cas。生物技术研究资金非常有限，但优先考虑微生物和作物中的基因编辑①。

1.2.6 共存

目前，巴基斯坦还没有制定关于转基因和非转基因作物如何共存的政策。

1.2.7 标识和可追溯性

巴基斯坦对来自转基因作物的大量进口食品、种子、纤维、油脂或饲料没有标识要求。据报道，政府正在考虑对某些产品上进行标识制定规则。

1.2.8 监测和检测

尽管在 PBR 中概述了监测和测试要求，但两者都没有发生。然而，巴基斯坦正在制定关于进口转基因作物的指导方针，其中可能包含监测和测试方案。一种可能的监测方案是，转基因产品的进口需要来自 MNSFR 的植物保护部（DPP）的进口许可证和 NBC 的转基因认证。

1.2.9 低水平混杂（LLP）策略

巴基斯坦尚未制定 LLP 政策。

1.2.10 附加监管要求

一旦转基因种子获得 NBC 的批准，申请人必须在 MNFSR 的联邦种子认证和注册部门（FSC & RD）注册该产品，然后才能根据 2015 年《种子修正法案》的要求将其商业化。同样，省级种子委员会和所有国家资助机构，如由巴基斯坦农业研究委员会管理的农业联系项目（ALP）；由巴基斯坦科学基金会管理的国家科学联系项目（NSLP）；以及高等教育委员会的资助。在任何转基因研究提案的资助授权之前，需要获得 NBC 的批准。

1.2.11 知识产权（IPR）

IPOP、PBRA 及其实施条例一旦最终确定，将建立起巴基斯坦第一个针对种子和植

① 生物技术是指利用微生物、动物或植物的细胞或酶来合成、分解或转化材料从而生产商品。

物品种的知识产权保护体系。IPOP 的实施及其实施条例由商务部负责。2018 年，金融稳定委员会和 MNFSR 研发部最终确定了《PBRA 实施条例》，并建立了工厂登记册，但执行工作仍然松懈。

1.2.12 《卡塔赫纳生物安全议定书》的批准

巴基斯坦于 2009 年 3 月 2 日批准了《卡塔赫纳生物安全议定书》。PBR 为转基因生物的跨界移动、运输、处理和应用提供了一个框架。

1.2.13 国际条约和论坛

巴基斯坦是《国际植物保护公约》和《食品法典》的成员。巴基斯坦是世界贸易组织（WTO）的创始成员之一，并在日内瓦设有一名常驻代表。

1.2.14 相关问题

巴基斯坦的农业生物技术框架取决于四项关键法律：2005 年的 PBR、2012 年的 IPOP 法案、2015 年的种子修正法案和 2016 年的 PBRA。这些法律都没有一套完整的实施条例，也没有使其充分运作所需的资深技术人员。

1.3 市场营销

1.3.1 公共/私人的意见

国家食品安全与研究部、气候变化部和卫生部、教育部、科技部、商业和纺织部、规划和发展部，以及巴基斯坦的农业产业普遍支持转基因技术。然而，由于缺乏管理转基因认证和 FFP 审批程序的法规正在给转基因产品的贸易带来不确定性。这种模糊性也使得跨国技术供应商不愿意投资于转基因种子的研发。2001 年对专利法进行了修改，以符合世贸组织的指导方针，但执法力度，特别是对农业产品（如种子、插条）的执法力度很弱。盗版和仿冒很普遍。

消费者对转基因技术的态度不一，但他们普遍接受市场上的转基因产品。消费者普遍不了解监管情况。

1.3.2 市场接受度研究

澳大利亚墨尔本大学和加拿大圭尔夫大学有两篇关于巴基斯坦 Bt 棉花的博士论文。澳大利亚的研究集中在转基因棉花在巴基斯坦的商业化；而加拿大的研究关注的是巴基斯坦农民的健康。此外，国际粮食政策研究所和国际生命科学研究所还发表了关于巴基斯坦农业生物技术发展的论文。

第2章　动物生物技术

2.1　生产和贸易

2.1.1　产品开发

巴基斯坦目前没有生物技术衍生动物的商业生产或销售。克隆小鼠胚胎的研究正在进行中，但目前还没有商业应用。

巴基斯坦的家禽业一直在研究开发一种新城疫重组疫苗。生产这种疫苗的研发工作正在费萨拉巴德的 NIBGE、伊斯兰堡和费萨拉巴德的农业大学进行。在一个军事奶牛场的胚胎移植中心生产的牛胚胎数量有限，但主要用于该中心。CEMB 已经开发了一些干扰素产品，但巴基斯坦药物监管局（DRAP）没有对其进行注册，因为没有提供有效性和安全性研究。

2.1.2　商业化生产

无。

2.1.3　出口

无。

2.1.4　进口

无。

2.1.5　贸易壁垒

虽然没有针对动物生物技术的监管框架，但转基因动物和相关产品的进口可能会受到限制。进口产品必须首先获得相关部门颁发的“无异议证明”，如果产品与传统动物或其产品有显著的独特性或实质性差异，官员可能会提出担忧。

2.2　政策

2.2.1　监管框架

PBR 中提到了生物体（例如动物、植物、昆虫、真菌和微生物），它包括关于动物和植物的单独章节。这些规则将成为任何转基因动物、牲畜克隆，或其产品监管的基础，NBC 可能负责审查任何新产品的应用。

2.2.2 审批情况

由于巴基斯坦没有进行转基因动物的生产或贸易或动物克隆活动，因此尚未开始商业化阶段的批准。一些研究机构只进行体外实验。

2.2.3 新兴生物技术

小鼠胚胎克隆是在拉合尔的兽医和动物科学大学（UVAS）完成的，作为产奶动物特别是水牛、山羊和绵羊的动物克隆的学术模型。

2.2.4 标识和可追溯性

目前还没有标识政策。

2.2.5 附加的监管补偿性要求

无。

2.2.6 知识产权（IPR）

目前没有关于动物生物技术的知识产权规定。

2.2.7 国际条约和论坛

巴基斯坦是世贸组织成员，因此参加了世贸组织论坛、世界动物卫生组织和食品法典委员会等相关机构。

2.2.8 相关问题

无。

2.3 市场营销

2.3.1 公众/私人意见

普遍认识有限。

2.3.2 市场接受度

巴基斯坦没有转基因动物的生产或销售。

第3章　微生物生物技术

3.1　生产和贸易

不适用。

3.2　政策

不适用。

3.3　市场营销

不适用。

附录

附录 1　巴基斯坦生物技术作物监管框架

在巴基斯坦的生物技术审批流程见附图 1。

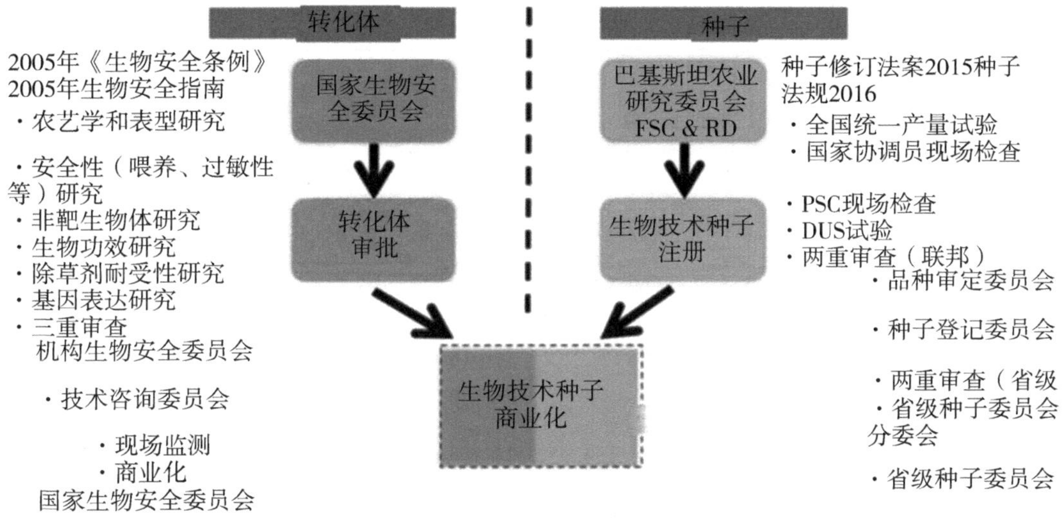

附图 1　生物技术作物监管框架

附录 2　批准的转基因棉花转化体

以下是目前被批准用于商业用途的基因，它们只存在于棉花作物品种中。气候变化部下属的国家生物安全委员会批准了其商业化（放松管制）。

一是 Cry1Ac—最多情况；

二是 Cry1Ac+Cry2A；

三是 Cry1Ac+Cry2A+GTG（局部相当于草甘膦）。

附录 3　生物技术产品进口量

附表 1　棉花进口量　　单位：吨

来源	年份					
	2015	2016	2017	2018	2019	2020
合计	504 906	440 089	435 784	777 896	634 576	1 014 000
美国	72 636	129 455	171 752	344 980	374 585	508 000
巴西	54 368	69 789	48 839	36 873	113 029	285 000
印度	342 223	189 997	127 503	288 192	34 949	—
阿根廷	—	—	100	26 788	21 635	54 000
欧盟 28 国对外贸易	5 324	6 358	14 453	13 538	17 771	21 000
墨西哥	—	2 055	6 225	13 089	16 527	47 000
科特迪瓦	2 990	7 554	27 889	8 458	15 512	51 000
土耳其	1 351	2 714	1 957	7 565	14 687	—
埃及	5 614	3 388	5 750	8 236	13 764	—
马来西亚	—	4 359	554	296	6 054	—
澳大利亚	1 334	11 148	5 548	4 263	4 448	—
中国	278	505	—	1 794	924	—
阿塞拜疆	—	—	—	69	235	—
贝宁湾	18 602	4 426	2 409	842	224	—
其他	186	8 342	22 803	22 913	234	48 000

资料来源：贸易数据监控器（TDM）。

附表 2　大豆进口量　　单位：吨

来源	年份					
	2015	2016	2017	2018	2019	2021
合计	672 830	863 403	2 094 938	2 380 070	1 916 668	2 207 000
美国	314 363	322 744	1 138 302	1 733 277	1 130 977	953 000
巴西	125 989	476 428	955 599	644 072	785 691	1 200 000
加拿大	79 708	64 208	—	—	—	54 000
阿根廷	152 760	—	—	—	—	—
其他	9	23	1 037	2 721	—	—

资料来源：贸易数据监控器（TDM）。

附录 4　参考网址

《巴基斯坦生物安全规则》（2005 年）：https：//environment. gov. pk/Detail/MDUzMDI1OGItYWYzZC00NzQ0LTlhZWItZjYzY2RkOTkyZGVh。

《巴基斯坦生物安全指南》（2005 年）：https：//environment. gov. pk/Detail/Nzk4N2ZhMmQtM2VlYy00NWNjLWE4NzUtOTZkYmMyMmIyY2E2。

《1976 年种子法》：http：//extwprlegs1. fao. org/docs/pdf/pak16066. pdf。

《2015 年种子（修订）法》：https：//pakistanlawyer. com/2016/07/03/seed-amendment-act-2015/。

《2016 年植物育种者权利法案》：http：//www. na. gov. pk/uploads/documents/1485437584_777. pdf。

《2012 年巴基斯坦知识权法案》：http：//www. na. gov. pk/uploads/documents/1355912657_971. pdf。

越南农业生物技术年报

USDA美国农业部
对外农业服务局GAIN全球农业信息网
规定报告：按规定－公开发表
日期：2021年10月18日
报告编号：VM2021－0087
报告名称：农业生物技术年报
国家：越南
报告类别：生物技术以及其他新生产技术
编写人：Thu Pham
批准人：Robert Hanson

报告要点

2021年，越南完成了转基因食品和饲料进口申请的审批。越南继续受益于转基因玉米，将其作为一种可持续的工具来对付草地贪夜蛾（FAW），并在2020—2021年生产面积增加到10万公顷以上，不断增长的国内生产规模也有助于满足当地饲料原料的需求。越南仍然是转基因作物和产品的主要进口国，包括大豆、玉米、酒糟、豆粕和棉花。

[内容提要]

越南农业与农村发展部（MARD）完成了对所有转基因申请的批准。

从2020年12月到2021年8月，MARD为玉米、大豆、棉花和苜蓿的最后七项剩余转基因转化体发放了食品/饲料安全证书。这些批准使越南批准的食品和饲料进口转化体总数达到52项。MARD还于2020年12月重新成立了转基因食品和饲料安全委员会，以审查和批准生物技术申请。各行业希望在MARD重新启动申请程序后尽快提交新的申请材料。转基因玉米继续扩张，并为当地饲料供应做出贡献：由于草地贪夜蛾的威胁仍然存在，越南种植转基因抗虫玉米的数量显著增加。2021年，该行业估计转基因玉米种植面积增加到112 000公顷，约占总作物面积的12%。在农民面临害虫压力更大、更容易接受新技术的地区，转基因玉米得到了很好的应用。转基因玉米也有助于当地反刍家畜的饲料供应以及猪和家禽的谷物供应。预计后期越南的转基因玉米产量将继续逐步增加，但仍面临潜在的监管挑战，因为该国暂停了对新转基因品种的批准，并且没有透明的田间试验管理法规。越南政府发布了到2030年农业生物技术发展总体规划：2021年3月，越南政府发布了一份总体规划，概述了到2030年越南农业生物技术的发展规划。该总体规划旨在：一是促进生物技术在关键农产品中的研究和应用，以提高质量和生产力，适应气候变化，并提高对病虫害的抵抗力；二是增加对当地农业生物技术产业的投资；三是提升植物育种技术、基因技术和动植物细胞技术的研发能力。MARD是协调中心，负责与职能部门合作实施该总体规划。

第1章 植物生物技术

1.1 生产和贸易

1.1.1 产品开发

尽管2014—2015年成功开发了16种转基因作物，但自2016年年末以来，新作物的开发速度有所放缓。此后，MARD暂停了转基因作物环境风险评估的小范围田间试验和大规模试验。MARD尚未重建转基因风险评估委员会，该委员会于2020年9月解散，因此，各行业无法在2021年提交新的杂交品种的田间试验申请。根据《作物生产法》，田间试验法规的制定被推迟，因为MARD有继续进行特异性、一致性和稳定性（DUS）测试以及检查特定性状的种植使用价值（VCU）（如抗虫性和抗病性）的要求。

随着草地贪夜蛾在全国各地的传播，破坏了所有关键生产区的玉米种植，越南农民迅速转向种植抗虫杂交玉米，以最大限度地减少损害，降低杀虫剂成本（VNM2020-0061）。然而，对Bt抗虫玉米品种和草地贪夜蛾抗性性状的田间试验结果的许可持续暂停，尽管其中一些是最新开发的杂交品种，这阻碍了研发商和当地企业开发新品种。截至2021年10月，行业报告称，有若干个品种有待MARD审查以获得种植批准，其中4个品种具有抗草地贪夜蛾的转基因特性。

1.1.2 商业化生产

越南目前只批准了转基因玉米的商业化。迄今为止，MARD已批准了16个转基因玉米品种在越南商业化，其中大多数是复合性状玉米。然而，只有8个品种在当地市场上真正商业化生产，最近的一个品种于2018年3月获得批准。

自2019年秋冬季以来，由于草地贪夜蛾的威胁依然存在，越南种植了大量抗虫转基因玉米。2020年，转基因玉米面积创下增长纪录，几乎是越南转基因玉米商业化以来总面积的两倍。2021年，业界预计转基因玉米面积达到112 000公顷，比2020年的生产面积增加了20%。这表明，尽管近年来玉米总种植面积一直在下降，但转基因玉米生产仍呈现出暂时可持续的增长趋势。行业还报告了不同地理区域采用转基因玉米的不同趋势。据报道，湄公河三角洲的转基因玉米覆盖率很高，那里的农民更愿意采用转基因技术，地方当局认为转基因玉米是帮助从种植低效水稻过渡到种植高价值作物的解决方案。转基因玉米的应用为单位耕地面积在农民收入、生产力和经济效益等方面创造了更高的价值，并为该地区的气候变化提供了应对方案。转基因玉米在中北部和东南部地区也实现了可持续增长，因为其生物质含量增长率高，可以有效地为奶牛等反刍家畜提供饲料。

根据 2001 年 9 月发布的一项研究，转基因玉米的应用在越南显示出经济和环境效益。农民称转基因玉米品种在产量方面比传统品种高出 15%，每公顷生产成本降低到 26.47~31.30 美元。据报道，转基因种植区使用的除草剂平均值比传统玉米区的平均值低 26%。种植转基因玉米的农场的总收入增加了 196 美元/公顷（相对于同等的常规品种）和 330 美元/公顷（所有常规品种的平均值）。60%的农民还称，与传统杂交玉米品种相比，转基因玉米中的真菌毒素水平降低可能与粮食质量改善有关。

产业部门还报告称，越南用于当地生产和出口的转基因种子产量有所增长。其中一家主要开发商表示，他们可以在国内生产的转基因种子，高达 90%在越南销售，并计划扩大生产，用于出口。

1.1.3 出口

目前并没有关于越南玉米出口的官方数据。由于东南亚国家联盟（东盟）国家的需求增加以及与中国的跨境贸易，预计越南 2020/2021 年度（MY20/21）的玉米出口量为 800 吨。这些出口主要是进口玉米的再出口，因为国内生产没有价格竞争力，主要在当地消费。有关越南玉米生产和贸易的更多详细信息，请参阅 GAIN 报告VM2021-0025。

1.1.4 进口

越南进口了许多转基因植物产品，包括大豆、豆粕、大豆油、玉米、酒糟、棉花和苜蓿，不包括纺织业使用的进口棉花和豆油，越南进口的大多数转基因产品都被用作该国不断增长的牲畜和水产养殖业的饲料。越南越来越依赖进口转基因饲料原料，因为国内供应无法满足这些行业的增长。

由于饲料市场在遭受非洲猪瘟（ASF）重创后逐渐复苏，预计越南 2020/2021 年度的玉米进口量将增至 1 300万吨。在 2020/2021 年度，越南的主要供应商是转基因玉米种植国，美国的市场份额有所增加。然而，在 2021/2022 年度，预计后期由于新冠疫情持续暴发和大规模的社会隔离封锁措施（GAIN 报告 VM2021-0078），以及牲畜和饲料行业的高库存和中断，越南进口量将降至 1 150 万吨。

越南 2020 年酒糟进口量约为 110 万吨，美国仍然是酒糟的主要供应商。2017 年 9 月，MARD 解除了对美国酒糟的进口禁令后，由于国内饲料行业的高需求，进口出现了强劲反弹。2020 年，从美国进口的酒糟占越南市场的 98.2%（GAIN 报告 VM2021-0025）。

截至 2021 年 8 月 31 日，越南大豆进口量达到 139 万吨，比 2019/2020 年度同期增长 5%。美国是最大的大豆出口国，占 49.1%的市场份额，而巴西占 45.1%的市场份额。然而，由于第四次新冠疫情暴发对畜牧业和水产养殖业产生了负面影响，预计后期 2020/2021 年度和 2021/2022 年度大豆总进口量将分别下调至 190 万吨和 205 万吨（GAIN 报告 VM2021-0082）。

截至 2021 年 7 月 31 日，越南进口了约 330 万吨豆粕，与 2019/2020 年度同期相比增长了约4%。由于价格较低，阿根廷是最大的供应商，几乎占总进口的65.2%。越南的第二大供应商是巴西，占总市场份额的21.3%。美国是越南的第三大供应商，与2019/2020年度同期相比，美国对越南的豆粕出口增长了近228%。根据未来签订的合同，预计后期2020/2021销售年度的豆粕进口量将保持在510万吨。然而，考虑到总饲料需求的增加，将2021/2022年度的豆粕进口量修订为520万吨（GAIN报告VM2021-0082）。

预计后期由于中国和韩国对服装的高需求，越南2020/2021年度的棉花进口量将达到148万吨。美国是越南棉花供应商的首选。然而，预计后期由于中国的大量采购，越南纺纱厂将会在购买美国棉花方面遇到困难，美国对越南的棉花出口将在2020/2021年度下降10%。巴西正利用这一机会增加对越南的棉花出口，并将在2020/2021年度看到其市场份额继续增长。预测2021/2022年度越南棉花进口量将达到710万包或约155万吨（GAIN报告VM2021-0029）。

1.1.5 粮食援助

越南不再是粮食援助受援国。据报道，越南为粮食援助输送了有限的大米。2021年，越南宣布捐赠12 000吨大米和100吨杂交玉米种子，以支持古巴，减缓2019年新冠疫情流行的影响。

1.1.6 贸易壁垒

截至2021年10月，尚未报告任何影响转基因农产品的官方贸易壁垒。然而，由于越南仍然是转基因作物和相关产品的主要进口国，它已成为一个研发商在生产国商业化之前寻求其批准的主要市场。食品和饲料批准使用的审查期延长继续引发人们对不可预测程序的担忧，这可能导致潜在的贸易中断，并增加未经批准的品种进入市场的可能性。此外，新的转基因杂交玉米品种的种植申请暂停批准，以及田间试验法规的制定持续拖延，阻止了生物技术公司向农民引进新的转基因品种。

1.2 政策

1.2.1 监管框架

1.2.1.1 生物多样性法规

2008年国民议会批准的《生物多样性法》是越南第一部将“转基因生物”条款和转基因风险管理合法化的法律。此前，越南根据2005年《生物安全条例》管理“转基因生物”，但该条例没有详细说明转基因生物和转基因衍生产品的批准程序。《生物多样性法》于2009年7月1日生效，为各职能部门的审批流程和职责提供了法律依据。

1.2.1.2 生物安全法规

关于转基因生物、遗传样本和转基因生物衍生产品的生物安全的69/2010号法令。

2010年6月21日，越南政府发布了关于生物安全的69/2010/ND-CP号法令，取代了 2005 年的《生物安全条例》。69 号法令规定了转基因生物、基因样本的管理框架，并批准转基因作物用于食品和饲料加工以及种植。69 号法令于 2011 年修订，因为《食品安全法》将转基因作物的食品安全管理从卫生部（MOH）重新分配给 MARD。自第 108 号法令（第 69 号法令修订版）于 2012 年 1 月 15 日生效以来，MARD 成为唯一负责审查和颁发越南转基因作物食品和饲料批准证书的部门。

1.2.1.3 118 /2020 号法令——关于修订生物安全的第 69 号法令

2020 年 10 月 2 日，越南政府发布了 118/2020 号法令，修订了关于生物安全的 69/2010 号法令。修订的重点是修订和补充关于转基因作物田间试验并用来开展生物安全评价的规定。该法令为恢复转基因玉米的田间试验提供了监管依据，以进行生物安全评估。田间试验自 2017 年起因农业部 69/2009 号通知的废除而暂停。此外，该法令详细规定了在申请人信息发生变化时，更新食品和饲料批准证书以及生物安全证书的内容。

1.2.1.4 123/2018 号法令修订、补充农业贸易和商业条件

2018 年 9 月 17 日，越南政府发布了第 123/2018 号法令，修订和补充了农业贸易和商业的一些条件。该法令修订了关于生物安全的 69/2010 号法令第 37、38、39 和 40 条，以巩固转基因食品和饲料的进口、生产和贸易条件。123/2018 号法令规定，用于食品和饲料的转基因产品在越南进口、生产和贸易前必须获得食品/饲料批准证书。

1.2.1.5 食品和饲料进口批准

在 MARD 的 2/2014/TT-BNNPTNT 号通知规定了签发和撤销转基因作物食品和饲料批准证书的审查和批准程序，该通知于 2014 年 3 月 10 日生效。

根据该通知，如果转基因转化体符合以下条件之一，则该转化体被批准用于食品和饲料使用和进口：要么已被批准用作食品，5 个发达国家（在经合组织和 G20 中具有先进生物技术背景的国家）或转基因食品和饲料安全委员会得出结论，转基因产品不包含对人类和/或环境的不可控风险。所有提交的转基因产品必须在 MARD 的网站上进行 30 天的公示，之后，提交的材料必须给转基因食品和饲料安全委员会审查，然后提交给 MARD 领导批准。

1.2.1.6 转基因食品和饲料安全委员会

该委员会是根据 MARD 的 2/2014/TT-BNNPTNT 号通知成立的，旨在就食品和饲料使用证书的签发和撤销向 MARD 领导层提供建议。MARD 于 2020 年 12 月 9 日重新成立了转基因食品和饲料安全委员会。该委员会有 12 名成员，包括 MARD、资源环境部（MONRE）、卫生部（MOH）、科技部（MOST）、工业和贸易部（MOIT）的代表以及相关领域的专家。新的委员会保留了前一任期的主席和副主席，但延聘了 MARD 下技术机构的 4 名成员。委员会任期 3 年。

1.2.1.7 环境释放的生物安全批准

（1）风险评估田间试验

根据关于生物安全的 69 /2010 号法令，转基因作物必须进行田间试验，包括小范围田间试验和大规模试验，以评估其在释放前在越南特定条件下对环境和生物多样性的影响，包括饲养、种植和有目的地释放到环境中。根据 118/2020 号法令修订的生物安全田间试验程序规定，MARD 负责发放和撤销田间试验许可证。田间试验结果必须

由 MARD 设立的转基因作物风险评估委员会的审查和批准。

（2）转基因作物风险评估委员会

2014 年首次成立的转基因作物风险评估委员会审查并批准了在越南种植玉米的五个转基因转化体的生物安全田间试验。最后一个委员会于 2020 年 9 月结束任期，因为 MARD 从 2018 年起暂停运行，导致审查转化体的多点测试推迟。尽管越南政府于 2020 年发布了 118 号法令，修订和补充了转基因作物风险评估的规定，但农业风险评估委员会尚未成立。

（3）MONRE 生物安全认证

在越南，将转基因作物释放到环境中需要具备生物安全证书。生物安全证书的授予和撤销程序受 MONRE8/2013/TT-BTNMT 号通知的监管。该通知自 2013 年 7 月 1 日起施行。因此，MONRE 应成立其生物安全委员会，在研发商完成风险评估田间试验并获得 MARD 批准后，审查研发申请。截至 2016 年，MONRE 根据 MARD 对风险评估结果的批准颁发了五份生物安全证书。

（4）种植审批

目前，根据 MARD 第 29/2014 号通知，越南种植的所有转基因杂交种均被视为与一般作物不同的特例。2020 年 1 月 1 日生效的《作物生产法》（CPL）规定了转基因品种的田间试验、育种、交易和质量管理等环节的要求。然而，该法律没有明确转基因品种的种植批准程序。《作物生产法》继续参考《生物多样性法》，对转基因作物进行风险评估和生物安全认证。

（5）转基因杂交品种的特别批准

根据 MARD 关于生物技术优势特别许可的第 29/2014 号通知，必须在田间试验中测试转基因杂交种，以证明其与受体品种的等效性，但含转基因转化体的品种除外。转基因杂交种的田间试验可以与风险评估同时进行。因此，如果转基因杂交种的受体品种已经被认可用于种植，并且满足以下条件，则可以在越南对转基因杂交种进行特别许可：第一，含有已获得生物安全证书以及食品/饲料使用证书的转化体的转基因杂交种；第二，已将转基因杂交种与受体品种进行了比较，并进行了风险评估；第三，除转化体性状外，转基因杂交种在主要农艺性状上与受体品种相当。

如果转基因杂交种已经过风险评估，则其所有者可以申请与受体品种进行示范试验。示范试验必须小规模和大规模都要进行。小规模田间试验应在两个地方的一个作物季节进行。大规模田间试验应在一个作物季节和至少一公顷的地点进行。小规模田间试验可以在大规模现场试验之前或同时进行。

（6）《作物生产法》下的种植批准

根据《农产品法》，在申请种植批准之前，植物品种需要经过田间测试。测试程序包括：第一，植物品种的特异性、均一性和稳定性测试；第二，对该品种的种植价值和使用价值（VCU）进行测试，包括：①对照测试，②小规模田间试验；和③大规模田间试验。关于转基因品种，《作物生产法》规定，在进行种植之前，必须对转基因品种进行环境风险评估试验。

由于《农产品法》对植物品种的田间试验和种植批准作出了一般规定，因此对转基因作物法律的解释存在差异。虽然行业预计 MARD 将按照与传统品种相同的程序批准转基因品种的种植，但 MARD 仍然在转基因品种方面参考了《生物多样性法》和《科学技术法》。2019 年 12 月 13 日颁布的指导《作物生产法》的 94 /2020 号法令规定，在获得转基因食品/饲料批准证书和生物安全证书后，允许转基因品种进口进行田间试验（用于种植登记）。

（7）DUS 和 VCU 测试的国家标准

2021 年，MARD 起草了主要作物玉米和水稻 DUS 和 VCU 测试的国家标准。这些标准将是《作物生产法》下批准种植计划品种示范试验的关键要求。鉴于这些标准的重要性，各行业已与 MARD 密切合作，要求对特定特性（如抗虫性和抗病性）的审查标准进行认可。然而，截至 2021 年 9 月，行业报告称，草案还没有为抗性性状的检查提供必要的指导，后期将继续监测这些标准的发展，并支持与 MARD 合作的行业。

1.2.1.8　关于农业生物技术方面的补充条例

（1）2030 年农业生物技术发展总体规划

2021 年 3 月 24 日，越南政府发布了一份总体规划，概述了到 2030 年越南农业生物技术的发展规划。该规划是根据越南政府关于农业结构调整的决定，并根据《高科技法》和《科学技术法》制定的。该规划旨在：第一，促进生物技术在关键农产品中的研究和应用，以提高质量和生产力，适应气候变化，抵抗病虫害；第二，增加对当地农业生物技术产业的投资；第三，提升植物育种技术、基因技术和动植物细胞技术的能力。

关于植物育种，该规划设定了应用基因技术、植物细胞技术和新技术的目标，为关键作物创造具有优质、高产、气候适应性和抗病特性的新品种。值得注意的是，该规划设定了一个目标，即了解和掌握基因编辑技术，以开发植物育种中的基因组选择系统。该规划还强调了一些领域的国际合作，以支持越南采用新技术，例如制定符合国际法规的生物安全评价政策和法规；基因编辑和育种新技术的交流和培训；与利益相关者和决策者就新技术的优势进行沟通。

后期将继续监测该总体规划的实施情况，并支持与 MARD 在监管发展和技术交流方面的合作。

（2）MONRE 关于提供和交换转基因生物信息和数据库的规定

2012 年 8 月 22 日，MONRE 发布了 09/2012/TT-BTNMT 号通知，内容涉及对转基因生物信息和数据库的提供和交换进行监管。该通知于 2012 年 10 月 8 日生效。根据本通告，MONRE 负责开发一个关于转基因生物数据库，包括：越南参与或已签署的关于转基因生物安全的双边或多边协议；关于转基因生物的现行法规；关于转基因产品安全的研究项目和计划的结果；生物安全证书；食品/饲料批准证书和田间试验许可证；田间试验结果的验证；授权或撤销对转基因产品进行实验研究的决定；决定允许哪些设施进行转基因作物田间试验；允许或决定是否进口用作食品/饲料的转基因产品；第 69 号法令规定的风险评估田间试验报告；转基因生物田间试验信息；转基因作物种植面积；当地/外国生物安全顾问名单；现代生物技术和其他生物技术相关信息或文件。

（3）MOST 关于认证转基因研究实验室资质的指导规定

2012 年 10 月 20 日，越南科学技术部（MOST）发布了 20/2012/TTBKHCN 号通知，

内容涉及认证实验室进行转基因检测的程序规定。

关于转基因作物研究的生物安全管理原则，见 MOST 第 21/2012 号通告，该通告对越南转基因生物的研究和开发进行了规定。因此，转基因作物的研究必须在科学技术监管框架内进行，包括：《科学技术法》《生物多样性法》和《食品安全法》。根据 20/2012/TT-BKHCN 号通知，所有转基因相关研究必须在认证实验室中进行。

1.2.2 批准

MARD 批准了 16 个转基因玉米品种在越南种植。经批准的转基因玉米品种分别具有鳞翅目害虫抗性或草甘膦耐受性，或同时具有鳞翅目害虫抗性和草甘膦耐受性。自 2018 年 3 月最后一次批准以来，MARD 尚未批准任何新的转基因玉米品种在越南种植。MONRE 为转基因作物发放了五份生物安全证书。所有文件均在 2016 年 11 月之前发布。由于 MARD 暂停了对转基因作物环境风险评估田间试验的审查，研发商无法向 MONRE 提交新的生物安全证书申请。获得生物安全证书的转基因性状列表（越南语）可在 MONRE 的网站上获得。http：//antoansinhhoc. vn/gmo/danh-muc-da-cap-phep-vi/。

截至 2021 年 10 月，MARD 已批准了 52 项食品和饲料用大豆、玉米、苜蓿、甜菜和棉花的转化体，见表 1。MARD 定期更新经批准的转化体列表和收到的转基因档案列表，可在相关网站查询网址为 http：//agrobiotech. gov. vn/Default. aspx。

表 1　越南批准的 52 项转基因作物转化体

编号	作物	转化体	批准日期	性状
1	玉米	MZIR098	2021 年 8 月 24 日	抗虫
2	玉米	MON 87419	2021 年 8 月 23 日	耐麦草畏、草铵膦除草剂
3	大豆	DAS-81419-2	2021 年 6 月 23 日	耐草铵膦和抗鳞翅目昆虫
4	玉米	DPØØ4114-3	2021 年 6 月 23 日	耐草铵膦和抗鳞翅目、鞘翅目昆虫
5	棉花	T304-40	2020 年 9 月 14 日（仅用于进口用作原料）	耐草铵膦和抗鳞翅目昆虫
6	棉花	GHB 119	2020 年 12 月 16 日（仅用于进口用作原料）	耐草铵膦和抗鳞翅目昆虫
7	棉花	MON 88701	2020 年 12 月 16 日（仅用于进口用作原料）	耐麦草畏、草铵膦除草剂
8	苜蓿	KK 179	2020 年 12 月 16 日（仅用于进口用作原料）	木质素减少
9	棉花	LL Cotton 25	2020 年 9 月 14 日（仅用于进口用作原料）	耐草铵膦除草剂

（续表）

编号	作物	转化体	批准日期	性状
10	玉米	MON 87411	2020 年 9 月 14 日	抗玉米根虫和耐草甘膦
11	棉花	GHB 614	2020 年 7 月 15 日（仅用于进口用作原料）	耐草铵膦除草剂
12	棉花	COT 102	2020 年 7 月 15 日（仅用于进口用作原料）	抗鳞翅目昆虫
13	大豆	MON 87751	2020 年 7 月 15 日	抗鳞翅目昆虫
14	大豆	FG 72	2020 年 2 月 19 日	耐草甘膦、耐异噁唑草酮除草剂
15	油菜	RF3	2020 年 2 月 19 日	耐草铵膦
16	甜菜	H71	2020 年 2 月 19 日	耐草甘膦
17	油菜	MON 88302	2020 年 2 月 19 日	耐草甘膦
18	油菜	RT 73	2020 年 2 月 19 日	耐草甘膦
19	棉花	MON 15985	2020 年 1 月 21 日（仅用于进口用作原料）	抗虫
20	棉花	MON 88913	2020 年 1 月 21 日（仅用于进口用作原料）	耐草甘膦
21	油菜	MS8	2020 年 1 月 21 日	耐草铵膦
22	玉米	DAS-40278-9	2019 年 9 月 20 日	耐 2,4-D 除草剂
23	大豆	DAS-68416-4	2019 年 9 月 20 日	耐 2,4-D 除草剂、耐草铵膦除草剂
24	大豆	DAS-44406-6	2019 年 9 月 20 日	耐 2,4-D 除草剂、耐草铵膦、草甘膦除草剂
25	苜蓿	J101	2019 年 9 月 20 日（仅用于进口用作原料）	耐草甘膦除草剂
26	苜蓿	J163	2019 年 9 月 20 日（仅用于进口用作原料）	耐草甘膦除草剂
27	玉米	3272	2019 年 2 月 25 日	表达 α-淀粉酶 AMY797E
28	大豆	OH2	2019 年 2 月 25 日	耐草铵膦和 HPPD 抑制剂
29	大豆	CV 127	2019 年 2 月 25 日	耐除草剂
30	大豆	DP-3054231	2018 年 10 月 25 日	除耐草剂、脂肪酸变化
31	玉米	DAS 59122-7	2018 年 10 月 25 日	耐除草剂、抗虫
32	玉米	MIR604	2016 年 8 月 12 日	抗玉米根虫
33	玉米	5307	2016 年 6 月 2 日	抗玉米根虫

（续表）

编号	作物	转化体	批准日期	性状
34	玉米	TC1507	2016年1月19日	抗鳞翅目昆虫
35	玉米	T25	2015年9月9日	耐草铵膦
36	大豆	A5547127	2015年9月9日	耐草铵膦
37	大豆	A270412	2015年9月9日	耐草铵膦
38	玉米	MON87427	2015年9月9日	耐草甘膦
39	玉米	MON87460	2015年9月9日	耐旱
40	大豆	MON87769	2015年9月9日	增加ω-3脂肪酸
41	玉米	MON88017	2015年9月9日	耐草甘膦和抗玉米根虫
42	玉米	MON810	2015年9月9日	抗欧洲玉米螟
43	大豆	40-3-2	2015年4月20日	耐草甘膦除草剂
44	大豆	MON87705	2015年4月20日	提高油酸含量、耐草甘膦除草剂
45	大豆	MON87701	2015年4月20日	抗鳞翅目昆虫
46	大豆	MON87708	2015年4月20日	耐麦草畏除草剂
47	大豆	MON89788	2014年12月24日	耐草甘膦除草剂
48	玉米	GA21	2014年12月10日	耐草甘膦除草剂
49	玉米	MON89034	2014年8月11日	抗鳞翅目昆虫
50	玉米	NK603	2014年8月11日	耐草甘膦除草剂
51	玉米	Bt11	2014年8月11日	抗鳞翅目昆虫、耐草铵膦
52	玉米	MIR162	2014年8月11日	抗鳞翅目昆虫

注：数据截至2021年10月。

1.2.3 复合性状转化体批准

根据MONRE第8/2013号通知，具有复合性状的转基因作物也需要获得生物安全证书。复合性状的审批程序与单个转化体的审批程序相同。

同样，MARD第2/2014号通知规定了单性状和复合性状的食品和饲料认证程序。在这两种情况下，如果每个单个特征在越南获得批准，MARD和MONRE将审查复合性状转化体每个特征再批准。

1.2.4 田间试验

根据2009年11月17日的第72/2009号通告，MARD仅允许为3种转基因作物（玉米、棉花和大豆）进行生物安全评估和商业化的田间试验。到目前为止，MARD刚刚颁发了转基因玉米田间试验许可证。然而，自 2016 年年末以来，MARD 暂停接收转基因作物品种的田间试验申请。后来，MARD 废除了关于转基因作物田间试验的第 69/2009 号通知，造成了越南转基因作物田间试验法规的空白。尽管越南政府更新了第 118/2020 号法令中的田间试验规定，但转基因玉米的田间试验尚未在 2021 年恢复。

1.2.5 基因编辑技术

越南农业遗传学研究所已经在水稻、大豆和木薯中应用 CRISPR/Cas9 进行了几项基因编辑研究。越南也是支持《精准农业生物技术应用国际声明》的国家之一，该声明于 2018 年 11 月提交世界贸易组织卫生与植物检疫措施应用委员会。这是一份不具约束力的文件，重申了关于公平、科学地对待精准生物技术方法的立场。

1.2.6 共存

2018 年 8 月 29 日，越南政府发布了关于有机农业的第 109 号法令，旨在促进越南的有机生产。该法令禁止在有机生产中使用转基因技术和投入。此外，该法令允许越南政府提供高达 100%的资金，以确定有机生产和认证产品符合越南有机农业标准条件的地区。该法令可从以下网址获得：https：//luatvietnam. vn/nong-nghiep/nghi-dinh109-2018-nd-cp-ve-nong-nghiep-huu-co-166604-d1. html。

截至 2020 年 11 月，MARD 报告称，2016—2020 年，越南的有机农业面积显著增长（GAIN 报告 VM2021-0069）。自 2017 年以来，有机生产国家标准已经发布，但在有机认证方面仍然缺乏一个有效且得到广泛认可的机制。在政策层面上，促进有机生产导致了转基因作物推广活动的减少。

1.2.7 标识

2018 年 2 月 2 日，越南政府发布了 15/2018/ND-CP 号法令，以规范有关《食品安全法》的若干条款的实施（见 GAIN 报告 VM8016）。该法令规定，对含有至少一种转基因成分且超过产品总成分的 5%的食品进行标识。2015 年 11 月 23 日，第 45/2015 号部际通告详细介绍了该计算方式，该通告详细介绍了预包装转基因食品的标识指南（GAIN 报告 VM 5088）。

根据 2017 年第 43 号法令，转基因包装食品的标签上也需要有“转基因食品”的声明。需要印在产品标签上的其他强制性内容必须包括数量、制造日期、有效期、成分或成分含量。

2018 年第 15 号法令和 2015 年第 45 号联合通告均规定，在以下情况下不使用标签：一是预包装的含有转基因成分的食品，但未检测到修饰基因或食物中修饰基因的产物；二是直接向消费者销售的新鲜转基因食品和未包装的加工转基因食品；三是在紧急情况下使用的转基因食品，如自然灾害或流行病暴发时。

1.2.8 监测和检测

目前，越南还没有一个监测或测试制度来评估进口食品或越南国内生产消费的食品中的转基因成分含量。

2019年，越南发布了TCVN 12613标准《转基因生物和衍生产品检测的分析方法》。本标准由国家食品控制研究所（NIFC /MOH）根据国际标准化组织（ISO）标准21570：2005制定。该标准提供了定量方法的总体框架，使用聚合酶链反应（PCR）和实时PCR检测食品中的玉米、大米、大豆和番茄“转基因”成分。根据标准法和技术法规，该标准不是强制性的，但经MOST批准的实验室可以应用该标准来作为食品和饲料中“转基因”含量的定量检测或监测标准。到目前为止，NIFC已被MOST批准用于食品和饲料中“转基因”成分含量的定量检测。

1.2.9 低水平混杂（LLP）策略

截至2021年10月，越南还没有LLP政策。MARD频繁出席全球低水平混杂倡导会议。

1.2.10 附加监管要求

目前没有。

1.2.11 知识产权（IPR）

根据《知识产权法》（IPL）50/2005/QH11，越南有一个监管机构，以保护植物品种开发商的权利。IPL为越南的知识产权保护提供了基础，涵盖了植物品种，包括农业生物技术。它在2005年被国民议会（NA）批准，并于2006年7月1日生效。

该法规的第四部分（共六部分）概述了对植物品种的权利和保护，并详细介绍了获得植物品种保护的过程。

根据IPL，树木和藤本植物的品种保护证书有效期为25年；其他作物有效期为20年。该证书适用于整个越南地区。完整法律的英文版本见：http：//pvpo. mard. gov. vn/DetailInfomation. aspx？InfomationID＝IN00000037。

2010年8月16日，发布了88 /2010\ /ND-CP号政府法令，对IPL中与植物品种保护相关的方面进行了进一步澄清。第88号法令英文版全文可从以下网址获得：http：//pvpo. mard. gov. vn/DetailInfomation. aspx？InfomationID＝IN00000305。

2013年2月28日，MARD发布了16/2013号通知，其中规定了关于保护植物品种权的指导方针。该指南指导了一系列关于植物品种既定权利内容的实施，包括植物品种权、植物品种权评估和植物品种保护。MARD于2021年6月21日发布了03/2021通知，以修订和补充16/2013通知中有关植物保护登记程序的部分规定。

1.2.12 《卡塔赫纳生物安全议定书》的批准

越南于2004年4月成为《卡塔赫纳生物安全议定书》的成员，并定期参加该会议，根据《卡塔赫纳生物安全议定书》的规定，VEA是越南的《卡塔赫纳生物安全议定书》协调中心。MONRE已经开发了一个网站，http：//AntoanSinhoc. vn /en /作为生物技术信息、法规和查阅由MONRE和MARD颁发的证书的数据中心。MONRE成立了一个指导委员会，负责实施《名古屋获取和利益分享议定书》。

2014 年 3 月 17 日，越南总理签署了关于越南加入名古屋议定书的第 17/NQ-CP 号决议，该议定书涵盖获得遗传资源、公平分享以及在《生物多样性公约》范围内使用遗传资源产生的合理利益。

2017 年 9 月，MONRE 成立了一个指导委员会，负责执行《名古屋获取和利益分享议定书》（ABS）。该委员会由一名 MONRE 副部长主持，还有来自越南环境管理局（VEA）和 MONRE、MARD、MOST 和老街省的相关机构的代表。MONRE 已经实施了 ABS 项目，以支持 2017—2020 年《名古屋获取和利益分享议定书》的实施。2020 年 9 月，MONRE 发布了《关于报送遗传资源获取和遗传资源收益分配》的通知（10/2020）。

2017 年 5 月 12 日，越南政府发布了《关于管理遗传资源获取和遗传资源收益分配》的第 59/2017/ND-CP 法令。根据该法令第 5 条规定，MONRE 是《名古屋获取和利益分享议定书》指定的国家联络点（NFP）。NFP 负责对与获取遗传资源获取许可证的发放、更新和撤销等有关的活动进行统一管理和监测。NFP 还作为一个协调中心，根据《名古屋获取和利益分享议定书》，提供信息并通过“遗传资源获取和利益分配信息中心”与生物多样性公约秘书处协商信息交流。

关于授予、更新和撤回获取遗传资源的许可证，该法令第 6 条规定：MARD 应授予、更新和撤回作物品种、牲畜、水生物种和森林幼苗等的遗传资源获取许可证；MONRE 应授予、更新和撤回遗传资源许可证（不包含第 6 条第一款中列出的遗传资源）。

1.2.13 国际条约和论坛

越南于 1989 年成为食品法典委员会的成员，并于 2005 年成为国际植物保护公约的成员。越南食品法典办公室由卫生部越南食品管理局管理。

1.2.14 相关问题

无可用信息。

1.3 市场营销

1.3.1 公众/私人意见

据业界介绍，自草地贪夜蛾入侵以来，越南农民一直积极采用转基因玉米，因为它比传统品种表现出更有效的抗性。一名主要开发商称，近年来，转基因玉米种子占了其玉米种子总销售额的 90%。由于提高了作物产量、降低了杀虫剂和劳动力的投入成本，农民们也对更高的利润率感兴趣。大多数种植过转基因玉米的农民对这项技术非常满意，只有不到 10%的用户认为该品种的额外成本过高。然而，农民们也指出，转基因种子相对于传统种子的价格更高，这是他们不尝试新技术的原因之一。

另一方面，在越南，目前还没有关于对于转基因食品的消费者态度和公众接受程度的相关数据。然而，MARD 提到了对生物多样性影响的担忧，导致他们推迟了对新生物技术品种的审查和商业化批准。

1.3.2 市场接受度/研究

进口转基因玉米、大豆和 DDGS 的市场继续增长，以满足牲畜和水产养殖饲料行业不断增长的需求。越南仍然是主要进口国，大多数供应商是生产转基因玉米、大豆及相关产品的国家。越南政府指出，由于在生产玉米和大豆方面没有竞争力，越南以高水平转基因产品接受度加强双边活动，确保了这些产品的贸易流动。

第 2 章　动物生物技术

2.1　生产和贸易

2.1.1　产品开发

2.1.1.1　克隆动物

2021 年 3 月，美国国家动物科学研究所（NIAS）/MARD 报告说，成功地从耳组织的体细胞中克隆出了一个当地特色猪品种。自 2017 年 7 月起，该研究所启动了通过 20 头体细胞核移植技术克隆猪的研究项目。NIAS 认为，这一成功为将克隆技术应用于濒危动物保护和培育有价值的牲畜提供了研究机会。

此前，NIAS 报道成功改善了胚胎的体内和体外冷冻过程，并将胚胎移植到奶牛和猪母猪体内进行繁殖。该研究所还报道了利用体细胞核移植成功地创建了克隆猪胚胎，并成功地将克隆胚胎移植到代孕母猪中。

2.1.1.2　转基因动物

截至 2021 年 9 月，Kraig 生物技术实验室宣布，其在越南广南省的子公司 Prodigy Textiles（“Prodigy 纺织”）的新生产总部，目前正在饲养第二代重组蚕。这是该公司位于广南省的越南子公司。该公司还表示，他们将首批织物样品交付给了新加坡的“Spydasilk”公司，该公司负责开发第一条重组蜘蛛丝服装生产线。

2.1.2　商业化生产

在越南没有颁发克隆动物或转基因动物的商业许可证。

2.1.3　出口

无可用信息。

2.1.4　进口

无可用信息。

2.1.5　贸易壁垒

无可用信息。

2.2 政策

2.2.1 监管框架

2.2.1.1 畜牧法

2018 年 11 月，越南国民议会通过了《畜牧法》（AHL）。该法律与《生物多样性法》一样，将转基因家畜定义为“转基因家畜是指通过使用基因转移技术改变遗传结构的家畜。”该法律禁止“非法进口、生产、放行和使用转基因动物及其产品”，该法律允许出于研究目的克隆动物，并指定越南政府详细规定转基因动物的风险评估。

2.2.1.2 执行畜牧法的政府法令

越南政府于 2020 年 1 月 21 日颁布了第 13 号法令，详细说明了 AHL 的实施情况。第 13 号法令详细规定了关于保护性畜品种遗传资源的规定，但没有进一步描述关于转基因牲畜的细节。

2.2.2 批准/授权

无可用信息。

2.2.3 创新生物技术

无可用信息。

2.2.4 标签和可追溯性

无可用信息。

2.2.5 附加监管要求

无可用信息。

2.2.6 知识产权（IPR）

无可用信息。

2.2.7 国际条约和论坛

无可用信息。

2.2.8 相关问题

无可用信息。

2.3 市场营销

2.3.1 公众/私人意见

无可用信息。

2.3.2 市场接受度/研究

无可用信息。

第 3 章　微生物生物技术

3.1　生产和贸易

3.1.1　商业化生产

在越南，目前没有关于转基因微生物衍生食品成分的商业生产的官方统计或估计数据。

3.1.2　出口

根据贸易数据监测（TDM）显示，2020 年，越南出口了极少量的酶和酶制剂（HS 3507），主要出口到亚洲国家。没有 HS 3507 下的产品出口到美国。2020 年，该国出口了价值约 8.54 亿美元的乳制品、酒精饮料、加工食品、果汁、酱汁和调味品以及可能含有转基因微生物衍生食品成分的婴儿产品。

3.1.3　进口

根据 TDM，2020 年，HS 3507 进口到越南的酶和酶制剂的价值为 7 190万美元。由于越南的主要供应商是美国、中国和欧洲公司，预计后期食品和饲料行业使用的大多数进口酶都来自转基因微生物技术。业内人士报告称，约 60%的进口产品用于食品行业，主要包括酿造业、面包业和烘焙业，剩下的进口产品将由饲料行业消耗。

同样，TDM 报告称，2020 年越南进口了价值约 16 亿美元的乳制品、酒精饮料、加工食品、果汁、酱汁和调味品以及婴儿用品。在这些产品中，大多数可能含有微生物衍生成分，其中，HS 2106、1904 和 1905 的加工产品价值超过 10 亿美元。

3.1.4　贸易壁垒

截至 2021 年 10 月，越南官方还没有报道过影响转基因微生物衍生产品的贸易壁垒。

3.2　政策

3.2.1　监管框架

越南目前没有关于转基因微生物产品上市前批准的规定。食品成分，如酶、用于调味着色增香的物质，无论是来自传统微生物还是转基因微生物（GEMs），均被视为食品添加剂，并受《食品安全法》和相关法规中关于食品添加剂的法规监管。

2011 年 7 月 1 日生效的《食品安全法》（FSL）提供了一个总体框架，以确保越南食品和食品配料的安全。《食品安全法》规定了食品添加剂的安全条件，包括：①符合食品添加剂和食品加工助剂的技术法规；②在标签上用越南语和原产国语言书写使用说明；③食品添加剂被列入越南允许使用的食品添加剂清单；④在市场销售之前注册或声明符合技术法规。根据食品安全法，卫生部是负责食品添加剂食品安全的专门部门。

食品添加剂目前受卫生部 24/2019 号通知（GAIN 报告 VM2019-0066）的监管。2019 年 10 月 16 日生效的第 24 号通知提供了允许在越南使用的食品添加剂清单以及食品添加剂使用的安全条件。因此，在进口商公布其产品的合格声明的前提下，允许清单上的食品添加剂进口到越南。

允许的食品添加剂清单上列出了几种酶，包括米曲霉变种的 α-淀粉酶、枯草芽孢杆菌的 α 淀粉酶、地衣芽孢杆菌的碳水化合物酶、米曲霉变种的蛋白酶、菠萝蛋白酶、溶菌酶。核黄素、色素、清单中也包括调味品等其他物质。卫生部应每两年审查一次允许的食品添加剂清单，并根据食品企业的要求更新该清单。

2021 年 8 月 12 日，越南通知将食品添加剂通告修订为 G/SPS/N/VNM/123 的通告草案。该修订草案将扩大对食品添加剂批准的法规，因为它提出了根据最新的食品添加剂法典标准实时更新允许使用的食品添加剂清单。

3.2.2 批准

越南没有对转基因微生物产品的上市前批准的规定。

3.2.3 标签和可追溯性

除了食品的强制性标签要求外，根据 FSL 和指导 FSL 的越南政府第 15 号法令，包含超过 5%的“转基因生物”或“转基因成分”的食品，在其标签上必须显示“转基因食品”一词。

3.2.4 监测和检测

越南没有对转基因微生物生物技术产品的检测和监测的规定。

3.2.5 附加监管要求

无可用信息。

3.2.6 知识产权（IPR）

无可用信息。

3.2.7 相关问题

无可用信息。

3.3 市场营销

3.3.1 公众/私人意见

目前还没有关于公众对转基因微生物产品的意见的报告。由于越南有着长期食用发酵食品的历史，如酒精、酱油、鱼露、发酵猪肉等，消费者对转基因微生物产品很熟悉。乳制品、饮料和烘焙产品深受越南年轻消费者的欢迎。

3.3.2 市场接受度/研究

为了满足越南食品和饲料行业不断增长的需求，酶和酶制剂的市场持续增长。目前，在越南，酶和酶制剂的主要消费者是酿造和饮料、面包和烘焙、食品加工和饲料工业。

缅甸农业生物技术年报

USDA 美国农业部
对外农业服务局GAIN全球农业信息网
规定报告：按规定-公开发表
日期：2021年10月12日
报告编号：BM2021-0028
报告名称：农业生物技术年报
国家：缅甸
报告类别：生物技术及其他新生产技术
编写人：FAS Rangoon
批准人：Eric Mullis

报告要点

自2020年10月的上一份报告以来，没有重大进展需要说明。尽管缅甸还没有全面的生物安全立法，但其国家生物安全框架和生物安全准则已经制定完成待批准。缅甸军事政变和夏季暴发的新冠疫情延缓了审批进程。本报告介绍了与农业生物技术有关的现行政策及在新框架下这一政策的变化趋势。迄今为止，根据《国家种子策略》，只有转基因棉花被批准用于种植。

［内容提要］

尽管缅甸还没有完备的生物安全立法，但其国家生物安全框架和生物安全准则已经制定完成待批准。这一新政策是美国农业部对外农业服务局（FAS）几年来推动的成果，一旦获批实施，预计将促进缅甸的农业生物技术监管更加透明、可预测和科学，使缅甸政府（GoB）有能力以安全和更妥当的方式进行生物技术监管。然而，2021 年 2 月 1 日发生的军事政变，中止了 FAS 与缅甸政府在生物技术方面的合作。军事政变以及 2021 年夏天新冠疫情的严重暴发，使该框架无法按原计划启动。

虽然缅甸政府计划制定一部生物安全法，但目前还没有任何规范的转基因植物或动物的法律、条例或配套的准则。但却有几部涉及生物安全相关的法律，包括《国家食品法》《农药法》《植物病虫害检疫法》《植物品种保护法》《种子法》《国家种子策略》《动物卫生和畜牧业发展法》《缅甸海洋渔业法》《水产养殖法》《生物多样性保护和保护区法》以及《科学、技术和创新法》。

根据《国家种子策略》，转基因棉花已被批准在缅甸种植。除棉花外，无论是用于试验研究还是商业销售的其他进口种子，都必须具有对应的非转基因证书。缅甸没有关于进口转基因食品或农产品的明确立法，也没有任何申请批准的程序。

第 1 章 植物生物技术

1.1 生产和贸易

1.1.1 产品开发

尽管缅甸的一些生物技术专家正在进行研究，但除了 Bt 棉花之外，缅甸还没有任何转基因产品商业化的案例。缅甸在 2006/2007 年度首次开发了长绒 Bt 棉花品种 Ngwe Chi-6。至 2017/2018 年度，Ngwe Chi-6 棉花品种约占棉花总种植面积的 82%，缅甸政府批准了该品种的商业化申请并在允许条件下尽可能扩大了种植面积。2014/2015 年度，棉花研究与技术开发中心开发了其他 Bt 棉花品种 Ngwe Chi-9 和 Shwe Daung-8，这些品种产量较高，对缅甸常见的害虫（即棉铃虫）有一定的抗性。

缅甸拥有多位生物技术高级学位的科学家，他们分别来自缅甸的私立和公立大学，以及农业部下属的植物生物技术中心和农业、畜牧和灌溉部下属的农业研究所（DARI）等机构。由于缺乏政策指南和法规，缅甸目前还没有开发新的转基因植物品种。制定透明、科学的生物安全法规有利于缅甸政府更安全系统地进行生物技术研究和开发，并将鼓励私营企业加大投入研发新的植物品种以应对缅甸常见的病虫害挑战。

1.1.2 商业生产

尽管缺乏生物安全立法，缅甸还是商业化种植了抗棉铃虫的 Bt 棉花品种 Ngwe Chi-6（即 Silver-6）、Ngwe Chi-9 和 Shwe Daung-8。Ngwe Chi-6 棉花的平均产量约为每公顷 2 吨。缅甸在 2019/2020 年度（9—10 月）生产了 28 万余吨的 Bt 棉花。

1.1.3 出口

缅甸没有大量出口的转基因商品，其种植的所有棉花几乎都在国内消费。

1.1.4 进口

根据联合国粮食及农业组织（FAO）的规定，缅甸承认东南亚国家联盟（ASEAN）的《农业相关的转基因产品风险评估指南》。为了与国际上对现代生物技术产品的监管要求保持一致，缅甸于 2001 年成为《卡塔赫纳生物安全议定书》（CPB）的签署国，并允许进口转基因食品和/或饲料产品。然而，缅甸目前还没有对转基因产品进口的授权程序。

1.1.5 粮食援助

缅甸接受世界粮食计划署（WFP）的粮食援助，主要为其境内的流离失所者提供大米、豆类、油和盐等食品。世界粮食计划署还向其供餐计划的学校以及偏远和冲突地区提供高能量饼干。所有大米、豆类和盐都是在缅甸国内销售的，而油、高能量饼干和营养混合食品则是进口的。没有任何与生物技术有关的问题阻碍这些产品的进口。世界粮食计划署坚持一项政策，即所有捐赠的食品都符合捐赠国和接受国的食品安全标准以及所有适用的国际标准、准则和建议。

1.1.6 贸易壁垒

进口种子需要有进口许可证并在国家种子委员会（NSC）登记。在新种子的商业流通之前，必须在 3 个地点完成区别性、统一性和稳定性（DUS）测试。

1.2 政策

1.2.1 法规框架

缅甸没有对农业生物技术进行监管，只是通过《国家种子策略》限制了所有转基因种子的进口和种植，但 Bt 棉花等非粮食作物除外。根据 2016 年的《国家种子策略》，只有非食用的转基因种子将被“部分接受”。

利益相关者看到了缅甸在作物和动物领域使用农业生物技术的潜在前景，自 2018 年以来，FAS 一直与缅甸监管机构合作，以更新缅甸的生物安全策略草案。缅甸联邦共和国农业、畜牧和灌溉部（MOALI）打算在 2021 年年初批准并推出生物安全框架和生物安全指南。然而，新冠疫情大流行和军事政变推迟了启动仪式，MOALI 尚未发布《生物安全框架》和《生物安全指南》的最终审批。此外，军事政变后，FAS 不得不暂停与缅甸政府在生物技术方面的合作。

负责农业生物安全政策的主要部门是 MOALI 的规划司。农业部将负责该政策的实施。根据目前的《生物安全框架》草案，MOALI 将负责植物和植物产品、真菌、海产品和动物。同时，资源和环境保护部将负责森林生物多样性，卫生和体育部将负责食品安全。

根据目前的《生物安全框架》草案，国家生物安全委员会（NBC）将是生物安全问题的最高决策机构。国家生物安全委员会将由各部委组成，包括：农业、畜牧和灌溉部，自然资源和环境保护部，教育部、商务部，计划、财政和工业部，卫生和体育部，内政部，联邦总检察长办公室，其他相关部委。

其中农业、畜牧和灌溉部将成为国家生物安全委员会信息交流中心（NBCH）的秘书处。

1.2.2 审批

缅甸没有批准的生物安全法，也没有建立审批机制。根据目前的《生物安全框架》

草案，对于用于商业目的的农作物的进口、种植、培育和生产，关于进口的决策过程将根据具体情况进行。更多信息请见附录 1。

1.2.3 复合性状转化体的批准

不适用。

1.2.4 田间试验

缅甸没有生物安全法来管理转基因植物的田间试验；然而，Shwe Daung 棉花研究农场对 Bt 棉花进行了封闭性田间试验。

1.2.5 新兴生物技术

缅甸没有任何关于基因组编辑等创新技术的政策。然而，有许多正在进行的生物技术活动，如 DNA 指纹、品种鉴定、基因纯度测试和气候智能型农业的植物育种。缅甸与其他国家有联合生物技术项目，包括英国、中国和东盟国家。由不同部门开展的与生物技术有关的研究活动请见附录 2。

1.2.6 共存

不适用。

1.2.7 标识

对转基因产品的标识没有要求。

1.2.8 监测和检测

没有关于检测进口或出口产品的转基因含量的政策。

1.2.9 低水平混杂（LLP）策略

目前还没有 LLP 政策。然而，缅甸正计划在生物安全框架草案通过后，遵循法典中概述的 LLP 政策。

1.2.10 附加监管要求

不适用。

1.2.11 知识产权（IPR）

2019 年 9 月 17 日，新的《植物品种保护法》获得批准。缅甸《植物品种保护法》于 2019 年 10 月 28 日于瑞士提交给国际植物新品种保护联盟（UPOV）理事会。UPOV 理事会接受了《植物新品种保护法》，缅甸现在正通过内部程序成为 UPOV 的成员。2019 年，缅甸颁布了四部知识产权法；商标法、工业设计法、专利法和版权法。这些知识产权法都没有针对转基因植物的具体立法。

1.2.12 《卡塔赫纳生物安全议定书》的批准

2001 年 5 月，缅甸驻联合国大使签署了 CPB。缅甸同时认可《东盟农业相关的转基因产品风险评估指南》。

1.2.13 国际条约/论坛

缅甸于 2003 年 7 月签署了联合国环境规划署和全球环境基金（UNEP-GEF）协议，以促进国家生物安全框架的发展。缅甸还作为官方观察员参加了亚太经济合作组织（APEC）农业生物技术高层政策对话（HLPDAB）。缅甸是东盟 GMF-Net 和《生物多样性公约》的成员国。

1.2.14 相关问题

无。

1.3 市场营销

1.3.1 公众/私人的意见

在缅甸，人们对转基因技术的接受程度偏低；目前是向公众科普生物技术和新植物育种技术对农民、环境的益处以及对粮食安全的影响的好机会。

认识和理解的局限性阻碍了缅甸对生物技术的开发应用。缅甸政府在生物技术监管方面的公开透明和明确的指导政策，可能会让消费者对农业创新和生物技术的益处有更充足的信心和认识。

1.3.2 市场接受度/研究

2019 年年末，密歇根州立大学在掸邦南部（位于该国东部）进行了美国国际开发署粮食安全项目下的 Bt 玉米成本效益分析。调查显示，抗草地贪夜蛾的 Bt 玉米将使玉米种植者获益，而且对草地贪夜蛾的发生来说，益处非常明显。

第 2 章　动物生物技术

2.1　生产和贸易

2.1.1　产品开发

缅甸研究人员没有生产或开发转基因动物。

2.1.2　商业生产

缅甸不生产任何牲畜无性繁殖系、转基因动物或来自动物生物技术的产品，也没有关于这项技术的相关规定。

2.1.3　出口

不适用。市场上没有转基因动物或转基因动物衍生的产品。

2.1.4　进口

缅甸不进口转基因动物。

2.1.5　贸易壁垒

除了缺乏相关政策外，目前没有已知的进口转基因动物的贸易壁垒。

2.2　政策

2.2.1　监管框架

目前还没有转基因动物生产的监管框架或法规。然而，起草的《生物安全框架》确实涉及转基因动物的生产和进口。

2.2.2　审批

不适用。

2.2.3　新兴生物技术

不适用。

2.2.4 标识和可追溯性

不适用。

2.2.5 知识产权（IPR）

缅甸总体上遵循世界动物卫生组织（OIE）的指导方针。

2.2.6 国际条约/论坛

缅甸自 1989 年 8 月以来一直是世界动物卫生组织的成员，例行参加世界动物卫生组织的区域和全球会议。

2.2.7 相关问题

无。

2.3 市场营销

2.3.1 公众/私人的意见

在缅甸，人们对转基因产品的接受程度很低，因此，有机会向广大公众科普生物技术产品的好处。

2.3.2 市场接受度/研究

目前还没有关于缅甸公众对动物生物技术的接受度的公开调研。

第3章 微生物生物技术

3.1 生产和贸易

3.1.1 商业化生产

目前还没有微生物生物技术衍生的食品配料的商业生产。不少大学为了教学目的收集了无害的重组微生物。

3.1.2 出口

不适用。

3.1.3 进口

缅甸进口微生物生物技术衍生的食品配料和食品添加剂，包括酵母、酶和膳食补充剂如辅酶和益生菌等。进口食品添加剂产品的清单可以在缅甸食品和药物管理局（FDA）的网站上找到。该链接列出了所有进口食品添加剂，包括微生物生物技术衍生的食品配料。

3.1.4 贸易壁垒

不适用。

3.2 政策

3.2.1 监管框架

所有进口的微生物生物技术食品添加剂或配料必须在FDA注册。FDA负责为食品和食品添加剂的进口提供建议（IR）和进口健康证书（IHC），商务部贸易司负责发放进口许可证。FDA于2019年12月发布了《食品进出口标准操作规程》。目前，没有与微生物生物技术衍生的食品添加剂/配料相关的具体政策，但目前的生物安全框架草案确实提供了关于监管框架的要求。

3.2.2 批准

进口商必须向FDA申请有效期为3年的进口申请，并向商务部申请每批货物所需的进口许可证。每批货物还必须向FDA提交分析证书，才能获得所需的进口健康证书。

此链接提供不同类别产品所需的测试。根据 FDA 的说法，缅甸有注册和使用的进口转基因微生物和/或衍生食品配料的清单。有关所有进口食品添加剂的更多信息，请访问 FDA 网站。在 FDA 注册的进口微生物生物技术衍生食品配料清单包括：液体酶-α 淀粉酶，Elco P-100 K（GE-L1-AAA）酶蛋白+大豆粉+磷酸钙，Alphamalt BK-5020（烘焙酶），液体酶制剂-β 葡聚糖酶和半纤维素酶，食品添加剂：酶制剂-糖化淀粉酶溶液，用于饼干生产的酶制剂，面粉改良剂-酶、抗坏血酸、小麦面粉载体的混合物，预混粉（酵母甜甜圈混合物），速溶酵母，超强醇活性干酵母，鱼露增强剂 1104（粉末）。

3.2.3 标识和可追溯性

缅甸没有对微生物生物技术衍生的食品添加剂和成分适用的标识和可追溯性具体要求。缅甸目前对所有食品和食品配料都遵循食品法典准则和东盟共同原则和要求。《消费者保护法》于 2019 年 3 月发布，要求所有食品、食品原料和药品标签包括以下内容：①产品标志、产品名称、规格、数量、净重、储存说明、使用说明；②生产日期、有效期、产品序列号；③如果是进口产品，进口商名称和地址、制造商名称和地址；④重新包装的地址；⑤原材料清单、数量、比例；⑥过敏提醒、警告、副作用；⑦相关政府规定的信息。

2019 年 9 月，FDA 发布通知，要求即食食品标签上注明企业名称、地址、配料清单、生产日期、保质期。此外，日期标记不得移除、擦除或重复使用。如果包装不止一层，则必须在所有包装层上说明生产日期和有效期。

3.2.4 监管和检测

不适用。

3.2.5 附加监管要求

不适用。

3.2.6 知识产权（IPR）

2019 年，缅甸制定了四部知识产权法律：商标法、工业品外观设计法、专利法和著作权法。没有一部知识产权法律对微生物生物技术衍生的食品添加剂或配料有专门的立法。

3.2.7 相关问题

不适用。

3.3 市场营销

3.3.1 公众/私人的意见

虽然进口微生物生物技术衍生的食品成分在葡萄酒、啤酒、酒精、酸奶、酱油、鱼露、发酵食品生产以及烘焙行业被广泛使用和接受，但公众一般不知道它们是通过微生物生物技术生产的。

3.3.2 市场接受度/研究

关于缅甸公众对微生物生物技术食品配料的接受程度，目前还没有已知的公开研究。

附录

附录 1　转基因相关问题的决策过程

1.1　商业化转基因产品的进口、种植、育种和生产的个案分析决策过程

第一，申请提交给 NBC。他们将在文件填报后 10 天内答复申请者。NBC 将把相关文件转交给生物安全技术团队（BTT）进行风险评估。

第二，BTT 将根据 NBC 和经济合作与发展组织（经合组织）关于风险评估的指导方针对商业化申请进行评估，在 30 天内与相关部门协调，并在 180 天内准备申请者的报告并提交。

第三，BTT 在考虑避免对生物多样性及人与动物健康造成影响的情况下，如有需要，可要求进行额外的测试，并将报告连同意见（建议/结论/审查）提交给 NBC。

第四，NBC 将根据 BTT 提交的意见，在 30 天内通知申请人的申请是否通过。

第五，为商业化目的进口、种植、育种和生产转基因生物的可给予最长 10 年的许可，并可连续延长 3 次，每 5 年一次。经 NBC 批准，可获得延期。

1.2　转基因食品、饲料和/或加工的决策过程（FFP）

第一，向 NBC 提交申请。

第二，NBC 将在 10 天内对申请进行审查并答复申请人。然后 NBC 将相关文件转交给 BTT 进行风险评估。

第三，根据转基因产品的相互认可，如果至少有五个经合组织成员国批准了用于商业化的许可，BTT 将在 60 天内根据食典指南进行风险评估，并在 30 天内通过与其他部门的协调进行风险评估。

第四，BTT 将报告连同建议/结论/审查等评论一起提交给 NBC，NBC 将在 30 天内决定是否接受或拒绝。

第五，转基因食品、饲料和/或加工的决策过程必须按照 NBC 的指导方针尽早通知申请人，并必须向公众公布。

1.3　基于个案分析原则的研发决策过程

第一，向 NBC 提交申请。

第二，NBC 将在 10 天内对申请进行审查并答复申请人。然后，NBC 将相关文件转交给 BTT 进行风险评估。NBC 将在 30 天内完成低风险产品的风险评估，90 天内完成高

风险产品的风险评估。

第三，BTT 将向 NBC 提交报告和评论，BTT 将向 NBC 提交报告（建议/结论/审查）。

第四，NBC 将根据 BTT 提交的意见，在 20 天内决定接受或拒绝。

第五，研究和开发的批准必须由秘书处按照 NBC 的指导方针尽早通知申请人。

第六，申请人可在指定地点进行 2 年的相关研究，如研究工作在 2 年内仍未完成，申请人可向 NBC 申请延期。

附录 2　生物技术活动

附表 1　农业、畜牧和灌溉部在 2020/2021 年度开展的生物技术活动

部门	生物技术活动
缅甸联邦共和国农业、畜牧和灌溉部，农业研究司，研究处	组织培养技术 1. 早熟、抗倒伏水稻双单倍体育种。 2. 水稻耐涝双单倍体育种方案。 3. 水稻配子克隆变异的研究。 4. 水稻不同品种花药培养反应的鉴定。 5. 香蕉、花生、水稻和绿豆的诱变育种。 （1）利用诱变技术选育抗黄花叶病毒绿豆品种； （2）利用诱变技术选育耐旱花生新品种； （3）关于缅甸耐涝水稻种质的研究。 6. 确定芝麻花药培养、咖啡和鳄梨的培养基反应，香蕉、甘蔗、药用兰花、姜黄的大量繁殖
	分子生物学 1. 杂交水稻的基因鉴定和基因纯化。 2. 玉米和水稻种质的遗传多样化。 3. 花生叶枯病抗性的分子标记辅助育种。 4. 水稻早熟抗倒伏分子标记辅助拟回交育种。 5. 玉米优良自交系的优势群划分及关联分析对潜在杂交种选育的研究
	微生物生物技术 1. 根瘤菌接种剂的生产。 2. 不同根瘤菌菌株的评价和维护。 3. 根瘤菌接种剂的质量保证

（续表）

部门	生物技术活动
缅甸联邦共和国农业、畜牧和灌溉部，农业司，植物生物技术中心	组织培养技术 1. 香蕉、兰花、百合和象脚山药的微繁殖。 2. 香蕉、药用兰花和马铃薯的离体保存。 3. 确定作物微繁殖的新培养基组成。 4. 水稻花药培养
	分子生物学 1. 气候适应性农业的分子育种作物改良（抗逆性）（耐涝和抗BB基因聚合、耐盐和耐热水稻品种、水灾后的短效水稻品种）。 2. 优质营养作物的品种改良（芳香基因金字塔高香米、高直链淀粉水稻、Pawsan突变体回交系、褐色Hyv水稻、褐色Hyv糯米/黏米水稻）。 3. 兰科植物的DNA指纹图谱研究
	服务 1. 提供非转基因证书。 2. 营养和谷物品质分析证书（大米）
缅甸联邦共和国农业、畜牧和灌溉部，多年生作物研发中心	1. 油棕榈（不同品种）的胚胎培养和小叶培养。 2. 橡胶花药培养。 3. 橡胶幼果（未成熟果实）培养
缅甸联邦共和国农业、畜牧和灌溉部，棉花及相关纤维作物处	1. 利用标记辅助选择法培育抗棉铃虫品种。 2. 通过PCR检测Bt棉花（Ngwechi-6）的抗棉铃虫基因并通过回交开发抗棉铃虫的棉花品种